W0260303

Leitfäden und Monographien der Informatik

Bolch: **Leistungsbewertung von Rechensystemen
mittels analytischer Warteschlangenmodelle**
320 Seiten. Kart. DM 44,–

Brauer: **Automatentheorie**
493 Seiten. Geb. DM 62,–

Dal Cin: **Grundlagen der systemnahen Programmierung**
221 Seiten. Kart. DM 36,–

Doberkat/Fox: **Software Prototyping mit SETL**
227 Seiten. Kart. DM 38,–

Ehrich/Gogolla/Lipeck: **Algebraische Spezifikation abstrakter Datentypen**
246 Seiten. Kart. DM 38,–

Engeler/Läuchli: **Berechnungstheorie für Informatiker**
120 Seiten. Kart. DM 26,–

Hentschke: **Grundzüge der Digitaltechnik**
247 Seiten. Kart. DM 36,–

Kiyek/Schwarz: **Mathematik für Informatiker 1**
307 Seiten. Kart. DM 39,80

Kolla/Molitor/Osthof: **Einführung in den VLSI-Entwurf**
352 Seiten. Kart. DM 48,–

Loeckx/Mehlhorn/Wilhelm: **Grundlagen der Programmiersprachen**
448 Seiten. Kart. DM 48,–

Mehlhorn: **Datenstrukturen und effiziente Algorithmen**
Band 1: Sortieren und Suchen
2. Aufl. 317 Seiten. Geb. DM 49,80

Messerschmidt: **Linguistische Datenverarbeitung mit Comskee**
207 Seiten. Kart. DM 36,–

Niemann/Bunke: **Künstliche Intelligenz in Bild- und Sprachanalyse**
256 Seiten. Kart. DM 38,–

Pflug: **Stochastische Modelle in der Informatik**
272 Seiten. Kart. DM 39,80

Post: **Entwurf und Technologie hochintegrierter Schaltungen**
247 Seiten. Kart. DM 38,–

Rammig: **Systematischer Entwurf digitaler Systeme**
353 Seiten. Kart. DM 46,–

Richter: **Betriebssysteme**
2. Aufl. 303 Seiten. Kart. DM 39,80

Richter: **Prinzipien der Künstlichen Intelligenz**
359 Seiten. Kart. DM 46,–

Weck: **Prinzipien und Realisierung von Betriebssystemen**
3. Aufl. 306 Seiten. Kart. DM 42,–

Wegener: **Effiziente Algorithmen für grundlegende Funktionen**
270 Seiten. Kart. DM 39,80

Fortsetzung auf der 3. Umschlagseite

Leitfäden und Monographien
der Informatik

H.-D. Ehrich/M. Gogolla/U. W. Lipeck
Algebraische Spezifikation
abstrakter Datentypen

Leitfäden und Monographien der Informatik

Herausgegeben von

Prof. Dr. Hans-Jürgen Appelrath, Oldenburg
Prof. Dr. Volker Claus, Oldenburg
Prof. Dr. Günter Hotz, Saarbrücken
Prof. Dr. Klaus Waldschmidt, Frankfurt

Die Leitfäden und Monographien behandeln Themen aus der Theoretischen, Praktischen und Technischen Informatik entsprechend dem aktuellen Stand der Wissenschaft. Besonderer Wert wird auf eine systematische und fundierte Darstellung des jeweiligen Gebietes gelegt. Die Bücher dieser Reihe sind einerseits als Grundlage und Ergänzung zu Vorlesungen der Informatik und andererseits als Standardwerke für die selbständige Einarbeitung in umfassende Themenbereiche der Informatik konzipiert. Sie sprechen vorwiegend Studierende und Lehrende in Informatik-Studiengängen an Hochschulen an, dienen aber auch in Wirtschaft, Industrie und Verwaltung tätigen Informatikern zur Fortbildung im Zuge der fortschreitenden Wissenschaft.

Algebraische Spezifikation abstrakter Datentypen

Eine Einführung in die Theorie

Von Prof. Dr. rer. nat. Hans-Dieter Ehrich, Dr. rer. nat. Martin Gogolla
Technische Universität Braunschweig
Prof. Dr. rer. nat. habil. Udo Walter Lipeck
Universität Dortmund

Mit Beispielen und Übungen

 B. G. Teubner Stuttgart 1989

Prof. Dr. rer. nat. Hans-Dieter Ehrich

Geboren 1943 in Schleswig. Studium der Mathematik und Physik an der Universität Kiel (1962-1967), wiss. Mitarbeiter am Institut für Instrumentelle Mathematik an der TU Hannover (1967-1971). Promotion 1970 an der TU Hannover bei B. Schlender. Wiss. Mitarbeiter am Institut für Informatik und Praktische Mathematik an der Universität Kiel (1971-1974). Professor für Theoretische Informatik an der Universität Dortmund (1974-1982). Seit 1982 Professor für Datenbanken und Informationssysteme an der TU Braunschweig.

Dr. rer. nat. Martin Gogolla

Geboren 1954 in Kamen. Studium der Informatik mit Nebenfach Betriebswirtschaftslehre an der Universität Dortmund (1974-1981), wiss. Mitarbeiter an der Universität Dortmund (1981-1983) und der TU Braunschweig (1983-1986). Promotion 1986 bei H.-D. Ehrich. Seit 1986 Akademischer Rat an der TU Braunschweig.

Prof. Dr. rer. nat. habil. Udo Walter Lipeck

Geboren 1956 in Essen. Studium der Informatik mit Nebenfach Mathematik an der Universität Dortmund (1974-1979), wiss. Mitarbeiter an der Universität Dortmund (1979-1982). Promotion 1983 bei H.-D. Ehrich. Hochschulassistent an der TU Braunschweig (1983-1988). Habilitation in Informatik (1988). Seit 1988 Professor für Datenstrukturen und Informationssyteme an der Universität Dortmund.

CIP-Titelaufnahme der Deutschen Bibliothek

Ehrich, Hans-Dieter:
Algebraische Spezifikation abstrakter Datentypen : eine
Einführung in die Theorie ; mit Beispielen und Übungen / von
Hans-Dieter Ehrich ; Martin Gogolla ; Udo Walter Lipeck. -
Stuttgart : Teubner, 1989
  (Leitfäden und Monographien der Informatik)
  ISBN 978-3-519-02266-4   ISBN 978-3-322-94709-3 (eBook)
  DOI 10.1007/978-3-322-94709-3
NE: Gogolla, Martin:; Lipeck, Udo:

Gesamtherstellung: Zechnersche Buchdruckerei GmbH, Speyer
Umschlaggestaltung: M. Koch, Reutlingen

Vorwort

Dies Buch ist aus der Überarbeitung und Erweiterung von Notizen zu Vorlesungen entstanden, die seit 1977 zunächst vom ersten Autor an der Universität Dortmund, seit 1982 dann von allen drei Autoren in wechselnder Folge an der Technischen Universität Braunschweig gehalten wurden.

Der Schwerpunkt des Buches liegt bei den theoretischen Grundlagen, jedoch haben die Möglichkeiten und Grenzen praktischer Anwendung die Auswahl und die Gestaltung des Stoffes stark beeinflußt. Das Buch richtet sich vornehmlich an Informatiker, die sich mit Grundlagen des Software-Entwurfs auseinandersetzen wollen, und an Mathematiker, die sich für Anwendungen der universellen Algebra und der Logik in der Informatik interessieren.

Das Buch hat einführenden Charakter. Die verwendeten Begriffe und Bezeichnungen werden systematisch definiert und erläutert. Eine gewisse Vertrautheit mit allgemeinen Grundlagen der Informatik sowie eine gewisse mathematische Reife werden jedoch vorausgesetzt. Gelegentlich wird zur Illustration von Zusammenhängen auf Konzepte und Begriffe aus der Theorie der formalen Sprachen und der Automatentheorie bezuggenommen, jedoch können diese Passagen übergangen werden, ohne daß der Zusammenhang verlorengeht.

Das Gebiet der algebraischen Spezifikation abstrakter Datentypen ist heute – nach fast zwei Jahrzehnten Entwicklung – umfangreich und in viele Spezialgebiete verzweigt. Auch gibt es durchaus verschiedene Ansätze zur Gestaltung der Theorie und des Zugangs zu ihr. Ziel dieses Buches ist es nicht, all diesen Alternativen und Verästelungen nachzuspüren, sondern einen Kernbereich zu umreißen und diesen einheitlich und elementar darzustellen.

Bei der Auswahl des Stoffes waren wir bemüht, uns auf grundlegende Konzepte zu beschränken und nicht zu sehr ins Detail zu gehen. Bei der Darstellung des Stoffes waren wir bemüht, möglichst anschaulich zu bleiben und mit möglichst einfacher Mathematik auszukommen, ohne jedoch allen Schwierigkeiten auszuweichen. Natürlich waren unsere Entscheidungen hierbei stets auch durch unsere persönlichen Ansichten und Vorlieben bestimmt.

Das Buch gliedert sich in zwölf Kapitel. Das erste, die Einleitung, dient der Motivation: hier werden die zentralen Begriffe des Buches auf intuitiver Grundlage erklärt, und die Methode der algebraischen Spezifikation wird in das Spektrum anderer Spezifikationsmethoden eingeordnet.

Im 2. Kapitel werden zunächst Spezifikationen einzeln für sich behandelt: die unterliegenden Signaturen, die Axiome auf der Grundlage eines Prädikatenkalküls erster Stufe, die Algebren als Modelle sowie die erzeugten Theorien. Im 3. Kapitel werden dann Zusammenhänge zwischen Spezifikationen anhand von Signatur-Morphismen studiert, die den Übergang von einer Spezifikation zu einer anderen zu beschreiben gestatten. Dies ist die Grundlage zur Strukturierung von Spezifikationen.

Wärend die Art der Axiome in den beiden grundlegenden Kapiteln 1 und 2 noch allgemein gehalten ist, wird in den nachfolgenden Kapiteln der Gleichungskalkül zugrundegelegt. Das 4. Kapitel behandelt den "klassischen" Ansatz, Semantik über initiale Algebren zu definieren. Das 5. Kapitel behandelt die zugehörige operationale Semantik, d.h. Herleitungen im Gleichungskalkül und die Auffassung von Gleichungssystemen als Termersetzungssystemen.

Das 6. Kapitel beschäftigt sich mit konstruktiven Übergängen von einer Spezifikation zu einer erweiterten mittels freier Konstruktion. Diese bilden den semantischen Hintergrund von hierarchischen Spezifikationen mittels schrittweiser Erweiterung. Im 7. Kapitel werden Grundlagen und Techniken zur Beschreibung des "äußeren Verhaltens" hierarchischer Spezifikationen behandelt, d.h. Verhaltens-Abstraktion und finale Semantik.

Das 8. Kapitel stellt die Theorie der parametrischen Spezifikationen und parametrischen abstrakten Datentypen dar, wobei insbesondere auf die Syntax und Semantik der Parameterübergabe eingegangen wird.

Während die ersten acht Kapitel das Grundgerüst der Theorie darstellen, geht es in den Kapiteln 9 bis 12 um speziellere Themen, deren Verständnis für eine praktische Anwendung jedoch unerläßlich ist. Im 9. Kapitel geht es um die Konstruktion von parametrischen abstrakten Datentypen, worauf im 10. Kapitel der Begriff der Implementierung eines abstrakten Datentyps über einem – oder mehreren – anderen aufbaut. Durch Klärung des Übergangs zwischen verschiedenen Abstraktionsstufen lassen sich aus theoretischer Sicht Probleme der hierarchischen Strukturierung von Software-Entwürfen lösen.

Im 11. Kapitel wird die Theorie der Untersorten behandelt, in der Spezifikationen um eine partielle Ordnung auf den Sorten erweitert werden, womit Inklusionsbeziehungen zwischen Datentypen explizit spezifiziert werden können. Dies wird im 12. und letzten Kapitel dann benutzt, um Grundlagen für eine bequemere Spezifikationstechnik zur Behandlung von Fehlern und Ausnahmen zu entwickeln.

Jedes Kapitel schließt mit einer Sammlung von Übungsaufgaben ab.

Bei den mathematischen Grundlagen machen wir moderaten Gebrauch von einigen Begriffen, Konzepten, Konstruktionen und Ergebnissen der Kategorientheorie, die gewöhnlich nicht in Grundvorlesungen der Mathematik behandelt werden. Um den Fluß der Darstellung im Text nicht zu sehr aufzuhalten, werden die wichtigsten Grundbegriffe im Anhang definiert und im Text benutzt. Soweit spezielle Eigenschaften und Ergebnisse benötigt werden, werden diese im Text entwickelt. Trotzdem kann es hier und da angebracht sein, ein Lehrbuch über Kategorientheorie zu Rate zu ziehen. Eine Auswahl ist im Literaturverzeichnis enthalten. Ferner sind dort einschlägige Lehrbücher und Monographien sowie eine nicht zu große Auswahl von Abhandlungen zusammengestellt, aus denen wir wesentliche Anregungen für einzelne Aspekte des Buches gewonnen haben.

Bei der Herstellung des Manuskriptes haben Cong-Trang Phan sowie in Teilen auch Horst Schrake und Gerhard Koschorrek TEXnische Hilfe geleistet. Wolfgang Wechler hat eine frühere Version der ersten fünf Kapitel durchgesehen und viele nützliche Hinweise gegeben, denen wir gern gefolgt sind. Ihnen gilt unser besonderer Dank. Zahlreiche Ideen und Anregungen, die sich in diesem Buch niedergeschlagen haben, verdanken wir Diskussionen mit Fachkollegen, ohne daß sich die Beiträge im einzelnen zurückverfolgen ließen. Auch ihnen gilt unser herzlicher Dank.

Hans-Dieter Ehrich   Braunschweig/Dortmund, August 1989
Martin Gogolla
Udo Walter Lipeck

Inhaltsverzeichnis

1. Einleitung

*Daten und ihre Beschreibung beim Software-Entwurf; Datentypen sind Algebren; abstrakte
Datentypen sind Klassen von Algebren; monomorphe und polymorphe abstrakte Datentypen;
das Spezifikationsproblem; Aufgaben der Spezifikation; Anforderungen an eine Spezifikation;
systematischer Überblick über Spezifikationsmethoden; algebraische Spezifikation.*

1.1 Daten

Daten dienen der Darstellung von Information. Sie bilden die Grundsubstanz – Rohstoff,
Zwischenprodukt und Endprodukt – der Informationsverarbeitung.

Daten werden durch Zeichen und daraus gebildeten Texten, Tabellen, Graphiken u.s.w.
beschrieben. Für elementare Informationen wie Zahlen oder Buchstaben sowie für manche gebräuchlichen und verbreiteten Informationen wie Telefonbücher, Eisenbahnfahrpläne,
topographische Karten, u.s.w. haben sich innerhalb größerer Kulturkreise weitgehend einheitliche Konventionen gebildet. Für andere Informationen, z.B. Baupläne, Schaltpläne,
Entwurfsskizzen u.s.w. gibt es fachgebundene Konventionen mit begrenztem Gültigkeits-
bereich. Für die Darstellung vieler Informationen jedoch gibt es kaum einheitliche Konventionen, Normen oder Regeln. Hierzu gehören z.B. Aufbau und Gesamtarchitektur von
Softwaresystemen, deren Zerlegung in Komponenten, Aufgabe und Funktionsweise der
Komponenten, deren Beziehungen untereinander u.s.w.

Die interne Darstellung von Informationen in Computern folgt nicht unbedingt bestehenden
Konventionen. So wird man z.B. ein Telefonbuch nicht unbedingt durch eine nach Namen
geordnete Liste darstellen, sondern eher als Hashtabelle oder als Suchbaum. Während
für das Kopfrechnen das Dezimalsystem vorgezogen wird, hat sich für die rechnerinterne
Arithmetik das binäre Zahlensystem als zweckmäßiger erwiesen. Für die interne Darstellung von Fahrplänen, Bauplänen, Schaltplänen, Landkarten u.s.w. stehen eine große Vielfalt
möglicher Datenstrukturen zur Verfügung, die sich in der Regel kaum an der gewohnten
externen Darstellung orientieren.

Will man die Informationen einer gegebenen Anwendung im Rechner darstellen, so ist vielmehr maßgebend, wie ökonomisch die verfügbaren Resourcen wie Rechenzeit, Speicherplatz
u.s.w. genutzt werden. Bestehende Konventionen für die externe Darstellung sind hier nur
insoweit von Interesse, wie sie bei der Transformation zu und von der internen Darstellung
Aufwand verursachen.

Wie gut eine Datendarstellung ist, hängt entscheidend davon ab, wo und wie die Daten
später *benutzt* werden, d.h. welche Operationen auf ihnen ausgeführt werden, ggf. mit
welchen relativen Häufigkeiten. Bei der Entwicklung eines Software-Systems ist dies meist
nicht von vornherein bekannt, es stellt sich erst im Laufe der Entwicklung mit zunehmendem
Detail heraus.

Es ist daher ratsam, die endgültige Entscheidung über die Darstellung der Daten so lange
aufzuschieben, bis genügend Anhaltspunke für eine wirtschaftliche Wahl ermittelt sind.
Dies bedeutet, daß die Daten während der Software-Entwicklung "abstrakt", d.h. darstel-
lungsunabhängig, zu *beschreiben* sind, womöglich mehrfach mit zunehmendem Grad der
Detaillierung. Verschiedene Beschreibungen derselben Daten könnten sich z.B. an den
Bedürfnissen der Auftraggeber, der Benutzer, der Software-Entwickler, der Programmierer

und schließlich an den Strukturen des verwendeten Rechensystems ausrichten.

Für die Datenbeschreibung bedeutet dies, daß ein Spektrum angemessener Ausdrucksmittel für jede Entwicklungsphase zur Verfügung stehen muß. Die Beschreibungsmittel müssen die des verwendeten Rechensystems, etwa die einer Programmiersprache, einbeziehen, dürfen sich jedoch nicht zu eng an diesen orientieren. Insbesondere in den ersten Phasen des Entwurfs ist es zweckmäßig, weitgehende Freiheit in der Wahl der Ausdrucksmittel zu haben, um einerseits nicht auf noch irrelevante Details eingehen und andererseits nicht zu frühzeitig Implementierungsentscheidungen treffen zu müssen.

Beschreibt man dieselben Daten in aufeinanderfolgenden Entwicklungsphasen auf verschiedenen Stufen der Abstraktion, so möchte man unter anderem beurteilen können, ob eine Beschreibung – relativ zur vorherigen Beschreibung oder zu anderen Kriterien – *korrekt* ist. Dies erfordert eine systematische Methodik auf verläßlicher Grundlage, die es gestattet, mit Datenbeschreibungen umzugehen, sie zu konstruieren, umzuformen und zu analysieren.

1.2 Datentypen

Zur Darstellung von Informationen benötigt man einen hinreichend großen — prinzipiell unendlichen — Vorrat von Datenelementen wie z.B. Bitfolgen, ganze Zahlen, Buchstabenfolgen, Punkte, Linien, etc. Es ist üblich, die Gesamtheit der denkbaren Datenelemente in *Typen* einzuteilen, wobei jeder Typ eine Menge "zusammengehöriger" Datenelemente bestimmt.

Das Kriterium für die Zusammenfassung zu einem Datentyp ist, daß die Datenelemente in einem gewissen Sinn gleiche Eigenschaften haben. Bei den Datentypen in Programmiersprachen besteht dieser "gewisse Sinn" darin, als aktuelle Parameter an bestimmter Argumentstelle einer Funktion oder Prozedur mitgegeben werden zu dürfen. Beim Software-Entwurf ist es allgemein zweckmäßig, die Typisierung an der *Verwendung* der Daten auszurichten, und diese wird ebenfalls durch die anzuwendenden *Operationen* bestimmt.

Nun können auf derselben Wertemenge durchaus verschiedene Mengen von Operationen erklärt werden. Auf einer Menge von Personenbeschreibungen können z.B. verschiedene Ordnungen als Vergleichsoperationen verwendet werden, z.B. die lexikographische Ordnung auf Namen, die numerische Ordnung bzgl. des Alters, bzgl. der Anzahl der Kinder oder bzgl. der Postleitzahlen der Adressen, etc. Wendet man nun etwa eine Sortierprozedur auf die Personenbeschreibungen an, so hängt das Ergebnis ganz wesentlich davon ab, welche Ordnungsrelation zugrundegelegt wird. Solche Überlegungen legen es nahe, die auf der Wertemenge des Datentyps erklärten Operationen als *definierenden Bestandteil* des Datentyps aufzufassen.

Danach ist ein Datentyp eine Menge von Werten mit einer gegebenen Menge von Operationen.

Diese Begriffsbildung ist weitgehend akzeptiert. Nicht ganz klar ist jedoch, ob sie allgemein genug ist, oder ob nicht noch andere als nur operationale Strukturen auf Mengen zur Begriffsbildung herangezogen werden sollten.

So sind z.B. die Interpretationsbereiche in der denotationalen Semantik von Programmiersprachen — die auch als Datentypen bezeichnet werden — Halbordnungen, in denen gewisse Grenzwerte existieren. Die Konstruktion solcher Datentypen kann verwickelt sein; z.B. legt die Einführung von polymorphen Funktionen und Prozeduren mit Typ-Parametern nahe, daß Datentypen, da sie als aktuelle Parameter mitgegeben werden können, auch Elemente eines Datentyps sind. Die Gesamtheit der Datentypen bildet daher wiederum einen "Datentyp der Datentypen". Die semantisch konsistente Konstruktion solcher Datentypen erfordert mathematische Bereiche mit subtiler und komplexer Struktur.

Die Besonderheiten von Interpretationsbereichen für die mathematische Semantik von Programmiersprachen wollen wir hier außer acht lassen. Wir konzentrieren uns auf Datentypen, wie sie im anwendungsorientierten Entwurf von Programmiersystemen vorkommen, und hier ist die Auffassung als "Mengen mit Operationen" eine tragfähige Grundlage. Zur Illustration geben wir einige einfache Beispiele.

Beispiel 1.1: Ein Datentyp *BOOL1* bestehe aus der Wertemenge $bool = \{true, false\}$ und den booleschen Operatoren $\neg$ und $\vee$, deren Wirkung wie üblich definiert ist. $\neg$ ist eine einstellige Operation:

$$\neg : bool \to bool,$$

und $\vee$ ist eine zweistellige Operation:

$$\vee : bool \times bool \to bool.$$

Es gibt noch weitere boolesche Operationen, z.B. $\wedge$, $\Rightarrow$, $\Leftrightarrow$, ... Mit verschiedenen Mengen von Operationen bekommt man — streng genommen — verschiedene Datentypen.

Allgemein ist eine n-stellige Operation f auf einer Wertemenge W eine Abbildung $f : W^n \to W$. Dies gilt auch für $n = 0$: W^0 ist für jede Menge W eine einelementige Menge. Sei diese mit $\{1\}$ bezeichnet. Eine nullstellige Funktion $f : W^0 \to W$ hat als Graph nun ein einziges Paar $(1, w)$, $w \in W$, und bezeichnet somit ein Element $w \in W$. Wir benutzen dies, um ausgezeichnete Konstante eines Datentyps, denen wir einen Namen geben wollen, als nullstellige Operationen darzustellen.

Beispiel 1.1 Fortsetzung: Ein Datentyp *BOOL2* bestehe aus der Wertemenge $bool = \{true, false\}$ und den Operationen:

$$true : \to bool$$
$$false : \to bool$$
$$\neg : bool \to bool$$
$$\vee : bool \times bool \to bool.$$

Auch *BOOL2* läßt sich durch weitere boolesche Operationen über der gleichen Wertemenge anreichern, wodurch wiederum verschiedene Datentypen entstehen.

Beispiel 1.2: Ein Datentyp *NAT* von natürlichen Zahlen bestehe aus der Wertemenge

$$nat = \{0, 1, 2, \ldots\}$$

und den Operationen

$$0 : \to nat$$
$$succ : nat \to nat.$$

Die Operation *succ* ergibt den Nachfolger (engl.: successor), d.h. $succ(n) = n + 1$. Auch *NAT* läßt sich erweitern um weitere arithmetische Operationen wie Addition $+$, Multiplikation $*$, etc.

Zu den gebräuchlichen Operationen auf Datentypen gehören Vergleichsoperationen wie z.B. "kleiner-gleich" auf *NAT*:

$$\leq \ :\ nat \times nat \rightarrow bool$$

Hier ergibt sich nun ein Problem: man kann eigentlich nicht von einer "Operation auf *NAT*" sprechen, da sie Werte in einem anderen Datentyp, nämlich *BOOL1* (oder *BOOL2* oder ...) liefert. Solche *heterogenen* Operationen treten recht häufig auf: sie beziehen sich auf zwei oder mehr verschiedene Datentypen.

Beispiel 1.3: Seien

> A ein Datentyp von Arrays,
> E der Datentyp der Elemente von A , und
> I der Datentyp der Indizes von A.

Bezeichnen wir deren Wertemengen jeweils mit W_A, W_E bzw. W_I, so ist die Wertzuweisungs-Operation von der Form

$$assign : W_A \times W_I \times W_E \rightarrow W_A,$$

d.h. $assign(a, i, e)$ ist das Array, das aus $a\epsilon W_A$ dadurch entsteht, daß der mit $i\epsilon W_I$ indizierten Komponente das Element $e\epsilon W_E$ zugewiesen wird. (Eine gebräuchliche Schreibweise dafür ist $a[i] := e$.)

In den obigen Beispielen ist es naheliegend, $\leq$ dem Datentyp *NAT* und *assign* dem Datentyp A zuzuordnen, wenn wir den Begriff "Operation auf einem Datentyp" entsprechend liberal fassen. Abgesehen jedoch davon, daß eine solche Zuordnung zuweilen willkürlich erscheinen mag, zeigen die Beispiele, daß es im allgemeinen unmöglich ist, Datentypen einzeln für sich und isoliert voneinander zu betrachten.

Gegenstand unserer Betrachtung sind deshalb *Familien* aufeinander bezogener Datentypen, die abgeschlossen sind in dem Sinne, daß alle in den vorkommenden Operationen als Argument- oder Wertebereich vorkommenden Datentypen zur Familie gehören. Ein Datentyp läßt sich nur innerhalb einer solchen Familie als eines ihrer Mitglieder beschreiben. Praktisch geht man bei der Spezifikation von Datentypen meist schrittweise vor und erweitert die Familie um jeweils einen Datentyp, wobei bei Bedarf bereits vorhandene benutzt werden. Denkbar ist auch die simultane Erweiterung um mehrere Datentypen.

Eine derartige Familie aufeinander bezogener Datentypen $D_1, \ldots, D_n$ besteht allgemein aus

(i) n Wertemengen $W_1, \ldots, W_n$

(ii) Operationen, von denen jede eine Anzahl $m \geq 0$ von Argumentbereichen sowie einen Wertebereich aus den Mengen $W_1, \ldots, W_n$ hat.

Eine solche Struktur ist in der Mathematik als *Algebra* bekannt. Die Wertemengen $W_1, \ldots,$ W_n bilden die *Träger* der Algebra, die Operationen deren *Verknüpfungen*. Im Falle $n = 1$ wird die Algebra als *homogen* bezeichnet, im anderen Falle als *heterogen*. Gruppen, Ringe, Körper und Verbände sind klassische Beispiele für homogene Algebren. Vektorräume bilden ein klassisches Beispiel für heterogene Algebren mit zwei Trägern, Vektoren und Skalare.

Algebren stellen eine für unsere Zwecke adäquate mathematische Präzisierung des Datentyp-Begriffs dar. Wir wollen einen Datentyp im Kontext einer Familie von Datentypen als *Algebra mit ausgezeichnetem Träger* auffassen. Häufig wird es nicht nötig sein, den ausgezeichneten Träger besonders hervorzuheben, sei es daß er aus dem Zusammenhang klar ist, oder sei es daß es auf ihn nicht ankommt. In diesem Sinne verwenden wir die Redeweise

Datentypen sind Algebren.

1.3 Abstrakte Datentypen

Bei der Spezifikation von anwendungsorientierten Datentypen ist man meist nicht in der Lage und auch nicht daran interessiert, diese eindeutig und vollständig zu beschreiben. Man wird sich darauf beschränken, die *wesentlichen Eigenschaften*, die ein Datentyp für die Anwendung haben soll, zu charakterisieren. Dabei verbleibt in der Regel Wahlfreiheit, die in nachfolgenden Schritten der Verfeinerung eingeengt wird, bis in der endgültigen Implementierung eine Festlegung erfolgt.

Unter einem *abstrakten* Datentyp verstehen wir intuitiv eine solche unvollständige, noch Wahlfreiheit offenlassende, Charakterisierung der wesentlichen Eigenschaften eines Datentyps.

Beispiel 1.4: Für den Entwurf eines Sortierverfahrens benötigt man bzgl. der zu sortierenden Elemente nur die Eigenschaft, daß eine Ordnung auf ihnen erklärt ist. Diese Charakterisierung läßt alle konkreten Datentypen zu, die unter anderem als geordnete endliche Menge angesehen werden können, z.B. endliche Mengen natürlicher, ganzer, rationaler und reeller Zahlen, jeweils mit ihrer natürlichen Ordnung, Texte über beliebigen geordneten Alphabeten mit der lexikographischen Ordnung, u.s.w. Der für das Sortieren benötigte abstrakte Datentyp ist die *geordnete endliche Menge*.

Beispiel 1.5: Um einen Zähler modulo 16 zu entwerfen, benötigt man zur Charakterisierung eines abstrakten Datentyps *COUNT* der Zählerzustände folgende Eigenschaften:

1. Es gibt zwei Operationen, nämlich

$$reset : \rightarrow count$$
$$increment : count \rightarrow count$$

   reset bedeutet Löschen bzw. Nullsetzen des Zählers, und *increment* bedeutet Weiterzählen um eins.

2. Sechzehnmalige Anwendung von *increment* nach einem *reset* überführt den Zähler wieder in denselben Zustand wie *reset*. Die dazwischenliegenden Zustände sind alle verschieden.

3. Alle Zählerzustände lassen sich von *reset* aus mittels *increment* erreichen.

Dies legt den Datentyp der Zählerzustände ziemlich weitgehend fest. Es gibt genau 16 Werte, z.B. $0, \ldots, 15$, wobei gilt: $increment(n) = n + 1$ für $0 \leq n < 15$ und $= 0$ für $n = 15$. Dies ist jedoch eine Festlegung, die nicht zwingend aus der obigen Charakterisierung folgt. Ebensogut könnte man die Werte $0, -1, \ldots, -15$ zur Darstellung wählen und *increment*$(n) = n-1$ für $-15 < n \leq 0$, oder man könnte die geraden Zahlen $92, 94, \ldots, 120$ zur Darstellung verwenden, etc. Dies alles — und noch einiges mehr — wären akzeptable konkrete Datentypen, die der obigen Charakterisierung genügen. Sie sind jedoch bis auf eineindeutige Umbenennung — d.h. bis auf Isomorphie — gleich.

Zur mathematischen Präzisierung des Begriffs des abstrakten Datentyps gehen wir von deren extensionalen Eigenschaft aus, eine Klasse "akzeptabler" Datentypen zu bestimmen und legen vorläufig fest:

> *Ein abstrakter Datentyp ist eine Klasse von Datentypen.*

In voller Allgemeinheit führen wir im nächsten Kapitel den Begriff des abstrakten Datentyps als *Kategorie* von Algebren ein (Definition 2.13).

Ein abstrakter Datentyp kann recht unspezifisch sein und eine entsprechend große Klasse von Datentypen darstellen wie im Beispiel der geordneten endlichen Mengen (Beispiel 1.4). Er kann aber auch recht spezifisch sein und den Datentyp bis auf die konkrete Darstellung festlegen wie im Beispiel der Zählerzustände modulo 16 (Beispiel 1.5). Ist die Klasse wie im letzteren Fall eine Isomorphieklasse, so nennen wir den abstrakten Datentyp *monomoph* , ansonsten *polymorph* .

Ein großer Teil der Theorie der abstrakten Datentypen konzentriert sich auf die Spezifikation monomorpher abstrakter Datentypen. Hier liegt auch ein Schwerpunkt dieses Buches, obwohl Aspekte polymorpher Datentypen auch mit berücksichtigt werden. Monomorphe abstrakte Datentypen sind in ihrem Verhalten im wesentlichen festgelegt. "Abstrakt" bedeutet hier soviel wie "darstellungsunabhängig", d.h. lediglich die konkreten Bezeichnungen sind noch wählbar.

Auch abstrakte Datentypen sind nur innerhalb einer Familie aufeinander bezogener abstrakter Datentypen zu behandeln. Die typische Grundsituation bei deren Spezifikation besteht darin, einer bestehenden Familie einen oder mehrere abstrakte Datentypen hinzuzufügen, wobei diejenigen der bestehenden Familie benutzt werden können. Durch eine solche schrittweise Erweiterung wird den abstrakten Datentypen eine hierarchische Struktur aufgeprägt.

Betrachten wir die Erweiterung eines abstrakten Datentyps A_1 zu einem neuen A_2. Bezüglich der Eigenschaften von A_1 und A_2, mono- oder polymorph zu sein, gibt es vier Möglichkeiten.

1. A_1 und A_2 sind beide monomorph. Dies ist der Standardfall bei der Spezifikation monomorpher abstrakter Datentypen durch schrittweise Erweiterung. Beispiele hierfür sind *NAT* mit $\leq$ auf der Grundlage von *BOOL* sowie *TEXT* mit der lexikographischen Ordnung, der Länge von Texten, u.a. auf der Grundlage von *BOOL*, *NAT* und einem gegebenen festen Alphabet.

2. A_1 ist monomorph, A_2 ist polymorph. Ein Beispiel hierfür bildet der abstrakte Datentyp geordneter Mengen, der auf der Grundlage von *BOOL* definiert ist. Weitere Beispiele bilden "verhaltensäquivalente" Datentypen, die nicht isomorph zu sein brauchen. Sei *NATSET* z.B. ein über *NAT* definierter Datentyp endlicher Mengen natürlicher Zahlen. Legt man in *NATSET* nur fest, wie sich die Elementabfrage "$a\epsilon M$" in Abhängigkeit von den anderen Mengenoperatoren verhalten soll, so können außer

einem Datentyp der endlichen Mengen z.B. auch ein Datentyp der endlichen Listen zu
NATSET gehören, in der zwei Listen verschieden sind, obwohl die Mengen ihrer Elemente gleich sind. Damit ist eine übliche Implementierung von Mengen in *NATSET*
enthalten, die, obwohl nicht isomorph zum Datentyp der endlichen Mengen, sich in
operationaler Hinsicht gleich verhält.

3. A_1 ist polymorph, A_2 ist monomorph. Interpretiert man diese Situation so, daß der
   Datentyp in A_2 für jede Wahl des Datentyps in A_1 bis auf Isomorphie festgelegt sein
   soll, so ist dies die typische Situation eines parametrisierten abstrakten Datentyps
   bzw. eines abstrakten Datentyp-Konstruktors. Ein Beispiel ist *LIST(ELEM)*, wobei
   ELEM ein abstrakter Datentyp von Elementen ist und *LIST(ELEM)* ein — in diesem
   Fall bei konkreter Wahl aus *ELEM* monomorph gedachter — abstrakter Datentyp von
   endlichen Listen über *ELEM*.

4. A_1 und A_2 sind beide polymorph. Bei entsprechender Interpretation wie im vorigem Falle bilden Datentyp-Konstruktoren, die den konstruierten Datentyp lediglich
   bis auf Verhaltensäquivalenz festlegen, Beispiele für diese Situation. Ein Beispiel ist
   SET(ELEM), wenn man für jede Wahl aus *ELEM* so verfährt wie oben im Fall 2
   hinsichtlich *NATSET*. Im übrigen bieten die Strukturen der klassischen Algebra zahlreiche Beispiele: Halbgruppen, Monoide, Gruppen, Ringe, Körper, Vektorräume, etc.
   sind polymorphe abstrakte Datentypen in unserem Sinne, die hierarchisch aufeinander
   aufgebaut sind.

1.4 Das Spezifikationsproblem

Die Entwicklung von Software folgt, wie die Entwicklung anderer Produkte auch, einem allgemeinen Grundschema, das sich mit den Worten *Vorstellung, Darstellung* und *Herstellung*
umreißen läßt. Zunächst muß man sich sein Ziel hinreichend deutlich vorzustellen. Hierzu
gehört — neben schöpferischer Phantasie — eine angemessene Modellbildung. Dann muß
man seine Vorstellung in der Form von Plänen, Skizzen, Entwürfen, Spezifikationen, etc.
darstellen. Hierzu bedarf es der Beherrschung der einschlägigen Spezifikationstechniken und
Darstellungsmittel. Erst danach geht es an die eigentliche Ausführung oder Herstellung.

Stellt man sich einen abstrakten Datentyp als Klasse von Algebren vor, so kann man ihn
auf unterschiedliche Art darstellen. Wir konzentrieren uns in diesem Buch auf eine bestimmte Spezifikationsmethode, die *algebraische Spezifikation*. Um diesen Ansatz einordnen
zu können, geben wir nachfolgend einen kurzen Überblick über die Möglichkeiten, die für
die Spezifikationsaufgabe prinzipiell zur Verfügung stehen. Zur Bewertung dieser Methoden
erörtern wir zunächst die Aufgaben der Spezifikation im Software-Entwicklungsprozeß.

Aufgabe 1: *Korrektheit der Spezifikation*
Die Spezifikation soll es gestatten, nachzuprüfen, ob sie die ursprüngliche Vorstellung
ausdrückt und den Absichten und Forderungen entspricht. Dazu gehört es, daß es möglich
sein muß, nachzuweisen, ob die Spezifikation in sich konsistent oder widersprüchlich ist,
und ob sie hinreichend vollständig ist, um unerwünschte Realisierungen auszuschließen.
Auch sollte man erwartete Eigenschaften anhand der Spezifikation nachweisen können.

Aufgabe 2: *Korrektheit der Implementierung*
Die Spezifikation soll es gestatten, nachzuprüfen, ob die endgültige Implementierung ihren
Vorgaben entspricht, also relativ zur gegebenen Spezifikation korrekt ist.

Aufgabe 3: *Automatische Entwurfshilfen*
Die Spezifikation soll es gestatten, automatische Entwurfshilfen zu entwickeln und einzusetzen. Diese sollen die obigen beiden Aufgaben unterstützen, bei der schnellen Generierung
von Prototypen helfen, Organisation und Durchführung der nachfolgenden Implementie-
rungsschritte unterstützen, u.s.w.

Aus diesen Aufgaben ergeben sich folgende Anforderungen an eine gute Spezifikationsmethode.

Anforderung 1: *Verständlichkeit*
Auch längere Spezifikationstexte sollten — zumindest für einen eingearbeiteten Experten
— verständlich und überschaubar bleiben.

Anforderung 2: *Semantik*
Jeder Spezifikationstext sollte präzise und eindeutig hinsichtlich seiner Bedeutung interpre-
tierbar sein.

Anforderung 3: *Abstraktion*
Jede sich aus dem Anwendungsfall ergebende Idee und Vorstellung sollte auf einer ange-
messenen Ebene der Abstraktion, d.h. ohne irrelevante Details und Hilfskonstruktionen
und ohne frühzeitige Festlegung einer bestimmten Art der Implementierung, ausgedrückt
werden können.

Wir erläutern die möglichen Spezifikationsmethoden anhand eines Beispiels für einen monomorphen abstrakten Datentyp, nämlich Stapel (stack) von natürlichen Zahlen. Den (monomorphen) abstrakten Datentyp *NAT* mit 0 und *succ* betrachten wir als gegeben (vgl. Beispiel 1.2). Auch setzen wir generell voraus, daß ein Stapel folgende Operationen enthält (S
bezeichnet die Menge der Stapelinhalte):

$$new : \rightarrow S$$
$$push : S \times nat \rightarrow S$$
$$pop : S \rightarrow S$$
$$top : S \rightarrow nat$$

Es geht nun darum, die beabsichtigte Wirkung der Operationen zu beschreiben.

A. Verbale Spezifikation

Unter Verwendung natürlicher Sprache läßt sich die beabsichtigte Wirkung der Stapeloperationen folgendermaßen beschreiben:

new bezeichnet den leeren Stapel, der kein Element enthält; *push*(s, n) legt das Element
n∈*nat* auf den Stapel *s*∈*S*; *pop*(s) entfernt das oberste Elemet vom Stapel *s*∈*S*; *top*(s) liefert
das oberste Element des Stapels *s*∈*S*.

Diese verbale Spezifikation erscheint gut verständlich und angemessen abstrakt. Probleme
ergeben sich bei der Semantik: was z.B. heißt genau "auf den Stapel legen"? Auch die
Korrektheit der Spezifikation, insbesondere ihre Vollständigkeit, werfen Probleme auf: was
bedeutet *pop*(*new*)? Wie ist *push*(*pop*(*new*), 1) auszuwerten? Die Spezifikation gibt sicherlich einige Kriterien an die Hand, z.B. die relative Korrektheit einer Stapel-Implementierung

zu überprüfen. Der Einsatz automatischer Entwurfshilfen auf dieser Grundlage erscheint jedoch aussichtslos.

Die Ungenauigkeiten und Unvollständigkeiten lassen sich sicherlich durch zusätzliche Erläuterungen beheben. Prinzipiell läßt sich wohl jeder Grad von Präzision und Vollständigkeit, der durch formale Methoden erreichbar ist, auch durch sorgfältige und disziplinierte Verwendung natürlicher Sprache erreichen. Die Beschreibungen geraten dann allerdings — auch bereits bei kleinen Beispielen wie dem Stapel — leicht etwas lang und unübersichtlich. Problematisch bleibt in jedem Fall der Einsatz automatischer Entwurfshilfen, da die Probleme der Analyse und des "Verstehens" natürlicher Sprache durch Maschinen ungelöst sind.

Natürliche Sprache allein reicht daher nicht aus, um die Aufgaben einer Spezifikation zu erfüllen und den Anforderungen an eine nützliche Spezifikationsmethode zu genügen. Hierzu bedarf es formaler Methoden. Es sei jedoch betont, daß verbale Spezifikationen bei der Entwicklung von Ideen und Vorstellungen zu einem Software-System eine unverzichtbare Rolle spielen.

B. Formale Spezifikation

Während weitgehend Einigkeit darüber besteht, daß für die Software-Spezifikation formale Methoden benötigt werden, gehen die Ansichten darüber, welches die "richtige" Methode ist, auseinander. Eine systematische Einteilung der zur Verfügung stehenden Möglichkeiten läßt sich auf zwei Kriterien gründen:

(1) Für die Spezifikation können *imperative* oder *applikative* Konzepte gewählt werden. Applikative Konzepte umfassen Funktionen, deren Anwendung auf Argumente, die Bildung von Ausdrücken (Termen), u.s.w. Imperative Konzepte sind zustandsorientiert, z.B. Variable in Programmiersprachen, Wertzuweisungen u.s.w.

(2) Man kann einen abstrakten Datentyp als Klasse von Datentypen *axiomatisch* durch Angabe der klassendefinierenden Eigenschaften beschreiben, man kann die Klasse aber auch *exemplarisch* durch Angabe eines konkreten Repräsentanten charakterisieren, wobei implizit oder explizit auf eine klassenbildende Äquivalenzrelation bezuggenommen wird.

B.1 Imperative Methoden

Hier werden Sprachelemente höherer Programmiersprachen zur Spezifikation verwendet.

B.1.1 Exemplarische imperative Spezifikation

Dies bedeutet, daß man die Datenelemente durch Mittel der Programmiersprache konkret darstellt und die Operationen als Prozeduren konkret programmiert. In dem Stapel-Beispiel könnte man die Stapelzustände etwa durch Arrays oder verkettete Listen darstellen, jeweils mit einem Zeiger zum "obersten" Element des Stapels. Die Operationen *new*, *push*, *pop* und *top* wären dann als Prozeduren zu programmieren.

Von einer Spezifikation im oben beschriebenen Sinne kann hier eigentlich nicht die Rede sein, man hat bereits eine fertige und lauffähige Implementierung. Auch wenn bei der Spezifikation weniger auf Effizienz als auf leichte Verständlichkeit geachtet und die endgültige Implementierung erst durch nachfolgende Programmoptimierung erhalten wird, so wird auf diese Weise doch meist zu nahe an der Implementierung und damit auf einer unangemessenen Abstraktionsebene spezifiziert.

B.1.2 Axiomatische imperative Spezifikation

Man benutzt hier eine Programmlogik, d.h. eine modale oder dynamische Logik, um Aussagen über imperative Programme als Axiome zu formulieren. In der geläufigsten Form haben Formeln die Gestalt

$$\{P\} \; a \; \{Q\} \; .$$

Hierbei ist a eine Anweisung, P eine Vorbedingung und Q eine Nachbedingung. Die Bedingungen ("Zusicherungen") werden als Formeln in einem geeigneten Prädikatenkalkül formuliert.

Die Operationen des Datentyps werden als "abstrakte" Prozeduren aufgefaßt, die nicht ausprogrammiert, sondern durch Vor- und Nachbedingungen axiomatisch spezifiziert werden. Im Stapel-Beispiel könnte man z.B. die Wirkung der *push*- und *pop*-Operationen folgendermaßen ausdrücken (S sei die Menge der Stapelinhalte, und es seien s, s' und n Variable mit Wertebereichen S bzw. *nat*):

$$\{ \; \} \; push(s,n) \; \{s \neq new \wedge top(s) = n\}$$
$$\{s = s'\} \; push(s,n); \; pop(s) \; \{s = s'\}$$
$$\text{etc.}$$

Diese Spezifikationsmethode erfüllt die oben erörterten Aufgaben und Anforderungen recht gut und gehört sicherlich zu den attraktiven Methoden. Auch die Abstraktionsebene der Spezifikation läßt sich angemessen wählen.

Es erscheint jedoch fraglich, ob es angemessen ist, die Spezifikation von *Datentypen* auf *imperative* Konzepte zu gründen. Akzeptiert man die Vorstellung von Datentypen als Algebren, so sollen Mengen und Funktionen auf ihnen beschrieben werden, und hierfür sind Variable und Anweisungen imperativer Sprachen unnötig umständliche Hilfskonzepte mit durchaus schwieriger Semantik. Die Verwendung axiomatischer imperativer Spezifikationsmethoden sollte Bereichen im Software-Entwurf vorbehalten bleiben, in denen Konzepte des Speichers und der Speichertransformation inhärent zur Problemstellung gehören (wie z.B. im Bereich der Datenbanken).

B.2 Applikative Methoden

Diese Methoden basieren auf einfachen mathematischen Grundkonzepten: Mengen und Funktionen.

B.2.1 Exemplarische applikative Spezifikation

Dieser Ansatz wird auch als "denotationale Spezifikation" bezeichnet, da die gleichen Konzepte wie bei der denotationale Semantik von Programmiersprachen benutzt werden: ein mathematisches Modell für die Datenelemente wird in einer Notation beschrieben, die sich an konventionelle mathematische Notation anlehnt.

Im Beispiel der Stapel über *NAT* könnte man S, die Menge der Stapelzustände, als endliche Folgen natürlicher Zahlen modellieren:

$$S = nat^* = \{(n_1, \ldots, n_k) | k, n_1, \ldots, n_k \in nat\}$$

Die Operationen lassen sich dann folgendermaßen definieren:

$$
\begin{aligned}
new &= (\ ) \\
push\big((n_1, \ldots, n_k), m\big) &= (m, n_1, \ldots, n_k) \\
pop\big((n_1, \ldots, n_k)\big) &= \begin{cases} (n_2, \ldots, n_k) & \text{falls } k > 0 \\ \text{undefiniert} & \text{sonst} \end{cases} \\
top\big((n_1, \ldots, n_k)\big) &= \begin{cases} n_1 & \text{falls } k > 0 \\ \text{undefiniert} & \text{sonst} \end{cases}
\end{aligned}
$$

Die oben erörterten Aufgaben und Anforderungen lassen sich mit dieser Spezifikationstechnik einigermaßen zufriedenstellend erfüllen. Insbesondere sind gute denotationale Spezifikationen recht anschaulich und verständlich. Probleme ergeben sich allerdings bei der Entwicklung automatischer Entwurfshilfen: Verfahren sowohl der automatischen Verifikation als auch der schnellen Generierung von Prototypen sind auf dieser Basis nur schwer zu entwickeln. Eine systematische Schwierigkeit besteht darin, daß Kriterien fehlen, wann ein anderes als das angegebene Modell ebenfalls akzeptabel ist, d.h. zum beabsichtigten *abstrakten* Datentyp gehört. Bei monomorphen Datentypen mag dies Problem weniger schwerwiegend sein, jedoch ist die Methode zur Spezifikation polymorpher Datentypen weniger geeignet.

B.2.2 Axiomatische applikative Spezifikation

Eine Menge von Axiomen legt die Klasse der Modelle fest, die die Axiome erfüllen. Diese Klasse ist der spezifizierte abstrakte Datentyp. Es sind eine Reihe von Varianten denkbar, die durch die Auswahl des Logik-Kalküls für die Axiome bestimmt werden.

Im Stapel-Beispiel lassen sich die Operationen durch folgende Axiome charakterisieren:

$$
\begin{aligned}
\forall s \in S \ \ \forall n \in nat : \ pop\big(push(s, n)\big) &= s \\
\forall s \in S \ \ \forall n \in nat : \ top\big(push(s, n)\big) &= n
\end{aligned}
$$

Das oben angegebene denotationale Modell erfüllt diese Axiome. Läßt man partielle Funktionen zu, so ist dieses somit in dem spezifizierten Datentyp enthalten. Man hat allerdings generell zu vereinbaren, welche Strukturen man als Modelle zulassen will. Beschränkt man sich auf heterogene Algebren mit totalen Operationen, so ist das denotationale Modell nicht zulässig, da *pop* und *top* nur partiell definiert sind. Ein zulässiges Modell erhält man dann durch geeignete Festlegung von *pop(new)* und *top(new)*, z.B. $pop(new) = new$ und $top(new) = 0$.

Das komplettierte denotationale Modell erfüllt die Axiome, jedoch gibt es noch weitere Modelle mit dieser Eigenschaft, selbst wenn man die Standardinterpretation für *NAT* fest vorschreibt. Zunächst gehören alle Modelle dazu, die zum angegebenen isomorph sind, aber auch dies ist nicht alles. Ein weiteres Modell erhält man zum Beispiel, wenn man für S alle endlichen *und unendlichen* Folgen natürlicher Zahlen einsetzt und die Operationen entsprechend definiert. Erst das Axiom

$$
\forall M \subseteq S : \ new \in M \wedge \big((\forall s \in M \ \forall n \in nat : \ push(s, n) \in M) \Longrightarrow M = S\big)
$$

schließt derartige "Nicht-Standard-Modelle" aus, und man erhält eine Isomorphieklasse, also einen monomorphen abstrakten Datentyp.

Dies letztere Axiom ist allerdings eine Formel zweiter Stufe, da über Mengen quantifiziert
wird. Beschränkt man sich auf den Prädikatenkalkül erster Stufe — und dies ist für den
Einsatz automatischer Entwurfshilfen anzuraten — so ist ein solches Axiom nicht formu-
lierbar. Monomorphe abstrakte Datentypen sind dann im allgemeinen nicht axiomatisch
beschreibbar.

Die *algebraische* Spezifikation abstrakter Datentypen, deren Grundlagen in den folgenden
Kapiteln beschrieben werden, ist eine axiomatische applikative Spezifikationsmethode. Für
die Spezifikation polymorpher abstrakter Datentypen lassen wir allgemeine Formeln im
Prädikatenkalkül erster Stufe zu. Die Besonderheit liegt in dem Ansatz zur Spezifikation
monomorpher abstrakter Datentypen: hierfür wird ein sehr einfacher — und sehr einge-
schränkter — Logik-Kalkül benutzt, nämlich der *Gleichungskalkül* (viele Resultate lassen
sich auf bedingte Gleichungen bzw. Horn-Klauseln verallgemeinern, wir verzichten jedoch
auf größtmögliche Allgemeinheit zugunsten eines leichteren Zugangs zur Theorie). Um Monomorphie zu erreichen , wird dann die algebraische Struktur gleichungsdefinierter Klassen
ausgenutzt, um eine Isomorphieklasse innerhalb der Modellklasse auszuzeichnen.

Die algebraische Spezifikation genügt den oben genannten Aufgaben und Anforderungen
recht gut. Probleme gibt es mit der Verständlichkeit größerer Axiomensysteme, jedoch
läßt sich dies durch systematische Strukturierung und Modularisierung mildern. Ein Vor-
teil des Gleichungskalküls ist, daß er auch einer verhältnismäßig einfachen und effizienten
operationalen Behandlung zugänglich ist. Die applikative Programmierung mittels rekursi-
ver Funktionsdefinitionen ist als Spezialfall enthalten. Es gibt implementierte Systeme zur
Unterstützung von Korrektheitsbeweisen und zur schnellen Erzeugung von Prototypen.

1.5 Übungen

1) Gegeben seien die Datentypen *BOOL* von booleschen Werten und *NAT* von natürlichen
Zahlen.

   a) Woraus besteht ein Datentyp *NATQUEUE* von Schlangen natürlicher Zahlen ?

   b) Welches sind die "wesentlichen" Eigenschaften des *abstrakten* Datentyps *NATQUEUE*
der Schlangen natürlicher Zahlen ?

   c) Ist der abstrakte Datentyp *NATQUEUE* monomorph oder polymorph?

2) Gegeben sei der Datentyp *NAT* von natürlichen Zahlen.

   a) Aus welcher Wertemenge und welchen Operationen besteht ein Datentyp *FRACTION*
von Brüchen ?

   b) In welchem Verhältnis steht *FRACTION* zu einem Datentyp *RAT* von rationalen Zahlen ?

3) Gegeben sei ein abstrakter Datentyp *ENTRY* von Einträgen.

   a) Welche Operationen gehören zum abstrakten Datentyp *BINTREE* von binären Bäu-
men mit Einträgen in Knoten und Blättern ?

   b) Welche Gesetze gelten für diese Operationen ?

   c) Ist *BINTREE* relativ zu *ENTRY* monomorph oder polymorph ?

4) Für Sortier- und Suchverfahren wird der abstrakte Datentyp *ENTRY-WITH-KEY* von Einträgen mit geordneten Schlüsseln benötigt.

   a) Durch welche Operationen und Eigenschaften ist dieser abstrakte Datentyp charakterisiert ?

   b) Ist *ENTRY-WITH-KEY* monomorph oder polymorph ?

5) Gegeben sei ein abstrakter Datentyp *CHAR* von Zeichen. Überlegen Sie sich ein Repertoire von Operationen für einen abstrakten Datentyp *LINE-EDITOR*, der einen einfachen Zeileneditor beschreiben soll. Mit Hilfe des Editors möchte man einen Cursor entlang einer (einzigen) Textzeile bewegen und Zeichen in der Zeile ändern können.

6) Gegeben sei der abstrakte Datentyp *NAT* von natürlichen Zahlen mit den Operationen $\{0, succ, +, *, <\}$, die durch die üblichen Rechengesetze bereits formal spezifiziert seien. Ist relativ dazu die folgende axiomatische applikative Spezifikation von zwei zusätzlichen Operationen $f, g : nat \times nat \to nat$ "konsistent" (widerspruchsfrei) und "vollständig" ?:

$$\forall x, y \epsilon nat : \quad x = f(x, y) + y * g(x, y)$$
$$\forall x, y \epsilon nat : \quad f(y, x) = f(x, y)$$
$$\forall x, y \epsilon nat : \quad 0 < y \Rightarrow f(x, y) < y$$

7) Gegeben seien die abstrakten Datentypen *BOOL* von booleschen Werten und *ELEM* von beliebigen Elementen. Spezifizieren Sie den abstrakten Datentyp *SET* der "Mengen von Elementen" mit den folgenden Operationen:

empty: $\to set$	(leere Menge)
add: $set \times elem \to set$	(Hinzufügen eines Elements)
delete: $set \times elem \to set$	(Löschen eines Elements)
in?: $elem \times set \to bool$	(Elementabfrage)

   a) axiomatisch imperativ (Vor-/Nachbedingungen)

   b) exemplarisch applikativ (Modell)

   c) axiomatisch applikativ (Axiome).

2. Spezifikation

Signaturen; Zusammenhang mit kontextfreien Grammatiken; Axiome; Prädikatenkalkül; Gleichungskalkül; Spezifikationen; Algebren; Algebra-Morphismen; Auswertung von Termen; Modelle von Formeln; die ADT-Operatoren MOD und ISOCLOSE; Unteralgebren; minimale Algebren; der ADT-Operator MIN; Theorien.

2.1 Signaturen

Die Signatur einer algebraischen Spezifikation besteht aus den Sorten der beteiligten Daten und den auf ihnen erklärten Operatoren. Sorten und Operatoren können als Namen für die Trägermengen und Operationen des zu spezifizierenden abstrakten Datentyps aufgefaßt werden.

Definition 2.1: Eine *Signatur* ist ein Paar $\Sigma = \langle S, \Omega \rangle$. Dabei ist S eine Menge von *Sorten*, und $\Omega = \{\Omega_{\bar{s},s}\}_{\bar{s} \epsilon S^*, s \epsilon S}$ ist eine $S^* \times S$-indizierte Mengenfamilie von *Operatoren*.

Zu jedem Wort $\bar{s} \epsilon S^*$ und jeder Sorte $s \epsilon S$ gibt es also in Ω eine (ggf. leere) Menge $\Omega_{\bar{s},s}$ von Operatoren. Hierdurch wird ausgedrückt, daß $\bar{s} = s_1 \ldots s_n$ die Liste der Argumentsorten und s die Ergebnissorte jedes Operators $\omega \epsilon \Omega_{\bar{s},s}$ ist. Statt $\omega \epsilon \Omega_{\bar{s},s}$ schreiben wir auch:

$$\omega : s_1 \times \cdots \times s_n \rightarrow s$$

Der Fall $n = 0$ ist zugelassen. Nullstellige Operatoren $\omega :\rightarrow s$ bezeichnen wir auch als *Konstante* der Sorte s.

Die Operatormengen $\Omega_{\bar{s},s}$, $\bar{s} \epsilon S^*$, $s \epsilon S$ brauchen nicht paarweise disjunkt zu sein: derselbe Operator kann mehrere verschiedene Argument- und Ergebnissorten haben. Wir werden dies später benutzen, um Operatorzeichen mit mehrfacher Bedeutung zu belegen, insbesondere wenn es sich "im Grunde" um "denselben" Operator handelt wie z.B. die Addition auf natürlichen Zahlen, auf ganzen Zahlen, auf rationalen Zahlen u.s.w.

Signaturen lassen sich anschaulich graphisch darstellen. Dazu ordnen wir jeder Signatur $\Sigma = \langle S, \Omega \rangle$ einen Graphen $graph(\Sigma)$ folgendermaßen zu:

(1) Es gibt zwei Arten von Knoten, Sorten- und Operatorknoten. $graph(\Sigma)$ enthält für jede Sorte genau einen Sortenknoten und für jede nichtleere Menge $\Omega_{\bar{s},s} \epsilon \Omega$ genau einen Operatorknoten.

(2) Es gibt zwei Arten von Kanten in $graph(\Sigma)$. Von jedem Operatorknoten $\Omega_{\bar{s},s}$, $\bar{s} = s_1 \ldots s_n$, gibt es n ungerichtete Kanten zu den Argumentsorten $s_1, \ldots, s_n$ sowie eine gerichtete Kante zur Ergebnissorte s.

Sortenknoten stellen wir durch Kreise oder Ovale dar, in die wir die Sortenbezeichnung hineinschreiben. Operatorknoten stellen wir durch kleine ausgefüllte Kreise dar, an die wir die Operatorbezeichnungen heranschreiben.

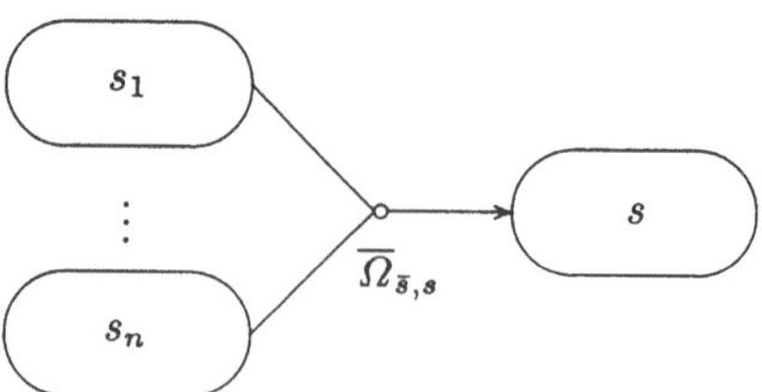

Beispiele 2.2: Für die Notation der Signaturen benutzen wir eine einfache ad-hoc-Syntax, die hinter dem Namen der Signatur die Sorten und Operatoren auflistet. Die Sorten werden durch das Schlüsselwort **sorts**, die Operatoren durch das Schlüsselwort **ops** eingeleitet. Die Phrase $\mathbf{sig}_1 + \ldots + \mathbf{sig}_n +$ bedeutet, daß zunächst die Sorten und Operatoren der Signaturen $\mathbf{sig}_1, \ldots, \mathbf{sig}_n$ aufzunehmen und die explizit aufgelisteten hinzuzufügen sind.

(a) **bool**   **sorts** bool

    ops   true, false : $\to$ bool
             $\neg$: bool $\to$ bool
             $\wedge, \vee, \ldots$: bool $\times$ bool $\to$ bool

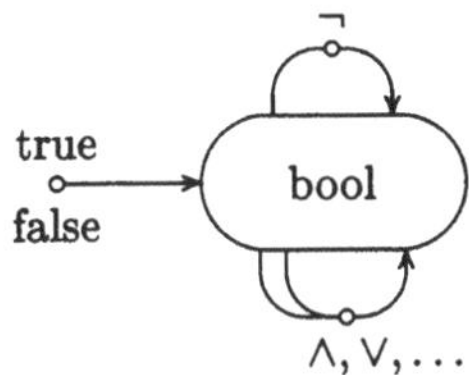

(b) **nat**   **sorts** nat

    ops   0 : $\to$ nat
             succ : nat $\to$ nat

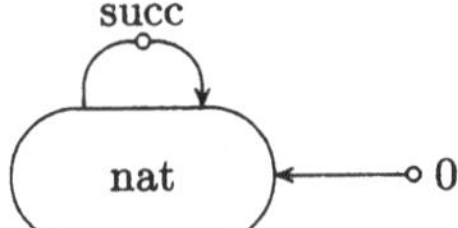

(c) **nat1**   **bool + nat +**

    ops   + : nat $\times$ nat $\to$ nat
             $\leq$: nat $\times$ nat $\to$ bool

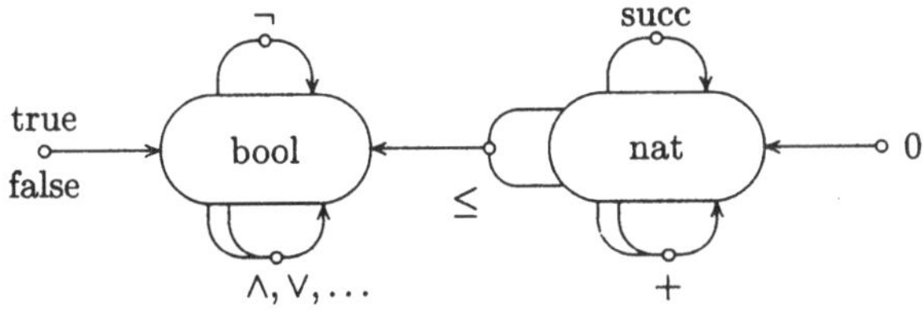

(d) **natstack**   **nat1 +**

     sorts S

     ops   new : $\to$ S
              push : S $\times$ nat $\to$ S
              pop : S $\to$ S
              top : S $\to$ nat

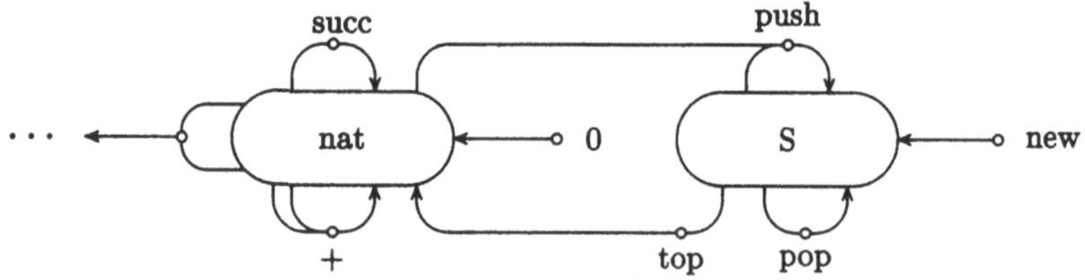

(e) **natqueue**   **nat1** +

    sorts   Q

    ops   empty : $\to$ Q
           in : Q $\times$ nat $\to$ Q
           out : Q $\to$ Q
           front : Q $\to$ nat

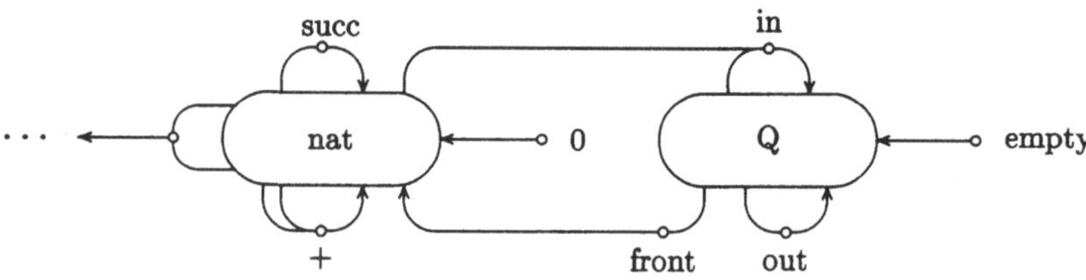

Es besteht ein enger Zusammenhang zwischen Signaturen und kontextfreien Grammatiken
. Jeder Signatur $\Sigma = \langle S, \Omega \rangle$ wird eine S-indizierte Mengenfamilie

$$G(\Sigma) = \{G(\Sigma)_{s_0} = (N, T, s_0, P)\}_{s_0 \in S}$$

von kontextfreien Grammatiken folgendermaßen zugeordnet:

(1) Die Nichtterminalzeichen sind $N = S$.

(2) Die Terminalzeichen sind $T = \overline{\Omega} \cup \{(,)\} \cup \{,\}$, wobei $\overline{\Omega}$ die disjunkte Vereinigung aller
Mengen $\Omega_{\bar{s},s}$ für $\bar{s} \in S^*$ und $s \in S$ ist.

(3) Das Startsymbol für $G(\Sigma)_{s_0}$ ist s_0.

(4) Die Produktionen sind gegeben durch $P = \{s \to \omega(s_1, \ldots, s_n) \mid \omega \in \Omega_{s_1 \ldots s_n, s}\}$

Man beachte, daß wir im Punkt 2 die *disjunkte* Vereinigung der Operatormengen gebildet
haben. Dies bedeutet, daß jeder Operator in $\overline{\Omega}$ mit seiner Herkunftsmenge markiert ist, also
im wesentlichen mit seinen Argument- und Wertsorten. Dadurch wird ein mit mehreren
Argument- und Wertsorten "überbelegter" Operator wie entsprechend viele verschiedene
Operatoren behandelt. Soweit keine Mißverständnisse zu erwarten sind, lassen wir in den
Beispielen diese Markierungen weg.

Die obigen Produktionen führen einheitlich eine Präfix-Notation (z.B. $f(x,y)$) für die Ope-
ratoranwendung ein. In konkreten Beispielen ist es üblich, auch andere Notationen wie
etwa Infix (z.B. $x + y$), Postfix (z.B. $x!$, x^2) oder Mixfix (z.B. if x then y else z fi) zu
benutzen. Wir werden in den Beispielen frei davon Gebrauch machen. Für Konstante

$\omega :\to s$ ergibt sich die Produktion $s \to \omega()$ mit terminaler rechter Seite. Hier folgen wir der üblichen Vereinbarung, die Klammern um die leere Liste wegzulassen.

Umgekehrt läßt sich jeder kontextfreien Grammatik $G = (N, T, X_0, P)$ eine Signatur

$$\Sigma(G) = \langle S, \Omega \rangle$$

folgendermaßen zuordnen :

(1) Die Sorten sind $S = N$.

(2) Die Operatoren in $\Omega_{\bar{s},s}$ sind genau die Produktionen mit linker Seite s und der Folge $\bar{s}$ von Nichtterminalsymbolen auf der rechten Seite.

Dieser Zusammenhang bildet die Grundlage für die algebraische Semantik von Programmiersprachen. Die kontextfreie Syntax der Programmiersprache, d.h. ihre konkrete Syntax, wird mittels der obigen Zuordnung in eine Signatur überführt, die ihre abstrakte Syntax darstellt. Umgekehrt bestimmt jede Signatur durch die obige Zuordnung einer kontextfreien Grammatik (mit variablem Startsymbol) eine Sprache, die die Operatoren und ihre möglichen Zusammensetzungen zu syntaktisch korrekten Termen ausdrückt.

Definition 2.3: Sei $\Sigma = \langle S, \Omega \rangle$ eine Signatur. Die Menge der *Terme* der Sorte $s \epsilon S$ über Σ, $T_{\Sigma,s}$, ist die von $G(\Sigma)_s$ erzeugte Sprache,

$$T_{\Sigma,s} = L(G(\Sigma)_s).$$

Mit $T_\Sigma = \{T_{\Sigma,s}\}_{s \epsilon S}$ bezeichnen wir die S-indizierte Mengenfamilie aller Terme über Σ.

Demnach sind die Konstanten Terme, und wenn $\omega : s_1 \times \ldots \times s_n \to s$ ein Operator und $t_1, \ldots, t_n$ Terme der Sorten $s_1, \ldots, s_n$ sind, so ist $\omega(t_1, \ldots, t_n)$ ein Term der Sorte s.

Beispiel 2.4: Wir beziehen uns auf das Beispiel 2.2, a bis e, und geben die zugeordneten Grammatiken an. Der Kürze und Übersichtlichkeit halber geben wir nur die Produktionen an und verzichten auf die explizite Auflistung der Nichtterminal- und Terminalzeichen.

(a) G(**bool**):   bool $\to$ true | false | $\neg$bool | bool $\wedge$ bool | bool $\vee$ bool | ...

(b) G(**nat**):   nat $\to$ 0 | succ(nat)

(c) G(**nat1**):   nat $\to$ nat + nat | 0 | succ(nat)
bool $\to$ nat $\leq$ nat | true | false | $\neg$bool | bool $\wedge$ bool | bool $\vee$ bool | ...

     G(**nat1**)$_{\text{nat}}$ ist gegeben durch die Wahl von nat als Startsymbol, und G(**nat1**)$_{\text{bool}}$ durch die von bool.

(d) G(**natstack**): S $\to$ new | push(S, nat) | pop(S)
nat $\to$ top(S) | nat + nat | 0 | succ(nat)
bool $\to$ nat $\leq$ nat | true | false | $\neg$bool | bool $\wedge$ bool | bool $\vee$ bool | ...

(e) G(**natqueue**): Q $\to$ empty | in(Q, nat) | out(Q)
nat $\to$ front(Q) | nat + nat | 0 | succ(nat)
bool $\to$ nat $\leq$ nat | true | false | $\neg$bool | bool $\wedge$ bool | bool $\vee$ bool | ...

Als Beispiel für die erzeugten Sprachen geben wir einige Terme der Sorte S mit Bezug auf
die Signatur **natstack** an:

$$
\begin{aligned}
&\text{new} \\
&\text{push}(\text{push}(\text{push}(\text{new}, 0), 0), \text{succ}(0)) \\
&\text{pop}(\text{push}(\text{new}, \text{top}(\text{push}(\text{new}, 0)))) \\
&\text{push}(\text{pop}(\text{new}), \text{top}(\text{pop}(\text{new}))) \\
&\textit{etc.}
\end{aligned}
$$

Jeder dieser Terme beschreibt einen Stapelzustand syntaktisch durch die Abfolge der angewandten Operationen.

2.2 Axiome

Die Signatur eines abstrakten Datentyps legt Anzahl und syntaktische Struktur der Operationen fest, sagt jedoch nichts über deren beabsichtigte Bedeutung. So gehen z.B. die
Signaturen von **natstack** und **natqueue**, wie man in den obigen Beispielen leicht er-
kennt, durch eineindeutige Umbenennung auseinander hervor, sind also bis auf die Wahl
der Bezeichnung für Sorten und Operatoren gleich, während Stapel und Schlangen durchaus
verschiedene abstrakte Datentypen sind.

Ist die Signatur gegeben, so wird das beabsichtigte Verhalten der Operationen durch die
Angabe von Axiomen eingegrenzt. Fordert man z.B. $\text{pop}(\text{push}(s, n)) = s$ für alle $s \epsilon S$ und
alle $n \epsilon nat$, so ist schlangenartiges Verhalten von push und pop ausgeschlossen, während
das gewünschte stapelartige Verhalten weiter zugelassen bleibt.

Aus der klassischen Algebra sind eine Vielzahl von Axiomensystemen bekannt, von denen
jedes eine Klasse von Algebren — in unserer Redeweise einen (meist polymorphen) abstrakten Datentyp — bestimmt, welche die Axiome erfüllen. Beispiele sind Halbgruppen,
Monoide, Gruppen, Ringe, Körper, Verbände, etc.

Als ein Beispiel spezifizieren wir geordnete Mengen als polymorphen abstrakten Datentyp **ord**. Entsprechend unserer funktionalen Sichtweise fassen wir die Ordnung nicht als
Relation, sondern als bool-wertige Operation auf.

Beispiel 2.5: Wir notieren die Spezifikation von **ord** in einer ad-hoc-Syntax, die dieje-
nige für Signaturen erweitert. Unter den Schlüsselworten **vars** und **axs** notieren wir die
Variablen und Axiome. Ein boolscher (monomorpher) abstrakter Datentyp sei durch eine
Spezifikation **bool** gegeben. **ord** ist eine (polymorphe) Erweiterung von **bool**.

> **ord**　　**bool +**
>
> 　　　**sorts**　　ord
>
> 　　　**ops**　　　$\leq: \text{ord} \times \text{ord} \to \text{bool}$
>
> 　　　**vars**　　x, y, z : ord
>
> 　　　**axs**　　　$\forall x : (x \leq x) = \text{true}$
>
> 　　　　　　　　$\forall x \, \forall y \, \forall z : (x \leq y) = \text{true} \,\wedge\, (y \leq z) = \text{true} \,\Rightarrow\, (x \leq z) = \text{true}$
>
> 　　　　　　　　$\forall x \, \forall y : (x \leq y) = \text{true} \,\wedge\, (y \leq x) = \text{true} \,\Rightarrow\, x = y$

Zur Formulierung der Axiome wird ein Prädikatenkalkül 1. Stufe mit Gleichheit benutzt.
Als Konsequenz unserer funktionalen Sichtweise treten keine anderen Prädikate als die

Gleichheit auf. Was sonst als Prädikat formuliert werden würde, erscheint hier als Gleichung $t = \text{true}$ für einen bool-wertigen Term t.

Zur genauen Beschreibung des Kalküls, den wir zugrundelegen, seien $\Sigma = \langle S, \Omega \rangle$ eine Signatur und $X = \{X_s\}_{s \epsilon S}$ eine S-indizierte Mengenfamilie. Die Elemente $x \epsilon X_s$, $s \epsilon S$, nennen wir *Variablen* der Sorte s. Wir setzen voraus, daß X_s und $\Omega_{\varepsilon, s}$ disjunkt sind für alle $s \epsilon S$, daß also Variablen und Konstanten verschieden sind.

Mit $\Sigma(X)$ bezeichnen wir die Signatur, die aus Σ dadurch entsteht, daß man alle Variablen als nullstellige Operatoren hinzufügt:

$$\Sigma(X) = \langle S, \Omega \cup X \rangle \text{ , wobei}$$
$$(\Omega \cup X)_{\varepsilon, s} = \Omega_{\varepsilon, s} \cup X_s \text{ und}$$
$$(\Omega \cup X)_{\bar{s}, s} = \Omega_{\bar{s}, s}$$

für alle $S \epsilon S$ und alle $\bar{s} \epsilon S^+$. Die Terme $T_{\Sigma(X)}$ über $\Sigma(X)$ sind nun genau alle *Terme mit Variablen*, die sich mit Operatoren aus Σ und Variablen aus X bilden lassen. Die *konstanten Terme* ohne Variablen bilden eine Teilmenge,

$$T_\Sigma = T_{\Sigma(\emptyset)} \subseteq T_{\Sigma(X)}.$$

Die Inklusion ist dabei komponentenweise zu verstehen, also: $T_{\Sigma, s} \subseteq T_{\Sigma(X), s}$ für alle $s \epsilon S$. Die einzigen *atomaren Formeln* unseres Kalküls sind Gleichungen zwischen Termen aus $T_{\Sigma(X)}$.

Definition 2.6: Eine *Σ-Gleichung* der Sorte $s \epsilon S$ ist ein Paar $t_1 = t_2$, wobei $t_1, t_2 \epsilon T_{\Sigma(X), s}$ sind.

Die Menge der Σ-Gleichungen bzgl. gegebener Variablen X wird bezeichnet mit

$$EQ_{\Sigma(X)} := \{t_1 = t_2 \mid t_1, t_2 \epsilon T_{\Sigma(X), s} \text{ für ein } s \epsilon S\}.$$

Man beachte, daß die Σ-Gleichungen als einfache Menge, nicht als S-indizierte Mengenfamilie definiert sind, obwohl jede Gleichung eine Sorte hat. Die Teilmenge der *konstanten* Σ-Gleichungen ist gegeben durch

$$EQ_\Sigma := EQ_{\Sigma(\emptyset)}.$$

Der *Prädikatenkalkül* $PK_{\Sigma(X)}$, den wir als allgemeine Sprache zur Formulierung von Axiomen zugrundelegen, ist nun folgendermaßen als Formelmenge definiert:

  (i) $EQ_{\Sigma(X)} \subseteq PK_{\Sigma(X)}$, d.h. alle atomaren Formeln sind Formeln.

  (ii) Sind $\varphi, \psi \epsilon PK_{\Sigma(X)}$, so sind auch $\neg\varphi$, $(\varphi \wedge \psi)$, $(\varphi \vee \psi)$ $\epsilon PK_{\Sigma(X)}$.

  (iii) Sind $\varphi \epsilon PK_{\Sigma(X)}$, $x \epsilon X_s$ und $s \epsilon S$, so sind auch $(\forall x)\varphi$, $(\exists x)\varphi$ $\epsilon PK_{\Sigma(X)}$.

  (iv) Keine weiteren Formeln sind in $PK_{\Sigma(X)}$.

Zur Erleichterung der Schreibweise machen wir von üblichen Klammereinsparungsregeln Gebrauch und erlauben uns insofern Abweichungen von der strengen Syntax. Auch werden wir abgeleitete logische Verknüpfungen, z.B. $\Rightarrow$ und $\Leftrightarrow$, in ihrer üblichen Bedeutung benutzen.

Freie und gebundene Vorkommen von Variablen sind in unserem Kalkül wie gewöhnlich definiert:

(i) Jede in einer atomaren Formel auftretende Variable ist dort frei.

(ii) Ist φ eine Formel und ist die Variable x in dieser Formel frei, so ist x auch in $\neg\varphi$ frei.

(iii) Sind φ und ψ Formeln und ist x in mindestens einer dieser Formeln frei, so ist x in $\varphi \wedge \psi$ und in $\varphi \vee \psi$ frei.

(iv) Ist φ eine Formel und ist die Variable x in dieser Formel frei, so ist x in $(\forall x)\varphi$ und in $(\exists x)\varphi$ nicht frei, sondern (durch $\forall$ bzw. $\exists$) gebunden.

Als Axiome werden nur *geschlossene* Formeln , d.h. Formeln ohne freie Variablen, verwendet.

Beispiel 2.7: Wir spezifizieren Gruppen als (polymorphen) abstrakten Datentyp.

group	**sorts**	G
	ops	$* : G \times G \to G$
	vars	$e, x, y, z : G$
	axs	$\forall x \, \forall y \, \forall z : (x * y) * z = x * (y * z)$
		$\exists e \, \forall x : (e * x = x) \wedge (\exists y : y * x = e)$

Neben der Assoziativität von $*$ werden die Existenz eines linksneutralen Elements e sowie für jedes x die Existenz eines linksinversen Elementes y gefordert. (Es läßt sich beweisen, daß e dann auch rechtsneutral und y dann auch rechtsinvers sind.)

Wie schon im Abschnitt 1.4 erörtert, ist es ohne Formeln der zweiten Stufe nicht möglich, *monomorphe* abstrakte Datentypen direkt zu spezifizieren. Die Grundidee der algebraischen Spezifikation besteht nun darin, durch Verwendung eines sehr einfachen und eingeschränkten Kalküls eine viel zu große Klasse zu spezifizieren, die allerdings übersichtliche und nützliche strukturelle Eigenschaften hat, die man ausnutzen kann, um in ihr eine Isomorphieklasse als Unterklasse algebraisch zu charakterisieren.

Geeignete strukturelle Eigenschaften weisen insbesondere *gleichungsdefinierte Klassen* von Algebren auf. Wir definieren daher einen *Gleichungskalkül* $GK_{\Sigma(X)}$ als Teilsprache von $PK_{\Sigma(X)}$:

(i) $EQ_{\Sigma(X)} \subseteq GK_{\Sigma(X)}$, d.h. alle atomaren Formeln (Gleichungen) sind Formeln.

(ii) Sind $\varphi \epsilon GK_{\Sigma(X)}$ und $x \epsilon X_s$, $s \epsilon S$, so ist auch $(\forall x)\varphi \epsilon GK_{\Sigma(X)}$.

(iii) Keine weiteren Formeln sind in $GK_{\Sigma(X)}$.

Die Formeln des Gleichungskalküls sind also von der Form

$$\forall x_1 \forall x_2 ... \forall x_n : t_1 = t_2,$$

wobei die Klammern weggelassen wurden. Zur Erleichterung der Schreibweise werden wir in Spezifikationen, in denen nur geschlossene Formeln als Axiome auftreten können, den $\forall$-Präfix weglassen. Die Gleichung $t_1 = t_2$ mit freien Variablen $x_1, \ldots, x_n$ steht dann für die obige geschlossene Formel, d.h. es ist stets universelle Quantifizierung über die vorkommenden freien Variablen (in beliebiger Reihenfolge) gemeint.

Beispiel 2.8: Wir geben einige Gleichungsaxiome zu den Signaturen des Beispiels 2.2 an. Für Gleichungsaxiome verwenden wir das Symbol **eqs** anstelle von **axs**.

(a) **bool**   **sorts**   bool

                  ops   true, false : $\to$ bool
                                $\neg$: bool $\to$ bool
                                $\wedge, \vee$: bool $\times$ bool $\to$ bool
                                if_then_else_fi : bool $\times$ bool $\times$ bool $\to$ bool

                  vars   p, q : bool

                  eqs   if true then p else q fi = p
                                if false then p else q fi = q
                                $\neg$p = if p then false else true fi
                                p $\wedge$ q = if p then q else false fi
                                p $\vee$ q = if p then true else q fi

(b) **nat1**   **bool +**

                  sorts   nat

                  ops   0 : $\to$ nat
                                succ : nat $\to$ nat
                                $\leq$: nat $\times$ nat $\to$ bool

                  vars   n, m : nat

                  eqs $(0 \leq n)$ = true
                                $(\mathrm{succ}(n) \leq 0)$ = false
                                $(\mathrm{succ}(n) \leq \mathrm{succ}(m))$ = $(n \leq m)$

(c) **natstack**   **nat1 +**

                  sorts   S

                  ops   new : $\to$ S
                                push : S $\times$ nat $\to$ S
                                pop : S $\to$ S
                                top : S $\to$ nat

                  vars   s : S; n : nat

                  eqs   pop(push(s, n)) = s
                                top(push(s, n)) = n
                                pop(new) = new
                                top(new) = 0

(d) **natqueue**   **nat1 +**

                  sorts   Q

                  ops   empty : $\to$ Q
                                in : Q $\times$ nat $\to$ Q
                                out : Q $\to$ Q
                                front : Q $\to$ nat

```
vars     q : Q;  m, n : nat
eqs      out(empty) = empty
         out(in(empty, n)) = empty
         out(in(in(q, n), m)) = in(out(in(q, n)), m)
         front(empty) = 0
         front(in(empty, n)) = n
         front(in(in(q, n), m)) = front(in(q, n))
```

Eine Spezifikation besteht allgemein aus einem Axiomensystem über einer Signatur.

Definition 2.9: Eine *Spezifikation* ist ein Tripel $D = \langle \Sigma, X, E \rangle$, wobei Σ eine Signatur, X ein System von Variablen, und $E \subseteq PK_{\Sigma(X)}$ eine Menge von geschlossenen Formeln (Axiomen) sind.

Ist speziell $E \subseteq GK_{\Sigma(X)}$, so heißt D eine *Gleichungsspezifikation*.

In der Notation werden wir das Variablensystem X oft weglassen:

$$D = \langle \Sigma, E \rangle$$

Gemeint sind dann genau die in E vorkommenden Variablen. Um die Komponenten von $\Sigma = \langle S, \Omega \rangle$ explizit auszudrücken, schreiben wir auch zuweilen:

$$D = \langle S, \Omega, E \rangle$$

Um Spezifikationen konkret hinzuschreiben, benutzen wir die in den obigen Beispielen bereits eingeführte ad-hoc-Notation. Man beachte die Verwendung des Symbols **axs** für allgemeine und **eqs** für Gleichungs-Spezifikationen.

Eine Bemerkung zum Sprachgebrauch ist angebracht. Die vollständige Spezifikation eines abstrakten Datentyps erfordert in unserem Ansatz über eine axiomatische Beschreibung hinaus die schrittweise Anwendung sogenannter *ADT-Operatoren* (s.u.), mit denen aus abstrakten Datentypen neue gewonnen werden können. Wenn wir den ersten – axiomatischen – Schritt einer Gesamtspezifikation bereits "Spezifikation" schlechthin nennen, so geben wir damit einer in der Literatur über algebraische Spezifikation verbreiteten Konvention gegenüber einer saubereren Bezeichnungssystematik den Vorzug.

2.3 Modelle

Modelle für Spezifikationen sind heterogene Algebren mit der gegebenen Signatur, die die gegebenen Axiome erfüllen. Algebren sind Interpretationen von Signaturen, die jeder Sorte eine Trägermenge und jedem Operator eine Operation (Verknüpfung) auf den angegebenen Trägermengen zuordnen.

Definition 2.10: Sei $\Sigma = \langle S, \Omega \rangle$ eine Signatur. Eine Σ-*Algebra* $A = \langle S_A, \Omega_A \rangle$ ist definiert durch:

(1) $S_A = \{s_A\}_{s \epsilon S}$, wobei s_A eine Menge ist für jedes $s \epsilon S$.

(2) $\Omega_A = \{\omega_A : \bar{s}_A \to s_A \mid \omega \epsilon \Omega_{\bar{s}, s}\}_{\bar{s} \epsilon S^*, s \epsilon S}$, wobei ω_A eine Abbildung von $\bar{s}_A$ nach s_A ist. Hierbei ist $\bar{s}_A := s_{1,A} \times \cdots \times s_{n,A}$ für $\bar{s} = s_1 \ldots s_n$.

Eine Σ-Algebra bezeichnen wir auch als *Datentyp* zur Signatur Σ, so daß wir die Begriffe Algebra, Datentyp und Modell (einer Signatur, einer Formel oder Formelmenge oder einer Spezifikation, s.u.) als Synonyme benutzen.

Die Struktur einer Klasse von Σ-Algebren wird wesentlich bestimmt durch strukturerhaltende Abbildungen zwischen den Algebren, Morphismen genannt.

Definition 2.11: Seien A und B Σ-Algebren. Ein *Σ-Algebra-Morphismus* $h : A \to B$ ist eine S-indizierte Familie von Abbildungen,

$$h = \{h_s : s_A \to s_B\}_{s \epsilon S},$$

so daß für alle $\bar{s} \epsilon S^*$, $s \epsilon S$, $\omega \epsilon \Omega_{\bar{s},s}$ und alle $\bar{a} \epsilon \bar{s}_A$ gilt:

$$\omega_B(h_{\bar{s}}(\bar{a})) = h_s(\omega_A(\bar{a}))$$

Dabei ist $h_{\bar{s}}(\bar{a}) = (h_{s_1}(a_1), \ldots, h_{s_n}(a_n))$ für $\bar{s} = s_1 \ldots s_n$ und $\bar{a} = (a_1, \ldots, a_n)$. Für Konstante $\omega :\to s$ ergibt sich speziell die Forderung

$$\omega_B = h_s(\omega_A).$$

Die Morphismus-Bedingung bedeutet, daß das folgende Diagramm kommutativ ist:

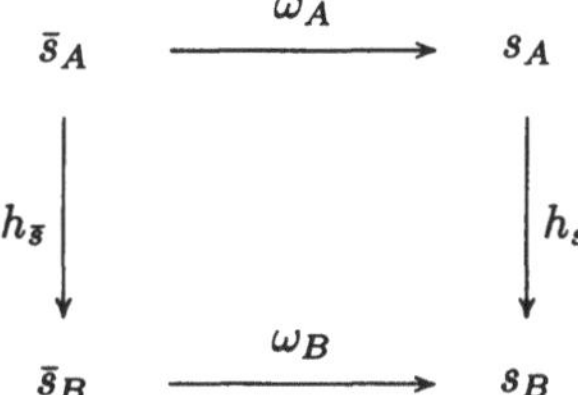

Definition 2.12: Ein Σ-Algebra-Morphismus $h : A \to B$ heißt *injektiv* (*surjektiv, bijektiv*) genau dann, wenn alle Komponenten h_s, $s \epsilon S$, die entsprechende Eigenschaft haben. Wir verwenden die übliche Notation $\rightarrowtail$ ($\twoheadrightarrow$, $\rightarrowtail\!\!\!\rightarrow$). Ein *Isomorphismus* ist ein Morphismus $h : A \to B$, zu dem ein inverser Morphismus $g : B \to A$ existiert, so daß gilt: $gh = id_A$ und $hg = id_B$. Existiert ein Isomorphismus $h : A \to B$, so heißen A und B *isomorph* , $A \cong B$.

Hierbei ist id_A die identische Abbildung auf A (d.h. komponentenweise auf S_A), die natürlich ein Morphismus ist. Die Komposition gh von Morphismen ist komponentenweise erklärt: $(gh)_s = g_s h_s$, wobei $g_s h_s(a) = g_s(h_s(a))$.

Man zeigt leicht, daß die Isomorphismen von Σ-Algebren genau die bijektiven Σ-Algebra-Morphismen sind.

Bei fest gegebener Signatur Σ bilden die Σ-Algebren mit den Morphismen zwischen ihnen eine Kategorie (s. Anhang 1): Objekte sind die Σ-Algebren, Morphismen sind die Σ-Algebra-Morphismen, Komposition ist durch $g \circ h = gh$ gegeben, und Identitäten sind die identischen Morphismen id_A.

Definition 2.13: Sei Σ eine Signatur. Dann bezeichnet $\Sigma{-}ALG$ die Kategorie aller Σ-Algebren mit allen Σ-Algebra-Morphismen zwischen ihnen. Ein *abstrakter Datentyp* zu Σ ist eine volle Unterkategorie von $\Sigma{-}ALG$.

$\Sigma{-}ALG$ bezeichnet den äußersten Rahmen dessen, was wir als "Modelle mit der Signatur Σ" in Betracht ziehen wollen. Ein abstrakter Datentyp wird als Klasse von Algebren *mit allen Morphismen* zwischen ihnen präzisiert. Wir werden uns häufig darauf beschränken, nur die Klasse der Algebren anzugeben, da diese den abstrakten Datentyp vollständig festlegt. In diesem Sinne fassen wir somit einen abstrakten Datentyp dort, wo es auf die Morphismen nicht ankommt, als Klasse von Algebren auf.

Beispiel 2.14: Gegeben sei folgende Signatur:

$$
\begin{array}{lll}
\textbf{bool} & \textbf{sorts} & \text{bool} \\[4pt]
 & \textbf{ops} & \text{true}, \text{false}: \rightarrow \text{bool} \\
 & & \neg : \text{bool} \rightarrow \text{bool} \\
 & & \wedge : \text{bool} \times \text{bool} \rightarrow \text{bool}
\end{array}
$$

Die Kategorie **bool**$-ALG$ enthält sehr viele verschiedene Algebren, nämlich alle Mengen mit zwei Konstanten, einer ein- und einer zweistelligen Operation, z.B.:

A_1 : $\{true, false\}$ mit *true*, *false*, Negation, Konjunktion

A_2 : die reellen Zahlen mit e, π, Verdoppelung, Maximum

A_3 : die natürlichen Zahlen mit 1, 0, *succ*, Addition

A_4 : die natürlichen Zahlen mit 1, 0, *succ*, Multiplikation

A_5 : die natürlichen Zahlen mit 1, 0, f, Multiplikation, wobei gilt:

$$
f(n) = \begin{cases} n+1 & \text{falls } n \text{ gerade} \\ n-1 & \text{sonst} \end{cases}
$$

Zwischen den **bool**-Algebren A_1, A_2 und A_3 gibt es jeweils keine Morphismen. Es gibt jedoch einen Morphismus von A_4 bzw. A_5 nach A_1:

$$
h(n) = \begin{cases} true & \text{falls } n \text{ ungerade} \\ false & \text{sonst} \end{cases}
$$

h ist mit den Verknüpfungen sowohl von A_4 als auch von A_5 verträglich: sowohl *succ* als auch f führen abwechselnd von geraden zu ungeraden Zahlen und umgekehrt, und das Produkt zweier Zahlen ist genau dann ungerade, wenn beide Faktoren ungerade sind.

Es gibt ebenfalls einen Morphismus von A_4 nach A_5, der die geraden Zahlen auf 0 und die ungeraden auf 1 abbildet. Ein Morphismus von A_1 nach A_5 ergibt sich durch *true* $\mapsto$ 1, *false* $\mapsto$ 0.

Insgesamt gibt es also folgende Morphismen:

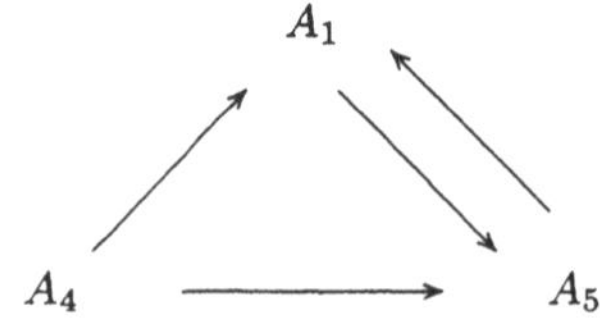

Σ–*ALG* kann als Klasse der Modelle zur Signatur Σ aufgefaßt werden. Zur Einschränkung dieser Klasse durch Axiome wenden wir uns der Frage zu, wann eine Σ-Algebra A eine Formel $\varphi \epsilon PK_{\Sigma(X)}$ erfüllt. Der erste Schritt hierzu ist die Auswertung von Termen $t \epsilon T_{\Sigma(X)}$ in einer Σ-Algebra A.

Seien eine Signatur $\Sigma = \langle S, \Omega \rangle$, eine S-indizierte Mengenfamilie X von Variablen und eine Σ-Algebra A fest gegeben.

Definition 2.15: Eine *Belegung* $\alpha : X \to A$ von X in A ist eine S-indizierte Familie von Abbildungen

$$\{\alpha_s : X_s \to s_A\}_{s \epsilon S}.$$

Eine Belegung braucht nicht zu existieren, etwa wenn $s_A = \emptyset$, jedoch $X_s \neq \emptyset$ ist für ein $s \epsilon S$. Existiert α, so belegt α jede Variable in X mit einem Wert, d.h. einem Element in A, mit der gleichen Sorte. Durch eine solche Belegung ist der Wert $\alpha^*(t)$ für jeden Term $t \epsilon T_{\Sigma(X)}$ in A eindeutig wie folgt festgelegt.

Definition 2.16: Die *Auswertung* $\alpha^* : T_{\Sigma(X)} \to A$ von Termen in A vermöge der Belegung $\alpha : X \to A$ ist $\alpha^* = \{\alpha_s^* : T_{\Sigma(X),s} \to s_A\}_{s \epsilon S}$, wobei für $s \epsilon S$ gilt:

(i) $\alpha_s^*(x) = \alpha_s(x)$ für alle $x \epsilon X_s$

(ii) $\alpha_s^*(\omega(t_1,\ldots,t_n)) = \omega_A(\alpha_{s_1}^*(t_1),\ldots,\alpha_{s_n}^*(t_n))$ für jeden Term $\omega(t_1,\ldots,t_n) \epsilon T_{\Sigma(X)} - X$, wobei $\omega \epsilon \Omega_{s_1 \ldots s_n, s}$ ist.

Sei nun eine Belegung $\alpha : X \to A$ fest gegeben. Seien $x \epsilon X_s$, $a \epsilon s_A$ für ein $s \epsilon S$. Dann seien

$$\alpha_s \langle x \leftarrow a \rangle(y) = \begin{cases} a & \text{falls } x = y \\ \alpha_s(y) & \text{sonst} \end{cases}$$
$$\text{und} \qquad \alpha_r \langle x \leftarrow a \rangle = \alpha_r \qquad \text{falls } r \neq s.$$

Definition 2.17: Sei $\varphi \epsilon PK_{\Sigma(X)}$. A *erfüllt* φ vermöge α, in Zeichen $A \models_\alpha \varphi$, genau dann, wenn folgendes gilt:

(i) Ist $\varphi = (t_1 = t_2) \epsilon EQ_{\Sigma(X)}$, so ist $\alpha^*(t_1) = \alpha^*(t_2)$.

(ii) Ist $\varphi = \neg\psi$, so gilt nicht $A \models_\alpha \psi$,
ist $\varphi = \psi_1 \wedge \psi_2$, so gelten $A \models_\alpha \psi_1$ und $A \models_\alpha \psi_2$,
ist $\varphi = \psi_1 \vee \psi_2$, so gilt $A \models_\alpha \psi_1$ oder $A \models_\alpha \psi_2$

(iii) Ist $\varphi = (\forall x)\psi$, $x \epsilon X_s$, so gilt $A \models_\beta \psi$ mit $\beta = \alpha\langle x \leftarrow a \rangle$ für alle $a \epsilon s_A$,
ist $\varphi = (\exists x)\psi$, $x \epsilon X_s$, so gibt es ein $a \epsilon s_A$, so daß $A \models_\beta \psi$ gilt, $\beta = \alpha\langle x \leftarrow a \rangle$.

Man sieht, daß der Wert konstanter Terme bzw. geschlossener Formeln nicht von der Belegung α abhängt. In diesem Fall schreiben wir auch

$$\#_A(t) \text{ für den Wert des Terms bzw.}$$
$$A \models \varphi \text{ für das Erfülltsein von } \varphi \text{ in } A.$$

Die letztere Notation wird auch allgemeiner benutzt, um auszudrücken, daß A die Formel φ vermöge *aller* Belegungen α erfüllt.

Beispiel 2.18: Wir beziehen uns auf die **bool**-Algebren A_1 bis A_5 im Beispiel 2.14 und untersuchen, ob sie die folgenden Formeln erfüllen.

(a) $\varphi_1 = (\forall p : p \wedge \text{false} = \text{false})$:

es gilt $A_n \models \varphi_1$ für $n = 1, 4, 5$, aber nicht für $n = 2, 3$. In A_1 ist dies ein bekanntes Gesetz der booleschen Algebra, und in A_4 und A_5 ist dies das Gesetz $(\forall n : n * 0 = 0)$ für die Multiplikation natürlicher Zahlen. In A_2 gilt z.B. $max(4, \pi) = 4 \neq \pi$, und in A_3 gilt z.B. $1 + 0 = 1 \neq 0$.

(b) $\varphi_2 = (\exists p \forall q : q \wedge p = p)$:

es gilt $A_n \models \varphi_2$ für $n = 1, 4, 5$, aber nicht für $n = 2, 3$. Dies folgt unmittelbar aus (a).

(c) $\varphi_3 = (\text{true} \wedge \text{false} = \text{false})$:

es gilt $A_n \models \varphi_3$ für $n = 1, 2, 4, 5$, aber nicht für $n = 3$. In A_2 ist z.B. $max(e, \pi) = \pi$, und in A_3 ist $1 + 0 = 1 \neq 0$.

Definition 2.19: Eine Σ-Algebra A *erfüllt* eine Menge E von Formeln, in Zeichen $A \models E$, genau dann, wenn $A \models e$ für alle $e \epsilon E$ gilt. A erfüllt eine Spezifikation $D = \langle \Sigma, E \rangle$, in Zeichen $A \models D$, genau dann, wenn $A \models E$ gilt.

Zur Definition und Manipulation abstrakter Datentypen führen wir eine Reihe von Operatoren auf Modellklassen (ADT-Operatoren) ein. Der erste ordnet einer Spezifikation ihre Modellklasse zu.

ADT-Operator 2.20: Sei $D = \langle \Sigma, E \rangle$ eine Spezifikation. Dann ist

$$MOD(D) := \{ A \epsilon \Sigma\text{–}ALG \mid A \models D \}$$

der *spezifizierte* abstrakte Datentyp.

Wir haben hier von der Vereinbarung Gebrauch gemacht, nur die Klasse der Algebren zu definieren: gemeint ist die dadurch bestimmte volle Unterkategorie. Einige Eigenschaften dieses ADT-Operators werden im nächsten Abschnitt untersucht. Weitere ADT-Operatoren können zur Einschränkung, Erweiterung oder Transformation von abstrakten Datentypen herangezogen werden. Ein einfaches Beispiel ist das folgende.

ADT-Operator 2.21: Sei $\mathcal{D} \subseteq \Sigma\text{–}ALG$ ein abstrakter Datentyp. Dann ist

$$ISOCLOSE(\mathcal{D}) := \{ A \epsilon \Sigma\text{–}ALG \mid \exists B \epsilon \mathcal{D} : A \cong B \}$$

Auch die Mengenoperationen $\cup, \cap, \ldots$ lassen sich als ADT-Operatoren verwenden.

Jedem konstanten Term $t \epsilon T_\Sigma$ entspricht in einer gegebenen Σ-Algebra A genau ein Element $a = \#_A(t)$, der Wert von t in A. Von einem konstruktiven Standpunkt aus ist die Frage interessant, welche Elemente als Werte konstanter Terme auftreten können, welche sich also in der Termsprache zu Σ bezeichnen lassen.

Definition 2.22: Sei A eine Σ-Algebra. Ein Element a (eines Trägers) von A heißt *Termelement* genau dann, wenn es einen Term $t \epsilon T_\Sigma$ gibt mit $a = \#_A(t)$ in A.

Im allgemeinen sind nicht alle Elemente einer Algebra Termelemente. In der Algebra A_5 im Beispiel 2.14 sind z.B. nur die Elemente 0 und 1 Termelemente, während der Träger alle natürlichen Zahlen enthält. Wir untersuchen die Struktur der Termelemente innerhalb einer Algebra.

Definition 2.23: Seien $A, B \epsilon \Sigma - ALG$. A heißt Σ-*Unteralgebra* von B, $A \subseteq B$, genau dann, wenn $S_A \subseteq S_B$ ist (komponentenweise), und wenn für alle $\bar{s} \epsilon S^*, s \epsilon S, \omega \epsilon \Omega_{\bar{s},s}, \bar{a} \epsilon \bar{s}_A$ gilt: $\omega_A(\bar{a}) = \omega_B(\bar{a})$.

Die letztere Bedingung besagt, daß die Operationen von A Einschränkungen der Operationen von B sein müssen. Dies ist gleichwertig mit der Forderung, daß die Inklusion $A \hookrightarrow B$ ein Σ-Algebra-Morphismus ist.

Definition 2.24: Sei $A \epsilon \Sigma - ALG$. A heißt *minimal* genau dann, wenn A keine echten Unteralgebren besitzt.

Da der Durchschnitt beliebig vieler Σ-Unteralgebren wieder eine Σ-Algebra ist, besitzt jede Σ-Algebra genau eine minimale Σ-Unteralgebra.

Beispiel 2.25: Im Beispiel 2.14 sind die **bool**-Algebren A_1, A_3 und A_4 minimal, während A_2 und A_5 echte Unteralgebren besitzen. So bildet z.B. $\{0, 1\}$ die minimale Unteralgebra von A_5.

Lemma 2.26: *Sei A eine Σ-Algebra. Die Termelemente von A bilden die minimale Unteralgebra A^0 von A.*

Beweis: Zunächst zeigen wir, daß die Termelemente gegenüber allen Operationen abgeschlossen sind, also eine Unteralgebra bilden. Dazu sei $\omega : s_1 \times \cdots \times s_n \to s$ ein Operator aus Σ, und seien $a_1, \ldots, a_n$ Termelemente von A der Sorten $s_1, \ldots, s_n$, etwa Werte der Terme $t_1, \ldots, t_n$. Dann ist $\omega_A(a_1, \ldots, a_n)$ Wert des Terms $\omega(t_1, \ldots, t_n)$, also ein Termelement.

Daß andererseits alle Termelemente zu A^0 gehören müssen, zeigt man durch Induktion über den Aufbau der Terme: für nullstellige Operatoren $\omega: \to s$ liegt $\#_A(\omega)$ in jeder Unteralgebra von A; liegen $\#_A(t_1), \ldots, \#_A(t_n)$ in A^0 und ist $\omega : s_1 \times \ldots \times s_n \to s$ ein Operator in Σ, wobei s_i die Sorte von t_i ist, so muß auch $\omega_A(\#_A(t_1), \ldots, \#_A(t_n)) = \#_A(\omega(t_1, \ldots, t_n))$ in A^0 liegen. $\qquad\qquad\square$

Minimale Algebren bestehen also ausschließlich aus Termelementen. Sie sind vollständig in der Termsprache beschreibbar, d.h. sie enthalten gerade die von den gegebenen Operatoren erzeugten Elemente.

Lemma 2.27: *Sei $h : A \to B$ ein Σ-Algebra-Morphismus. Die Bilder $h(S_A) = \{h(s_A)\}_{s \epsilon S}$ bilden mit den Operationen von B eine Σ-Unteralgebra von B.*

Daß $h(S_A)$ gegenüber den Operationen von B abgeschlossen ist, folgt unmittelbar aus der Morphismuseigenschaft von h. Die von $h(S_A)$ gebildete Σ-Unteralgebra von B heißt *homomorphes Bild* von A, in Zeichen $h(A) \subseteq B$.

Minimale Algebren haben einige spezielle strukturelle Eigenschaften.

Lemma 2.28: *Seien $A, B \epsilon \Sigma - ALG$.*

(1) Ist B minimal, so ist jeder Morphismus $h : A \to B$ surjektiv.

(2) Ist A minimal, so gibt es höchstens einen Morphismus $h : A \to B$.

(3) Sind A und B beide minimal und gibt es Morphismen $h : A \to B$ und $g : B \to A$, so sind h und g Isomorphismen, d.h. $A \cong B$.

Beweis:

(1) Es ist $h(A) \subseteq B$. Ist B minimal, so ist $h(A) = B$, d.h. h ist surjektiv.

(2) Der Wert eines Terms $t \epsilon T_\Sigma$ in A muß wegen der Morphismuseigenschaft von h in den Wert von t in B abgebildet werden. h liegt also in jedem Fall auf der minimalen Unteralgebra von A fest.

(3) Da es nur einen Morphismus von A nach A gibt, nämlich id_A, muß $gh = id_A$ gelten. Ebenso folgt $hg = id_B$.
$\qquad\qquad\qquad\qquad\qquad\qquad\qquad\qquad\qquad\qquad\qquad\qquad\qquad\qquad\qquad\qquad$ □

Wegen ihrer konstruktiven Beschreibbarkeit und ihrer speziellen strukturellen Eigenschaften möchte man sich in einem abstrakten Datentyp zuweilen auf minimale Algebren beschränken. Wir führen hierzu einen ADT-Operator ein:

ADT-Operator 2.29: Sei $\mathcal{D} \subseteq \Sigma{-}ALG$ ein abstrakter Datentyp. Dann ist

$$MIN(\mathcal{D}) := \{A \epsilon \mathcal{D} \mid A \text{ minimal}\}$$

Beispiele 2.30:

(a) Sei $\Sigma = \langle \{s\}, \emptyset \rangle$ eine Signatur mit genau einer Sorte s und ohne Operatoren. Dann ist $\mathcal{D}_1 = MOD(\Sigma, \emptyset)$ die Klasse aller Mengen. Die Unteralgebren sind genau die Teilmengen. Daher ist $MIN(\mathcal{D}_1) = \{\emptyset\}$, d.h. es gibt nur eine minimale Algebra, nämlich die leere Menge.

(b) Sei **bool** die Spezifikation aus Beispiel 2.8. Sei $\mathcal{D}_2 = MOD(\textbf{bool})$. Es ist schwer, einen Überblick über alle Modelle in $\mathcal{D}_2$ zu bekommen. Man sieht jedoch leichter, daß $MIN(\mathcal{D}_2)$ im wesentlichen (d.h. bis auf Isomorphie) nur zwei Modelle hat: die Standard-**bool**-Algebra mit den zwei Elementen *true* und *false* sowie die entartete einelementige Algebra mit *true = false*. Die letzten drei Gleichungen definieren nämlich die Wirkung der Operationen auf der Menge $\{true, false\}$, so daß diese in jeder **bool**-Algebra eine Unteralgebra bildet.

(c) Sei **nat** die Spezifikation mit einer Sorte nat, Operatoren $0 :\to$ nat und succ : nat $\to$ nat sowie der leeren Menge von Axiomen. Dann ist $\mathcal{D}_3 = MOD(\textbf{nat})$ die Klasse aller Mengen mit einer Konstanten und einer einstelligen Operation. Die Algebren in $MIN(\mathcal{D}_3)$ enthalten nur die von 0 und succ erzeugbaren Elemente. Bis auf Isomorphie sind dies die natürlichen Zahlen selbst, ihre Restklassenbereiche modulo n, $n \epsilon \mathbb{N}$, d.h. die endlichen Mengen $\{0, 1, \ldots, n{-}1\}$ mit $succ(0) = 1, succ(1) = 2, \ldots, succ(n{-}1) = 0$, sowie endliche Mengen $\{0, \ldots, m, \ldots, n - 1\}$ mit $succ(0) = 1, \ldots, succ(n - 1) = m$.

Die bisher definierten ADT-Operatoren reichen nicht hin, monomorphe abstrakte Datentypen zu charakterisieren. Hierzu geeignete ADT-Operatoren werden wir im 4. und 6. Kapitel kennenlernen. Der ADT-Operator $ISOCLOSE$ scheint noch überflüssig zu sein, da alle bisher beschreibbaren Klassen gegen Isomorphie abgeschlossen sind. Dies wird zwar meistens der Fall sein, jedoch gibt es Ausnahmen (s. Abschnitt 3.3).

2.4 Theorien

Der ADT-Operator MOD, der einer Spezifikation D den abstrakten Datentyp $MOD(D)$ als Klasse von Modellen zuordnet, ist in gewisser Weise umkehrbar. Ist ein abstrakter Datentyp gegeben, so ist die Frage naheliegend, ob man auf natürliche Weise eine axiomatische Charakterisierung für ihn angeben kann.

Sei $\Sigma = \langle S, \Omega \rangle$ eine Signatur, und sei X eine S-indizierte Mengenfamilie von Variablen. Die Ausführungen dieses Abschnitts sind unabhängig vom speziellen Logik-Kalkül, den man für die Spezifikation benutzt. Sei daher $LK_{\Sigma(X)}$ irgendein solcher Logik-Kalkül, z.B. $PK_{\Sigma(X)}$ oder $GK_{\Sigma(X)}$.

Definition 2.31: Sei A eine Σ-Algebra. Die *Theorie von A* (bzgl. $LK_{\Sigma(X)}$) ist die Menge geschlossener Formeln

$$TH(A) = \{\varphi \epsilon LK_{\Sigma(X)} \mid A \models \varphi\}$$

Im Falle PK spricht man von der Theorie 1. Stufe , im Falle GK von der Gleichungs-Theorie von A.

Beispiel 2.32: Sei A die Algebra mit dem Träger $\mathbb{N}$ und den Operationen 0 und succ, $A = < \mathbb{N}; 0, \text{succ} >$. Die Gleichungs-Theorie von A enthält nur triviale Gleichungen der Art $t = t$. Die Theorie 1. Stufe von A ist jedoch sehr reichhaltig; sie enthält u.a. folgende Formeln:

$$0 \neq \text{succ}(0)$$
$$\forall n : n \neq \text{succ}(n)$$
$$\forall n \; \exists m : m = \text{succ}(n)$$
$$\forall m : m \neq 0 \Rightarrow (\exists n : m = \text{succ}(n))$$
$$etc.$$

Definition 2.33: Sei $\mathcal{D} \subseteq \Sigma\text{-}ALG$ ein abstrakter Datentyp. Die *Theorie von $\mathcal{D}$* ist gegeben durch:

$$TH(\mathcal{D}) = \bigcap_{A \epsilon \mathcal{D}} TH(A)$$

Dies ist genau die Menge der Formeln, die von allen $A \epsilon \mathcal{D}$ erfüllt werden.

Definition 2.34: Eine Spezifikation $D = \langle \Sigma, E \rangle$ heißt *Theorie* genau dann, wenn es einen abstrakten Datentyp $\mathcal{D} \subseteq \Sigma\text{-}ALG$ gibt, so daß $E = TH(\mathcal{D})$ ist.

Ist Σ aus dem Zusammenhang klar, so verstehen wir unter einer Theorie auch einfach irgendeine Formelmenge der Art $TH(\mathcal{D})$ für einen abstrakten Datentyp $\mathcal{D}$.

Beispiel 2.35: Wir betrachten $MIN(MOD(\textbf{bool}))$ für die Spezifikation **bool** im Beispiel 2.8. $MIN(MOD(\textbf{bool}))$ besteht im wesentlichen (d.h. bis auf Isomorphie) aus zwei Algebren: der Standard-**bool**-Algebra mit den zwei Elementen *true* und *false* sowie der entarteten einelementigen **bool**-Algebra mit *true = false* (s. Beispiel 2.30). In der Gleichungstheorie dieser Modellklasse sind — neben den explizit angegebenen Axiomen — u.a. folgende weiteren Gleichungen enthalten:

$$\neg\text{true} = \text{false}$$
$$\text{true} \wedge q = q$$
$$\text{true} \vee q = \text{true}$$
$$\neg\neg p = p$$
$$p \wedge q = q \wedge p$$
$$p \wedge (p \vee q) = p$$
$$\text{if } p \text{ then } p \text{ else } p = p$$
$$etc.$$

Die Signatur Σ wird im folgenden als fest gegeben vorausgesetzt. Zur Notationsvereinfa-chung schreiben wir daher kurz E anstelle von $D = \langle \Sigma, E \rangle$, insbesondere also $MOD(E)$ für $MOD(\Sigma, E)$. In Analogie zur Definition 2.33 gilt dann

$$MOD(E) = \bigcap_{\varphi \epsilon E} MOD(\{\varphi\})$$

Durch Hintereinanderschaltung der Zuordnungen MOD : Formelmengen $\rightarrow$ Modellklassen und TH : Modellklassen $\rightarrow$ Formelmengen lassen sich Operatoren auf Formelmengen und Modellklassen bilden.

Definition 2.36: Der *Abschluß einer Formelmenge E* ist

$$E^* = TH(MOD(E))$$

E heißt *abgeschlossen* , wenn $E = E^*$ ist.

Die Theorie E^* enthält anschaulich alle Formeln, die von E semantisch impliziert werden in dem Sinne, daß jedes $\varphi \epsilon E^*$ notwendig in jedem Modell erfüllt sein muß, das E erfüllt. Wir führen hierfür eine eigene Notation ein.

Definition 2.37: *E impliziert φ semantisch* , in Zeichen $E \models \varphi$, genau dann, wenn $\varphi \epsilon E^*$ ist.

E impliziert eine Menge E' von Formeln semantisch,in Zeichen $E \models E'$, genau dann, wenn $E' \subseteq E^*$ ist.

Die zur Theoriebildung analoge Operation für Modelle ist folgendermaßen definiert.

Definition 2.38: Der *Abschluß eines abstrakten Datentyps $\mathcal{D}$* ist

$$\mathcal{D}^* = MOD(TH(\mathcal{D}))$$

$\mathcal{D}$ heißt *abgeschlossen*, wenn $\mathcal{D} = \mathcal{D}^*$ ist.

Beispiele 2.39:

(a) Für die Gleichungen E in der Spezifikation **bool** im Beispiel 2.8 gehören zur Glei-chungstheorie E^* neben den Axiomen in E z.B. die folgenden Gleichungen:

$$\neg\text{true} = \text{false}$$
$$\text{true} \wedge \text{q} = \text{q}$$
$$\text{true} \vee \text{q} = \text{true}$$

Die restlichen Gleichungen im Beispiel 2.35 gehören nicht zu E^*, da sie nur in den minimalen, nicht jedoch in allen Modellen gelten. Zu E^* gehört dagegen z.B.

$$\neg(\text{p} \wedge \text{q}) = \text{if (if p then q else false fi) then false else true fi}$$

(b) Die Gleichungstheorie $TH(\mathcal{D})$ für $\mathcal{D} = \{\langle \mathbb{N}; 0, succ \rangle\}$ enthält nur die trivialen Glei-chungen $t = t$ (s. Beispiel 2.32). Also enthält $\mathcal{D}^*$ alle Mengen mit einer Konstanten und einer einstelligen Abbildung in sich als Modelle.

Im folgenden seien stets $E, E', \ldots \subseteq LK_{\Sigma(X)}$, $A, A' \ldots \epsilon \Sigma\text{--}ALG$ und $\mathcal{D}, \mathcal{D}', \ldots \subseteq \Sigma\text{--}ALG$.

Lemma 2.40:

(1) $E \subseteq E' \implies MOD(E') \subseteq MOD(E) \implies E \subseteq E'^*$

(2) $\mathcal{D} \subseteq \mathcal{D}' \implies TH(\mathcal{D}') \subseteq TH(\mathcal{D}) \implies \mathcal{D} \subseteq \mathcal{D}'^*$

Beweis:

(1) Sei $E \subseteq E'$, und sei $A \epsilon MOD(E')$. Dann gilt:

$$\forall \varphi \epsilon E' : A \models \varphi \implies \forall \varphi \epsilon E : A \models \varphi \implies A \epsilon MOD(E).$$

Also ist $MOD(E') \subseteq MOD(E)$. Dies vorausgesetzt sei nun $\varphi \epsilon E$. Dann gilt:

$$\forall A \epsilon MOD(E) : A \models \varphi \implies \forall A \epsilon MOD(E') : A \models \varphi \implies \varphi \epsilon TH(MOD(E')) = E'^*.$$

Also ist $E \subseteq E'^*$.

(2) Sei $\mathcal{D} \subseteq \mathcal{D}'$, und sei $\varphi \epsilon TH(\mathcal{D}')$. Dann gilt:

$$\forall A \epsilon \mathcal{D}' : A \models \varphi \implies \forall A \epsilon \mathcal{D} : A \models \varphi \implies \varphi \epsilon TH(\mathcal{D}).$$

Also ist $TH(\mathcal{D}') \subseteq TH(\mathcal{D})$. Dies vorausgesetzt sei nun $A \epsilon \mathcal{D}$. Dann gilt:

$$\forall \varphi \epsilon TH(\mathcal{D}) : A \models \varphi \implies \forall \varphi \epsilon TH(\mathcal{D}') : A \models \varphi \implies A \epsilon MOD(TH(\mathcal{D}')) = \mathcal{D}'^*.$$

Also ist $\mathcal{D} \subseteq \mathcal{D}'^*$. $\qquad\qquad\square$

Durch zweimalige Anwendung des Lemmas folgt, daß die Abschlußbildung monoton ist, daß also gilt:

$$E \subseteq E' \implies E^* \subseteq E'^*$$
$$\mathcal{D} \subseteq \mathcal{D}' \implies \mathcal{D}^* \subseteq \mathcal{D}'^*$$

Lemma 2.41: $\qquad$ (1) $E \subseteq E^*$ $\qquad$ (2) $\mathcal{D} \subseteq \mathcal{D}^*$

Beweis:

(1) $\varphi \epsilon E \implies \forall A \epsilon MOD(E) : A \models \varphi \implies \varphi \epsilon TH(MOD(E)) = E^*$

(2) $A \epsilon \mathcal{D} \implies \forall \varphi \epsilon TH(\mathcal{D}) : A \models \varphi \implies A \epsilon MOD(TH(\mathcal{D})) = \mathcal{D}^*$ $\qquad\square$

Für die Zuordnungen MOD : Formelmengen $\rightarrow$ Modellklassen und TH : Modellklassen $\rightarrow$ Formelmengen ergibt sich aus diesen Lemmata eine wichtige Konsequenz:

Satz 2.42: $\qquad$ (1) $MOD(E) = MOD(E^*)$ $\qquad$ (2) $TH(\mathcal{D}) = TH(\mathcal{D}^*)$

Beweis:

(1) Da $E \subseteq E^*$ ist, folgt aus Lemma 2.40 $MOD(E^*) \subseteq MOD(E)$. Die umgekehrte Inklusion folgt aus Lemma 2.41:

$$MOD(E) \subseteq MOD(E)^* = MOD(TH(MOD(E))) = MOD(E^*)$$

(2) Da $\mathcal{D} \subseteq \mathcal{D}^*$ ist, folgt aus Lemma 2.40 $TH(\mathcal{D}^*) \subseteq TH(\mathcal{D})$. Die umgekehrte Inklusion folgt aus Lemma 2.41:

$$TH(\mathcal{D}) \subseteq TH(\mathcal{D})^* = TH(MOD(TH(\mathcal{D}))) = TH(\mathcal{D}^*)$$ $\qquad\square$

Diese Ergebnisse zeigen, daß verschiedene Spezifikationen mit gleicher Theorie semantisch gleichwertig sind, indem sie die gleiche Modellklasse beschreiben. Es kommt also i.w. auf die Theorie an, nicht auf deren konkrete Präsentation durch die Spezifikation. Mit anderen Worten bedeutet dies, daß man bei der Aufgabe, einen gegebenen abstrakten Datentyp zu spezifizieren, i.a. eine gewisse Wahlfreiheit bei der Auswahl der Axiome hat.

Korollar 2.43:

(1) $E^* = E^{**}$

(2) $MOD(E) = MOD(E') \iff E^* = E'^*$

(3) $E^* = E'^* \iff E \subseteq E'^* \wedge E' \subseteq E^*$

Bemerkung: Die letztere Bedingung ist gleichwertig zu $E \models E' \wedge E' \models E$.

Beweis:

(1) $E^{**} = TH(MOD(E^*)) = TH(MOD(E)) = E^*$

(2) Beide Seiten sind äquivalent zu $MOD(E^*) = MOD(E'^*)$.

(3) folgt unmittelbar aus Lemma 2.41 (1) und der obigen Beziehung (1).   □

Die Ergebnisse des Satzes zeigen außerdem, daß nicht ganz beliebige Modellklassen in einem gegebenen Logik-Kalkül axiomatisch charakterisierbar sind, sondern nur abgeschlossene (bzgl. des Kalküls). So zeigt etwa Beispiel 2.39, daß die natürlichen Zahlen mit 0 und *succ* nicht mit Gleichungen spezifiziert werden können; mitspezifiziert hat man dann automatisch alle Algebren zur **nat**-Signatur.

Korollar 2.44:

(1) $\mathcal{D}^* = \mathcal{D}^{**}$

(2) $TH(\mathcal{D}) = TH(\mathcal{D}') \iff \mathcal{D}^* = \mathcal{D}'^*$

(3) $\mathcal{D}^* = \mathcal{D}'^* \iff \mathcal{D} \subseteq \mathcal{D}'^* \wedge \mathcal{D}' \subseteq \mathcal{D}^*$

Der Beweis ist analog zu dem von Korollar 2.43.

2.5 Übungen:

1) Gegeben sei die folgende Signatur für einen abstrakten Datentyp *CHARSTRING* von Wörtern:

```
charstring      bool + nat +

          sorts   char , string
          ops     A, B, ..., Z, _, 0, 1, ..., 9 : → char
                  ε : → string                         (leeres Wort)
                  < _ > : char → string                (Zeichen als Wort)
                  _ ∘ _ : string × string → string     (Konkatenation)
                  append : string × char → string
                  empty? : string → bool
                  | _ | : string → nat                 (Wortlänge)
                  first : string → char
                  if_then_else_fi : bool × string × string → string
```

a) Veranschaulichen Sie diese Signatur durch einen Signaturgraphen.

b) Geben Sie zu dieser Signatur eine zugehörige kontextfreie Grammatik $G(\mathbf{charstring})$ an. Wählen Sie dabei passende Positionen für die Argumente.

2) Ein abstrakter Datentyp *LINE-EDITOR* soll folgende Zugriffs- und Manipulationsmöglichkeiten bieten (vgl. Aufgabe 1.5.5):
- Erzeugen einer leeren Zeile mit Initialisierung des Cursors
- Einfügen eines Zeichens an der Cursorposition mit Cursorbewegung nach rechts
- Löschen des Zeichens an der Cursorposition
- Ersetzen des Zeichens an der Cursorposition
- Bewegen des Cursors um eine Position nach rechts oder links
- Bewegen des Cursors an eine bestimmte Position
- Löschen der gesamten Zeile
- Länge der Zeile
- Position des Cursors
- Zeichen an der Cursorposition

a) Stellen Sie eine Signatur $\Sigma = (S, \Omega)$ für diesen abstrakten Datentyp auf.

b) Welcher Term entspricht folgendem Zustand des Zeileneditors ?

$$A\;B\;S\;T\;A\;R\;K\;T\;E\_D\;A\;T\;E\;N\;T\;Y\;P\;E\;N\_\_\_$$
$$\Uparrow$$

3) Durch die folgende Grammatik G wird die Syntax einer primitiven Programmiersprache definiert (Nichtterminalzeichen in spitzen Klammern):

< program >$\rightarrow$ begin < statement $-$ list > endoutput < variable >
< statement $-$ list >$\rightarrow$ | < statement >; < statement $-$ list >
< statement >$\rightarrow$< variable := value > | if < variable >=< value > then < statement >
< variable >$\rightarrow$ I | J | K
< value >$\rightarrow$ 0 | succ(< value >)

Geben Sie die zugehörige Signatur $\Sigma(G)$ an.

4) Gegeben sei die folgende Signatur für einen abstrakten Datentyp *SET*:

set	**sorts**	bool , elem , set
	ops	true, false : $\rightarrow$ bool
		empty : $\rightarrow$ set
		add : set $\times$ elem $\rightarrow$ set
		delete : set $\times$ elem $\rightarrow$ set
		in? : elem $\times$ set $\rightarrow$ bool

a) Geben Sie fünf paarweise nichtisomorphe **set**-Algebren A_i an, deren bool- und elem-Trägermengen bereits wie folgt festliegen:

$$\mathrm{bool}_{A_i} = \{\,true, false\,\} \qquad \mathrm{elem}_{A_i} = \{1, 2, 3\}$$

Unter diesen Algebren sollen vorkommen: 1. zwei endliche Algebren, welche die untenstehenden Axiome erfüllen, davon eine mit minimaler Anzahl von Elementen, 2. eine unendliche Algebra, welche die Axiome erfüllt und 3. zwei Algebren, welche die Axiome nicht erfüllen, davon eine mit minimaler Anzahl von Elementen.

> **vars**   s: set ; e, e′: elem
>
> **axs** $\forall$e : in?(e, empty) = false
> $\exists$s $\forall$e : in?(e, s) = true   (!)
> $\forall$s $\forall$e : in?(e, add(s, e)) = true
> $\forall$s $\forall$e : in?(e, delete(s, e)) = false
> $\forall$s $\forall$e $\forall$e′ : $\neg$(e = e′) $\Rightarrow$ in?(e, add(s, e′)) = in?(e, s)
> $\forall$s $\forall$e $\forall$e′ : $\neg$(e = e′) $\Rightarrow$ in?(e, delete(s, e′)) = in?(e, s)

b) Welche **set-Algebra-Morphismen** gibt es zwischen diesen Algebren?

c) Gegeben seien die Variablen x, y, z: elem und die Belegung

$$\alpha : x \mapsto 2 , \ y \mapsto 2 , \ z \mapsto 3$$

Geben Sie in den Algebren die Auswertungen α^* folgender Terme an:

        in?(x,delete(add(empty,y),z))
        delete(add(add(add(empty,x),z),y),x)

5) Zeigen Sie, daß die Komposition von zwei Σ-Algebra-Morphismen wieder ein Σ-Algebra-Morphismus ist.

6) Gegeben seien die Signatur **nat** $= \langle \{\text{nat}\}, \{0: \to \text{nat} , \ \text{succ: nat} \to \text{nat}\}\rangle$ und die **nat**-Algebra N mit nat$_N = \mathbb{N}$, $0_N = 0$, succ$_N(n) = n - 1$. Wieviele **nat**-Algebra-Morphismen $h: N \to A$ gibt es zu einer beliebigen **nat**-Algebra A ?

7) Beweisen Sie folgende Behauptungen:

a) Der Durchschnitt zweier Σ-Unteralgebren ist eine Σ-Unteralgebra.

b) Jede Σ-Algebra besitzt genau eine minimale Σ-Unteralgebra.

8) Gegeben seien die folgende Signatur Σ und die Σ-Algebra A:

Σ	A
sorts s	$s_A = \mathbb{R}^+$
ops $e: \to s$	$e_A = 0$
$f: s \to s$	$f_A(x) = x + 2 * \sqrt{x} + 1$
$g: s \times s \to s$	$g_A(x, y) = x * y$

Aus welchen Elementen besteht die minimale Σ-Unteralgebra A^0 von A?

9) Gegeben sei der abstrakte Datentyp $SET := MOD(\Sigma, E)$ mit Signatur Σ und Axiomen E aus Aufgabe 5, jedoch ohne das mit (!) bezeichnete Axiom. Sind die folgenden Formeln in $TH(SET) = E^*$ enthalten ?

        $\exists$s $\forall$e : in?(e, s) = true
        $\forall$s $\forall$e $\forall$e′ : in?(e, add(s, e′)) = in?(e, add(add(s, e′), e′))

10) Zeigen Sie, daß $TH(\mathcal{D} \cup \mathcal{D}') = TH(\mathcal{D}) \cap TH(\mathcal{D}')$ gilt. Analog gilt übrigens $MOD(E \cup E')$ $= MOD(E) \cap MOD(E')$. Darf man in diesen Aussagen $\cup$ und $\cap$ vertauschen ?

3. Strukturierung

Signatur-Morphismen; die Kategorie SIGN; Übersetzung von Formeln und Modellen; Erfül-lungssatz; ADT- und Theorie-Morphismen; die Kategorien ADT und THEO; die Funktoren TH und MOD; Darstellungssatz; die Kategorie SPEC; strukturierte Spezifikationen; die ADT-Operatoren REDUCE and EXPAND.

3.1 Signatur-Morphismen

Für die Untersuchung von Zusammenhängen und Beziehungen zwischen abstrakten Datentypen und Theorien *verschiedener* Signatur bilden Signatur-Morphismen, d.h. strukturerhaltende Abbildungen zwischen Signaturen, das grundlegende Werkzeug. Seien $\Sigma_1 = \langle S_1, \Omega_1 \rangle$ und $\Sigma_2 = \langle S_2, \Omega_2 \rangle$ im folgenden fest gegebene Signaturen. Als Bestandteil eines Signatur-Morphismus von Σ_1 nach Σ_2 tritt eine Abbildung $g : S_1 \to S_2$ der Sorten auf. Wir erweitern g zu einer Abbildung $g^* : S_1^* \to S_2^*$ durch buchstabenweise Abbildung, d.h. $g^*(s_1 \ldots s_n) = g(s_1) \ldots g(s_n)$. Da g die Einschränkung von g^* auf Wörter der Länge 1 ist und somit keine Mißverständnisse zu befürchten sind, lassen wir den * künftig weg, d.h. wir bezeichnen g^* ebenfalls mit g.

Definition 3.1: Ein *Signatur-Morphismus* $f : \Sigma_1 \to \Sigma_2$ ist ein Paar $f = \langle g, h \rangle$, wobei für g und h gilt: $g : S_1 \to S_2$ ist eine Abbildung der Sorten, und $h : \Omega_1 \to \Omega_2$ ist eine $S^* \times S$-indizierte Familie von Abbildungen,

$$h = \{h_{\bar{s},s} : \Omega_{1;\bar{s},s} \to \Omega_{2;g(\bar{s}),g(s)}\}_{\bar{s} \in S^*, s \in S}$$

Zur Erleichterung der Notation schreiben wir $f(s)$ statt $g(s)$ und $f(\omega)$ statt $h_{\bar{s},s}(\omega)$, wenn die Indizierung aus dem Zusammenhang klar ist. Jeder Operator $\omega : s_1 \times \cdots \times s_n \to s$ wird also durch f in einen Operator $f(\omega) : f(s_1) \times \cdots \times f(s_n) \to f(s)$ abgebildet. Den wichtigsten Spezialfall bilden *injektive* Signatur-Morphismen, bei denen alle beteiligten Abbildungen injektiv sind, insbesondere *Inklusionen* $\Sigma_1 \subseteq \Sigma_2$ bzw. $f : \Sigma_1 \hookrightarrow \Sigma_2$. In diesem Fall heißt Σ_1 *Teilsignatur* von Σ_2.

Beispiele 3.2:

(a) Im Beispiel 2.2 sind **bool** und **nat** Teilsignaturen von **nat1**, und **nat1** ist Teilsignatur sowohl von **natstack** als auch von **natqueue**.

(b) In demselben Beispiel läßt sich ein Signatur-Morphismus $f :$ **natstack** $\to$ **natqueue** folgendermaßen definieren: auf der Teilsignatur **nat1** sei f die Identität; ansonsten gelte

$$S \mapsto Q \,, \; \text{new} \mapsto \text{empty} \,, \; \text{push} \mapsto \text{in} \,, \; \text{pop} \mapsto \text{out} \,, \; \text{top} \mapsto \text{front} \,.$$

Dann ist die Morphismus-Bedingung erfüllt; z.B. gilt für push:

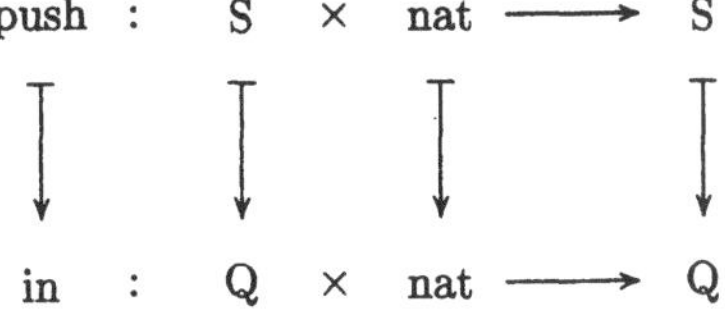

f ist umkehrbar eindeutig und ist somit ein Beispiel für einen *Isomorphismus* zwischen Signaturen.

(c) Für die Signatur von **ord** im Beispiel 2.5 ergibt die Zuordnung ord $\mapsto$ nat , $\leq\,\mapsto\,\leq$ sowie die Identität auf **bool** einen Signatur-Morphismus f : **ord** $\to$ **nat1**. Dieser beschreibt die "Sicht" auf die natürlichen Zahlen als einer geordneten Menge.

(d) Als Beispiel für einen nicht-injektiven Signatur-Morphismus sei f : **ord** $\to$ **bool** gegeben durch die Identität auf **bool** sowie ord $\mapsto$ bool , $\leq\,\mapsto\,\wedge$:

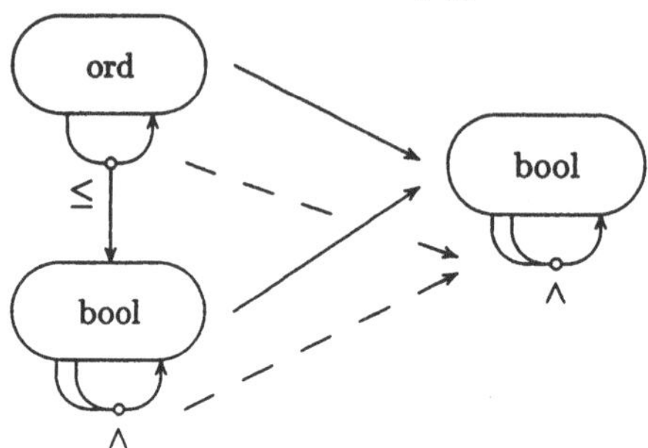

Die Klasse der Signaturen mit ihren Signatur-Morphismen bilden eine Kategorie. Wir verzichten hier auf den Nachweis.

Definition 3.3: *SIGN* bezeichnet die Kategorie der Signaturen mit den Signatur-Morphismen.

Ein Signatur-Morphismus $f : \Sigma_1 \to \Sigma_2$ bewirkt zwei *Übersetzungen* : jede Σ_1-Formel läßt sich in eine Σ_2-Formel übersetzen, und jedes Σ_2-Modell läßt sich in umgekehrter Richtung in ein Σ_1-Modell übersetzen.

Zur Erörterung der Übersetzung von Formeln seien X_1 und X_2 Variablensysteme zu Σ_1 bzw. Σ_2, zwischen denen eine bijektive Abbildung $\nu : X_1 \rightarrowtail\!\!\!\to X_2$ existiert, d.h. $\nu = \{\nu_s\}_{s\epsilon S_1}$ und $\nu_s : (X_1)_s \rightarrowtail\!\!\!\to (X_2)_{f(s)}$.

Definition 3.4: Der Signatur-Morphismus $f : \Sigma_1 \to \Sigma_2$ wird wie folgt zu einer *Termübersetzung*

$$f : T_{\Sigma_1(X_1)} \to T_{\Sigma_2(X_2)}$$

erweitert:

$$f(x) = \nu(x)$$
$$f(\omega(t_1,...,t_n)) = f(\omega)(f(t_1),...,f(t_n))$$

Die Indizes sind der Übersichtlichkeit halber weggelassen.

Definition 3.5: Die Termübersetzung wird zu einer *Formelübersetzung*

$$f : PK_{\Sigma_1(X_1)} \to PK_{\Sigma_2(X_2)}$$

folgendermaßen erweitert:

$$f(t_1 = t_2) = (f(t_1) = f(t_2))$$
$$f(\neg\varphi) = \neg f(\varphi)$$
$$f(\varphi \wedge \psi) = f(\varphi) \wedge f(\psi)$$
$$f(\varphi \vee \psi) = f(\varphi) \vee f(\psi)$$
$$f(\forall x)\varphi) = (\forall f(x))f(\varphi)$$
$$f((\exists x)\varphi) = (\exists f(x))f(\varphi)$$

Es werden also im wesentlichen nur die Terme in der Formel übersetzt, und in den Termen werden im wesentlichen nur die Operatoren übersetzt.

Beispiele 3.6:

(a) Der Signatur-Morphismus f : **natstack** $\rightarrow$ **natqueue** aus Beispiel 3.2b (s.o.) übersetzt die **natstack**-Formel

$$\forall s\ \forall n : \text{pop}(\text{push}(s, n)) = s$$

in die **natqueue**-Formel

$$\forall q\ \forall n : \text{out}(\text{in}(q, n)) = q$$

Erstere Formel gilt für Stapel, letztere jedoch nicht für Schlangen.

(b) Der Signatur-Morphismus f : **ord** $\rightarrow$ **bool** aus Beispiel 3.2d übersetzt die **ord**-Formel

$$\forall x\ \forall y\ \forall z : (x \leq y) = \text{true}\ \wedge\ (y \leq z) = \text{true} \Rightarrow (x \leq z) = \text{true}$$

in die **bool**-Formel

$$\forall p\ \forall q\ \forall r : (p \wedge q) = \text{true}\ \wedge\ (q \wedge r) = \text{true} \Rightarrow (p \wedge r) = \text{true}.$$

Erstere Formel gilt für Ordnungen, und letztere gilt für **bool**-Algebren.

Zur Übersetzung von Modellen in die umgekehrte Richtung sei $f : \Sigma_1 \rightarrow \Sigma_2$ wiederum ein fest gegebener Signatur-Morphismus.

Definition 3.7: Das *f-Redukt* $\bar{f} : \Sigma_2\text{-}ALG \longrightarrow \Sigma_1\text{-}ALG$ ist für $B\epsilon\Sigma_2\text{-}ALG$ definiert durch

$$s_{\bar{f}(B)} = f(s)_B$$
$$\omega_{\bar{f}(B)} = f(\omega)_B$$

Dies legt die Träger und Operationen von $\bar{f}(B)$ als einen Teil der Träger und Operationen von B fest. $\bar{f}$ läßt sich zu einem Funktor

$$\bar{f} : \Sigma_2\text{-}ALG \longrightarrow \Sigma_1\text{-}ALG$$

erweitern, indem man für jeden Σ_2-Algebra-Morphismus $h : A \rightarrow B$ setzt:

$$\bar{f}(h) = \{h_{f(s)}\}_{s\epsilon S_1}\ .$$

Wir verzichten hier auf den Nachweis, daß $\bar{f}$ die Funktor-Eigenschaft erfüllt.

Beispiele 3.8:

(a) Sei f : **bool** $\hookrightarrow$ **nat1** die Inklusion, und sei NAT die **nat1**-Algebra der natürlichen Zahlen. Dann ist $\bar{f}(NAT)$ die als Bestandteil von NAT auftretende **bool**-Algebra.

(b) Der Signatur-Morphismus f : **natstack** $\rightarrow$ **natqueue** aus Beispiel 3.2b übersetzt **natqueue**-Modelle in **natstack**-Modelle durch eineindeutige Änderung der Bezeichnungen für die Sorten und Operationen. Ansonsten bleibt das Modell unverändert.

(c) Der Signatur-Morphismus f : **ord** $\rightarrow$ **bool** aus Beispiel 3.2d übersetzt eine **bool**-Algebra $BOOL$ wie folgt: die Träger der Sorten ord und bool sind in $\bar{f}(BOOL)$ durch dieselbe Menge bool_{BOOL} interpretiert, und die Operatoren $\leq$ und $\wedge$ durch denselben Operator $\wedge_{BOOL}$.

Die Übersetzungen von Formeln und Modellen, die einem Signatur-Morphismus $f : \Sigma_1 \rightarrow \Sigma_2$ zugeordnet sind, stehen in einem engen Zusammenhang von grundlegender Bedeutung.

Satz 3.9 (Erfüllungssatz): *Sei φ eine geschlossene Σ_1-Formel, und sei $B\epsilon\Sigma_2$-ALG. Dann gilt:*

$$B \models f(\varphi) \iff \bar{f}(B) \models \varphi$$

Beweis: Wir zeigen, daß Terme und ihre Übersetzungen im wesentlichen gleich ausgewertet werden. Die Aussage des Satzes folgt dann durch eine eher langwierige als problematische Induktion über den Aufbau der Formeln, auf deren Ausführung wir hier verzichten.

Seien X_1, X_2 Variablensysteme, und sei $\nu : X_1 \longmapsto X_2$ eine bijektive Übersetzung. Sei $\alpha_2 : X_2 \to B$ eine Substitution. Sei $\alpha_1 = \alpha_2\nu : X_1 \to \bar{f}(B)$.

Wir zeigen durch Induktion über den Aufbau der Terme, daß für jeden Term $t\epsilon T_{\Sigma_1(X_1)}$ gilt:

$$\alpha_1^{\#}(t) = \alpha_2^{\#}(f(t)),$$

wobei der linke Wert in $\bar{f}(B)$ und der rechte in B zu bilden ist. Zur Notationsvereinfachung lassen wir wiederum die Sortenindizes weg.

$$\alpha_1^{\#}(x) = \alpha_1(x) = \alpha_2(\nu(x)) = \alpha_2^{\#}(f(x)) \text{ für alle } x\epsilon X_1,$$

$$\begin{aligned}
\alpha_1^{\#}(\omega(t_1,...,t_n)) &= \omega_{\bar{f}(B)}(\alpha_1^{\#}(t_1),...,\alpha_1^{\#}(t_1)) \\
&= f(\omega)_B(\alpha_2^{\#}(f(t_1)),...,\alpha_2^{\#}(f(t_n))) \\
&= \alpha_2^{\#}(f(\omega)(f(t_1),...,f(t_n))) \\
&= \alpha_2^{\#}(f(\omega(t_1,...,t_n)))
\end{aligned} \qquad \Box$$

Die Aussage des Satzes läßt sich auch folgendermaßen formulieren. Sei E_1 eine Formelmenge zu Σ_1, und sei $\mathcal{D}_2$ eine Modellklasse zu Σ_2.

Korollar 3.10:

    (1) $MOD(f(E_1)) = \bar{f}^{-1}(MOD(E_1))$

    (2) $TH(\bar{f}(\mathcal{D}_2)) = f^{-1}(TH(\mathcal{D}_2))$

Eine weitere Folgerung des Erfüllungssatzes ist, daß die Formelübersetzung mit der Abschlußbildung verträglich ist.

Korollar 3.11: $f(E_1^*) \subseteq f(E_1)^*$

Beweis: Es gilt

$$MOD(f(E_1^*)) = \bar{f}^{-1}(MOD(E_1^*)) = \bar{f}^{-1}(MOD(E_1)) = MOD(f(E_1)),$$

woraus folgt:

$$f(E_1^*) \subseteq f(E_1^*)^* = TH(MOD(f(E_1^*))) = TH(MOD(f(E_1)) = f(E_1)^* \qquad \Box$$

Dies Korollar besagt, daß aus der semantischen Implikation $E_1 \models \varphi$ die der Übersetzungen folgt: $f(E_1) \models f(\varphi)$. Die Umkehrung gilt nicht allgemein.

3.2 ADT- und Theorie-Morphismen

Strukturelle Zusammenhänge zwischen abstrakten Datentypen oder Theorien werden durch Signatur-Morphismen ausgedrückt, die strukturverträglich sind in dem Sinne, daß sie die Elemente der einen Struktur in die der anderen übersetzen. Seien $\mathcal{D}_1$ und $\mathcal{D}_2$ abstrakte Datentypen, und seien E_1^* und E_2^* Theorien, jeweils zur Signatur Σ_1 bzw. Σ_2.

Definition 3.12: Ein Signatur-Morphismus $f : \Sigma_1 \to \Sigma_2$ heißt

(1) *ADT-Morphismus* $f : \mathcal{D}_1 \to \mathcal{D}_2$ genau dann, wenn $\bar{f}(\mathcal{D}_2) \subseteq \mathcal{D}_1$ ist, und

(2) *Theorie-Morphismus* $f : E_1^* \to E_2^*$ genau dann, wenn $f(E_1^*) \subseteq E_2^*$ ist.

Beispiele 3.13:

(a) Wir betrachten die Spezifikationen im Beispiel 2.8. Die Inklusionen **bool** $\hookrightarrow$ **nat1**, **nat1** $\hookrightarrow$ **natstack** und **nat1** $\hookrightarrow$ **natqueue** sind sowohl Theorie- als auch (bzgl. der jeweiligen Modellklassen) ADT-Morphismen. Der Signatur-Isomorphismus **natstack** $\to$ **natqueue** (vgl. Beispiel 3.2b) ist weder Theorie- noch ADT-Morphismus.

(b) Der Signatur-Morphismus $f :$ **ord** $\to$ **bool** aus Beispiel 3.2d ist weder ein Theorie- noch ein ADT-Morphismus. So wird z.B. das Axiom der Reflexivität $\forall x : (x \leq x)$ = true in die **bool**-Formel $\forall p : (p \wedge p)$ = true übersetzt, die im allgemeinen nicht gilt.

(c) Sei **group** die Spezifikation aus Beispiel 2.7. Seien **int1** und **int2** die folgenden Spezifikationen.

int1	**sorts**	int
	ops	$0 :\ \to$ int
		$\text{succ}, \text{pred}, \text{neg} :$ int $\to$ int
		$+ :$ int $\times$ int $\to$ int
	vars	$i, j, k :$ int
	eqs	$\text{succ}(\text{pred}(i)) = i$
		$\text{pred}(\text{succ}(i)) = i$
		$i + 0 = i$
		$(i + j) + k = i + (j + k)$
		$i + j = j + i$
		$i + \text{neg}(i) = 0$

int2 wie **int1**, wobei nur die letzten drei Gleichungen ersetzt sind durch

$$i + \text{succ}(j) = \text{succ}(i + j)$$
$$i + \text{pred}(j) = \text{pred}(i + j)$$
$$\text{neg}(0) = 0$$
$$\text{neg}(\text{succ}(i)) = \text{pred}(\text{neg}(i))$$
$$\text{neg}(\text{pred}(i)) = \text{succ}(\text{neg}(i))$$

Sei $f :$ **group** $\to$ **int1** (bzw. **int2**) der durch G $\mapsto$ int, $*$ $\mapsto$ $+$ gegebene Signatur-Morphismus. Seien ferner

$GROUP = MOD(\textbf{group})$ die Klasse aller Gruppen,

$\quad I_i = MOD(\textbf{int}i), \ i = 1, 2,$

$\quad INT$ die Klasse der zum Standardmodell der ganzen Zahlen isomorphen **int1**-(bzw. **int2**-)Algebren,

$\quad E_G$ die Gruppenaxiome,

$\quad E_i$ die Axiome von **int**i, $i = 1, 2$.

Dann ist $f : E_G^* \to E_1^*$ ein Theorie-Morphismus, $f : E_G^* \to E_2^*$ aber nicht. $f : GROUP \to I_1$ und $f : GROUP \to INT$ sind ADT-Morphismen, da alle Algebren in I_1 bzw.

INT bezüglich + Gruppen sind. Dies gilt jedoch nicht für I_2, so daß f kein ADT-Morphismus von *GROUP* nach I_2 ist.

Die in diesem Beispiel behaupteten Eigenschaften, Theorie- bzw. ADT-Morphismen zu sein, sind i.a. nur schwer direkt nachzuweisen, da sowohl Theorien als auch abstrakte Datentypen recht große und unübersichtliche Kollektionen von Formeln bzw. Modellen sein können. Wir zeigen im folgenden einen Zusammenhang zwischen ADT- und Theorie-Morphismen und geben leichter nachprüfbare notwendige und hinreichende Bedingungen für Theorie-Morphismen.

Seien E_1^* und E_2^* Theorien mit Signaturen Σ_1 bzw. Σ_2, und sei $f : \Sigma_1 \to \Sigma_2$ ein Signatur-Morphismus. Seien $\mathcal{D}_1$ und $\mathcal{D}_2$ abstrakte Datentypen zu den Signaturen Σ_1 bzw. Σ_2.

Satz 3.14:

(1) $f : E_1^* \to E_2^*$ ist genau dann ein Theorie-Morphismus, wenn $f : MOD(E_1^*) \to MOD(E_2^*)$ ein ADT-Morphismus ist.

(2) Ist $f : \mathcal{D}_1 \to \mathcal{D}_2$ ein ADT-Morphismus, so ist $f : TH(\mathcal{D}_1) \to TH(\mathcal{D}_2)$ ein Theorie-Morphismus. Ist $\mathcal{D}_1$ abgeschlossen, so gilt auch die Umkehrung.

Beweis:

(1) Mit Hilfe von Lemma 2.40, Korollar 3.10 und Satz 2.42 schließen wir:

$$f(E_1^*) \subseteq E_2^* \iff MOD(E_2^*) \subseteq MOD(f(E_1^*))$$
$$\iff MOD(E_2^*) \subseteq \bar{f}^{-1}(MOD(E_1^*))$$
$$\iff \bar{f}(MOD(E_2^*)) \subseteq MOD(E_1^*) \ .$$

(2) $f(\mathcal{D}_2) \subseteq \mathcal{D}_1 \Rightarrow TH(\mathcal{D}_1) \subseteq TH(f(\mathcal{D}_2))$. Hier gilt nur diese eine Richtung, wenn $\mathcal{D}_1$ nicht abgeschlossen ist. Der Rest des Beweises ist analog zu (1). $\qquad\square$

Theorie-Morphismen entsprechen also den ADT-Morphismen zwischen abgeschlossenen abstrakten Datentypen. Man sieht leicht, daß die abstrakten Datentypen mit den ADT-Morphismen und auch die Theorien mit den Theorie-Morphismen Kategorien bilden.

Definition 3.15: *ADT* bezeichnet die Kategorie der abstrakten Datentypen mit den ADT-Morphismen, und *THEO* bezeichnet die Kategorie der Theorien mit den Theorie-Morphismen.

Die obigen Ergebnisse zeigen, daß *TH* und *MOD* zu Funktoren zwischen *ADT* und *THEO* erweitert werden können:

$$THEO \ \underset{TH}{\overset{MOD}{\rightleftarrows}} \ ADT$$

Auf der Unterkategorie von *ADT* der abgeschlossenen abstrakten Datentypen ist dies ein inverses Paar von Isomorphismen (vgl. Korollare 2.43 und 2.44).

Der Nachweis, daß ein Signatur-Morphismus $f : \Sigma_1 \to \Sigma_2$ ein Theorie-Morphismus $f : E_1^* \to E_2^*$ ist, wird wesentlich durch den folgenden Satz erleichtert.

Satz 3.16 (Darstellungssatz): $f : E_1^* \to E_2^*$ *ist genau dann ein Theorie-Morphismus, wenn* $E_2 \models f(E_1)$ *gilt.*

Beweis: Es gelte $f(E_1^*) \subseteq E_2^*$. Dann folgt mit Lemma 2.41:

$$E_1 \subseteq E_1^* \implies f(E_1) \subseteq f(E_1^*) \subseteq E_2^* \implies E_2 \models f(E_1).$$

Umgekehrt gelte $E_2 \models f(E_1)$. Mit den Korollaren 3.11 und 2.43 sowie der Monotonie der Abschlußbildung folgt:

$$f(E_1) \subseteq E_2^* \implies f(E_1^*) \subseteq f(E_1)^* \subseteq (E_2^*)^* = E_2^*. \qquad \square$$

Um zu zeigen, daß f ein Theorie-Morphismus ist, genügt es also zu zeigen, daß lediglich die Σ_1-Axiome E_1 (nach Übersetzung durch f) aus den Σ_2-Axiomen E_2 folgen. Damit kann man die Behauptungen im Beispiel 2.13 beweisen.

Der Darstellungssatz zeigt, daß sich Theorie-Morphismen auch als Morphismen zwischen Spezifikationen auffassen lassen. Seien $D_i = \langle \Sigma_i, E_i \rangle$, $i = 1, 2$, Spezifikationen.

Definition 3.17: Als *Spezifikations-Morphismus* $f : D_1 \to D_2$ bezeichnen wir einen Signatur-Morphismus $f : \Sigma_1 \to \Sigma_2$, für den $E_2 \models f(E_1)$ gilt, also $f : E_1^* \to E_2^*$ ein Theorie-Morphismus ist. *SPEC* bezeichnet die Kategorie der Spezifikationen mit den Spezifikations-Morphismen.

Die Zuordnung der zugrundeliegenden Signaturen und Signatur-Morphismen zu abstrakten Datentypen und Theorien ergibt zwei Funktoren, die wir folgendermaßen bezeichnen:

$$SIG : ADT \longrightarrow SIGN$$
$$SIG : THEO \longrightarrow SIGN$$

Insgesamt ergeben sich somit die folgenden Zusammenhänge zwischen den bisher definierten Kategorien und Funktoren:

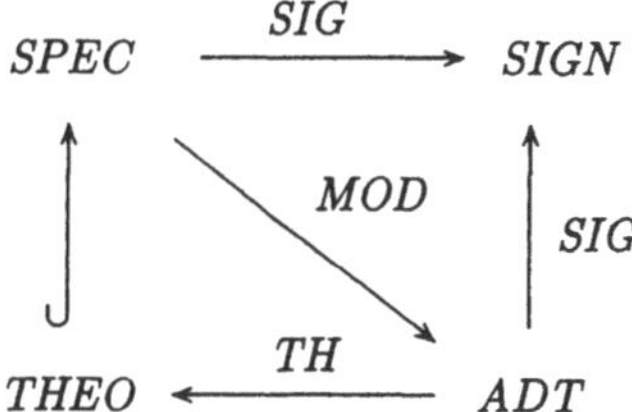

Wir haben hierbei benutzt, daß sich *MOD* auch als Funktor auf *SPEC* statt auf *THEO* auffassen läßt.

3.3 Strukturierte Spezifikationen

Die durch einen Signatur-Morphismus $f : \Sigma_1 \to \Sigma_2$ definierte Übersetzung $\bar{f} : \Sigma_2\text{--}ALG \to \Sigma_1\text{--}ALG$ läßt sich auf zweierlei Weise benutzen, um von einem gegebenen abstrakten Datentyp aus einen neuen zu spezifizieren. Man erhält so nützliche Hilfsmittel, mit denen sich Spezifikationen übersichtlich strukturieren lassen. Seien $\mathcal{D}_1$ und $\mathcal{D}_2$ abstrakte Datentypen mit Signaturen $SIG(\mathcal{D}_i) = \Sigma_i$, $i = 1, 2$.

ADT-Operator 3.18: $REDUCE(\mathcal{D}_2, f) := \bar{f}(\mathcal{D}_2)$

Offensichtlich ist $f : REDUCE(\mathcal{D}_2, f) \to \mathcal{D}_2$ ein ADT-Morphismus. Der *REDUCE*-Operator bildet die Klasse aller f-Redukte von Algebren in $\mathcal{D}_2$.

ADT-Operator 3.19: $EXPAND(\mathcal{D}_1, f) := \bar{f}^{-1}(\mathcal{D}_1)$

Offensichtlich ist $f : \mathcal{D}_1 \to EXPAND(\mathcal{D}_1, f)$ ein ADT-Morphismus. Der *EXPAND*-Operator bildet die Klasse aller Σ_2-Algebren, deren f-Redukte in $\mathcal{D}_1$ liegen. Ist f eine Inklusion, so werden die Algebren in $\mathcal{D}_1$ um beliebige neue Träger und Operationen zu Σ_2-Algebren erweitert. Im allgemeinen Falle findet dabei noch eine Umbenennung der Sorten und Operatoren statt. Zwischen den beiden ADT-Operatoren besteht folgender Zusammenhang:

$$\mathcal{D}_1 = REDUCE(EXPAND(\mathcal{D}_1, f), f)$$
$$\mathcal{D}_2 \subseteq EXPAND(REDUCE(\mathcal{D}_2, f), f)$$

Der *REDUCE*-Operator wird benutzt, um abstrakte Datentypen mit *versteckten Sorten und Operatoren* zu spezifizieren. Eine weitere Verwendung ist die Spezifikation von *Sichten* auf abstrakte Datentypen (vgl. Beispiel 3.22 und Abschnitt 9.3).

Beispiel 3.20: Es sollen die natürlichen Zahlen mit den Operatoren 0, succ und der Multiplikation $*$ spezifiziert werden.

    nat*   **sorts**   nat

             ops $0 : \to$ nat
                     succ : nat $\to$ nat
                     $* :$ nat $\times$ nat $\to$ nat

Der Versuch einer direkten Spezifikation durch Gleichungen führt z.B. auf

$$0 * m = 0$$
$$\text{succ(n)} * m = \underbrace{\text{succ}(\cdots(\text{succ}(n * m))\cdots)}_{m-\text{mal}}$$

Dies sind unendlich viele Gleichungen. Um eine endliche Spezifikation zu erreichen, erweitern wir **nat*** um die Addition.

    nat*+   **nat*** +

             ops $+ :$ nat $\times$ nat $\to$ nat

             vars   m, n : nat

             eqs $0 + m = m$
                     $\text{succ(n)} + m = \text{succ}(n + m)$
                     $0 * m = 0$
                     $\text{succ(n)} * m = m + (n * m)$

Nehmen wir an, daß hiermit bis auf Isomorphie das Standardmodell $NAT*+$ der natürlichen Zahlen spezifiziert ist (s.u. Kap. 4), so ist das gewünschte Standardmodell $NAT*$ von **nat*** gegeben durch

$$NAT* = REDUCE(NAT*+, f),$$

wobei $f : \mathbf{nat*} \hookrightarrow \mathbf{nat*+}$ die Inklusion ist.

Wir demonstrieren die schrittweise Spezifikation durch Ausdehnung mittels *EXPAND* und Einschränkung mittels *REDUCE* durch ein strukturell etwas reicheres Beispiel. Benutzt wird dabei auch der ADT-Operator *MIN* (vgl. 2.29).

Beispiel 3.21: Die Kette von ineinander enthaltenen Spezifikationen

$$\mathbf{bool} \hookrightarrow \mathbf{nat1} \hookrightarrow \mathbf{natstack}$$

sei wie im Beispiel 2.8 spezifiziert. Wir nehmen an, daß wir für **bool** und **nat1** die Standardmodelle *BOOL* und *NAT1* als Isomorphieklassen festgelegt haben. Wie dies geschehen kann, wird im nächsten Kapitel behandelt. Für die Semantik von **natstack** könnte man an den abstrakten Datentyp denken, der alle Datentypen enthält, deren **nat1**-Redukte in *NAT1* liegen und die gleichzeitig die **natstack**-Gleichungen erfüllen, formal:

$$NATSTACK1 = EXPAND(NAT1, f_1) \; \cap \; MOD(\mathbf{natstack}),$$

wobei $f_1 : \mathbf{nat1} \hookrightarrow \mathbf{natstack}$ die Inklusion ist. Dies ist jedoch eine sehr große und unübersichtliche Klasse, wenn auch alle Modelle darin das spezifizierte Verhalten eines Stapels haben. Etwas brauchbarer ist vielleicht die folgende Semantik:

$$NATSTACK = MIN(NATSTACK1).$$

Hierdurch schränken wir uns auf minimale Modelle ein, in denen alle Elemente Termelemente, also durch konstante Terme beschreibbar sind.

Beispiel 3.22: Nun fügen wir eine Spezifikation von Tabellen hinzu, in die natürliche Zahlen als Einträge unter natürlichen Zahlen als Schlüsseln eingefügt, gelöscht und abgefragt werden können. Dazu muß zunächst **nat1** um einige Hilfsoperationen angereichert werden.

> **nat2**   **nat1** +
>
> > **ops**   eq : nat $\times$ nat $\rightarrow$ bool
> > if_then_else_fi : bool $\times$ nat $\times$ nat $\rightarrow$ nat
> >
> > **vars** m, n : nat
> >
> > **eqs** $eq(0, 0) = true$
> > $eq(succ(n), 0) = false$
> > $eq(0, succ(m)) = false$
> > $eq(succ(n), succ(m)) = eq(n, m)$
> > if true then n else m fi $= n$
> > if false then n else m fi $= m$

Als Semantik legen wir fest:

$$NAT2 = EXPAND(NAT1, f_2) \; \cap \; MOD(\mathbf{nat2}),$$

wobei $f_2 : \mathbf{nat1} \hookrightarrow \mathbf{nat2}$ die Inklusion ist. Dies entspricht der kanonischen Anreicherung von *NAT1* um eine Gleichheits- und eine Auswahloperation.

table **nat2** +

  sorts T

  ops create : $\to$ T
      insert : T $\times$ nat $\times$ nat $\to$ T
      delete : T $\times$ nat $\to$ T
      value : T $\times$ nat $\to$ nat
      count : T $\to$ nat
      if_then_else_fi : bool $\times$ T $\times$ T $\to$ T

  vars t, u : T; h, k, n : nat

  eqs delete(create, k) = create
      delete(insert(t, k, n), h) =
        if eq(h, k) then t else insert(delete(t, h), k, n) fi
      value(create, k) = 0
      value(insert(t, k, n), h) =
        if eq(h, k) then n else value(t, h) fi
      count(create) = 0
      count(insert(t, k, n)) = succ(count(t))
      if true then t else u fi = t
      if false then t else u fi = u

Als Semantik von **table** legen wir analog zu **natstack** fest (s.o.):

$$TABLE = MIN(TAB1), \text{ wobei}$$
$$TAB1 = EXPAND(NAT2, f_3) \ \cap \ MOD(\textbf{table})$$

ist. Hierbei ist f_3 : **nat2** $\hookrightarrow$ **table** die Inklusion.

Nun reichern wir **table** um weitere Operationen an, welche die Stapeloperationen auf der Grundlage der Tabellenoperationen simulieren.

  tabstack **table** +

    ops newT : $\to$ T
        pushT : T $\times$ nat $\to$ T
        popT : T $\to$ T
        topT : T $\to$ nat

    vars t : T ; n : nat

    eqs newT = create
        pushT(t, n) = insert(t, succ(count(t)), n)
        popT(t) = delete(t, count(t))
        topT(t) = value(t, county(t))

Als Semantik definieren wir

$$TABSTACK = EXPAND(TABLE, f_4) \ \cap \ MOD(\textbf{tabstack}),$$

wobei f_4 : **table** $\hookrightarrow$ **tabstack** die Inklusion ist.

Bezüglich der neuen Operationen verhält sich die angereicherte Tabelle *TABSTACK* wie der Stapel *NATSTACK*. Um diese Aussage zu präzisieren, definieren wir eine "Sicht" von **natstack** auf **tabstack** durch Angabe eines Signatur-Morphismus:

$$g : \textbf{natstack} \rightarrow \textbf{tabstack},$$

wobei $S \mapsto T$, new $\mapsto$ newT , push $\mapsto$ pushT , pop $\mapsto$ popT und top $\mapsto$ topT. Als Semantik setzen wir

$$NATST1 = REDUCE(TABSTACK, g).$$

Die Frage ist nun, wie *NATST1* und *NATSTACK* zueinander liegen, insbesondere ob man von einer "korrekten Implementierung" von Stapeln durch Tabellen sprechen kann. Die Thematik korrekter Implementierungen wird allgemein im Kapitel 9 abgehandelt. In diesem Beispiel gilt, daß jede Algebra in *NATSTACK* als minimale Unteralgebra in einer Algebra in *NATST1* enthalten ist. Das ergibt sich u.a. deshalb, weil jede Algebra in *NATST1* eine **natstack**-Algebra ist, also die **natstack**-Axiome erfüllt. Letzteres folgt daraus, daß g ein Theorie-Morphismus ist. Um dies nun zu beweisen, muß man zeigen, daß jedes **natstack**-Axiom nach Übersetzung durch g aus den **tabstack**-Axiomen folgt (vgl. Darstellungssatz 3.16). Wir verzichten hier auf die Ausführung dieser Beweise. Mit Beweisen im Gleichungskalkül beschäftigt sich Kapitel 5.

Die Struktur der Spezifikationen und der Theorie-Morphismen dieses Beispiels zeigt das folgende Diagramm:

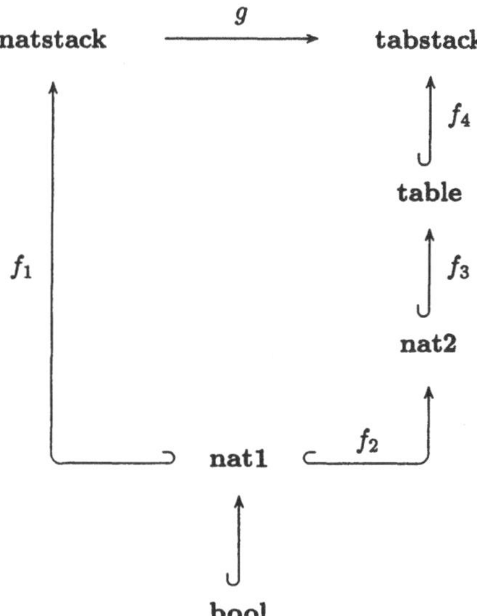

Eine entsprechende Struktur haben die spezifizierten abstrakten Datentypen und die ADT-Morphismen zwischen ihnen.

Eine sehr häufig auftretende Situation ist die *Erweiterung* einer Spezifikation D_1 um neue Sorten, Operationen und Axiome, wobei dann die Inklusion $f : D_1 \hookrightarrow D_2$ ein Theorie-Morphismus ist. Zur Festlegung einer gewünschten Semantik hierfür steht uns der *EXPAND*-Operator mit nachfolgender Einschränkung auf $MOD(D_2)$ zur Verfügung. Dieser konstruiert jedoch im allgemeinen aus monomorphen nicht wieder monomorphe abstrakte Datentypen. Auch durch anschließende Anwendung von *MIN* kann man im allgemeinen nicht Monomorphie erreichen. Zur Spezifikation monomorpher abstrakter Datentypen mittels Erweiterungen sind daher weitere ADT-Operatoren nötig. Diese werden in den Kapiteln 6 und 7 behandelt. Vorab werden im Kapitel 4 monomorphe Interpretationen von Gleichungs-Spezifikationen behandelt.

Sei $f : \Sigma_1 \to \Sigma_2$ ein Signatur-Morphismus, und sei $\mathcal{D}_1 \subseteq \Sigma_1\text{-}ALG$. Ist $\mathcal{D}_1$ gegen Isomorphie abgeschlossen, so hat auch $EXPAND(\mathcal{D}_1, f)$ diese Eigenschaft. Dies braucht jedoch für den *REDUCE*-Operator nicht zu gelten.

Beispiel 3.23: Sei $f :$ **ord** $\to$ **bool** der Signatur/Morphismus aus Beispiel 3.2d, und sei B eine beliebige **bool**-Algebra. Dann hat $\bar{f}(B)$ zwei gleiche Trägermengen für die Sorten ord und bool, und die Operationen $\leq$ und $\wedge$ sind als Abbildungen gleich. Ersetzt man nun z.B. die Trägermenge der Sorte ord durch eine andere gleichmächtige und definiert $\leq$ darauf kanonisch, so erhält man eine zu $\bar{f}(B)$ isomorphe **ord**-Algebra, die nicht im Bild von $\bar{f}$ liegt.

In solchen Fällen, also bei nicht-injektiven Signatur-Morphismen, erlaubt der ADT-Operator *ISOCLOSE* den Abschluß gegen Isomorphie (s.o. 2.21).

3.4 Übungen

1) Seien **nat** und **natqueue** die Signaturen aus Beispiel 2.2, und sei **set** die Signatur aus Aufgabe 2.5.4. Ferner sei **natset** die Signatur, die aus **set** dadurch entsteht, daß man in deren Definition überall die Sorte elem durch die Sorte nat ersetzt und die Operatoren von **nat** hinzufügt.

Welche Signatur-Morphismen gibt es zwischen den folgenden Signaturen ?

  a) von **nat** nach **natset** ?

  b) von **set** nach **natset** ?

  c) zwischen **natqueue** und **natset** (beide Richtungen) ?

2) Seien $\text{elem}_1 = \langle\{\text{elem}_1\}, \emptyset\rangle$ und $\text{elem}_2 = \langle\{\text{elem}_2\}, \emptyset\rangle$ Spezifikationen, und sei **pair** die folgende Spezifikation:

pair	elem_1 + elem_2 +
sorts	pair
ops	$\text{make}: \text{elem}_1 \times \text{elem}_2 \to \text{pair}$
	$\pi_1: \text{pair} \to \text{elem}_1$
	$\pi_2: \text{pair} \to \text{elem}_2$
vars	$e_1: \text{elem}_1$; $e_2: \text{elem}_2$; $p: \text{pair}$
eqs	$\pi_1(\text{make}(e_1, e_2)) = e_1$
	$\pi_2(\text{make}(e_1, e_2)) = e_2$
	$\text{make}(\pi_1(p), \pi_2(p)) = p$

Gegeben sei ferner eine **natstack**-Algebra *NST* durch die Standard-Interpretationen *BOOL* von **bool** (vgl. Beispiel 1.1) und *NAT* von **nat** (vgl. Beispiel 1.2) sowie

$$stack_{NST} = \mathbb{N}^*$$
$$new_{NST} = \varepsilon$$
$$push_{NST}(n_1...n_k, m) = n_1...n_k m$$
$$pop_{NST}(n_1...n_k) = n_1...n_{k-1} \text{ falls } k > 0 \text{ und } \varepsilon \text{ sonst}$$
$$top_{NST}(n_1...n_k) = n_k \text{ falls } k > 0 \text{ und } 0 \text{ sonst}$$

Geben Sie einen Signatur-Morphismus f: **pair** $\rightarrow$ **natstack** an und bilden Sie das f-Redukt des Modells *NST*. Sind darin die **pair**-Gleichungen erfüllt?

3) Beweisen Sie, daß zu jedem Signatur-Morphismus f: $\Sigma_1 \rightarrow \Sigma_2$ durch die Reduktbildung $\bar{f}$: Σ_2–*ALG* $\rightarrow$ Σ_1–*ALG* ein Funktor bestimmt wird.
Hinweis: Zunächst ist zu zeigen, daß das Redukt $\bar{f}(h)$ eines Σ_2-Algebra-Morphismus h ein Σ_1-Algebra-Morphismus ist.

4) Ist das Redukt einer minimalen Algebra wieder minimal?

5) Gegeben seien folgende Spezifikationen (vgl. Beispiele 2.2 und 2.8):

nat'	**nat** +
	ops pred: nat $\rightarrow$ nat
	vars n: nat
	eqs pred(0) = 0
	pred(succ(n)) = n
natstack'	**natstack** +
	ops push0: stack $\rightarrow$ stack
	vars s: stack
	eqs push0(s) = push(s, 0)

Sei *NST'* eine **natstack'**-Algebra, die die **natstack**-Algebra *NST* (vgl. Aufgabe 2) um die Operation

$$push0_{NST'}(n_1 \ldots n_k) = n_1 \ldots n_k 0$$

erweitert. Sei ferner ein Signatur-Morphismus

$$f: \textbf{nat'} \rightarrow \textbf{natstack'}$$

gegeben durch nat$\mapsto$stack, 0$\mapsto$empty, succ$\mapsto$push0, pred$\mapsto$pop.

a) Bilden Sie das f-Redukt von *NST'*. Sind die **nat'**-Gleichungen in diesem Redukt erfüllt?

b) Ist f: $TH(MOD(\textbf{nat'})) \rightarrow TH(MOD(\textbf{natstack'}))$ ein Theorie-Morphismus?

c) Ist f ein ADT-Morphismus zwischen den folgenden abstrakten Datentypen?

   c.1) $MOD(\textbf{nat'}) \rightarrow MOD(\textbf{natstack'})$

   c.2) $MIN(MOD(\textbf{nat'})) \rightarrow MIN(MOD(\textbf{natstack'}))$

   c.3) $REDUCE(MOD(\textbf{natstack'}), f) \rightarrow MOD(\textbf{natstack'})$

6) Spezifizieren Sie den abstrakten Datentyp **nat-trans-stack** der "transparenten" Stapel natürlicher Zahlen, also solcher Stapel, die man auch im Innern lesen darf. Gegenüber **natstack** (vgl. Beispiel 2.8) werden folgende Operatoren zusätzlich angeboten:

$$\text{down} : \text{stack} \to \text{stack}$$
$$\text{read} : \text{stack} \to \text{nat}$$
$$\text{return} : \text{stack} \to \text{stack}$$

Diese sollen dazu dienen, in einem Stapel schrittweise abzusteigen (down), ohne ihn abzubauen, Einträge im Innern zu lesen (read) und wieder nach oben zurückzukehren (return). Die ursprünglichen **natstack**-Operatoren sollen implizit ein return bewirken.

Hinweis: Führen Sie zur Spezifikation geeignete Hilfsoperatoren (versteckte Operatoren) ein, etwa einen Operator push*: stack × nat $\to$ stack *, der einem* push *oberhalb der Lesestelle entspricht. Eine andere Möglichkeit ist es, u.a. einen Zeiger* readptr: stack $\to$ nat *auf die Lesestelle zu verwenden.*

7) Gegeben sei die Spezifikation **natqueue** aus Beispiel 2.8. Ferner sei **natset** die Spezifikation, die sich aus der gleichnamigen Signatur aus Aufgabe 1 durch Hinzufügen folgender Variablen und Axiome ergibt:

$$\textbf{vars} \qquad \text{s: set} \; ; \; \text{n, n}': \text{nat}$$

$$\textbf{axs} \qquad \forall \text{n} : \text{in?}(\text{n}, \text{empty}) = \text{false}$$
$$\forall \text{s} \; \forall \text{n} : \text{in?}(\text{n}, \text{add}(\text{s}, \text{n})) = \text{true}$$
$$\forall \text{s} \; \forall \text{n} : \text{in?}(\text{n}, \text{delete}(\text{s}, \text{n})) = \text{false}$$
$$\forall \text{s} \; \forall \text{n} \; \forall \text{n}' : \neg(\text{n} = \text{n}') \Rightarrow \text{in?}(\text{n}, \text{add}(\text{s}, \text{n}')) = \text{in?}(\text{n}, \text{s})$$
$$\forall \text{s} \; \forall \text{n} \; \forall \text{n}' : \neg(\text{n} = \text{n}') \Rightarrow \text{in?}(\text{n}, \text{delete}(\text{s}, \text{n}')) = \text{in?}(\text{n}, \text{s})$$

Seien $NATQUEUE = MIN(MOD(\textbf{natqueue}))$ und $NATSET = MIN(MOD(\textbf{natset}))$.

  a) Definieren Sie einen abstrakten Datentyp $NATQU\text{-}PLUS\text{-}SET$, der $NATQUEUE$ um Operationen erweitert, die Mengenoperationen auf der Grundlage von Schlangenoperationen simulieren.

  b) Definieren Sie einen abstrakten Datentyp $NATQU\text{-}AS\text{-}SET$, der $NATQU\text{-}PLUS\text{-}SET$ so reduziert, daß eine **natset**-Algebra entsteht.

  c) Diskutieren Sie, in welcher Beziehung $NATSET$ und $NATQU\text{-}AS\text{-}SET$ zueinander stehen.

8) Zeigen Sie, daß der Signatur-Morphismus $g:$ **natstack** $\to$ **tabstack** im Beispiel 3.22 ein Spezifikations-Morphismus ist.

9) Zu einem abstrakten Datentyp $\mathcal{D}$ sei

$$MINSUB(\mathcal{D}) = \{A' \mid A' \text{ ist minimale Unteralgebra von } A \text{ für ein } A \epsilon \mathcal{D}\} \, .$$

Zeigen Sie, daß für die abstrakten Datentypen $NATST1$ und $NATSTACK$ im Beispiel 3.22 gilt:

$$MINSUB(NATST1) \subseteq NATSTACK.$$

4. Initialität

Gleichungsdefinierte Klassen von Algebren; Peano-Algebren; Termalgebren; Initialität der Termalgebra; initiale Algebren bilden monomorphe abstrakte Datentypen; Kongruenzen; Quotienten; initiale Semantik von Gleichungs-Spezifikationen; der ADT-Operator INIT.

4.1 Term-Modelle

In diesem Kapitel betrachten wir ausschließlich gleichungsdefinierte Klassen von Algebren. Diese sind in allen nichttrivialen Fällen polymorph. Da nämlich die entartete Algebra mit nur einem Element in jedem Träger alle Gleichungen erfüllt und daher in jeder gleichungsdefinierten Klasse liegt, kann eine *monomorphe* gleichungsdefinierte Klasse (bis auf Isomorphie) nur aus dieser einen trivialen Algebra bestehen. Es bedarf also weiterer – nicht mit Gleichungen ausdrückbarer – Forderungen, um einen nichttrivialen monomorphen abstrakten Datentyp innerhalb einer gleichungsdefinierten Klasse auszuzeichnen.

Die erste axiomatische Charakterisierung eines monomorphen abstrakten Datentyps ist Peano's Axiomensystem für die natürlichen Zahlen. Die hierbei angewandten Prinzipien sind für unser weiteres Vorgehen beispielhaft.

Beispiel 4.1: Die folgenden Axiome von Peano charakterisieren die natürlichen Zahlen bis auf Isomorphie.

(1) $0 \in \mathbb{N}$;

(2) Ist $n \in \mathbb{N}$, so ist auch $succ(n) \in \mathbb{N}$.

(3) Für kein $n \in \mathbb{N}$ ist $succ(n) = 0$.

(4) Für alle $n, m \in \mathbb{N}$ gilt: aus $succ(n) = succ(m)$ folgt $n = m$.

(5) Es gilt das folgende *Induktionsprinzip*: jede Teilmenge von $\mathbb{N}$, die 0 und mit n auch stets $succ(n)$ enthält, ist gleich $\mathbb{N}$.

In unserer Terminologie können wir die Axiome etwas umformulieren. Die ersten beiden Axiome sagen aus, daß $\mathbb{N}$ mit 0 und *succ* eine **nat**-Algebra ist, wobei **nat** die Signatur aus Beispiel 2.2b ist. Die Axiome (3) und (4) besagen, daß *succ* eine injektive Funktion ist, unter deren Bildern 0 nicht vorkommt. Dies ist gleichwertig damit, daß alle Terme 0, succ(0), succ(succ(0)),... verschiedene Elemente in $\mathbb{N}$ bezeichnen, daß also keine nichttrivialen Gleichungen in $\mathbb{N}$ gelten. Axiom (5) schließlich besagt, daß $\mathbb{N}$ die kleinste Menge ist, die 0 enthält und gegen *succ* abgeschlossen ist, daß $\mathbb{N}$ mit 0 und *succ* also eine minimale **nat**-Algebra ist.

Die folgenden Forderungen sind also zu den Peano-Axiomen gleichwertig:

(1)-(2) $\mathbb{N}$ ist eine **nat**-Algebra.

(3)-(4) Es gelten keine nichttrivialen Gleichungen in $\mathbb{N}$.

    (5) $\mathbb{N}$ ist minimal.

Da $\mathbb{N}$ somit nur aus Termelementen besteht (s. Lemma 2.26), bilden die Terme in $T_{\mathbf{nat}}$ ein konkretes Modell T für $\mathbb{N}$, wenn man die Operationen auf $T_{\mathbf{nat}}$ folgendermaßen erklärt:

$$0_T := 0, \quad succ_T(t) := succ(t).$$

Die natürliche Zahl n ist hierbei durch den Term $\mathrm{succ}(\cdots (\mathrm{succ}(0))\cdots)$ mit n-fachem Auftreten von succ dargestellt.

Wir verallgemeinern nun die obige Konstruktion der natürlichen Zahlen auf beliebige Signaturen. Sei $\Sigma = \langle S, \Omega \rangle$ eine Signatur.

Definition 4.2: Eine *Peano-Algebra* zu Σ ist eine Algebra P, die die folgenden Forderungen erfüllt:

(P1) P ist eine Σ-Algebra.

(P2) Es gelten keine nichttrivialen Gleichungen in P ("no confusion").

(P3) P ist minimal ("no junk").

Die Frage ist, wie weit diese Forderungen die Algebra P festlegen. Bevor wir diese Frage beantworten, konstruieren wir eine konkrete Algebra mit den geforderten Eigenschaften.

Definition 4.3: Die *Termalgebra* $T(\Sigma)$ zu Σ hat die konstanten Terme $T_{\Sigma,s}$ als Träger der Sorte $s \epsilon S$, und jeder Operator $\omega : s_1 \times \cdots \times s_n \to s$ in Σ ist interpretiert durch

$$\omega_{T(\Sigma)}(t_1, \ldots, t_n) = \omega(t_1, \ldots, t_n),$$

wobei $t_i \epsilon T_{\Sigma,s_i}$ ist für $1 \leq i \leq n$.

Die Verknüpfung von Termen in $T(\Sigma)$ geschieht also durch syntaktische Termbildung. Da $T(\Sigma)$ nur Termelemente enthält, ist $T(\Sigma)$ minimal, und da alle syntaktisch verschiedenen Terme verschiedene Elemente von $T(\Sigma)$ sind, gelten auch keine nichttrivialen Gleichungen. $T(\Sigma)$ ist also eine Peano-Algebra zu Σ. Das folgende Lemma zeigt eine wichtige algebraische Eigenschaft der Termalgebra, auf die wir im nächsten Abschnitt zurückkommen.

Lemma 4.4: *Zu jeder Σ-Algebra A gibt es einen und nur einen Σ-Algebra-Morphismus $h : T(\Sigma) \to A$.*

Beweis: Nach Lemma 2.28 (2) gibt es höchstens einen solchen Morphismus, und man erhält einen solchen Morphismus, wenn man jeden Term t in seinen Wert $\#(t)$ in A abbildet. □

Damit läßt sich nun die oben gestellte Frage, welche Peano-Algebren es zu einer Signatur Σ gibt, beantworten: es gibt bis auf Isomorphie nur eine.

Lemma 4.5: *Jede Peano-Algebra zu Σ ist isomorph zu $T(\Sigma)$.*

Beweis: Sei P eine Peano-Algebra, und sei $h : T(\Sigma) \to P$ der eindeutige Σ-Algebra-Morphismus nach Lemma 4.4. Da in P keine nichttrivialen Gleichungen gelten (P2), muß h injektiv sein, und da P minimal ist, muß h surjektiv sein. Also ist h ein Isomorphismus.

□

Als wichtige Folgerung für die Spezifikationstechnik ergibt sich, daß die Forderungen in Definition 4.2, also im wesentlichen die Prinzipien

- "no confusion"
- "no junk"

einen *monomorphen* abstrakten Datentyp charakterisieren. Wir haben zudem eine einfache syntaktische Konstruktion für einen konkreten Datentyp in dieser Isomorphieklasse, nämlich die Termalgebra $T(\Sigma)$.

Das folgende Lemma betont den Zusammenhang mit den Peano-Axiomen noch stärker.

Lemma 4.6: *Eine Σ-Algebra A ist genau dann eine Peano-Algebra, wenn sie die folgenden verallgemeinerten Peano-Axiome erfüllt:*

(1) Sind ω und ω' zwei verschiedene Operatoren in Σ mit gleicher Ergebnissorte $s\epsilon S$, so sind die Bildmengen von ω_A und ω'_A in A disjunkt.

(2) Zu jedem Operator ω in Σ ist ω_A eine injektive Funktion.

(3) Es gilt das folgende Prinzip der strukturellen Induktion: ist $S_B = \{s_B\}_{s\epsilon S}$ eine S-indizierte Teilmenge der Träger von A, d.h. $s_B \subseteq s_A$ für alle $s\epsilon S$, so daß gilt:

(a) für jede Konstante $\omega: \to s$ in Σ ist $\omega_A\epsilon s_B$,

(b) für jeden Operator $\omega : s_1 \times \cdots \times s_n \to s$ in Σ und alle Elemente $a_i\epsilon s_{i,A}$, $i = 1,\ldots,n$, gilt: $(\forall i : a_i\epsilon s_{i,B}) \Rightarrow \omega_A(a_1,\ldots,a_n)\epsilon s_B$,

so ist $s_B = s_A$ für alle $s\epsilon S$.

Auf den Beweis verzichten wir hier.

4.2 Initiale Modelle

Die Existenz eines eindeutigen Σ-Algebra-Morphismus von der Termalgebra $T(\Sigma)$ zu jeder Σ-Algebra A ist eine bedeutsame algebraische Eigenschaft. Wir verallgemeinern diese Eigenschaft und zeigen, daß sie gleichwertig ist zu einem verallgemeinerten System von Peano-Axiomen. Dies führt zu einer nützlichen Charakterisierung monomorpher abstrakter Datentypen.

Sei K eine beliebige Kategorie.

Definition 4.7: Ein Objekt $I\epsilon K$ heißt *initial* in K genau dann, wenn es zu jedem Objekt $A\epsilon K$ genau einen Morphismus $h : I \to A$ in K gibt.

Aus Lemma 4.4 ergibt sich unmittelbar folgendes Ergebnis.

Satz 4.8: *Die Termalgebra $T(\Sigma)$ ist initial in der Kategorie $\Sigma-ALG$ aller Σ-Algebren.*

In Analogie zu Lemma 4.5 zeigen wir, daß Initialität ein Objekt bis auf Isomorphie festlegt.

Lemma 4.9: *Sei I initial in K und sei $I'\epsilon K$. Dann ist I' genau dann initial in K, wenn $I \cong I'$ ist.*

Beweis: Sei I' initial in K. Dann gibt es je genau einen Morphismus $h : I \to I'$ und $g : I' \to I$, und es ist $gh = id_I$ und $hg = id_{I'}$. Also ist $I \cong I'$.

Sei umgekehrt $i : I \to I'$ ein Isomorphismus. Seien ferner $A\epsilon K$ und $h : I \to A$ der initiale Morphismus. Dann ist $hi^{-1} : I' \to A$ ein Morphismus. Sei $g = gid_A = gii^{-1}$. Wegen der Eindeutigkeit von h ist $h = gi$, also folgt $g = hi^{-1}$. Es gibt also nur diesen einen Morphismus von I' nach A. Demnach ist I' initial in K. $\qquad\square$

Die Klasse der initialen Objekte in einer Kategorie K ist also eine Isomorphieklasse. Sei nun K eine Kategorie von Σ-Algebren, d.h. $K \subseteq \Sigma-ALG$.

Lemma 4.10: *Ist A initial in K, so hat A keine echten Unteralgebren in K.*

Beweis: Sei $B \subseteq A, B \epsilon K$. Dann ist die Inklusion $j : B \hookrightarrow A$ ein Σ-Algebra- Morphismus. Wegen der Initialität von A gibt es genau einen Σ-Algebra-Morphismus $h : A \to B$. Damit ist $jh : A \to A$ ein Σ-Algebra-Morphismus von A in sich, und wegen der Initialität von A muß $jh = id_A$ sein. Dann muß aber j surjektiv, also die Identität sein. B ist also keine echte Unteralgebra von A. $\qquad\square$

Unter der Voraussetzung, daß $K \subseteq \Sigma{-}ALG$ gegenüber Unteralgebren abgeschlossen ist, daß K also mit jeder Algebra auch alle ihre Unteralgebren enthält, sind initiale Algebren in K also minimal. Das folgende Lemma verallgemeinert dies.

Lemma 4.11: *Ist $K \subseteq \Sigma{-}ALG$ gegenüber Unteralgebren abgeschlossen und besitzt K eine initiale Algebra A, so gilt für alle Algebren $B\epsilon K$: B ist genau dann minimal, wenn der initiale Morphismus $h : A \to B$ surjektiv ist.*

Beweis: Ist B minimal, so ist h nach Lemma 2.28 (1) surjektiv. Sei nun h surjektiv. Hätte B eine echte Unteralgebra $C \subset B$, so ließe sich der initiale Morphismus $g : A \to C$ mit der Inklusion $j : C \hookrightarrow B$ zu einem Morphismus $jg : A \to B$ zusammensetzen, wobei $jg \neq h$ wäre. A wäre also nicht initial. $\qquad\square$

Die in den folgenden Abschnitten betrachteten Kategorien von Algebren sind stets gegen Unteralgebren abgeschlossen. Wir wollen diese Eigenschaft daher von nun an voraussetzen. Festhalten läßt sich bereits, daß in solchen Kategorien $K \subseteq \Sigma{-}ALG$ initiale Algebren, sofern sie existieren,

- bis auf Isomorphie eindeutig und
- minimal

sind. Initialität ist also zur Charakterisierung monomorpher abstrakter Datentypen geeignet. Die Frage ist jedoch, ob initiale Algebren existieren. Für $\Sigma{-}ALG$ ist diese Frage positiv beantwortet (Satz 4.8). Für allgemeine gleichungsdefinierte Unterkategorien von $\Sigma{-}ALG$ wird die Existenz initialer Algebren im nächsten Abschnitt untersucht.

Im Falle der natürlichen Zahlen bewirkt die Forderung nach Initialität dasselbe wie die Peano-Axiome (Beispiel 4.1). Für allgemeine Signaturen bewirkt sie dasselbe wie die Forderungen in Definition 4.2 ("no confusion, no junk"), und diese sind wiederum zu dem System der verallgemeinerten Peano-Axiome in Lemma 4.6 gleichwertig.

Wir haben im vorigen Abschnitt gesehen (Beispiel 4.1), daß $T(\mathbf{nat})$ isomorph ist zu den natürlichen Zahlen, daß es also ein interessantes nichttriviales Beispiel für einen monomorphen abstrakten Datentyp gibt, der sich durch eine Gleichungsspezifikation (in diesem Falle ohne Gleichungen) und die zusätzliche Forderung nach Initialität spezifizieren läßt. In den nächsten Abschnitten zeigen wir, daß diese Spezifikationstechnik auf viele interessante Datentypen anwendbar ist, wobei ganz beliebige Gleichungsspezifikationen verwendet werden können. Zur Vorbereitung betrachten wir ein Beispiel, das zeigt, daß $T(\Sigma)$ im allgemeinen noch nicht den gewünschten Datentyp darstellt. $T(\Sigma)$ ist jedoch Grundlage und Ausgangspunkt zu dessen Konstruktion.

Beispiel 4.12: Sei **natqueue** die Gleichungsspezifikation aus Beispiel 2.8d, und sei **natqu** $= SIG(\mathbf{natqueue})$ die unterliegende Signatur. Die Elemente der Termalgebra $T(\mathbf{natqu})$

sind durch folgende kontextfreie Grammatik gegeben:

$$Q \rightarrow \text{empty} \mid \text{in}(Q, \text{nat}) \mid \text{out}(Q)$$
$$\text{nat} \rightarrow 0 \mid \text{succ(nat)} \mid \text{front}(Q)$$
$$\text{bool} \rightarrow \text{true} \mid \text{false} \mid \neg\text{bool} \mid \text{bool} \wedge \text{bool} \mid \ldots \mid \text{nat} \leq \text{nat}$$

Im Träger der Sorte Q sind z.B. folgende Terme:

empty , out(empty) , out(out(empty)) , in(out(in(empty, 0))) , succ(succ(0))) , ...

Im Träger der Sorte nat sind außer den Termen 0, succ(0), succ(succ(0)),... aus T(**nat**) auch Terme wie

front(empty) , front(out(in(in(empty, 0), succ(0)))) , front(in(empty, front(empty))) , ...

enthalten, die zu keinem der "ordentlichen" **nat**-Terme 0, succ(0),... gleich sind. Es gilt also keineswegs, daß das Redukt von T(**natqu**) auf **nat** mit T(**nat**) übereinstimmt. Vielmehr sind durch die Erweiterung von **nat** (und **bool**) zu **natqu** viele neue Terme zu den Trägern der Sorten nat (und bool) hinzugekommen. (Aufgabe der Gleichungen in den Spezifikationen ist es unter anderem, dafür zu sorgen, daß solche "neuen" Terme "ordentlich ausgewertet", d.h. einem "alten" Term gleichgesetzt werden.)

In $T(\textbf{natqu})$ gelten nach Definition keine nichttrivialen Gleichungen, insbesondere nicht die von **natqueue** aus Beispiel 2.8d. Die Termalgebra $T(\textbf{natqu})$ ist also keine **natqueue**-Algebra. Im nächsten Abschnitt wird gezeigt, wie eine kanonische (initiale) **natqueue**-Algebra aus $T(\textbf{natqu})$ konstruiert werden kann.

4.3 Quotienten

Sei $D = \langle \Sigma, E \rangle$ eine Spezifikation. Enthält E nichttriviale Gleichungen, so kann die Termalgebra $T(\Sigma)$ keine D-Algebra sein. Wegen der Initialität von $T(\Sigma)$ in $\Sigma - ALG$ gibt es jedoch einen eindeutigen Morphismus $\#_A : T(\Sigma) \rightarrow A$ zu jeder D-Algebra A. Dieser beschreibt die Auswertung der Σ-Terme in A. Eine konstante Gleichung $t_1 = t_2$ gilt nun in A genau dann, wenn $\#_A(t_1) = \#_A(t_2)$ ist. Sie gilt in allen D-Algebren genau dann, wenn $t_1 = t_2 \epsilon E^*$ ist, d.h. wenn $t_1 = t_2$ von E semantisch impliziert wird, $E \models t_1 = t_2$.

Ein Gleichungssystem E definiert somit die folgende Relation auf den konstanten Termen T_Σ.

Definition 4.13: Seien $t_1, t_2 \epsilon T_{\Sigma,s}, s \epsilon S$. Dann heißen t_1 und t_2 *kongruent bzgl.* E, in Zeichen $t_1 \equiv_{E,s} t_2$, genau dann, wenn $E \models t_1 = t_2$ gilt.

Die Relation $\equiv_E$ auf T_Σ ist eine Kongruenz im algebraischen Sinne auf $T(\Sigma)$, d.h. eine mit den Operationen verträgliche Äquivalenzrelation.

Definition 4.14: Sei $\Sigma = \langle S, \Omega \rangle$ eine Signatur, und sei A eine Σ-Algebra. Eine Σ-Kongruenz $\equiv$ auf A ist eine S-indizierte Familie von Äquivalenzrelationen $\equiv_s$ $(s \epsilon S)$, die wie folgt mit den Operationen von A verträglich ist: ist $\omega : s_1 \times \cdots \times s_n \rightarrow s$ ein beliebiger Operator in Ω und sind $a_i, b_i \epsilon s_{i,A}$ beliebige Elemente mit $a_i \equiv_{s_i} b_i$ für $i = 1, ..., n$, so ist auch $\omega_A(a_1, ..., a_n) \equiv_s \omega_A(b_1, ..., b_n)$

Lemma 4.15: *Die Relation* $\equiv_E$ *ist eine* Σ-*Kongruenz auf* $T(\Sigma)$.

Beweis: Sei $\omega : s_1 \times \cdots \times s_n \to s$ in Σ. Gelten nun für Terme $t_i, t_i' \epsilon T_{\Sigma, s_i}, i = 1, \ldots, n$, jeweils $t_i \equiv_E t_i'$, d.h. $\#_A(t_i) = \#_A(t_i')$ für jede D-Algebra A, so folgt offensichtlich

$$\#_A(\omega(t_1, \ldots, t_n)) = \omega_A(\#_A(t_1), \ldots, \#_A(t_n))$$
$$= \omega_A(\#_A(t_1'), \ldots, \#_A(t_n'))$$
$$= \#_A(\omega(t_1', \ldots, t_n')).$$

Also folgt $\omega(t_1, \ldots, t_n) \equiv_E \omega(t_1', \ldots, t_n')$. □

Die S-indizierte Familie $\equiv_E = \{\equiv_{E,s}\}_{s \epsilon S}$ heißt die *von E erzeugte Kongruenz* auf $T(\Sigma)$.

Beispiel 4.16: Zwischen den **natqueue**-Termen in Beispiel 4.12 bestehen u.a. folgende Kongruenzen bzgl. der **natqueue**-Gleichungen im Beispiel 2.8:

empty $\equiv_E$ out(empty) $\equiv_E$ out(out(empty)) $\equiv_E \ldots$
in(out(in(empty, 0)), succ(succ(0))) $\equiv_E$ in(empty, succ(succ(0)))
front(empty) $\equiv_E$ 0
front(out(in(in(empty, 0), succ(0))))
$\qquad \equiv_E$ front(in(out(in(empty, 0)), succ(0)))
$\qquad \equiv_E$ front(in(empty, succ(0)))
$\qquad \equiv_E$ succ(0)
front(in(empty, front(empty))) $\equiv_E$ front(empty) $\equiv_E$ 0

Allgemein ist jeder Term der Sorte nat zu einem "kanonischen" **nat**-Term der Art

$$\text{succ}(\cdots \text{succ}(\text{succ}(0)) \cdots)$$

kongruent, während diese untereinander verschieden sind. Insofern "definiert" die Spezifikation die Operation front konsistent und vollständig. Entsprechendes gilt für die Operation out.

Sei nun A eine beliebige Σ-Algebra, und sei $\equiv$ eine Kongruenz auf A. Zu einem Element $a \epsilon A$ sei $[a]_\equiv = \{a' \epsilon A \mid a' \equiv a\}$ seine Kongruenzklasse. Wenn der Bezug auf die Kongruenz klar ist, lassen wir den Index $\equiv$ weg.

Definition 4.17: Der *Quotient $A / \equiv$ von A nach $\equiv$* besteht aus den Kongruenzklassen $[a]$ zu $a \epsilon A$ als Elementen (jeweils sortenweise) und den Verknüpfungen

$$\omega_{A / \equiv}([a_1], \ldots, [a_n]) = [\omega_A(a_1, \ldots, a_n)].$$

Der *Quotienten-Morphismus $q : A \to A / \equiv$* ist durch $q(a) = [a]$ definiert.

Anschaulich entsteht der Quotient $A / \equiv$ dadurch, daß man die Struktur von A vergröbert, indem man kongruente Elemente zu einem Element zusammenzieht. Die Kongruenz-Eigenschaft gewährleistet, daß das Ergebnis einer Verknüpfung unabhängig ist von der Auswahl der Repräsentanten $a_1, \ldots, a_n$. Daß der Quotienten-Morphismus q ein Morphismus ist, ist unmittelbar aus der Definition der Verknüpfungen im Quotienten ersichtlich. Offensichtlich ist q surjektiv, und es gilt

$$a \equiv a' \iff q(a) = q(a')$$

für alle Elemente $a, a' \epsilon A$ derselben Sorte.

Satz 4.18 (Homomorphiesatz): *Zu jedem Σ-Algebra-Morphismus $h : A \to B$ gibt es genau eine Kongruenz $\equiv_h$ auf A und genau einen Σ-Algebra-Morphismus $\iota_h : A\,/\equiv_h \to B$, so daß für den Quotienten-Morphismus $q_h : A \to A\,/\equiv_h$ die Gleichung $h = \iota_h q_h$ gilt, d.h. das folgende Diagramm kommutiert:*

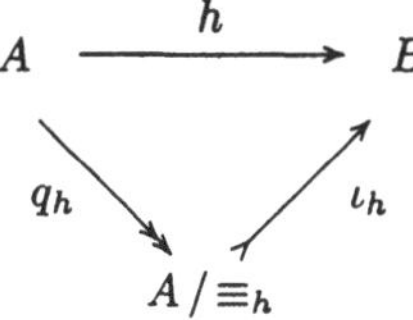

ι_h *ist injektiv.*

Beweis: Die Kongruenz $\equiv_h$ ist definiert durch $a \equiv_h a' \iff h(a) = h(a')$, und die Injektion ι_h ist gegeben durch $\iota_h([a]_{\equiv_h}) = h(a)$. Auf die weiteren Einzelheiten verzichten wir hier. □

Ist $h : A \to B$ ein Σ-Algebra-Morphismus, so ist nach Lemma 2.27 $h(A)$ eine Unteralgebra von B, das homomorphe Bild von A unter h. Die Injektion $\iota_h : A\,/\equiv_h \rightarrowtail B$ läßt sich als Isomorphismus $\iota_h : A\,/\equiv_h \rightarrowtail h(A)$ auffassen.

Korollar 4.19: *Die homomorphen Bilder einer Σ-Algebra A sind genau die zu den Quotienten von A isomorphen Σ-Algebren.*

Hieraus ergibt sich eine Folgerung, die uns einen Überblick über die minimalen Σ-Algebren zu einer Signatur Σ verschafft.

Korollar 4.20: *Die minimalen Algebren in Σ–ALG sind – bis auf Isomorphie – genau die Quotienten $T(\Sigma)\,/\equiv$ der initialen Termalgebra $T(\Sigma)$.*

Beweis: Nach Lemma 4.10 ist $A\epsilon\Sigma$–ALG genau dann minimal, wenn der initiale Morphismus $\#_A : T(\Sigma) \to A$ surjektiv ist, und dies ist genau dann der Fall, wenn A zu einem Quotienten $T(\Sigma)\,/\equiv$ isomorph ist. □

4.4 Initiale Semantik

Hat für eine Spezifikation $D = \langle \Sigma, E \rangle$ die Kategorie D–ALG eine initiale Algebra, so ist sie nach Lemma 4.11 minimal. Nach Lemma 4.20 ist sie isomorph zu einem Quotienten $T(\Sigma)\,/\equiv$ für eine Kongruenz $\equiv$. Wir zeigen, daß sich für die von E erzeugte Kongruenz $\equiv_E$ eine initiale Algebra in D–ALG ergibt.

Definition 4.21: Sei $D = \langle \Sigma, E \rangle$ eine Spezifikation, und sei $\equiv_E$ die von E auf $T(\Sigma)$ erzeugte Kongruenz. Dann ist

$$T(D) := T(\Sigma)\,/\equiv_E .$$

Statt $T(D)$ schreiben wir zuweilen auch $T(\Sigma, E)$. Aufgrund der Definition von $\equiv_E$ ist $T(D)$ eine D-Algebra, und zwar eine minimale. Der nächste Satz gibt die wesentliche Grundlage für die Spezifikation monomorpher abstrakter Datentypen mittels initialer Algebren.

Satz 4.22 (Hauptsatz der initialen Semantik): $T(D)$ *ist initial in* $D\text{--}ALG$.

Beweis: Jede minimale D-Algebra A ist ein Quotient von $T(\Sigma)$, für dessen Kongruenz $\equiv$ aufgrund der Definition von $\equiv_E$ gilt: $t \equiv_E t' \Rightarrow t \equiv t'$ für alle konstanten Terme $t, t' \epsilon T(\Sigma)$. Die Kongruenz $\equiv_E$ ist also die feinste unter allen Kongruenzen von minimalen D-Algebren. Somit definiert die Abbildung $h : \#_{T(D)}(t) \mapsto \#_A(t)$ einen Morphismus von $T(D)$ nach A. Ist B eine beliebige D-Algebra, so können wir auf diese Weise einen Morphismus von $T(D)$ zur minimalen Unteralgebra A von B konstruieren, der mittels Komposition mit der Inklusion einen Morphismus von $T(D)$ nach B ergibt. Es existiert also zu jeder D-Algebra B ein Morphismus von $T(D)$ nach B. Da $T(D)$ minimal ist, ist dieser Morphismus nach Lemma 2.28 (2) eindeutig.
$\square$

Die auf diesem Satz beruhende "Initiale-Algebra-Semantik" oder kurz "initiale Semantik" legt als den von einer Gleichungs-Spezifikation D *spezifizierten* abstrakten Datentyp die Isomorphieklasse der initialen Algebren in $D\text{--}ALG$ fest. Dies sind genau die zu $T(D)$ isomorphen Algebren.

Eine Anwendung der initialen Semantik ist die algebraische Semantik von Programmiersprachen. Die konkrete Syntax wird durch eine kontextfreie Grammatik G gegeben, und die Semantik wird durch ein System E semantischer Gleichungen zwischen Worten der Sprache (mit Variablen) beschrieben. Wie im Kapitel 2 ausgeführt, wird die Grammatik G durch die Signatur $\Sigma(G)$ abstrahiert. Die Termalgebra $T(\Sigma(G))$ stellt die abstrakte Syntax der Sprache dar. Die – entsprechend abstrahierten – semantischen Gleichungen E definieren die "semantische Algebra" $T(\Sigma(G), E)$, Die Interpretation, d.h. die semantische Abbildung, ist durch den initialen Morphismus $h : T(\Sigma(G)) \longrightarrow T(\Sigma(G), E)$ eindeutig festgelegt.

In Anlehnung an die Charakterisierung der Initialität in $\Sigma\text{--}ALG$ durch verallgemeinerte Peano-Axiome läßt sich auch die Initialität in $D\text{--}ALG$ durch die Prinzipien

- "no confusion"
- "no junk"

charakterisieren. Man muß hierzu lediglich das Prinzip "no confusion" allgemeiner interpretieren als Vorschrift, daß nur die durch E semantisch implizierten konstanten Gleichungen gelten sollen, keine weiteren.

Definition 4.23: Sei $D = \langle \Sigma, E \rangle$ eine Spezifikation. Eine *Peano-Algebra* zu D ist eine Algebra, die folgende Bedingungen erfüllt:

(P1) P ist eine Σ-Algebra.

(P2) Es gelten keine konstanten Gleichungen in P außer den von E semantisch implizierten ("no confusion").

(P3) P ist minimal ("no junk").

Den Zusammenhang mit den initialen Algebren stellt das folgende Lemma her.

Lemma 4.24: *Die Peano-Algebren zu D sind genau die initialen Algebren in $D\text{--}ALG$.*

Der Beweis ist analog zu dem von Lemma 4.5.

Wir modellieren die initiale Semantik durch einen allgemeinen ADT-Operator, der jede Kategorie von Algebren auf die Isomorphieklasse der in ihr initialen Algebren einschränkt.

ADT-Operator 4.25: Sei $\mathcal{D} \subseteq \Sigma{-}ALG$ ein abstrakter Datentyp. Dann ist

$$INIT(\mathcal{D})$$

die volle Unterkategorie der initialen Algebren in $\mathcal{D}$.

Hat $\mathcal{D}$ keine initialen Algebren, so ist $INIT(\mathcal{D})$ leer. Die initiale Semantik bestimmt

$$INIT(MOD(D))$$

als den durch D spezifizierten abstrakten Datentyp. Dieser ist für Gleichungs-Spezifikationen niemals leer: er besteht gerade aus der Isomorphieklasse von $T(D)$ mit ihren Isomorphismen.

Mit Hilfe des *INIT*-Operators lassen sich viele interessante monomorphe abstrakte Datentypen spezifizieren. Wir geben einige Beispiele:

Beispiele 4.26:

(a) Beispiel 4.1 zeigt, daß die natürlichen Zahlen mit 0 und *succ* durch die Spezifikation **nat** (ohne Gleichungen) monomorph durch $INIT(MOD(\mathbf{nat}))$ definiert werden.

(b) Für die Spezifikation **bool** aus Beispiel 2.8a ergibt $INIT(MOD(\mathbf{bool}))$ die boolesche Algebra mit zwei Elementen, *true* und *false*, und den auf ihnen definierten booleschen Operationen. Dies ist – bis auf Isomorphie – die Algebra A_1 aus Beispiel 2.14. Die übrigen **bool**-Modelle A_2 bis A_5 in diesem Beispiel werden durch den *INIT*-Operator ausgeschlossen.

(c) Für die Spezifikation **nat1** aus Beispiel 2.8b ergibt $INIT(MOD(\mathbf{nat1}))$ die natürlichen Zahlen mit 0, *succ* und der booleschen Operation $\leq$, deren Bedeutung aufgrund der Gleichungen als "kleiner-gleich" festgelegt ist.

(d) Für die Spezifikation **natstack** aus Beispiel 2.8c ergibt $INIT(MOD(\mathbf{natstack}))$ den monomorphen abstrakten Datentyp der Stapel von natürlichen Zahlen. Die Stapelinhalte $(n_1, n_2, \ldots, n_k)$, wobei n_k das oberste Element ist, werden in T(**natstack**) durch die Terme

$$\mathrm{push}(\cdots \mathrm{push}(\mathrm{push}(\mathrm{new}, n_1), n_2) \ldots, n_k)$$

dargestellt, auf denen die Operationen pop und top durch die Gleichungen induktiv definiert sind. Diese Terme bilden zusammen mit den **nat**-Termen ein Repräsentantensystem für die Klassen der durch die Gleichungen erzeugten Kongruenz, d.h. jeder Term ist zu genau einem dieser Repräsentanten kongruent.

(e) Für die Spezifikation **natqueue** aus Beispiel 2.8d ergibt $INIT(MOD(\mathbf{natqueue}))$ den monomorphen abstrakten Datentyp der Warteschlangen mit natürlichen Zahlen als Elementen. Die Schlangeninhalte $(n_1, n_2, \ldots, n_k)$, wobei n_k das Frontelement ist, werden in T(**natqueue**) durch die Terme

$$\mathrm{in}(\cdots \mathrm{in}(\mathrm{in}(\mathrm{empty}, n_1), n_2) \ldots, n_k)$$

dargestellt, die zusammen mit den **nat**-Termen ein Repräsentantensystem für die Kongruenzklassen bilden.

(f) Mit Hilfe des *INIT*-Operators können wir der strukturierten Spezifikation der Beispiele 3.21/22 eine andere, "schärfere" Semantik unterlegen, indem wir für die Spezifikationen **natstack** und **table** als Semantik setzen:

$$NATSTACK^* = INIT(MOD(\textbf{natstack}))$$
$$TABLE^* = INIT(MOD(\textbf{table}))$$

Für **bool** und **nat** hatten wir initiale Semantik bereits implizit angenommen. Zur Unterscheidung in der Notation versehen wir die Namen der neuen abstrakten Datentypen mit einem *. Dann gilt

$$NATSTACK^* \subset NATSTACK,$$

d.h. *NATSTACK* gemäß Beispiel 3.21 ist nicht monomorph. Zum Beispiel enthält dieser abstrakte Datentyp – außer den initialen – eine Algebra, in der die Stapel mit Inhalt $(0, 0, \ldots 0)$ mit dem leeren Stapel new identifiziert sind. Ebenso gilt

$$TABLE^* \subset TABLE.$$

TABLE enthält Listen von Paaren natürlicher Zahlen, bei denen es auf Reihenfolge und Vielfachheit der Elemente ankommt, Multimengen, bei denen es auf die Vielfachheit, nicht jedoch auf die Reihenfolge ankommt, sowie Mengen, bei denen es weder auf Vielfachheit noch auf Reihenfolge ankommt. *TABLE** dagegen enthält nur Listen: eine Tabelle, in die nacheinander $(1, 4), (2, 3)$ und $(1, 4)$ eingefügt werden, ist verschieden von einer, in die nacheinander $(2, 3)$ und $(1, 4)$ eingefügt werden.

Entsprechend dem Beispiel 3.22 seien

$$TABSTACK^* = EXPAND(TABLE^*, f_4) \cap MOD(\textbf{tabstack})$$
$$NATST1^* = REDUCE(TABSTACK^*, g)$$

Mit *TABSTACK** ist bei der neuen Semantik auch *NATST1** monomorph. Die Aussage im Beispiel 3.22 über die Beziehung der "korrekten Implementierung" zwischen *NATST1* und *NATSTACK* gilt nun immer noch. In diesem Fall bedeutet das, daß *NATSTACK** bis auf Isomorphie die minimale Unteralgebra von *NATST1* ist.

Die Beispiele zeigen, daß die Spezifikation mit dem *INIT*-Operator strukturierte Spezifikationen erlaubt, wobei alle spezifizierten abstrakten Datentypen monomorph bleiben. Allerdings wird die Struktur in der Semantik nicht reflektiert: z.B. wird *NATSTACK** direkt von der Gesamtspezifikation **natstack** definiert, nicht aufbauend auf die Semantik *NAT1* von **nat1**. Dasselbe gilt für *TABLE**. Im 6. Kapitel behandeln wir Methoden der monomorphen Erweiterung von abstrakten Datentypen, insbesondere die Konstruktion erweiterter initialer Algebren aus initialen Algebren.

4.5 Übungen

1) Sei **nat** die Signatur aus Beispiel 2.2. Gegeben seien die drei **nat**-Algebren

$A_1 = \mathbb{N}_4$ (Restklassen modulo 4) mit den Standard-Operationen

$A_2 = \mathbb{Z}$ (ganze Zahlen) mit den Standard-Operationen

$A_3 = \mathbb{Z}$ mit $0_{A_3} := 0$; $succ_{A_3}(z) := z + 1$ für $z \geq 0$, $z - 1$ für $z \leq 0$

$A_4 = \mathbb{N}$ mit den Standard-Operationen

a) Welche dieser Algebren sind Peano-Algebren ?

b) Welche dieser Algebren sind initial in **nat**–ALG ?

2) Wählen Sie eine Signatur Σ, so daß die Termalgebra $T(\Sigma)$ bis auf Isomorphie aus Wörtern über $\{a, b, ..., z\}$ besteht.

3) Gegeben sei die folgende Spezifikation:

int	sorts	int
	ops	$0 :\to$ int
		succ : int $\to$ int
		pred : int $\to$ int
	eqs	succ(pred(i)) = i
		pred(succ(i)) = i

Zeigen Sie, daß die Standard-**int**-Algebra $\langle \mathbb{Z}, \{0, +1, -1\} \rangle$ initial in $MOD(\textbf{int})$ ist.

4) Beweisen Sie die folgenden Behauptungen.

a) Seien $\alpha : X \to T(\Sigma)$ und $\beta : X \to A$ Belegungen von Variablen X, so daß für alle $x \epsilon X$ die Beziehung $\#_A(\alpha(x)) = \beta(x)$ gilt. Dann gilt für $t \epsilon T(\Sigma)$:

$$\#_A(\alpha^*(t)) = \beta^*(t)$$

b) $\equiv$ sei eine Kongruenz auf $T(\Sigma)$, A die Algebra $T(\Sigma)/\equiv$. Für jeden Term $t \epsilon T(\Sigma)$ gilt:

$$\#_A(t) = [t]_{\equiv}$$

c) Eine Gleichung $u = v$ (mit Variablen X) gilt in $A = T(\Sigma)/\equiv$ genau dann, wenn für alle Belegungen $\alpha : X \to T(\Sigma)$ gilt:

$$\alpha^*(u) \equiv \alpha^*(v)$$

5) Gegeben sei eine Gleichungsspezifikation $D = \langle \Sigma, X, E \rangle$; R_E bezeichne folgende Relation:

$$R_E = \{(\alpha^*(u), \alpha^*(v)) \mid (u = v)\epsilon E, \alpha : X \to T(\Sigma)\}$$

Beweisen Sie die folgenden Aussagen:

a) Eine Kongruenz $\equiv$ auf $T(\Sigma)$ enthält R_E genau dann, wenn $T(\Sigma)/\equiv$ eine D-Algebra ist.

b) $\equiv_E$ ist die (bzgl. der Inklusion) kleinste Kongruenz auf $T(\Sigma)$, die R_E enthält.

6) Konstruieren Sie eine initiale Algebra zu folgender Spezifikation:

$$\textbf{sorts} \quad s_1, s_2$$

$$\textbf{ops} \quad e :\to s_1$$
$$f : s_1 \to s_2$$
$$g : s_2 \to s_1$$

$$\textbf{eqs} \quad f(x) = f(g(f(x)))$$

7) Ist jede minimale Σ-Algebra auch initiale Algebra zu einer Gleichungsspezifikation?

8) Geben Sie eine initiale Algebra zu der folgenden Spezifikation an (vgl. Beispiel 3.22):

xyz nat2 +

$$\textbf{sorts} \quad xyz$$

$$\textbf{ops} \quad empty :\to xyz$$
$$add : xyz \times nat \to xyz$$
$$del : xyz \times nat \to xyz$$
$$in? : nat \times xyz \to bool$$

$$\textbf{vars} \quad n, m : nat \; ; \; x : xyz$$

$$\textbf{eqs} \quad in?(n, empty) = false$$
$$in?(m, add(x, n)) = \text{if } eq(m, n) \text{ then true else } in?(m, x) \text{ fi}$$
$$add(add(x, m), n) = add(add(x, n), m)$$
$$del(empty) = empty$$
$$del(add(x, m), n) = \text{if } eq(m, n) \text{ then } del(x, n) \text{ else } add(del(x, n), m) \text{ fi}$$
$$\text{if true then } x \text{ else } x' \text{ fi} = x$$
$$\text{if false then } x \text{ else } x' \text{ fi} = x'$$

9) Spezifizieren Sie den abstrakten Datentyp **nat-nat-array** von Feldern mit natürlichen Zahlen als Indizes und natürlichen Zahlen als Einträgen im Sinne der initialen Semantik. Gemeint sind allerdings nur "finitäre" Felder, die zwar unendlich lang sind, aber höchstens endlich viele "echte" Einträge haben (hier: Einträge ungleich 0). Insbesondere sollen Operationen zum Lesen eines Eintrags unter einem Index ("read") und zur Zuweisung eines neuen Eintrags ("assign") vorhanden sein.

5. Berechnung

Gleichungskalkül; Deduktionssystem; Konsistenz; Vollständigkeit; Gleichungstheorie initialer Algebren; Induktion; kanonische Termalgebren; Existenz initialer kanonischer Termalgebren; Korrektheit initialer Spezifikationen; Term-Ersetzungs-Systeme; Normalformen; Konfluenz; Terminierung; Church-Rosser-Eigenschaft; Normalformen-Algebra; operationale Semantik; Verträglichkeit mit der initialen Semantik.

5.1 Gleichungskalkül

Sei $D = \langle \Sigma, E \rangle$ eine Gleichungs-Spezifikation. Die Gleichungstheorie $E^* = TH(MOD(D))$ enthält genau die von E semantisch implizierten Gleichungen. Ob nun eine Gleichung von E semantisch impliziert wird, ist aufgrund dieser modelltheoretischen Definition nur schwer nachzuprüfen, da hierzu eine Beweisführung über alle Modelle von D nötig wäre. Diese Aufgabe wird durch syntaktische Umformungen, die gültige Gleichungen wieder in gültige Gleichungen überführen, wesentlich erleichtert. Solche Umformungen werden Deduktionen oder Herleitungen genannt.

Sei X eine S-indizierte Menge von Variablen, und sei $GK_{\Sigma(X)}$ der Gleichungskalkül über Σ und X.

Definition 5.1: Eine *Deduktions-Relation* für $GK_{\Sigma(X)}$ ist eine Relation zwischen Gleichungsmengen und Gleichungen,

$$\vdash \;\subseteq\; \mathcal{P}(GK_{\Sigma(X)}) \times GK_{\Sigma(X)}.$$

Sind $E \subseteq GK_{\Sigma(X)}$ und $e \in GK_{\Sigma(X)}$, so bedeutet $E \vdash e$, daß e aus E herleitbar ist. Sind z.B. $t_1 = t_2$ und $t_2 = t_3$ in E, so ist man gewohnt, daraus $t_2 = t_1$ und $t_1 = t_3$ herzuleiten. Ebenso ist man gewohnt, neue Gleichungen herzuleiten, indem man gleiches durch gleiches ersetzt. Diese üblichen Herleitungsregeln führen jedoch bei unserem mehrsortigen Kalkül leicht zu Fehlern und bedürfen daher einer sorgfältigen Präzisierung.

Beispiel 5.2: Sei **bool'** eine Spezifikation, die die folgenden Gleichungen semantisch impliziert (für die Spezifikation **bool** im Beispiel 2.8a gilt dies nicht!):

$$\text{true} = p \lor \neg p,$$
$$\text{false} = p \land \neg p,$$
$$p = p \lor p,$$
$$p = p \land p.$$

Sei **U** als Erweiterung von **bool** folgendermaßen definiert:

$$
\begin{array}{ll}
\textbf{U} & \textbf{bool'} + \\[4pt]
\textbf{sorts} & u \\[4pt]
\textbf{ops} & f : u \rightarrow \text{bool} \\[4pt]
\textbf{vars} & x : u \\[4pt]
\textbf{eqs} & f(x) = \neg f(x)
\end{array}
$$

Die folgende Herleitung scheint korrekt zu sein:

$$\begin{aligned}
\text{true} &= f(x) \vee \neg f(x) \\
&= f(x) \vee f(x) \\
&= f(x) \\
&= f(x) \wedge f(x) \\
&= f(x) \wedge \neg f(x) \\
&= \text{false}
\end{aligned}$$

Es gibt aber ein Modell A von **U**, in dem true $\neq$ false gilt, nämlich die Erweiterung der (initialen) Standard-**bool**-Algebra um den leeren Träger $u_A = \emptyset$. In diesem Modell gilt $\forall x : f(x) = \neg f(x)$ als leere Aussage trivialerweise.

Die obige Herleitung ist trotzdem richtig. Sie ist nur mißverständlich hingeschrieben: korrekt hergeleitet wurde $\forall x :$ true $=$ false, was in der Tat in allen **U**-Modellen gilt, nicht jedoch true $=$ false.

Dies Beispiel zeigt, daß man darauf achten muß, über welche Variablen quantifiziert wird, insbesondere, ob über Variable quantifiziert wird, die in der Gleichung nicht vorkommen und die sich auf einen möglicherweise leeren Wertebereich beziehen.

Wir notieren daher Gleichungen vollständig als

$$\forall Y : t_1 = t_2,$$

wobei $Y \subseteq X$ ist und $t_1, t_2 \epsilon T_{\Sigma(Y)}$ sind. Alle in t_1 und t_2 vorkommenden Variablen müssen also in Y aufgeführt sein, nicht jedoch umgekehrt.

Definition 5.3: Das folgende *Deduktions-System* für den Gleichungskalkül definiert die Deduktions-Relation $\vdash$ für $GK_{\Sigma(X)}$ als kleinste Relation, die den folgenden Regeln genügt:

1. $\forall Y : t = t' \ \epsilon E \Longrightarrow E \vdash \forall Y : t = t'$

2. (Reflexivität) $E \vdash \forall Y : t = t$

3. (Symmetrie) $E \vdash \forall Y : t = t' \Longrightarrow E \vdash \forall Y : t' = t$

4. (Transitivität) $E \vdash \forall Y : t = t' \ \wedge \ E \vdash \forall Y : t' = t'' \Longrightarrow E \vdash \forall Y : t = t''$

5. (Ersetzung 1) $E \vdash \forall Y : t = t' \Longrightarrow E \vdash \forall Z : \alpha^*(t) = \alpha^*(t')$,

   wobei $\alpha : Y \to T_{\Sigma(Z)}$ eine Belegung ist. α^* ist die Auswertung (s. Definition 2.16), in diesem Fall die Ersetzung von y durch $\alpha(y)$ in den Termen t bzw. t'.

6. (Ersetzung 2) $E \vdash \forall Y : t = t' \Longrightarrow E \vdash \forall (Y \cup Z) : \alpha^*(t'') = \beta^*(t'')$,

   wobei $t'' \epsilon T_{\Sigma(Z)}$ ist und $\alpha, \beta : Z \to T_{\Sigma(Y \cup Z)}$ zwei Belegungen sind, für welche für alle $z \epsilon Z$ gilt: $\alpha(z) \neq \beta(z) \Longrightarrow \alpha(z) = t \wedge \beta(z) = t'$

Regel 5 besagt, daß man in zwei gleichen Termen dieselbe Variable durch denselben Term ersetzen kann, und Regel 6 besagt, daß man in einem Term zwei Vorkommen derselben Variablen durch gleiche Terme ersetzen kann (s.u. Beispiele 5.5).

Variablen, die in der Gleichung nicht vorkommen, können bei der Quantifizierung nur dann weggelassen werden, wenn der entsprechende Wertebereich in keinem Modell leer ist.

Lemma 5.4: *Sei* $E \vdash \forall Y : t = t'$. *Sei* $y \epsilon Y$ *eine Variable der Sorte* s, *die in* $t = t'$ *nicht vorkommt. Ist* $T_{\Sigma,s} \neq \emptyset$, *so gilt* $E \vdash \forall (Y - \{y\}) : t = t'$.

Beweis: Wir wenden Regel 5 des Deduktions-Systems an mit $\alpha : Y \to T_{\Sigma(Y-\{y\})}$, definiert durch $\alpha(x) = x$ falls $x \neq y$ und $\alpha(y) = a$, wobei $a \epsilon T_{\Sigma,s}$ beliebig gewählt wird. $\qquad\square$

Im obigen Beispiel 5.2 könnte man von $\forall x : \text{true} = \text{false}$ auf $\forall \emptyset : \text{true} = \text{false}$ schließen, wenn man z.B. eine Konstante a: $\to$ u zur Spezifikation **U** hinzufügen würde.

Bei Herleitungen im Gleichungskalkül ergeben sich häufig Sequenzen der folgenden Art:

$$E \vdash t_1 = t_2 \Rightarrow E \vdash t_2 = t_3 \Rightarrow \ldots \Rightarrow E \vdash t_{r-1} = t_r$$
$$\Rightarrow E \vdash t_1 = t_3 \Rightarrow \ldots \Rightarrow E \vdash t_1 = t_r$$

Diese kürzen wir ab und schreiben

$$E \vdash t_1 = t_2 = \ldots = t_r,$$

wobei wir die Zeichen "$E \vdash$" weglassen, wenn der Bezug aus dem Zusammenhang klar ist.

Beispiele 5.5:

(a) Mit den **natstack**-Gleichungen (s. Beispiel 2.8c) ist folgende Herleitung möglich:

$$\forall r, m : \text{top}(\text{push}(r, \text{top}(\text{push}(\text{pop}(\text{push}(\text{empty}, 0)), \text{succ}(m))))))$$
$$= \text{top}(\text{push}(\text{pop}(\text{push}(\text{empty}, 0)), \text{succ}(m)))$$
$$= \text{succ}(m)$$

Bei jedem Schritt werden die Regeln 1 und 5 angewandt, indem in die Gleichung

$$\forall s, n : \text{top}(\text{push}(s, n)) = s$$

geeignet substituiert wurde.

(b) Eine weitere Herleitung mit den **natstack**-Gleichungen ist die folgende:

$$\forall m : \text{top}(\text{push}(\text{pop}(\text{push}(\text{empty}, 0)), \text{succ}(m)))$$
$$= \text{top}(\text{push}(\text{empty}, \text{succ}(m)))$$
$$= \text{succ}(m)$$

Hier wurde im ersten Schritt der Teilterm $\text{pop}(\text{push}(\text{empty}, 0))$ gemäß Regel 6 durch empty ersetzt, genauer: aus $\text{top}(\text{push}(s, n))$ ergeben sich die ersten beiden Terme mittels der Belegungen $\alpha : s \mapsto \text{pop}(\text{push}(\text{empty}, 0))$, $n \mapsto \text{succ}(m)$ und $\beta : s \mapsto \text{empty}$, $n \mapsto \text{succ}(m)$.

(c) Die Kongruenzen zwischen **natqueue**-Termen im Beispiel 4.14 lassen sich als Herleitungen im Gleichungskalkül lesen.

Für ein Deduktions-System ist es unerläßlich, daß nur semantisch implizierte Gleichungen herleitbar sind, d.h. daß es konsistent ist. Nützlich ist es darüberhinaus, wenn es vollständig ist, d.h. wenn alle semantisch implizierten Gleichungen auch herleitbar sind.

Definition 5.6: Eine Deduktions-Relation $\vdash$ für $GK_{\Sigma(X)}$ heißt

(1) *konsistent* genau dann, wenn gilt: $E \vdash e \Rightarrow E \models e$,

(2) *vollständig* genau dann, wenn gilt: $E \models e \Rightarrow E \vdash e$

für alle $E \subseteq GK_{\Sigma(X)}$ und alle $e \epsilon GK_{\Sigma(X)}$.

Satz 5.7: *Das in Definition 5.3 angegebene Deduktions-System definiert eine für den Gleichungskalkül konsistente und vollständige Deduktions-Relation.*

Beweis: Um die Konsistenz zu beweisen, zeigt man für jede der Regeln, daß sie die semantische Gültigkeit bewahrt, daß sie also gilt, wenn man "$E \vdash$" durch "$A \models$" ersetzt, wobei A eine beliebige Σ-Algebra ist, die E erfüllt. Für die Regeln 1 bis 4 ist dies einfach. Für die Regeln 5 und 6 ist der Nachweis nicht schwierig, aber langwierig. Wir verzichten hier auf die Ausführung.

Um Vollständigkeit zu zeigen, sei für eine feste Variablenmenge $Y \subseteq X$ eine Kongruenz $\equiv$ auf $T(\Sigma(Y))$ erklärt durch $t \equiv t' \iff E \vdash \forall Y : t = t'$. Daß $\equiv$ eine Kongruenz ist, folgt unmittelbar aus den Regeln 2 bis 4 und 6. Sei $T'(Y) = T(\Sigma(Y))\,/\equiv$. Dann erfüllt $T'(Y)$ die Gleichungen E, denn für alle Gleichungen $\forall Z : u = v \; \epsilon \; E$ gilt, daß für alle Belegungen $\alpha : Z \to T_{\Sigma(Y)}$ die Gleichungen $\forall Y : \alpha^*(u) = \alpha^*(v)$ herleitbar und damit in $T'(Y)$ gültig sind. Aus $E \models \forall Y : t = t'$ folgt also $T'(Y) \models \forall Y : t = t'$, und daraus $E \vdash \forall Y : t = t'$. $\square$

5.2 Induktion

Sei $D = \langle \Sigma, E \rangle$ eine Spezifikation. Die Konsistenz und Vollständigkeit des Gleichungskalküls besagt, daß wir E^* wahlweise als Menge der von E semantisch implizierten oder der aus E ableitbaren Gleichungen betrachten können. Dies sind genau die Gleichungen, die in allen Modellen von D gelten.

In speziellen Modellen, z.B. im initialen, können weitere, nicht im Gleichungskalkül herleitbare Gleichungen gelten.

Beispiel 5.8: Die Spezifikation der natürlichen Zahlen mit der Addition sei gegeben durch

nat+	**sorts**	nat
	ops	$0: \to$ nat
		succ : nat $\to$ nat
		$+$: nat $\times$ nat $\to$ nat
	vars	m, n : nat
	eqs	$0 + m = m$
		$\mathrm{succ}(n) + m = \mathrm{succ}(n + m)$

In $INIT(MOD(\text{nat+}))$ gelten z.B. die folgenden Gleichungen:

$$\forall k, m, n : (k + m) + n = k + (m + n)$$
$$\forall m, n : m + n = n + m$$

Zwar lassen sich alle hieraus durch Einsetzen konstanter Terme erzeugbaren konstanten Gleichungen herleiten, nicht jedoch die allgemein quantifizierten Gleichungen. Diese gelten demnach nicht in allen Modellen von **nat+**.

Wegen der großen Bedeutung initialer Algebren für die algebraische Spezifikation wäre es nützlich, weitere Gleichungen herleiten zu können, die in $INIT(MOD(D))$ gelten, aber nicht unbedingt in allen Modellen von D. Eine erste Beobachtung ist, daß sich die Gleichungstheorien der initialen und der minimalen Algebren nicht unterscheiden.

Lemma 5.9: $TH(INIT(MOD(D))) = TH(MIN(MOD(D)))$

Wir verzichten auf den einfachen Beweis. Eine weitere Beobachtung ist, daß konstante Gleichungen, die in initialen und damit in minimalen Algebren gelten, auch immer herleitbar sind, da sie ja in allen Modellen gelten. Bezeichnen wir mit $KTH(\mathcal{D})$ die Menge der konstanten Gleichungen in der Theorie $TH(\mathcal{D})$, so gilt also folgendes:

Lemma 5.10: $KTH(INIT(MOD(D))) = KTH(MOD(D))$

Für die konstante Theorie der initialen Algebren ist der Gleichungskalkül also konsistent und vollständig.

Da minimale Algebren genau aus den Termelementen bestehen, gilt eine Gleichung

$$\forall Y : t = t'$$

genau dann, wenn für alle Belegungen $\alpha : Y \to T_\Sigma$ gilt: $\alpha^*(t) = \alpha^*(t')$. Durch Anwendung der folgenden *Induktionsregel* läßt sich daher die Gültigkeit von Gleichungen in der initialen Algebra beweisen:

$$\text{Gilt } \forall \emptyset : \alpha^*(t) = \alpha^*(t') \text{ für alle } \alpha : Y \to T_\Sigma, \text{ so gilt } \forall Y : t = t' .$$

Beispiel 5.11: Wir deduzieren die Gültigkeit des Kommutativgesetzes der Addition in den minimalen **nat+**-Algebren von den Gleichungen im Beispiel 5.8 :

$$\forall m, n : m + n = n + m$$

Die konstanten **nat+**-Terme werden aus den Operatoren 0, succ und + gebildet. Als succ-Term bezeichnen wir die Terme, die nur aus 0 und succ gebildet werden. Mit $\text{succ}^n(t)$ bezeichnen wir den Term mit n Anwendungen von succ auf t.

Zunächst zeigen wir, daß jeder konstante Term t zu einem succ-Term $\bar{t}$ gleichwertig ist:

Enthält t kein +, so ist t ein succ-Term. Andernfalls enthält t einen Teilterm der Art $\text{succ}^n(0) + t'$ (und zwar beim ersten Vorkommen von + in t). Ist $n = 0$, so gilt $0 + t' = t'$. Andernfalls gilt $\text{succ}^n(0) + t' = \text{succ}(\text{succ}^{n-1}(0) + t') = \ldots = \text{succ}^n(0 + t') = \text{succ}^n(t')$. Ersetzt man nun in t den Teilterm $\text{succ}^n(0) + t'$ durch den gleichwertigen Term $\text{succ}^n(t')$, so entsteht ein Term t'', der zu t gleichwertig ist und ein + weniger enthält. Daß es einen zu t gleichwertigen succ-Term $\bar{t}$ gibt, folgt nun durch Induktion über die Anzahl der + im Term t .

Nun beweisen wir das Kommutativgesetz $\forall m, n : m + n = n + m$. Sei $\alpha : m \mapsto t_1 , n \mapsto t_2$ eine Belegung mit konstanten Termen $t_1, t_2 \epsilon T_\Sigma$. Wir überführen t_1 und t_2 in gleichwertige succ-Terme $\bar{t}_1 = \text{succ}^p(0)$ und $\bar{t}_2 = \text{succ}^q(0)$. Dann gilt:

$$
\begin{aligned}
t_1 + t_2 &= \bar{t}_1 + \bar{t}_2 \\
&= \text{succ}^p(0) + \text{succ}^q(0) \\
&= \text{succ}(\text{succ}^{p-1}(0) + \text{succ}^q(0)) \\
&= \cdots \\
&= \text{succ}^p(0 + \text{succ}^q(0)) \\
&= \text{succ}^p(\text{succ}^q(0)) \\
&= \text{succ}^q(\text{succ}^p(0)) \\
&= \cdots \\
&= \text{succ}^q(0) + \text{succ}^p(0) \\
&= \bar{t}_2 + \bar{t}_1 \\
&= t_2 + t_1
\end{aligned}
$$

Da dies für alle Belegungen $\alpha : \{m, n\} \to T_\Sigma$ gilt, folgt nach der Induktionsregel, daß das Kommutativitätsgesetz der Addition in allen minimalen Algebren gilt. □

Durch Anwendung der Induktionsregel läßt sich die Gültigkeit vieler Gleichungen in minimalen – und damit in initialen – Algebren beweisen, die sonst allgemein nicht gelten. Leider lassen sich jedoch nicht alle dort gültigen Gleichungen so beweisen. Man kann auch nicht hoffen, Beweisregeln zu finden, die dies leisten. Es gibt nämlich kein Deduktions-System für die Theorie initialer Algebren, welches gleichzeitig konsistent und vollständig ist. Dies folgt aus einem Satz von Matijasevic (1971), welcher besagt, daß die Menge der Gleichungen, die in dem Standardmodell der natürlichen Zahlen mit 0, $+$, $-$ und $*$ gelten, nicht rekursiv aufzählbar ist. Dies Modell läßt sich aber initial spezifizieren.

5.3 Kanonische Termalgebren

Wenn man Beweise über initiale Algebren führen möchte, ist es häufig vorteilhaft, eine spezielle initiale Algebra herzunehmen, deren Träger nur aus Termen bestehen. Terme sind unmittelbar als Zeichenketten oder Baumstrukturen darstellbar, und Rechnerunterstützung für das Arbeiten mit solchen Algebren läßt sich mit bekannten Datenstrukturen und Algorithmen implementieren. Für Spezifikationen $D = \langle \Sigma, \emptyset \rangle$ ohne Gleichungen ist die Termalgebra $T(\Sigma)$ eine solche initiale Algebra. Für Spezifikationen $D = \langle \Sigma, E \rangle$ mit Gleichungen ist $T(D) = T(\Sigma)/ \equiv_E$ eine initiale Algebra, deren Elemente Kongruenzklassen von Termen sind. Eine isomorphe Algebra, deren Elemente Terme sind, läßt sich durch kanonische Auswahl je eines Terms aus jeder Kongruenzklasse gewinnen.

Definition 5.12: Sei $\Sigma = \langle S, \Omega \rangle$ eine Signatur. Eine Σ-Algebra C heißt *kanonische Termalgebra* genau dann, wenn sie folgende Bedingungen erfüllt:

(i) $s_C \subseteq T_{\Sigma,s}$ für alle $s \epsilon S$;

(ii) Für alle $\omega : s_1 \times \cdots \times s_n \to s$ in Ω und alle $t_i \epsilon T_{\Sigma,s_i}, i = 1, \ldots, n$, gilt:
$\omega(t_1, \ldots, t_n) \epsilon s_C \Rightarrow t_i \epsilon s_{iC}$ für $i = 1, \ldots, n$, und $\omega_C(t_1, \ldots, t_n) = \omega(t_1, \ldots, t_n)$

Die letztere Bedingung besagt, daß ein kanonischer Term durch syntaktische Termbildung aus seinen unmittelbaren Teiltermen gebildet wird, welche wiederum kanonisch sind. Offensichtlich ist $T(\Sigma)$ eine kanonische Termalgebra, aber es gibt noch andere Beispiele von Interesse.

Beispiele 5.13:

(a) Sei **bool** die Spezifikation aus Beispiel 2.8a . Dann bilden die Terme true und false mit den wie üblich auf ihnen definierten Verknüpfungen $\neg$, $\wedge$, $\vee$, if_then_else_fi eine kanonische Termalgebra $C(\textbf{bool})$, die isomorph zu $T(\textbf{bool})$ ist. Man beachte, daß $C(\textbf{bool})$ keine Unteralgebra von $T(SIG(\textbf{bool}))$ ist, obwohl der Träger der ersteren eine Teilmenge des Trägers der letzteren ist.

(b) Sei **nat** die Spezifikation der natürlichen Zahlen mit 0 und succ ohne Gleichungen. Sei **nat+** die Erweiterung von **nat** aus Beispiel 5.8. Dann wird aus $T(\textbf{nat})$ eine kanonische Termalgebra für **nat+**, wenn wir die Verknüpfung $+_C$ durch

$$\mathrm{succ}^p(0) +_C \mathrm{succ}^q(0) = \mathrm{succ}^p(\mathrm{succ}^q(0))$$

definieren. Sei $C(\textbf{nat+})$ diese kanonische Termalgebra. Man beachte, daß $C(\textbf{nat+})$

keine Unteralgebra von $T(SIG(\textbf{nat}+))$ ist. Der erste Teil des Beweises im Beispiel 5.11 zeigt, daß $C(\textbf{nat}+) \cong T(\textbf{nat}+)$ ist.

(c) Für die Spezifikation **natstack** aus Beispiel 2.8c ergibt sich folgendermaßen eine kanonische Termalgebra $C = C(\textbf{natstack})$:

- der Träger für nat ist $T_{\textbf{nat}}$;
- der Träger für C besteht aus allen Termen, die sich aus new, push und den **nat**-Termen bilden lassen;
- die Operationen 0_C, succ_C, new_C und push_C sind wie in $T(SIG(\textbf{natstack}))$ definiert, also durch syntaktische Termbildung;
- die Operation pop_C ist durch die Gleichungen

$$\text{pop}_C(\text{new}) = \text{new} \ , \ \text{pop}_C(\text{push}(s, n)) = s$$

definiert;

- die Operation top_C ist durch die Gleichungen

$$\text{top}_C(\text{new}) = 0 \ , \ \text{top}_C(\text{push}(s, n)) = n$$

definiert.

$C = C(\textbf{natstack})$ ist ebenfalls keine Unteralgebra von $T(SIG(\textbf{natstack}))$, aber C ist isomorph zu $T(\textbf{natstack})$

(d) Analog läßt sich eine initiale kanonische Termalgebra $C(\textbf{natqueue})$ für **natqueue** (s. Beispiel 2.8d) aus den **nat**-Termen und den Termen der Sorte Q bilden, die nur aus den Operatoren empty und in bestehen.

(e) Gegeben sei die folgende Spezifikation von endlichen Mengen natürlicher Zahlen (man beachte die Unterschiede zu Aufgabe 3.4.7) :

natset	**bool** + **nat** +		
	sorts	set	
	ops	$\emptyset :\to$ set	
		$+$: set $\times$ nat $\to$ set	
		ϵ : nat $\times$ set $\to$ bool	
	vars	s : set ; m, n : nat	
	eqs	$(s + n) + m = (s + m) + n$	
		$(s + n) + n = s + n$	
		$n\epsilon\emptyset = \text{false}$	
		$n\epsilon(s + m) = \text{eq}(n, m) \vee n\epsilon s$	

Wir haben hierbei vorausgesetzt, daß **nat** um das Gleichheitsprädikat eq erweitert wurde.

Die initiale Algebra $T(\textbf{natset})$ enthält Elemente im Träger der Sorte set, die sich als endliche Mengen natürlicher Zahlen interpretieren lassen: $\emptyset$ entspricht der leeren Menge, $+$ fügt ein Element hinzu, und ϵ ist die Elementabfrage.

Eine initiale kanonische Termalgebra $C = C(\textbf{natset})$ gewinnen wir als Erweiterung von $C(\textbf{bool})$ und $C(\textbf{nat})$, indem wir den Träger der Sorte set als Menge der Terme mit Operatoren $\emptyset$ und $+$ definieren, in denen nur verschiedene **nat**-Terme in kanonischer Reihenfolge, etwa aufsteigend sortiert, vorkommen. Bezeichnen wir die kanonischen **nat**-Terme mit $0, 1, 2, \ldots$, so ist z.B.

$$(((((0 + 2) + 3) + 7) + 11) + 16)$$

ein kanonischer Term, nicht jedoch z.B.

$$(((((((0 + 2) + 7) + 2) + 3) + 16) + 11)$$

Die Verknüpfung $+_C$ für C ist *nicht* durch syntaktische Termbildung definiert, z.B. ist

$$((\emptyset + 2) + 3) \ +_C \ 1 \ = \ (((\emptyset + 1) + 2) + 3\,.$$

Trotzdem ist C eine kanonische Termalgebra, denn jeder Unterterm eines kanonischen Terms ist kanonisch, und wenn $t + n$ ein kanonischer Term ist, so ist $t +_C n = t + n$.

Sei $D = \langle \Sigma, E \rangle$ eine Spezifikation. Eine kanonische Termalgebra $C(D)$, die zu $T(D)$ isomorph ist, ist eine konkrete Darstellung der initialen Semantik, mit deren Hilfe sich automatische Werkzeuge zur Auswertung von Termen, zur Durchführung von Beweisen etc. entwickeln lassen, wobei ausschließlich symbolisch auf Termen gearbeitet wird. Die Frage ist jedoch, ob eine solche kanonische Termalgebra $C(D)$ immer existiert und, wenn ja, ob man sie konstruieren kann.

Satz 5.14: *Zu jeder Spezifikation D gibt es eine initiale kanonische Termalgebra.*

Beweis: Da der initiale Morphismus $h : T(\Sigma) \to T(D)$ surjektiv ist, existiert wegen des Auswahlaxioms eine Abbildung $g : T(D) \to T(\Sigma)$ mit $hg = id_T(D)$. Sei $S_C = g(T(D))$. Dann ist $S_C \subseteq T_\Sigma$, und $g : T(D) \to S_C$ ist bijektiv. Wir machen S_C zu einer Σ-Algebra C, indem wir S_C die operationale Struktur von $T(D)$ mittels g aufprägen:

$$\omega_C(gh(t_1), \ldots, gh(t_n)) = gh(\omega(t_1, \ldots, t_n))$$

für alle $\omega : s_1 \times \cdots \times s_n \to s$ in Ω und alle $t_i \epsilon T_{\Sigma, s_i}$, $i = 1, \ldots, n$. Dann ist $g : T(D) \to C$ ein Isomorphismus, und $gh : T(\Sigma) \to C$ ist der initiale Morphismus. Daß C eine kanonische Termalgebra ist, zeigt folgende Überlegung: ist $\omega(t_1, \ldots, t_n) \epsilon s_C$, so ist

$$\omega(t_1, \ldots, t_n) = gh(\omega(t_1, \ldots, t_n)) = \omega_C(gh(t_1), \ldots, gh(t_n)) \,.$$

Wegen des eindeutigen Termaufbaus ist $t_i = gh(t_i)$, also $t_i \epsilon s_{iC}$ für $i = 1, \ldots, n$.   □

Der Beweis dieses Satzes ist nicht konstruktiv. Ein allgemeines effektives Konstruktionsverfahren für kanonische Termalgebren kann es auch nicht geben, da sich hiermit das Wortproblem in $T(D)$ entscheiden ließe, welches i.a. nicht entscheidbar ist.

In praktischen Fällen gibt es oft eine naheliegende Wahl für kanonische Terme, und damit läßt sich eine kanonische Termalgebra dann ohne Schwierigkeiten angeben. Für die Entwicklung automatischer Werkzeuge möchte man jedoch eine kanonische Termalgebra automatisch aus der Spezifikation erzeugen. Wie dies unter bestimmten Voraussetzungen gemacht werden kann, wird im Abschnitt 5.5 gezeigt.

Daß jede kanonische Termalgebra minimal ist, folgt unmittelbar aus ihrer Konstruktion aus Termen. Andererseits sind die minimalen Algebren in $\Sigma\text{-}ALG$ genau die initialen Algebren von Gleichungsspezifikationen $D = \langle \Sigma, E \rangle$, und diese sind – bis auf Isomorphie – genau die Quotienten von $T(\Sigma)$.

Korollar 5.15: *Genau die initial spezifizierbaren Algebren in $\Sigma\text{-}ALG$ lassen sich durch kanonische Termalgebren isomorph darstellen.*

Ob eine Termalgebra kanonisch ist, ist meist nicht schwer nachzuprüfen. Wesentlich schwieriger ist der Nachweis, daß eine gegebene kanonische Termalgebra C zu einer initial spezifizierten Algebra $T(D)$ isomorph ist. Bei dieser Aufgabe kann das folgende Kriterium helfen.

Lemma 5.16: *Sei $D = \langle \Sigma, E \rangle$ eine Spezifikation, und sei $C\epsilon\Sigma\text{-}ALG$ eine kanonische Termalgebra. Dann ist $C \cong T(D)$ genau dann, wenn gilt:*

(i) $C \models E$

(ii) *Für alle* $\omega : s_1 \times \cdots \times s_n \to s$ *in* Σ *und alle* $t_i \epsilon s_{iC}, i = 1, \ldots, n$, *ist*

$$\omega_C(t_1, \ldots, t_n) \equiv_E \omega(t_1, \ldots, t_n)$$

Beweis: Ist $C \cong T(D)$, so gilt offenbar $C \models E$. Der initiale Morphismus $h : T(D) \to C$ in $D\text{-}ALG$ ist ein Isomorphismus, für den gilt: $h([t]) \equiv_E t$ für alle Terme, und $h([t]) = t$ für kanonische Terme. Damit folgt für kanonische Terme $t_1, \ldots, t_n$:

$$\omega(t_1, \ldots, t_n) \equiv_E h(\omega(t_1, \ldots, t_n)) = \omega_C(h(t_1), \ldots, h(t_n)) = \omega_C(t_1, \ldots, t{-}_n).$$

Seien umgekehrt die Bedingungen (i) und (ii) erfüllt. Dann ist wegen (i) $C\epsilon D\text{-}ALG$. Da C minimal ist, ist der initiale Morphismus $h : T(D) \to C$ surjektiv. Daß h auch injektiv und damit ein Isomorphismus ist, zeigen wir durch Induktion über den Aufbau der Terme. Zu zeigen ist, daß aus $h([t_1]) = h([t_2])$ folgt, daß $[t_1] = [t_2]$, also $t_1 \equiv_E t_2$ ist. Dies folgt unmittelbar, wenn wir $t \equiv_E h([t])$ für alle Term t zeigen können. Ist $t = a$ eine Konstante, so ist $a \equiv_E a_C = h([a])$ aufgrund der Bedingung (ii). Ist $t = \omega(t_1, \ldots, t_n)$ und gilt $t_i \equiv_E h([t_i])$ für $i = 1, \ldots, n$, so folgt $\omega(t_1, \ldots, t_n) \equiv_E \omega(h([t_1]), \ldots, h([t_n]) \equiv_E \omega_C(h([t_1]), \ldots, h([t_n])) = h(\omega(t_1, \ldots, t_n))$, wiederum aufgrund der Bedingung (ii). $\quad\square$

Eine Anwendung dieses Lemmas ist die Durchführung von Korrektheitsbeweisen für algebraische Spezifikationen mit initialer Semantik in Fällen, in denen ein mathematisches Modell A für den zu spezifizierenden abstrakten Datentyp mit hinreichender Präzision bekannt ist (wie z.B. bei **bool**, **nat**, **natstack**, **natqueue**, **natset**, etc.). Man verschafft sich eine kanonische Termalgebra $C \cong A$, indem man die Elemente durch kanonische Terme darstellt, und zeigt dann $C \cong T(D)$ mit Hilfe des obigen Lemmas. Gelingt dies, so ist $A \cong T(D)$, die "Korrektheit von D bzgl. A", bewiesen. Der erste Teil des Beweises in Beispiel 5.11 ist im Grunde ein Beweis nach dieser Methode, daß **nat+** die natürlichen Zahlen mit der Addition korrekt initial spezifiziert.

5.4 Termersetzung

Wie Lemma 5.10 zeigt, ist der Gleichungskalkül für konstante Terme bezüglich initialer Algebren konsistent und vollständig, so daß er eine geeignete Grundlage zu deren Auswertung ist. Die Auswertung eines konstanten Terms t wird durch gezielte Umformung im

Gleichungskalkül erreicht, wobei sich bei jedem Schritt eine "Vereinfachung" ergibt, bis zum Schluß eine "einfachste Form", nämlich der Wert a, hergeleitet ist. Die Herleitung hat die typische Form einer Gleichungskette

$$t = t_0 = t_1 = t_2 = \cdots = t_n = a \;,$$

wobei t_i aus $t_{i-1}, i = 1, \ldots, n$, dadurch entsteht, daß man einen Teilterm durch einen gleichen ersetzt (Regel 6). Der Gleichungskalkül erlaubt dann den Schluß $t = a$.

Wegen seiner Symmetrie (Regel 3) unterstützt der Gleichungskalkül die der Auswertung von Termen innewohnende Zielorientierung nicht. Da es keine allgemeingültigen Kriterien dafür gibt, wann ein Term "einfacher" ist als ein anderer, kann das mechanische Auffinden einer erwünschten Vereinfachung eine recht ziellose (und damit zeitaufwendige) Suche erfordern.

Wesentlich effizienter läßt sich die Termauswertung durchführen, wenn man den Gleichungen von vornherein eine Richtung gibt, indem man vereinbart, daß die rechte Seite immer eine "Vereinfachung" der linken ist. Es ist dann Sache des Spezifizierers, die Gleichungen richtig hinzuschreiben (was erfahrungsgemäß auch meist intuitiv geschieht). In den Ersetzungsschritten einer Termauswertung werden dann immer nur linke durch rechte Seiten von konstanten Gleichungen ersetzt.

Zur Präzisierung dieser Idee stellen wir zunächst Terme als Bäume dar: jede Konstante $\omega :\rightarrow s$ wird als Knoten dargestellt, und ein Term der Form $\omega(t_1, \ldots, t_n)$ als Baum

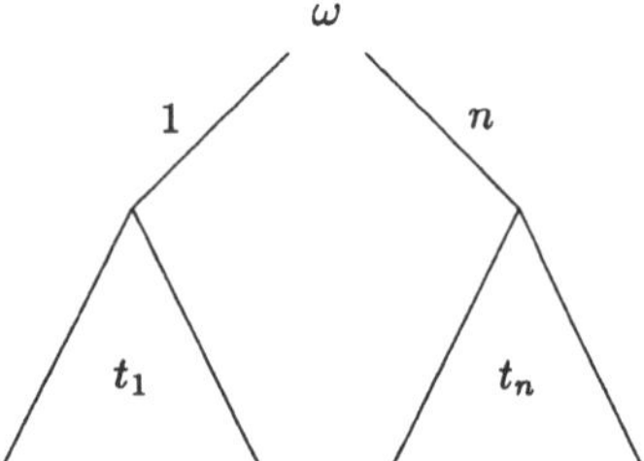

wobei ω die Wurzel und $t_1, \ldots, t_n$ die Unterbäume an der Wurzel sind. Die Kanten von der Wurzel zu den Unterbäumen sind mit $1, \ldots, n$ markiert.

Wege von der Wurzel zu Knoten des Baumes lassen sich eindeutig durch Folgen von Kantenmarkierungen beschreiben, wodurch sich beliebige Knoten (und damit auch beliebige Unterterme) adressieren lassen. Die Adressen sind Worte über $\mathbb{N}_+ = \mathbb{N} - \{0\}$, also Elemente von $\mathbb{N}_+^*$. Das leere Wort ε adressiert die Wurzel, und für $x \epsilon \mathbb{N}_+^*$, $i \epsilon \mathbb{N}_+$, adressiert xi den i-ten Unterbaum des Knotens mit der Adresse x (bzw. dessen Wurzel).

Sei $\Sigma = \langle S, \Omega \rangle$ eine Signatur, und sei t ein konstanter Term in T_Σ. Sei $\overline{\Omega}$ die disjunkte Vereinigung aller $\Omega_{\bar{s},s}, \bar{s} \epsilon S^*, s \epsilon S$, also die Menge der Operatorsymbole in Σ, markiert mit ihren Argument- und Wertsorten. Sofern keine Mißverständnisse zu befürchten sind, lassen wir diese Markierungen weg.

Definition 5.17: Der *Adreßbereich* $dom(t) \subseteq \mathbb{N}_+^*$ ist die Menge der Adressen in der Baumdarstellung von t, formal:

$$dom(\omega(t_1, \ldots, t_n)) = \{\varepsilon\} \cup \{ix \mid 1 \leq i \leq n \;\; und \;\; x \epsilon dom(t_i)\}$$

für alle $\omega : s_1 \times \cdots \times s_n \to s$ und alle $t_i \epsilon T_{\Sigma,s_i}$, $i = 1,\ldots,n$. Die *Baumdarstellung* von t ist die Abbildung $\tilde{t} : dom(t) \to \overline{\Omega}$, die jeder Adresse den Operator an dem entsprechenden Knoten zuordnet.

Wir benutzen die Baumdarstellung $\tilde{t}$ von t im folgenden als Standard-Darstellung für Terme und machen keinen Unterschied in der Notation: je nach Zusammenhang fassen wir Terme t als Elemente von T_Σ, als Abbildungen $dom(t) \to \overline{\Omega}$ oder als partielle Abbildungen $\mathbb{N}_+^* \to \overline{\Omega}$ auf.

Definition 5.18: Seien $t\epsilon T_{\Sigma,s}$, $s\epsilon S$, und $x\epsilon dom(t)$. Dann ist der *Unterterm* $t.x$ *an der Stelle* x gegeben durch $t.x(y) = t(xy)$ für alle $y\epsilon\mathbb{N}_+^*$, für die $xy\epsilon dom(t)$ ist.

Offenbar ist $t.\varepsilon = t$, und für $x \neq \varepsilon$ ist $t.x \neq t$.

Beispiel 5.19: Der Term

$$t = f(g(a, h(b, c), d), f(a, b))$$

hat folgende Baumdarstellung:

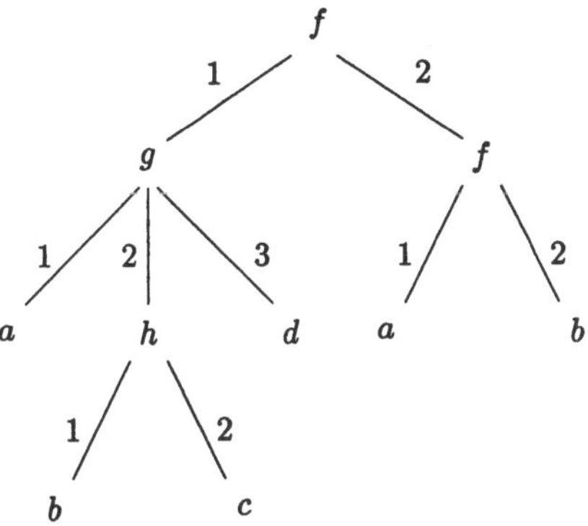

Zum Beispiel sind $t(12) = h$, $t(2) = f$, $t.12 = h(b, c)$ und $t.2 = f(a, b)$.

Definition 5.20: Seien $t\epsilon T_{\Sigma,s}$, $s\epsilon S$, $x\epsilon dom(t)$, $t.x\epsilon T_{\Sigma,r}$, $r\epsilon S$ und $t'\epsilon T_{\Sigma,r}$. Dann ist $t\langle x \leftarrow t'\rangle$ der Term, der aus t durch *Substitution* des Terms t' an der Stelle x entsteht:

$$t\langle x \leftarrow t'\rangle(y) = \begin{cases} t'(z) & \text{falls } y = xz, \\ t(y) & \text{sonst} \end{cases}$$

für alle $y\epsilon dom(t)$.

Beispiel 5.21: Für den Term t aus Beispiel 5.19 und $t' = f(a, b)$ ist

$$t\langle 12 \leftarrow f(a, b)\rangle = f(g(a, f(a, b), d), f(a, b))$$

Definition 5.22: Ein *Term-Ersetzungs-System* ist ein Paar $\Theta = \langle \Sigma, \rightsquigarrow \rangle$, wobei $\Sigma = \langle S, \Omega \rangle$ eine Signatur ist und $\rightsquigarrow \subseteq T_\Sigma \times T_\Sigma$ eine S-indizierte Familie von Relationen,

$$\rightsquigarrow = \{\rightsquigarrow_s \subseteq T_{\Sigma,s} \times T_{\Sigma,s}\}_{s\epsilon S} \ .$$

Θ heißt *eindeutig* genau dann, wenn jede Relation $\rightsquigarrow_s$, $s\epsilon S$, eine partielle Funktion ist.

Im folgenden sei ein Term-Ersetzungs-System $\Theta = (\Sigma, \rightsquigarrow)$ gegeben.

Definition 5.23: Die *Substitutions-Erweiterung* $\rightarrow$ von $\twoheadrightarrow$ ist die kleinste S-indizierte Familie von Relationen, die $\twoheadrightarrow$ umfaßt und für die gilt:

$$t.x \rightarrow t' \quad \Rightarrow \quad t \rightarrow t\langle x \leftarrow t'\rangle$$

Die Substitutions-Erweiterung präzisiert die Idee der "gerichteten Umformung" durch Termersetzung. Diese bricht ab, wenn eine "einfachste Form" erreicht ist, die sich nicht mehr weiter umformen läßt.

Definition 5.24: Ein Term t in T_Σ heißt *irreduzibel* bzgl. Θ, wenn kein Term t' in T_Σ existiert mit $t \rightarrow t'$. Mit IR_Θ bezeichnen wir die S-indizierte Mengenfamilie der bzgl. Θ irreduziblen Terme.

Lemma 5.25: *Jeder Unterterm eines bzgl. Θ irreduziblen Terms ist irreduzibel bzgl. Θ .*

Dies ist eine offensichtliche Folgerung aus der Definition von $\rightarrow$. Mit $\rightarrow^*$ bezeichnen wir die reflexive und transitive Hülle von $\rightarrow$.

Definiton 5.26: Sei t in T_Σ. Ein bzgl. Θ irreduzibler Term t' in T_Σ , für den $t \rightarrow^* t'$ gilt, heißt eine *Normalform von t* bzgl. Θ. Die Menge der Normalformen von t bzgl. Θ wird mit $NF_\Theta(t)$ bezeichnet.

Ein Term braucht keine Normalform zu haben, und er kann auch mehr als eine haben.

Beispiel 5.27: Die Signatur Σ bestehe aus einer Sorte s, drei Konstanten a, b, c und einem einstelligen Operator f, und $\twoheadrightarrow$ sei folgende Relation: $a \twoheadrightarrow f(a)$, $b \twoheadrightarrow f(b)$, $f(f(b)) \twoheadrightarrow c$. Dann hat a keine Normalform, und b hat unendlich viele Normalformen (obwohl eine unendliche Ersetzungsfolge von b aus möglich ist), nämlich alle Terme $f(\ldots f(c)\ldots)$ mit beliebig vielen f.

Die Auswertung von Termen ist in sinnvollen Beispielen typischerweise eindeutig, und sie bricht nach endlich vielen Schritten ab. Wir sind daher besonders an Term-Ersetzungs-Systemen mit eindeutigen Normalformen und ohne unendliche Ersetzungsfolgen interessiert.

Definition 5.28: Ein Term-Ersetzungs-System $\Theta = (\Sigma, \twoheadrightarrow)$ heißt

(1) *konfluent* , wenn für alle Terme t, u, v mit $t \rightarrow^* u$ und $t \rightarrow^* v$ ein Term w existiert, für den $u \rightarrow^* w$ und $v \rightarrow^* w$ gilt.

(2) *terminierend* , wenn jeder Term t eine Normalform bzgl. Θ hat.

Man beachte, daß es in terminierenden Term-Ersetzungs-Systemen durchaus unendliche Ableitungen geben kann. Es muß nur von jedem Term eine endliche Ableitung zu einer Normalform existieren. Ohne die Regel $a \twoheadrightarrow f(a)$ wäre z.B. das Term-Ersetzungs-System in Beispiel 5.27 terminierend.

Das folgende Lemma ergibt sich unmittelbar aus der Definition:

Lemma 5.29: *Ist Θ konfluent, so hat jeder Term höchstens eine Normalform. Genau dann, wenn Θ konfluent und terminierend ist, hat jeder Term genau eine Normalform.*

Beweis: Seien u und v zwei Normalformen von t, $t \rightarrow^* u$, $t \rightarrow^* v$. Ist Θ konfluent, so existiert ein Term w mit $u \rightarrow^* w$ und $v \rightarrow^* w$. Da u und v Normalformen sind, gilt $u = w = v$. Der zweite Satz des Lemmas folgt nun unmittelbar aus der Definition. □

In konfluenten und terminierenden Term-Ersetzungs-Systemen kann es unendliche Ableitungen in Θ geben, so daß das Auffinden der eindeutigen Normalform ein durchaus schwieriges Problem ist. Die Bedeutung der Konfluenz beruht darauf, daß sie mit der "Church-Rosser-Eigenschaft" gleichwertig ist. Zu deren Definition sei $\sim$ die von $\rightarrow$ erzeugte Äquivalenzrelation, also die reflexive, symmetrische und transitive Hülle von $\rightarrow$.

Definition 5.30: Ein Term-Ersetzungs-System $\Theta = \langle \Sigma, \rightarrow \rangle$ hat die *Church-Rosser-Eigenschaft* genau dann, wenn für alle Terme u, v in T_Σ gilt:

$$u \sim v \iff \exists w : u \rightarrow^* w \wedge v \rightarrow^* w \,.$$

Lemma 5.31: *Ein Term-Ersetzungs-System Θ ist genau dann konfluent, wenn es die Church-Rosser-Eigenschaft hat.*

Wir verzichten hier auf den einfachen Beweis.

Lemma 5.32: *Sei Θ konfluent und terminierend. Je zwei Terme sind genau dann äquivalent, wenn sie die gleiche Normalform haben.*

Beweis: Gilt $u \sim v$, so gibt es ein w mit $u \rightarrow^* w$ und $v \rightarrow^* w$. Seien r und s Normalformen von u bzw. v, d.h. $u \rightarrow^* r$ und $v \rightarrow^* s$. Aufgrund der Konfluenz und der Normalformeigenschaft von r und s gilt: $u \rightarrow^* w \wedge u \rightarrow^* r \implies w \rightarrow^* r$ und $v \rightarrow^* w \wedge v \rightarrow^* s \implies w \rightarrow^* s$. r und s sind also Normalformen von w, und aus Lemma 5.29 folgt $r = s$. Die Umkehrung ist trivial. $\qquad\Box$

5.5 Operationale Semantik

Sei $\Theta = \langle \Sigma, \rightarrow \rangle$ ein konfluentes und terminierendes Term-Ersetzungs-System. Da jeder Term eine eindeutige Normalform hat, kann man die Mengenfamilie IR_Θ der irreduziblen Terme in Θ zu einer Σ-Algebra machen, indem man in naheliegender Weise Operationen auf ihr definiert.

Definition 5.33: Sei $\Theta = \langle \Sigma, \rightarrow \rangle$ konfluent und terminierend. Dann ist die *Normalformen-Algebra $NFA(\Theta)$ von Θ* gegeben durch

(1) $s_{NFA(\Theta)} = IR_{\Theta,s}$ für alle $s \epsilon S$,

(2) $\omega_{NFA(\Theta)}(t_1, \ldots, t_n) = NF_\Theta(\omega(t_1, \ldots, t_n))$ für alle $\omega : s_1 \times \cdots \times s_n \rightarrow s$ in Σ und alle $t_i \epsilon T_{\Sigma, s_i}, i = 1, \ldots, n$.

Satz 5.34: *$NFA(\Theta)$ ist eine kanonische Termalgebra.*

Beweis: Nach Konstruktion sind alle Elemente Terme. Daß Unterterme von Normalformen wieder Normalformen sind, besagt Lemma 5.25. Ist $\omega(t_1, \ldots, t_n)$ eine Normalform so ist offenbar

$$\omega_{NFA(\Theta)}(t_1, \ldots, t_n) = \omega(t_1, \ldots, t_n) \qquad\qquad\Box$$

Jeder Gleichungs-Spezifikation $D = \langle \Sigma, E \rangle$ mit $E \subseteq GK_{\Sigma(X)}$ läßt sich ein Term-Ersetzungs-System $\Theta(D)$ als operationale Semantik zuordnen, welches, grob gesagt, den gerichteten Gleichungskalkül gemäß der Übereinkunft darstellt, Gleichungen von links nach rechts zu lesen.

Definition 5.35: Die *operationale Semantik* von $D = \langle \Sigma, E \rangle$ ist das Term-Ersetzungs-System $\Theta(D) = \langle \Sigma, \xrightarrow{E} \rangle$, wobei gilt:

$$\xrightarrow{E} = \{(\alpha^*(t), \alpha^*(t')) \mid t = t' \epsilon E \text{ und } \alpha : X \to T_\Sigma \text{ ist eine Belegung }\}$$

Die Ersetzungsregeln $\xrightarrow{E}$ entstehen also aus den Gleichungen $t = t'$ in E dadurch, daß die vorkommenden Variablen auf jede mögliche Weise durch konstante Terme ersetzt werden. Die Gleichungen $t = t'$ in E werden somit als gerichtete Regelschemata aufgefaßt. In der Notation lassen wir den Index E weg, wenn der Bezug klar ist, schreiben also $\to$ anstelle von $\xrightarrow{E}$. Ebenso schreiben wir $\xRightarrow{E}$ (bzw. $\to$) für die Substitutions-Erweiterung von $\xrightarrow{E}$ sowie $\underset{E}{\approx}$ (bzw. $\sim$) für die Äquivalenz, d.h. die reflexive, symmetrische und transitive Hülle von $\xRightarrow{E}$. Aus den Eigenschaften des Gleichungskalküls folgt die Gültigkeit des folgenden Lemmas.

Lemma 5.36: *Für konstante Terme u, v sind die folgenden Aussagen äquivalent*
(1) $u \underset{E}{\approx} v$ (2) $E \vdash u = v$ (3) $E \models u = v$ (4) $u \equiv_E v$

Wir verzichten auf die Ausführung des Beweises. Das Term-Ersetzungs-System $\Theta(D)$ muß nicht eindeutig, geschweige denn konfluent oder terminierend sein. Einige Beispiele sollen die vorkommenden Fälle illustrieren.

Beispiele 5.37:

(a) Sei D_1 gegeben durch

sorts	nat
ops	$0 :\to$ nat
	succ, f : nat $\to$ nat
vars	n : nat
eqs	f(0) = 0
	f(n) = succ(f(n))

$\Theta(D_1)$ ist nicht eindeutig, da z.B. für f(0) gilt:

$$\begin{aligned}
&f(0) \to 0, \\
&f(0) \to succ(f(0)) \to succ(0), \\
&etc.
\end{aligned}$$

Sofern die Absicht bestand, eine Funktion auf den natürlichen Zahlen zu spezifizieren, ist dies nicht gelungen, da f(0) = 0, 1, 2, ... hergeleitet werden kann. Für die initiale Semantik bedeutet das, daß sie zur trivialen einelementigen Algebra entartet.

$\Theta(D_1)$ ist weder konfluent noch terminierend: f(0) hat unendlich viele Normalformen, während z.B. f(succ(0)) keine hat.

(b) Sei D_2 gegeben durch

sorts	int
ops	$0 :\to$ int
	succ, pred, f : init $\to$ int
vars	i : int
eqs	pred(succ(i)) = i
	succ(pred(i)) = i

$$f(0) = 0$$
$$f(succ(i)) = succ(f(i))$$
$$f(pred(i)) = f(i)$$

$\Theta(D_2)$ ist eindeutig, da die linken Seiten der Gleichungen für alle Substitutionen konstanter Terme für i verschiedene Terme ergeben. $\Theta(D_2)$ ist jedoch nicht konfluent. Z.B. gilt

$$f(pred(succ(0))) \to f(0) \to 0,$$
$$f(pred(succ(0))) \to f(succ(0)) \to succ(f(0)) \to succ(0).$$

Die "Definition" von f als Funktion ist also widersprüchlich, obwohl die Fallunterscheidung auf den ersten Blick formal sauber aussieht. Diese Widersprüchlichkeit führt wiederum dazu, daß die initiale Semantik zur trivialen einelementigen Algebra entartet.

(c) Sei D_3 gegeben wie D_1, jedoch mit den Gleichungen

$$f(0) = 0$$
$$f(succ(n)) = succ(f(succ(n)))$$

$\Theta(D_3)$ ist eindeutig und konfluent, jedoch nicht terminierend: $f(0)$ hat die eindeutige Normalform 0, jeder Term ohne f hat sich selbst als eindeutige Normalform, und alle übrigen Terme haben keine Normalform. Dies ist die Folge davon, daß f als Funktion nicht "wohldefiniert" ist. Eine initiale Termalgebra zu D_3 enthält außer den succ-Termen alle Terme der Art $f(succ(t))$ für succ-Terme t, wobei die Operation succ auf den letzteren die Identität ist.

(d) Sei D_4 die Spezifikation **nat+** aus Beispiel 5.8, also nat mit den Operatoren 0, succ, + und den Gleichungen

$$0 + m = m$$
$$succ(n) + m = succ(n + m)$$

$\Theta(D_4)$ ist eindeutig, konfluent und terminierend. Die Normalformen-Algebra besteht gerade aus allen succ-Termen und ist zur initialen Semantik isomorph. Diese besteht aus den natürlichen Zahlen mit der Addition.

(e) Sei D_5 gegeben wie D_4, jedoch mit den Gleichungen

$$0 + m = m$$
$$m + n = n + m$$
$$m + succ(n) = succ(n + m)$$

Dann ist $\Theta(D_5)$ nicht mehr eindeutig: z.B. gibt es die Regeln $0 + succ(0) \to succ(0)$ und $0 + succ(0) \to succ(0) + 0$. $\Theta(D_5)$ ist jedoch konfluent und terminierend: obwohl die Kommutativregel unendlich lange Ableitungen zuläßt, gibt es stets einen Ableitungsweg zu einer eindeutigen Normalform. Die Normalformen-Algebra ist dieselbe wie die von $\Theta(D_4)$, und sie ist ebenfalls isomorph zur initialen Semantik.

(f) Sei D_6 gegeben wie D_1, jedoch mit den Gleichungen

$$f(0) = 0$$
$$f(succ(0)) = succ(succ(0))$$
$$f(succ(0)) = succ(succ(f(0)))$$

$\Theta(\mathrm{D}_6)$ ist nicht eindeutig, aber konfluent und terminierend. Die Normalformen-Algebra besteht aus allen Termen, die nicht f(0) oder f(succ(0)) als Unterterm enthalten. Die succ-Terme bilden eine echte Teilmenge hiervon. Die Normalformen-Algebra ist isomorph zur initialen Semantik von D_6, jedoch ist diese nicht isomorph zu den natürlichen Zahlen. Als (fehlerhafte) Funktionsdefinition betrachtet, ist f durch die Gleichungen nicht vollständig auf den natürlichen Zahlen definiert.

Es erscheint natürlich, von einer sinnvollen Spezifikation eines abstrakten Datentyps zu verlangen, daß in ihrer operationalen Semantik Terme stets eindeutig ausgewertet werden können, daß die operationale Semantik also konfluent und terminierend ist. Daß dies nicht ausreicht, um Korrektheit im Sinne der Isomorphie zu einem gegebenen Datentyp zu gewährleisten, zeigt das letzte Beispiel. Konfluenz und Terminierung der operationalen Semantik können jedoch als pragmatisches notwendiges Kriterium für Korrektheit angesehen werden, und sie garantieren in jedem Fall Verträglichkeit mit der initialen Semantik, wie der folgende Satz zeigt.

Satz 5.38: *Sei $D = \langle \Sigma, E \rangle$ eine Spezifikation. Ist die operationale Semantik $\Theta(D)$ konfluent und terminierend, so gilt $NFA(\Theta(D)) \cong T(D)$.*

Beweis: Sei $N = NFA(\Theta(D))$. Es gilt $N \models E$, denn für jede aus einer Gleichung $t = t'$ in E durch Substitution konstanter Terme erzeugbaren Gleichung $u = v$ gilt $u \to v$ und damit $NF_{\Theta(D)}(u) = NF_{\Theta(D)}(v)$.

Also ist $N \epsilon D-ALG$. Wegen der Initialität von $T(D)$ gibt es genau einen Morphismus $h : T(D) \to N$. Als kanonische Termalgebra ist N minimal, und damit ist h surjektiv. Haben nun zwei konstante Terme u, v die gleiche Normalform $w, u \to^* w \,^* \!\leftarrow v$, so sind u und v nach Lemma 5.32 äquivalent. Aus Lemma 5.36 folgt $u \equiv_E v$, und hieraus folgt, daß h injektiv, also ein Isomorphismus ist. $\qquad\square$

Ist also die operationale Semantik einer Spezifikation konfluent und terminierend, so liefert sie eine effektiv konstruierbare kanonische Termalgebra, die zur initialen Semantik isomorph ist. Leider ist die Frage nicht entscheidbar, ob ein gegebenes Term-Ersetzungs-System konfluent und terminierend ist. Es gibt jedoch einige entscheidbare hinreichende Kriterien hierfür. Sind Konfluenz und Terminierung gewährleistet, so ist die Auswahl eines Reduktionsverfahrens, welches die eindeutige Normalform immer in endlich vielen Schritten findet, noch ein durchaus schwieriges Problem. Es sind einige hinreichende Kriterien für die Terminierung bestimmter Reduktionsverfahren bekannt.

Die operationale Semantik bildet die Grundlage für die Konstruktion eines automatischen "Interpreters" für algebraische Spezifikationen: aus einer Spezifikation D kann das Term-Ersetzungs-System $\Theta(D)$ automatisch erzeugt werden, um mit Hilfe geeigneter Reduktionsverfahren konstante Terme in ihre Normalformen zu überführen und damit (sofern $\Theta(D)$ konfluent und terminierend ist) in der initialen Normalformen-Algebra $NFA(\Theta(D))$ auszuwerten. Ein solches System kann dazu benutzt werden, sich experimentell von der Korrektheit der Spezifikation oder – etwa durch Vergleichsberechnungen – von der Korrektheit einer Implementierung zu überzeugen.

5.6 Übungen

1) Gegeben sei die folgende Gleichungs-Spezifikation:

$$
\begin{array}{lll}
\textbf{xyz} & \textbf{sorts} & \text{s} \\
& \textbf{ops} & \text{e} : \to \text{s} \\
& & \_ * \_ : \text{s} \times \text{s} \to \text{s} \\
& & \_^{-1} : \text{s} \to \text{s} \\
& \textbf{eqs} & (\text{x} * \text{y}) * \text{z} = \text{x} * (\text{y} * \text{z}) \\
& & \text{e} * \text{x} = \text{x} \\
& & \text{x}^{-1} * \text{x} = \text{e}
\end{array}
$$

a) Leiten Sie mit Hilfe des Deduktionssystems aus Definition 5.3 die Gleichung

$$\forall \text{x} : \text{x} * \text{x}^{-1} = \text{e}$$

her.

b) Aus welchen Algebren bestehen $MOD(\textbf{xyz})$ und $INIT(MOD(\textbf{xyz}))$?

2) Beweisen Sie Lemma 5.9, d.h. daß für jede Gleichungs-Spezifikation D gilt:

$$TH(INIT(MOD(D))) = TH(MIN(MOD(D))) \ .$$

3) Sei **natqueue+** die Erweiterung von **natqueue** aus Beispiel 2.8d um:

$$
\begin{array}{lll}
& \textbf{ops} & \text{length:} \quad \text{Q} \to \text{nat} \\
& & \text{empty?:} \quad \text{Q} \to \text{bool} \\
& \textbf{eqs} & \text{length(empty)} = 0 \\
& & \text{length(in(q, n))} = \text{succ(length(q))} \\
& & \text{empty?(empty)} = \text{true} \\
& & \text{empty?(in(q, n))} = \text{false}
\end{array}
$$

a) Begründen Sie (z.B. mit einer geeigneten **natqueue**-Algebra), daß die folgende Gleichung nicht im Gleichungskalkül herleitbar sein kann:

$$\text{succ(length(out(q)))} = \text{if empty?(q) then succ(0) else length(q) fi}$$

b) Zeigen Sie, daß diese Gleichung in $MIN(MOD(\textbf{natqueue}))$ dennoch gilt.

4) Geben Sie zur Spezifikation **int** aus Aufgabe 4.5.3 eine kanonische Termalgebra an, die isomorph zur **int**-Algebra $\langle \mathbb{Z}, \{0, +1, -1\} \rangle$ und damit initial ist.

5) Sei **natqueue2** die Spezifikation **natqueue** aus Beispiel 2.8, jedoch mit **nat2** (s. Beispiel 3.22) anstelle von **nat**. Geben Sie eine initiale kanonische Termalgebra $C(\textbf{natqueue2})$ an. Zeigen Sie die Isomorphie zu $T(\textbf{natqueue2})$ mit Hilfe von Lemma 5.16 .

6) Aus welchen Termen bestehen initiale kanonische Termalgebren zu den Spezifikationen **xyz** aus Aufgabe 4.5.8 und Ihrer Lösung von Aufgabe 4.5.9 für **nat-nat-array** ?

7) Beweisen Sie Lemma 5.31, d.h. daß ein Term-Ersetzungs-System Θ genau dann konfluent ist, wenn es die Church-Rosser-Eigenschaft hat.

8) Beweisen Sie Lemma 5.36, d.h. daß für konstante Terme u, v die Äquivalenz von $u \cong_E v$, $E \vdash u = v$, $E \models u = v$ und $u \equiv_E v$ gilt.

9) Prüfen Sie, ob die Term-Ersetzungs-Systeme zu den folgenden Spezifikationen konfluent und terminierend sind :

a) die Spezifikation **natqueue** aus Beispiel 2.8d

b) die Spezifikation **int** aus Aufgabe 4.5.3

c) die Spezifikation aus Aufgabe 4.5.6

d) die folgende Spezifikation:

```
sorts   s
ops     a :→ s
        b : s → s
        c : s → s
eqs     c(x) = a
        b(x) = c(b(x))
```

10) Sei $D = \langle \Sigma, E \rangle$ eine Gleichungs-Spezifikation mit der operationalen Semantik $\Theta(D) = (\Sigma, \xrightarrow{\circ}_E)$. Im Beweis des Satzes 5.38 (Verträglichkeit von operationaler und initialer Semantik) wird folgende Aussage verwendet:

Für beliebige konstante Terme u, v gilt $u \sim v$ genau dann, wenn $E \vdash u = v$ gilt .

Beweisen Sie diese Aussage. Machen Sie sich den Unterschied zwischen Umformungen gemäß $\sim$ und Herleitungen nach dem Deduktionssystem klar.

6. Konstruktion

Erweiterungen von Algebren; treue, volle, persistente und streng persistente Erweiterungen; Erweiterungen von Morphismen; Kategorie der Erweiterungen; minimale Erweiterungen; Datentyp-Konstruktoren; treue, volle, persistente und streng persistente Datentyp-Konstruktoren; minimale Datentyp-Konstruktoren; freie Erweiterungen; freie Datentyp-Konstruktoren; Konstruktion freier Erweiterungen; hierarchische Spezifikationen; die EDT-Operatoren EX, MIN, SP und FR; die ADT-Operatoren U, EXTEND und ENRICH; der freie Datentyp-Konstruktor FREE.

6.1 Erweiterungen

Strukturierte Spezifikationen, wie wir sie im Abschnitt 3.3 diskutiert haben, gründen sich auf den Übergang von einer Signatur Σ_1 auf eine andere, erweiterte Signatur Σ_2. Dieser Übergang wird durch einen Signatur-Morphismus $f : \Sigma_1 \to \Sigma_2$ ausgedrückt, für den bzgl. spezifizierter Axiomensysteme E_1 zu Σ_1 und E_2 zu Σ_2 gefordert wird, daß er ein Spezifikations-Morphismus $f : D_1 \to D_2$ ist, wobei $D_i = \langle \Sigma_i, E_i \rangle$ ist für $i = 1, 2$.

Mittels des *REDUCE*-Operators (ADT-Operator 3.18) läßt sich jede D_2-Algebra B "rückwärts" in eine D_1-Algebra überführen, die den Σ_1-Bestandteil von B darstellt. Das Gegenstück dazu, der *EXPAND*-Operator (ADT-Operator 3.19), liefert alle Σ_2-Algebren, die eine gegebene D_1-Algebra A als Bestandteil haben. Dieser Operator ist insofern nicht voll befriedigend, als er nicht für jeden Datentyp eine konstruktive Erweiterung liefert, sondern gewissermaßen ein Spektrum möglicher Erweiterungen zur Verfügung stellt. Während der *EXPAND*-Operator in dieser Hinsicht nicht einschränkend genug ist, ist er in anderer Hinsicht zu einschränkend: wir möchten Erweiterungen in Betracht ziehen, die den Σ_1-Bestandteil nicht fest lassen, sondern gewisse Veränderungen erlauben, insbesondere das Hinzufügen weiterer Elemente (s.u. Beispiele 6.1c,e).

In diesem Kapitel werden Erweiterungen behandelt, die einzelne Datentypen in einzelne Datentypen überführen und somit Grundlage gezielter *Konstruktion* sind. Durch elementweise Anwendung werden solche Konstruktionen zu Erweiterungen *abstrakter* Datentypen. Wir beschränken uns auf den natürlichen Fall, daß isomorphe Algebren stets zu isomorphen erweitert werden, insbesondere daß die Erweiterung einen *Funktor* bildet. Einen großen Raum nimmt der Standardfall ein, daß initiale Algebren zu initialen erweitert werden, insbesondere $T(D_1)$ zu $T(D_2)$. Damit läßt sich die durch Spezifikations-Morphismen gegebene syntaktische Struktur durch entsprechende semantische Konstrukte nachbilden (s. letzten Abschnitt im Kapitel 4). Zur Illustration der Problematik betrachten wir einige Beispiele.

Beispiele 6.1:

(a) Sei $f_1 :$ **nat** $\hookrightarrow$ **nat1** (vgl. Beispiele 2.2b und 2.8b). $T(\mathbf{nat1})$ erweitert $T(\mathbf{nat})$ durch Anreicherung um die zusätzliche Operation $\leq$. Ansonsten sind die Träger der Sorte nat sowie die Operationen 0 und *succ* in beiden Algebren gleich.

(b) Sei $f_2 :$ **nat1** $\hookrightarrow$ **natstack** (vgl. Beispiel 2.8c). $T(\mathbf{natstack})$ erweitert $T(\mathbf{nat1})$ um einen weiteren Träger (zur Sorte stack) sowie um Operationen *new*, *push*, *pop* und *top*, so daß gilt:

$$T(\mathbf{nat1}) = \bar{f}_2(T(\mathbf{natstack}))$$

(c) Sei f_3 : **nat1** $\hookrightarrow$ *SIG*(**natstack**), d.h. wir lassen die **natstack**-Gleichungen weg. Die
initiale Algebra $T(SIG(\textbf{natstack}))$ erweitert $T(\textbf{nat1})$ in einem allgemeineren Sinne,
indem

$$T(\textbf{nat1}) \subset \bar{f}_3(T(SIG(\textbf{natstack})))$$

gilt: die Terme top(t) für Terme t der Sorte stack sind zusätzliche Elemente der Sorte
nat.

(d) Sei f_4 : **nat1** $\hookrightarrow$ **natstack0** gegeben, wobei **natstack0** sich von **natstack** in einem
Axiom unterscheidet: wir ersetzen die Gleichung top(new)=0 durch die Gleichung
top(push(s,n))=0, d.h. das oberste Element eines nichtleeren Stapels soll immer 0 sein,
während über das des leeren Stapels nichts ausgesagt wird. Als Konsequenz dieser
(sicher nicht besonders nützlichen) Spezifikation ergibt sich, daß n=top(push(s,n))=0
ist für alle natürlichen Zahlen n, und auch top(new)=top(push(s,top(new)))=0. Der
Träger der Sorte nat in der initialen Algebra $T(\textbf{natstack0})$ enthält daher nur ein
Element, die Kongruenzklasse [0]. Auch in diesem Falle wollen wir $T(\textbf{natstack0})$ als
eine (wenn auch entartete) "Erweiterung" von $T(\textbf{nat1})$ auffassen. Immerhin gibt es
einen **nat1**-Algebra-Morphismus

$$\eta_T : T(\textbf{nat1}) \rightarrow \bar{f}_4(T(\textbf{natstack0})) \, ,$$

nämlich die konstante Abbildung $\eta_T(n) = 0$ für alle n der Sorte nat.

(e) Sei f_5 : $\Sigma_1 = \langle S, \emptyset \rangle \hookrightarrow \Sigma_2 = \langle S, \Omega \rangle$ für beliebige S und Ω. Σ_1-Algebren sind S-
indizierte Mengenfamilien. Sei X eine solche Mengenfamilie. Sei $T(\Sigma_2(X))$ die initiale
$\Sigma_2(X)$-Algebra. Sei $T_X(\Sigma_2)$ deren Σ_2-Redukt, das durch "Vergessen" der nullstelligen
Operatoren X in der Signatur $\Sigma_2(X)$ gebildet wird. $T_X(\Sigma_2)$ hat alle Terme mit
"Variablen" in X als Elemente und erweitert X in dem Sinne, daß eine injektive
Abbildung (ein Σ_1-Morphismus) $\eta : X \rightarrow \bar{f}_5(T_X(\Sigma_2)) = T_{\Sigma_2(X)}$ existiert. Hierdurch
wird ausgedrückt, daß jede Variable ein Term ist (Einbettung der Erzeugenden).

Um alle Fälle zu berücksichtigen, legen wir einen recht allgemeinen Begriff für die Erweiterung von Algebren zugrunde und geben den interessierenden Spezialfällen eigene Bezeichnungen. Im folgenden sei $f : D_1 \rightarrow D_2$ ein gegebener Spezifikations-Morphismus.

Definition 6.2: Eine *Erweiterung* einer D_1-Algebra A bzgl. f ist ein Paar (B, η), wobei
B eine D_2-Algebra ist und $\eta : A \rightarrow \bar{f}(B)$ ein D_1-Algebra-Morphismus, die *Einbettung* von
A in B. Die Erweiterung heißt *treu (voll, persistent, streng persistent)* genau dann, wenn
die Einbettung η injektiv (surjektiv, isomorph bzw. die Identität) ist.

Die mittels des ADT-Operators *EXPAND* zu einer D_1-Algebra A gewonnenen D_2-Algebren
sind streng persistente Erweiterungen von A bzgl. f. Auch die Beispiele 6.1a und b zeigen
streng persistente Erweiterungen. Die Erweiterungen der übrigen Beispiele in 6.1 sind
nicht streng persistent und auch nicht persistent: c und e zeigen treue, aber nicht volle
Erweiterungen, und d zeigt eine nicht treue, jedoch volle Erweiterung. Offensichtlich sind
streng persistente Erweiterungen immer persistent, und diese sind immer treu und voll.
Umgekehrt sind treue und volle Erweiterungen stets persistent.

Aus unserem allgemeinen Erweiterungsbegriff ergeben sich einige einfache Folgerungen.
Ist z.B. (B, η) eine Erweiterung von A bzgl. f und gibt es einen D_1-Algebra-Morphismus

$h : A' \to A$, so ist $(B, \eta h)$ eine Erweiterung von A' bzgl. f. Ferner ist jede D_2-Algebra B eine Erweiterung der initialen D_1-Algebra $T(D_1)$ mit dem initialen Morphismus in $D_1\!-\!ALG$ als Einbettung, denn $\bar{f}(B)$ liegt in $D_1\!-\!ALG$ (Satz 3.14).

Die Erweiterung von abstrakten Datentypen als Kategorien von Algebren erfordert, daß wir nicht nur die Algebren, sondern auch die *Morphismen* zwischen ihnen erweitern. Wir machen uns anhand der obigen Beispiele die Situation klar.

Beispiele 6.3: Wir beziehen uns auf die Beispiele 6.1.

(a) Die Erweiterung einer **nat**-Algebra zu einer **nat1**-Algebra durch Anreichern um die Vergleichsoperation $\leq$ ist durch die **nat1**-Gleichungen nur für Termelemente festgelegt. Ein **nat1**-Morphismus $h : A \to B$ mit minimalem A ist auch Morphismus zwischen den Erweiterungen von A und B. Für nichtminimale A braucht dies nicht zu gelten.

(b) So wie $T(\textbf{natstack})$ eine Erweiterung von $T(\textbf{nat1})$ mit der Identität als Einbettung ist, läßt sich jede **nat1**-Algebra A zu einer **natstack**-Algebra B mit $\bar{f}_2(B) = A$ erweitern. Für die initialen Morphismen $h : T(\textbf{nat1}) \to A$ und $g : T(\textbf{natstack}) \to B$ gilt dann $h = \bar{f}_2(g)$. In diesem Sinne erweitert der Morphismus g den Morphismus h.

$$T(\textbf{nat1}) \;=\; \bar{f}_2(T(\textbf{natstack})) \qquad T(\textbf{natstack})$$

$$h \Big\downarrow \qquad\qquad \bar{f}_2(g)\Big\downarrow \qquad\qquad g\Big\downarrow$$

$$A \;=\; \bar{f}_2(B) \qquad\qquad B$$

(c) Da das **nat1**-Redukt von $T(SIG(\textbf{natstack}))$ die initiale **nat1**-Algebra $T(\textbf{nat1})$ echt enthält (Inklusion η_T), ergibt sich für eine geeignete entsprechende Erweiterung (B, η_A) einer **nat1**-Algebra A folgende Situation mit den initialen Morphismen h bzw. g:

$$T(\textbf{nat1}) \;\overset{\eta_T}{\lhook\joinrel\longrightarrow}\; \bar{f}_3(T(SIG(\textbf{natstack}))) \qquad T(SIG(\textbf{natstack}))$$

$$h \Big\downarrow \qquad\qquad \bar{f}_3(g)\Big\downarrow \qquad\qquad g\Big\downarrow$$

$$A \;\overset{\eta_A}{\lhook\joinrel\longrightarrow}\; \bar{f}_3(B) \qquad\qquad B$$

Das linke Diagramm ist kommutativ, d.h. es gilt $\eta_A h = \bar{f}_3(g)\eta_T$. Auch in dieser Situation läßt sich g als Erweiterung von h ansehen.

(d) Für eine Erweiterung (B, η_A) einer **nat1**-Algebra A ist η_A eine konstante Abbildung. Daher kommutiert das linke der folgenden Diagramme:

$$T(\textbf{nat1}) \;\overset{\eta_T}{\longrightarrow}\; \bar{f}_4(T(\textbf{natstack0})) \qquad T(\textbf{natstack0})$$

$$h \Big\downarrow \qquad\qquad \bar{f}_4(g)\Big\downarrow \qquad\qquad g\Big\downarrow$$

$$A \;\overset{\eta_A}{\longrightarrow}\; \bar{f}_4(B) \qquad\qquad B$$

Hierbei sind die Bezeichnungen analog zum Beispiel c gewählt. Auch in diesem Fall wollen wir g als Erweiterung von h ansehen.

(e) Für Variable und ihre Termbildung ergibt sich folgende Situation:

$$
\begin{array}{ccc}
X \xrightarrow{\eta_X} T_{\Sigma_2(X)} = \bar{f}_5(T_X(\Sigma_2)) & \qquad & T_X(\Sigma_2) \\
\Big\downarrow h \qquad\qquad \Big\downarrow \bar{f}_5(g) & & \Big\downarrow g \\
Y \xrightarrow{\eta_Y} T_{\Sigma_2(Y)} = \bar{f}_5(T_Y(\Sigma_2)) & & T_Y(\Sigma_2)
\end{array}
$$

g ist die Fortsetzung der Variablenbelegung h auf Terme, und offenbar gilt $\eta_Y h = \bar{f}_5(g)\eta_X$ als Bedingung dafür, daß es sich bei g um eine Erweiterung von h handelt.

Diese Beispiele legen die folgende Definition nahe. Sei $f : D_1 \to D_2$ ein Spezifikations-Morphismus, und für $i = 1, 2$ seien (B_i, η_i) Erweiterungen von A_i bzgl. f.

Definition 6.4: Sei $h : A_1 \to A_2$ ein D_1-Algebra-Morphismus. Ein D_2-Algebra-Morphismus $g : B_1 \to B_2$ heißt *Erweiterung* von h bzgl. f, η_1 und η_2 genau dann, wenn $\eta_2 h = \bar{f}(g)\eta_1$ gilt.

Die Situation wird durch das folgende Diagramm illustriert:

$$
\begin{array}{ccc}
A_1 \xrightarrow{\eta_1} \bar{f}(B_1) & \qquad & B_1 \\
\Big\downarrow h \qquad \Big\downarrow \bar{f}(g) & & \Big\downarrow g \\
A_2 \xrightarrow{\eta_2} \bar{f}(B_2) & & B_2
\end{array}
$$

Ist allgemein $\mathcal{D} \subseteq D_1\text{--}ALG$ ein abstrakter Datentyp, d.h. eine Kategorie von D_1-Algebren, so bilden die Erweiterungen der Algebren und Morphismen in $\mathcal{D}$ bzgl. f wiederum eine Kategorie.

Definition 6.5: Die *Kategorie der Erweiterungen $EX(\mathcal{D}, f)$* von $\mathcal{D}$ bzgl. f hat die Erweiterungen (B, η) bzgl. f von Algebren A in $\mathcal{D}$ als Objekte. Die Morphismen $g : (B_1, \eta_1) \to (B_2, \eta_2)$ sind die Erweiterungen $g : B_1 \to B_2$ von Morphismen $h : A_1 \to A_2$ in $\mathcal{D}$ bzgl. f, η_1 und η_2. Hierbei ist für $i = 1, 2$ (B_i, η_i) eine Erweiterung von A_i bzgl. f.

Ein interessanter Spezialfall ergibt sich, wenn $\mathcal{D}$ nur aus einer Algebra A mit ihrer Identität id_A besteht. Wir bezeichnen diese Kategorie ebenfalls mit A. Die Kategorie $EX(A, f)$ der Erweiterungen von A bzgl. f besteht dann aus allen Erweiterungen (B, η), (C, φ), ... von A mit den Morphismen $g : B \to C$, die Erweiterungen von id_A sind, d.h. es gilt $\varphi = \bar{f}(g)\eta$.

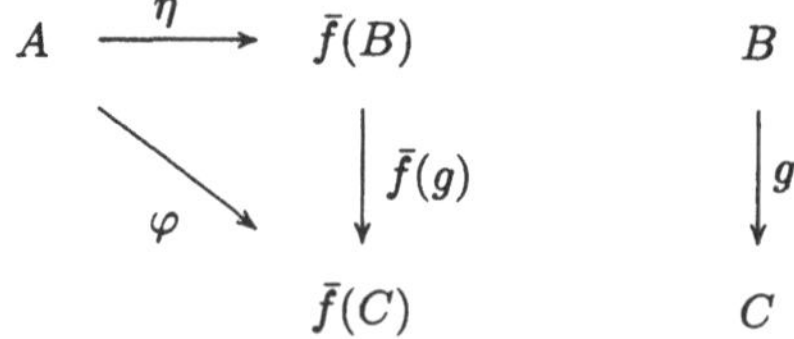

Da minimale Algebren als Modelle für Datentypen von besonderem Interesse sind, untersuchen wir nun *minimale* Erweiterungen in einem analogen Sinne: sie fügen zu einer Algebra "nicht mehr als das notwendige" hinzu und überführen insbesondere minimale in minimale Algebren.

Definition 6.6: Eine Erweiterung (B, η) einer D_1-Algebra A bzgl. f heißt *minimal* genau dann, wenn für jede Erweiterung (C, φ) von A bzgl. f gilt: ist eine Inklusion $C \hookrightarrow B$ in $EX(A, f)$, so ist sie die Identität, d.h. $C = B$ (und damit $\eta = \varphi$).

Die Erweiterungen in Beispiel 6.1 sind alle minimal. Auch nichtminimale Algebren können minimale Erweiterungen besitzen, die dann im allgemeinen auch keine minimalen Algebren sind. Ein Beispiel hierfür ist 6.1e. Minimale Erweiterungen minimaler Algebren sind jedoch stets wieder minimale Algebren, wie das folgende Lemma zeigt.

Lemma 6.7: *Ist A minimal und (B, η) eine minimale Erweiterung von A bzgl. f, so ist B minimal.*

Beweis: Sei $C \subseteq B$ eine Unteralgebra. Dann ist auch $\bar{f}(C) \subseteq \bar{f}(B)$. Da A minimal ist, ist das homomorphe Bild $\eta(A)$ von A in $\bar{f}(B)$ minimale Unteralgebra von $\bar{f}(B)$. Also läßt sich η auch als Einbettung von A in $\bar{f}(C)$ auffassen. (C, η) ist demnach eine Erweiterung von A, und die Inklusion $C \hookrightarrow B$ ist in $EX(A, f)$. Da (B, η) minimale Erweiterung von A ist, ist $B = C$. B besitzt daher keine echten Unteralgebren. $\qquad \square$

6.2 Datentyp-Konstruktoren

Sei $f : D_1 \to D_2$ ein Spezifikations-Morphismus. Seien $\mathcal{D}_1 \subseteq D_1{-}ALG$ und $\mathcal{D}_2 \subseteq D_2{-}ALG$ abstrakte Datentypen, und sei $f : \mathcal{D}_1 \to \mathcal{D}_2$ ein ADT-Morphismus. Läßt sich ein Funktor $F : \mathcal{D}_1 \to \mathcal{D}_2$ so angeben, daß jeder Algebra $A \epsilon \mathcal{D}_1$ eine Erweiterung $(F(A), \eta_A)$ bzgl. f mit einer Einbettung $\eta_A : A \to \bar{f}(F(A))$ zugeordnet wird, so daß jeder Morphismus $h : A_1 \to A_2 \, \epsilon \, \mathcal{D}_1$ bezüglich dieser Einbettungen in eine Erweiterung übergeht, so bilden die Einbettungen eine natürliche Transformation $\eta : id \Longrightarrow \bar{f}F$. $\bar{f}$ ist hierbei als Funktor von $\mathcal{D}_2$ nach $\mathcal{D}_1$ aufzufassen. Man bekommt auf diese Weise eine systematische Vorschrift, wie die Datentypen in $\mathcal{D}_1$ (und die Morphismen zwischen ihnen) zu solchen in $\mathcal{D}_2$ zu erweitern sind.

Definition 6.8: Ein *Datentyp-Konstruktor* $(F, \eta) : \mathcal{D}_1 \to \mathcal{D}_2$ *bzgl.* f besteht aus einem Funktor $F : \mathcal{D}_1 \to \mathcal{D}_2$ und einer natürlichen Transformation $\eta : id \Longrightarrow \bar{f}F$.

Die Situation wird durch das folgende Diagramm illustriert:

$$
\begin{array}{ccc}
A_1 \xrightarrow{\;\eta_{A_1}\;} \bar{f}(F(A_1)) & \qquad & F(A_1) \\[2pt]
\Big\downarrow{\scriptstyle h} \qquad\qquad \Big\downarrow{\scriptstyle \bar{f}(g)} & & \Big\downarrow{\scriptstyle g} \\[2pt]
A_2 \xrightarrow{\;\eta_{A_2}\;} \bar{f}(F(A_2)) & & F(A_2)
\end{array}
$$

Beispiele 6.9: Wir beziehen uns auf die Beispiele 6.1 und 6.3.

(a) Der Funktor $F_1 : MIN(\textbf{nat}{-}ALG) \to MIN(\textbf{nat1}{-}ALG)$ bilde jede minimale **nat**-Algebra A in die minimale **nat1**-Algebra A' ab, die aus A dadurch entsteht, daß die Ordnung $\leq$ gemäß den **nat1**-Gleichungen auf A definiert wird. Die Morphismen gehen (als Abbildungen) durch F in sich selbst über. Dann ist

$$(F_1, id) : MIN(\textbf{nat}{-}ALG) \to MIN(\textbf{nat1}{-}ALG)$$

ein Datentyp-Konstruktor bzgl. f_1 .

(b) Der Funktor F_2 : $INIT(\mathbf{nat1}-ALG) \to INIT(\mathbf{natstack}-ALG)$ bilde $T(\mathbf{nat1})$ in $T(\mathbf{natstack})$ und die übrigen (dazu isomorphen) initialen Algebren sowie die Morphismen in geeigneter Weise so ab, daß $N = \bar{f}_2 F_2(N)$ gilt für alle initialen Algebren N von $\mathbf{nat1}$ und $h = \bar{f}_2 F_2(h)$ für alle Isomorphismen h zwischen ihnen. Dann ist

$$(F_2, id) : INIT(\mathbf{nat1}-ALG) \to INIT(\mathbf{natstack}-ALG)$$

ein Datentyp-Konstruktor bzgl. f_2 .

(c) Der Funktor F_3 : $INIT(\mathbf{nat1}-ALG) \to INIT(SIG(\mathbf{natstack}-ALG))$ bilde die initiale Algebra $T(\mathbf{nat1})$ in die initiale Algebra $T(SIG(\mathbf{natstack}))$ und die übrigen (dazu isomorphen) initialen Algebren sowie die Isomorphismen zwischen ihnen in geeigneter Weise so ab, daß die Inklusionen $\eta_N : N \hookrightarrow \bar{f}_3 F_3(N)$ eine natürliche Transformation η bilden. Dann ist

$$(F_3, \eta) : INIT(\mathbf{nat1}-ALG) \to INIT(SIG(\mathbf{natstack}-ALG))$$

ein Datentyp-Konstruktor bzgl. f_3 .

(d) Der Funktor F_4 : $INIT(\mathbf{nat1}-ALG) \to INIT(\mathbf{natstack0}-ALG)$ bilde die initialen $\mathbf{nat1}$-Algebren nach dem obigen Muster so in initiale $\mathbf{natstack0}$-Algebren ab, daß $T(\mathbf{nat1})$ in $T(\mathbf{natstack0})$ übergeht und die konstante Abbildung $\eta_N : n \mapsto 0$ eine natürliche Transformation η bilden. Dann ist

$$(F_4, \eta) : INIT(\mathbf{nat1}-ALG) \to INIT(\mathbf{natstack0}-ALG)$$

ein Datentyp-Konstruktor bzgl. f_4.

(e) Der Funktor F_5 : $\Sigma_1-ALG \to \Sigma_2-ALG$ bilde jede Mengenfamilie X in die Termalgebra $T_X(\Sigma_2)$ sowie die Morphismen $h : X \to Y$ in deren Erweiterungen auf Terme $g : T_X(\Sigma_1) \to T_Y(\Sigma_2)$ ab. Sei $\eta_X : X \to \bar{f}_5(T(\Sigma_2(X))$ die o.g. Einbettung der Erzeugenden. Dann bilden die η_X eine natürliche Transformation η , und

$$(F_5, \eta) : \Sigma_1-ALG \to \Sigma_2-ALG$$

ist ein Datentyp-Konstruktor bzgl. f_5 .

Ein Datentyp-Konstruktor $(F, \eta) : \mathcal{D}_1 \to \mathcal{D}_2$ beschreibt für jede Algebra A in $\mathcal{D}_1$ eine Erweiterung $(F(A), \eta_A)$. Wenn alle diese Erweiterungen treu (voll, persistent, streng persistent) sind, übertragen wir diese Eigenschaft auf den gesamten Konstruktor.

Definition 6.10: Ein $(F, \eta) : \mathcal{D}_1 \to \mathcal{D}_2$ bzgl. f heißt *treu (voll, persistent, streng persistent)* genau dann, wenn für jede Algebra A in $\mathcal{D}_1$ die Erweiterung $(F(A), \eta_A)$ treu (voll, persistent, streng persistent) ist.

Bei der schrittweisen Spezifikation abstrakter Datentypen mittels Datentyp-Konstruktoren möchte man in der Regel erreichen, daß der Ausgangspunkt eines Konstruktionsschritts nicht (oder nicht wesentlich) durch die Konstruktion verändert wird. Man möchte nur neue Operationen und Trägermengen hinzubekommen, ohne "Seiteneffekte" auf das bisher erreichte. Diese Eigenschaft stellt gerade die (strenge) *Persistenz* dar.

Für *minimale* Algebren lassen sich einfachere Charakterisierungen von Datentyp-Konstruktoren und der Persistenz angeben.

Lemma 6.11: *Seien $\mathcal{D}_1$, $\mathcal{D}_2$, f wie oben gegeben. $\mathcal{D}_1$ enthalte nur minimale Algebren. Sei $F : \mathcal{D}_1 \to \mathcal{D}_2$ ein Funktor. Dann gilt:*

(1) Es gibt höchstens einen Datentyp-Konstruktor (F, η) bzgl. f mit F als Funktor.

(2) Ist $A = \bar{f}F(A)$ für alle $A\epsilon\mathcal{D}_1$, so gibt es genau einen Datentyp-Konstruktor (F, η) bzgl. f mit F als Funktor, und dieser ist streng persistent.

(3) Ist $A \cong \bar{f}F(A)$ für alle $A\epsilon\mathcal{D}_1$, so gibt es genau einen Datentyp-Konstruktor (F, η) bzgl. f mit F als Funktor, und dieser ist persistent.

Beweis: Dies folgt unmittelbar aus der Tatsache, daß von einer minimalen Algebra höchstens ein Morphismus ausgeht (s. Lemma 2.28(2)). ☐

Demnach können wir bei Datentyp-Konstruktoren auf minimalen Algebren auf die Angabe der natürlichen Transformation verzichten. In solchen Fällen ist ein Datentyp-Konstruktor ein Funktor $F : \mathcal{D}_1 \to \mathcal{D}_2$, für den eine natürliche Transformation $\eta : id \Longrightarrow \bar{f}F$ existiert. Letztere ist dann eindeutig. Für nichtminimale Algebren ist jedoch die Angabe der natürlichen Transformation wesentlich, wie die folgenden Beispiele zeigen.

Beispiele 6.12:

(a) Sei $\Sigma_1 = \langle\{s\}, \{c : \to s\}\rangle$ die Signatur der punktierten Mengen, d.h. der Mengen mit einer ausgezeichneten Konstanten. Sei $id : \Sigma_1 \to \Sigma_1$ der identische Signatur-Morphismus. Dann ist trivialerweise $(id, id) : \Sigma_1{-}ALG \to \Sigma_1{-}ALG$ ein streng persistenter Datentyp-Konstruktor bzgl. id, jedoch gibt es noch andere natürliche Transformationen $\eta : id \Longrightarrow id$, z.B. diejenige, die zu jeder Σ_1-Algebra $(X; c_X)$ die Einbettung $\eta_X : X \to X$ als konstante Abbildung definiert: $\eta_X(x) = c_X$ für alle $x\epsilon X$. Das Paar (id, η) ist ebenfalls ein Datentyp-Konstruktor bzgl. id, und dieser ist nicht persistent.

(b) Sei $\Sigma_2 = \langle\{s\}, \emptyset\rangle$ die Signatur der Mengen. Sei $\mathcal{D}_2$ die Klasse der abzählbar unendlichen Mengen. Sei $f : \Sigma_2 \to \Sigma_1$ der Signatur-Morphismus, der s auf s abbildet. Sei $F : \mathcal{D}_2 \to \Sigma_1{-}ALG$ der Funktor, der jeder Menge $M\epsilon\mathcal{D}_2$ eine Konstante $c_M \notin M$ hinzufügt. Dann gelten echte Inklusionen $M \subset \bar{f}F(M)$, mit denen F einen nicht persistenten Datentyp-Konstruktor bzgl. f bildet. Es gilt jedoch $M \cong \bar{f}F(M)$ für alle $M\epsilon\mathcal{D}_1$, da alle Mengen abzählbar unendlich sind. Sofern diese Isomorphismen eine natürliche Isomorphie darstellen, bildet letztere mit F einen persistenten Datentyp-Konstruktor.

Von besonderem Interesse sind Datentyp-Konstruktoren, die jede Algebra minimal erweitern und damit insbesondere minimale Algebren in minimale überführen.

Definition 6.13: Ein Datentyp-Konstruktor $(F, \eta) : \mathcal{D}_1 \to \mathcal{D}_2$ bzgl. f heißt *minimal* genau dann, wenn für jede Algebra $A\epsilon\mathcal{D}_1$ $(F(A), \eta_A)$ eine minimale Erweiterung bzgl. f ist .

Die Datentyp-Konstruktoren in den Beispielen 6.9 sind alle minimal. In den Beispielen 6.9a,b,c werden außerdem minimale Algebren in minimale überführt. Beispiel 6.9e zeigt, daß es auch interessante Beispiele für die minimale Erweiterung nichtminimaler Algebren gibt. Minimale Erweiterungen werden u.a. im Kapitel 10 benötigt. Auch die in den folgenden Abschnitten behandelten *freien* Erweiterungen und darauf basierende Datentyp-Konstruktoren sind minimal.

6.3 Freie Erweiterungen

Sei $f : D_1 \to D_2$ ein fester Spezifikations-Morphismus, und sei A eine D_1-Algebra. Zu A gibt es im allgemeinen viele Erweiterungen bzgl. f. Die Frage ist daher naheliegend, ob und unter welchen Vorraussetzungen sich eine kanonische – womöglich konstruktive – Auswahl treffen läßt, etwa nach dem Muster der initialen Semantik. Die hier untersuchten *freien* Erweiterungen bieten hierfür einen geeigneten Ansatzpunkt.

Definition 6.14: Eine Erweiterung (B, η) von A bzgl. f heißt *frei* genau dann, wenn es zu jeder Erweiterung (C, φ) von A bzgl. f genau einen Morphismus $g : (B, \eta) \to (C, \varphi)$ in $EX(A, f)$ gibt:

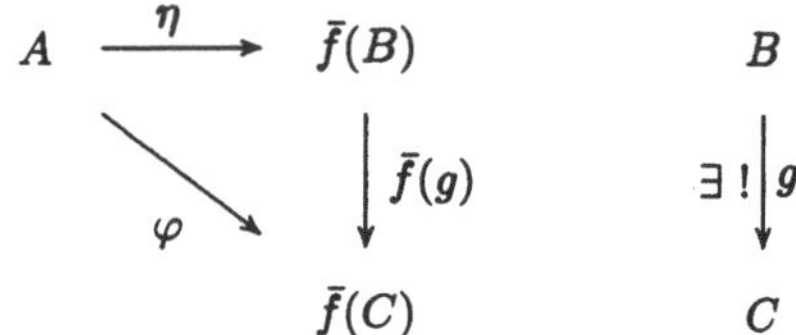

Eine freie Erweiterung von A ist somit gerade ein initiales Objekt in $EX(A, f)$. Ist f aus dem Zusammenhang klar, so schreiben wir auch $EX(A)$ statt $EX(A, f)$. Aus den Lemmata 4.9 und 4.10 folgt, daß freie Erweiterungen einer Algebra, sofern sie existieren, bis auf Isomorphie eindeutig und minimal sind:

Lemma 6.15: *Sei (B, η) eine freie Erweiterung von A bzgl. f.*

(1) (C, φ) ist genau dann eine freie Erweiterung von A bzgl. f, wenn (B, η) und (C, φ) in $EX(A)$ isomorph sind.

(2) (B, η) ist minimale Erweiterung von A bzgl. f.

Die Isomorphismen in $EX(A)$ sind genau die Isomorphismen auf den zugrundeliegenden Algebren mit geeigneten Einbettungen. Setzt man in der ersten Aussage des Lemmas $C = B$, so ergibt sich als Folgerung, daß die Einbettung einer freien Erweiterung eindeutig ist:

Korollar 6.16: *Sind (B, η) und (B, φ) freie Erweiterungen von A bzgl. f, so ist $\eta = \varphi$.*

Beweis: Der initiale Morphismus in $EX(A)$ von (B, η) nach (B, φ) ist die Identität auf B. $\qquad\qquad\square$

Wenn im folgenden von freien Erweiterungen die Rede ist, werden wir daher oft die Einbettung nicht mit notieren. Die Aussage "B ist eine freie Erweiterung von A" bedeutet dann, daß es eine (eindeutige) Einbettung η gibt, so daß (B, η) eine freie Erweiterung von A ist.

Eine weitere nützliche Eigenschaft freier Erweiterungen ist, daß sie die Isomorphie erhalten:

Lemma 6.17: *Seien A_1 und A_2 zwei isomorphe D_1-Algebren. Für $i = 1, 2$ sei B_i eine freie Erweiterung von A_i bzgl. f. Dann sind B_1 und B_2 isomorph.*

Beweis: Sei $\iota : A_1 \to A_2$ der Isomorphismus, und sei η_i die Einbettung zu B_i für $i = 1, 2$. Dann ist $(B_2, \eta_2\iota)$ eine Erweiterung von A_1. Der initiale Morphismus in $EX(A_1)$ sei

$k : (B_1, \eta_1) \to (B_2, \eta_2\iota)$. Ebenso sei $k' : (B_2, \eta_2) \to (B_1, \eta_1\iota^{-1})$ der initiale Morphismus in $EX(A_2)$. Für diese initialen Morphismen gelten

$$\eta_2\iota = \bar{f}(k)\eta_1$$
$$\eta_1\iota^{-1} = \bar{f}(k')\eta_2$$

Durch Einsetzen ergibt sich

$$\eta_1 = \eta_1\iota^{-1}\iota = \bar{f}(k')\eta_2\iota = \bar{f}(k')\bar{f}(k)\eta_1 = \bar{f}(k'k)\eta_1$$
$$\eta_2 = \eta_2\iota\iota^{-1} = \bar{f}(k)\eta_1\iota^{-1} = \bar{f}(k)\bar{f}(k')\eta_2 = \bar{f}(kk')\eta_2$$

Dies bedeutet, daß $k'k$ ein $EX(A_1)$-Morphismus von (B_1, η_1) in sich ist, und entsprechend ist kk' ein $EX(A_2)$-Morphismus von (B_2, η_2) in sich. Da die jeweiligen Identitäten ebenfalls solche Morphismen und diese aufgrund der Initialität eindeutig sind, folgt $k'k = id_{B_1}$ und $kk' = id_{B_2}$. Also sind B_1 und B_2 isomorph. $\qquad\square$

Der folgende Satz zeigt die Bedeutung freier Erweiterungen "entlang eines Spezifikations-Morphismus" für die initiale Semantik: sie führen stets von initialen zu initialen Algebren.

Satz 6.18: *Die freien Erweiterungen der initialen D_1-Algebren bzgl. f sind genau die initialen D_2-Algebren.*

Beweis: Wir brauchen nur zu zeigen, daß $T(D_2)$ freie Erweiterung von $T(D_1)$ bzgl. f ist. Die Aussage des Satzes folgt dann aus den Lemmata 6.15 und 6.17. Mit dem initialen D_1-ALG-Morphismus $\eta : T(D_1) \to \bar{f}(T(D_2))$ ist $(T(D_2), \eta)$ eine Erweiterung von $T(D_1)$ bzgl. f, und für jede solche Erweiterung (B, φ) gibt es genau einen $T(D_1)$-Erweiterungs-Morphismus $g : (T(D_2), \eta) \to (B, \varphi)$, nämlich den initialen Morphismus in D_2-ALG. Also ist $(T(D_2), \eta)$ eine freie Erweiterung von $T(D_1)$ bzgl. f. $\qquad\square$

Zu einer Spezifikation $D = \langle S, \Omega, E \rangle$ sei $D_0 = \langle S, \emptyset, \emptyset \rangle$, so daß die D_0-Algebren genau die Träger der D-Algebren sind. Die initiale D_0-Algebra ist die S-indizierte Familie der leeren Mengen. Daraus ergibt sich eine interessante Folgerung des obigen Satzes, die zeigt, daß die initiale Semantik sich als Spezialfall einer "Freien-Erweiterungs-Semantik" auffassen läßt.

Korollar 6.19: *Die initialen D-Algebren sind die freien Erweiterungen der leeren D_0-Algebra bzgl. der Inklusion $D_0 \subseteq D$.*

Wir wenden uns nun der Frage zu, ob sich ein Datentyp-Konstruktor finden läßt, der Algebren auf uniforme Weise frei erweitert. Sei $f : D_1 \to D_2$ wiederum ein Spezifikations-Morphismus.

Definition 6.20: Ein Datentyp-Konstruktor $(F, \eta) : D_1-ALG \to D_2-ALG$ heißt *frei bzgl. f* genau dann, wenn für jede D_1-Algebra A $(F(A), \eta_A)$ freie Erweiterung von A bzgl. f ist.

Wie bei den freien Erweiterungen notieren wir auch bei den freien Datentyp-Konstruktoren oft die Einbettungen nicht mit, da sie eindeutig sind. In der Notation unterscheiden wir also nicht zwischen einem freien Datentyp-Konstruktor (F, η) und dem zugrundeliegenden "freien" Funktor F.

Lemma 6.21: *Existiert zu jeder D_1-Algebra A eine freie Erweiterung $F(A)$ bzgl. f, so lassen sich diese freien Erweiterungen auf genau eine Weise zu einem bzgl. f freien Datentyp-Konstruktor $F : D_1-ALG \to D_2-ALG$ fortsetzen.*

Beweis: Jeder Morphismus $h : A \to B$ in $D_1{-}ALG$ ist unter F in den initialen $EX(A)$-Morphismus $F(h) : (F(A), \eta_A) \to (F(B), \eta_B h)$ abzubilden. Wir verzichten auf den Nachweis der Funktor-Eigenschaft im einzelnen.   □

Zu Spezifikations-Morphismen $f : D_1 \to D_2$ existiert für jede D_1-Algebra A stets eine freie Erweiterung bzgl. f. Für den für die Anwendung wichtigen Spezialfall von Spezifikations-Inklusionen beweisen wir dies im nächsten Abschnitt. Hier stellen wir einige dafür benötigte Eigenschaften freier Datentyp-Konstruktoren zusammen.

Lemma 6.22: *Freie Datentyp-Konstruktoren sind gegenüber Komposition abgeschlossen, d.h. sind F und G freie Datentyp-Konstruktoren bzgl. $f : D_1 \to D_2$ bzw. $g : D_2 \to D_3$, so ist GF ein freier Datentyp-Konstruktor bzgl. gf.*

Der Beweis ist nicht schwierig, jedoch technisch etwas aufwendig. Wir verzichten hier auf die Ausführung.

Das nächste Lemma zeigt, daß sich aus freien Datentyp-Konstruktoren wieder freie Datentyp-Konstruktoren ergeben, wenn man den Definitionsbereich auf geeignete Weise einschränkt.

Lemma 6.23: *Sei $F : D_1{-}ALG \to D_3{-}ALG$ ein freier Datentyp-Konstruktor bzgl. eines Spezifikations-Morphismus $f : D_1 \to D_3$. Sei $f = hg$, wobei $g : D_1 \to D_2$ und $h : D_2 \to D_3$ Spezifikations-Morphismen sind, so daß $SIG(D_1) = SIG(D_2)$ und g die Identität auf dieser Signatur ist. Sei H die Einschränkung von F auf $D_2{-}ALG$. Dann ist H ein freier Datentyp-Konstruktor bzgl. h.*

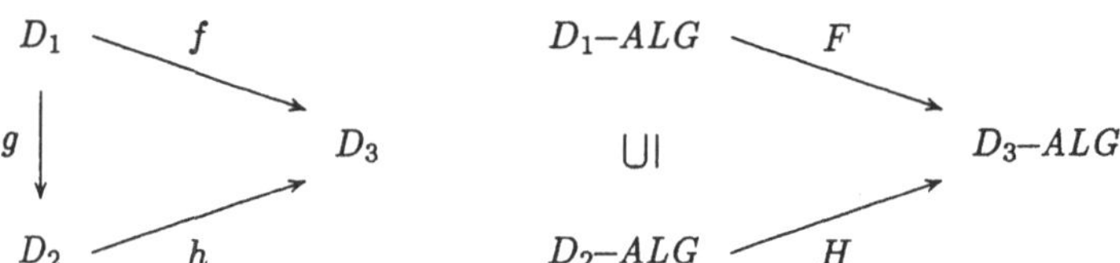

Beweis: Nach Vorraussetzung sind f und h als Signatur-Morphismen gleich, also ist $\bar{f}(B) = \bar{h}(B)$ für alle D_3-Algebren B. Jede D_2-Algebra A ist auch D_1-Algebra, und $F(A)$ ist auch im Rahmen von $D_2{-}ALG$ mit derselben Einbettung freie Erweiterung von A.   □

6.4 Freie Konstruktion

Zu jedem Spezifikations-Morphismus $f : D_1 \to D_2$ läßt sich ein freier Datentyp-Konstruktor

$$F : D_1{-}ALG \to D_2{-}ALG$$

konstruktiv angeben. Bzgl. des Spezifikations-Morphismus beschränken wir uns hier auf den für die Anwendung wichtigen Fall der *Inklusion* $f : D_1 \hookrightarrow D_2$.

Sei $f : D_1 = \langle \Sigma_1, E_1 \rangle \hookrightarrow D_2 = \langle \Sigma_2, E_2 \rangle$ eine Spezifikations-Inklusion. Dann ergibt sich das folgende kommutative Diagramm von Spezifikations-Inklusionen:

$$D_0 = \langle \Sigma_1, \emptyset \rangle \xrightarrow{\quad f_1 \quad} D_3 = \langle \Sigma_2, \emptyset \rangle$$

$$g \downarrow \qquad\qquad\qquad \downarrow f_2$$

$$D_1 = \langle \Sigma_1, E_1 \rangle \xrightarrow{\quad f \quad} D_2 = \langle \Sigma_2, E_2 \rangle$$

Haben wir freie Datentyp-Konstruktoren $F_1 : D_0{-}ALG \to D_3{-}ALG$ bzgl. f_1 und $F_2 : D_3{-}ALG \to D_2{-}ALG$ bzgl. f_2 ermittelt, so ist nach Lemma 6.22 auch

$$F_{21} = F_2 F_1 : D_0{-}ALG \to D_2{-}ALG$$

ein freier Datentyp-Konstruktor. Da bzgl. der Faktorisierung von $f_2 f_1 : D_0 \to D_2$ über D_1 mittels g und f die Situation von Lemma 6.23 vorliegt, ergibt sich ein freier Funktor $F : D_1{-}ALG \to D_2{-}ALG$ als Einschränkung von F_{21} auf D_1-Algebren. Um also einen freien Datentyp-Konstruktor $F : D_1{-}ALG \to D_2{-}ALG$ zu konstruieren, müssen wir die Konstruktion nur für die folgenden Spezialfälle explizit angeben:

1) $f : \langle \Sigma, \emptyset \rangle \hookrightarrow \langle \Sigma, E \rangle$, d.h. f ist die Identität auf Σ,

2) $f : \langle \Sigma_1, \emptyset \rangle \hookrightarrow \langle \Sigma_2, \emptyset \rangle$, d.h. f ist eine Signatur-Inklusion.

Nichtleere Gleichungsmengen kommen also allenfalls in der Zielspezifikation des ersten Spezialfalls vor.

Wenden wir uns zunächst dem ersten der beiden Spezialfälle zu. Nach Lemma 6.21 genügt es, zu jeder Σ-Algebra A eine freie Erweiterung $F(A)$ anzugeben, die Abbildung $A \mapsto F(A)$ läßt sich dann eindeutig zu einem freien Datentyp-Konstruktor $F : \Sigma{-}ALG \to \langle \Sigma, E \rangle{-}ALG$ fortsetzen. Der Redukt-Funktor $\bar{f}$ ist die Inklusion der $\langle \Sigma, E \rangle$-Algebren in die Σ-Algebren, d.h. es ist $\bar{f}(B) = B$ für jede Σ-Algebra B, die E erfüllt, und $\bar{f}(h) = h$ für jeden Σ-Algebra-Morphismus zwischen solchen Algebren.

Lemma 6.24: *Sei $F(A) = A/\equiv_E$ der Quotient von A nach der von E erzeugten Kongruenz. Dann ist $F(A)$ eine freie Erweiterung bzgl. $f : \langle \Sigma, \emptyset \rangle \to \langle \Sigma, E \rangle$. Die Einbettung zu $F(A)$ ist der Quotienten-Morphismus $\eta_A : A \to A/\equiv_E$.*

Beweis: Sei (B, γ) eine Erweiterung von A. Nach dem Homomorphiesatz 4.18 läßt sich γ eindeutig in einen Quotienten-Morphismus $q_\gamma : A \to A/\equiv_\gamma$ und eine Injektion $\iota_\gamma : A/\equiv_\gamma \to B$ zerlegen.

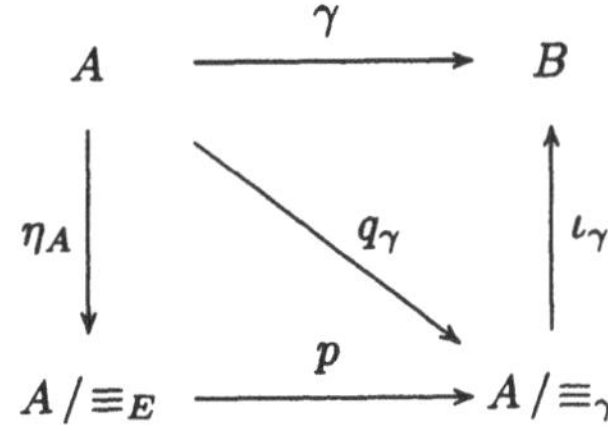

Da B die Gleichungen E erfüllt und $\equiv_E$ die von E erzeugte Kongruenz ist, ist $\equiv_E$ feiner als $\equiv_\gamma$. Die Abbildung $[a]_{\equiv_E} \mapsto [a]_{\equiv_\gamma}$ definiert somit eindeutig einen Morphismus $p : A/\equiv_E$

$\to A/\equiv_\gamma$ mit $q_\gamma = p\eta_A$, also $\gamma = \iota_\gamma p\eta_A$. Demnach ist $\iota_\gamma p$ eindeutiger $EX(A)$-Morphismus von $(F(A),\eta_A)$ nach (B,γ). Folglich ist $(F(A),\eta_A)$ freie Erweiterung von A bzgl. f. $\quad\Box$

Der freie Datentyp-Konstruktor für den ersten Spezialfall wird also durch Quotientenbildung konstruiert, die ja auch der Konstruktion initialer Algebren zugrundeliegt (Satz 4.22).

Wenden wir uns nun dem zweitem Spezialfall zu, bei dem $f : \Sigma_1 \hookrightarrow \Sigma_2$ eine Signatur-Inklusion ist. Es genügt wiederum, zu jeder Σ_1-Algebra A eine freie Erweiterung $F(A)$ anzugeben. Folgende Idee liegt der Konstruktion zugrunde: man bildet alle Σ_2-Terme über den Elementen von A und definiert die "neuen" Operationen (d.h. die in Σ_2, aber nicht in Σ_1 liegen) durch syntaktische Termbildung; dann bildet man den Quotienten nach der Kongruenz, die von all den Gleichungen erzeugt wird, die in A gelten.

Zur Präzisierung sei $A = \langle S_{1A}, \Omega_{1A}\rangle$ eine Σ_1-Algebra. Sei $\Sigma_2(S_{1A})$ die Signatur, die aus Σ_2 dadurch entsteht, daß man alle Elemente im Träger von A als Konstante hinzufügt. Sei $g : \Sigma_2 \hookrightarrow \Sigma_2(S_{1A})$ die Inklusion. Sei $E = TH(A)$ die Gleichungstheorie von A. Sei $D_2(A) = \langle \Sigma_2(S_{1A}), E\rangle$. Eine initiale Algebra in $D_2(A)\text{--}ALG$ ist $T(D_2(A)) = T(\Sigma_2(S_{1A}))/\equiv_E$.

Sei nun $F(A) = \bar{g}(T(D_2(A)))$.

Lemma 6.25: $F(A)$ ist eine freie Erweiterung von A bzgl. $f : \langle \Sigma_1, \emptyset\rangle \hookrightarrow \langle \Sigma_2, \emptyset\rangle$.

Beweis: Die Einbettung $\eta_A : A \to \bar{f}(F(A))$ sei als der Quotienten-Morphismus definiert, der jedes Element aus A auf seine Kongruenzklasse abbildet (man beachte, daß f und g Inklusionen sind und daß $\eta_A : A \to \bar{f}\bar{g}(T(\Sigma_2(S_{1A}))/\equiv_E)$ ist).

Dann ist η_A ein Σ_1-Algebra-Morphismus. Um dies zu beweisen, seien $a = \omega_A(a_1,\ldots,a_n)$ für einen Operator $\omega\epsilon\Omega_{s_1,\ldots,s_n,s}$, $a\epsilon s_A$ und $a_i\epsilon s_{iA}$ für $i = 1,\ldots,n$. Dann gilt

$$A \models a = \omega_A(a_1,\ldots,a_n) \ ,$$

d.h. die Gleichung ist in $TH(A)$ enthalten. Da $E = TH(A)$ ist, gilt die Gleichung auch in $T(D_2(A))$. Damit gilt sie auch in $F(A)$ und in $\bar{f}(F(A))$, d.h. es gilt

$$[a] = \omega_{F(A)}([a_1],\ldots,[a_n]) \ .$$

Sei nun (B,γ) eine Erweiterung von A bzgl. f. Jeder $EX(A)$-Morphismus

$$g : (F(A),\eta_A) \to (B,\gamma)$$

muß die folgenden Bedingungen erfüllen:

$$\gamma = \bar{f}(g)\eta_A$$
$$g([\omega(t_1,\ldots,t_n)]) = \omega_B(g([t_1]),\ldots,g([t_n]))$$

Die erstere Bedingung legt g auf A eindeutig fest, und die letztere tut dies auf dem Rest von $F(A)$. Somit gibt es genau einen A-Erweiterungs-Morphismus g, d.h. $(F(A),\eta_A)$ ist eine freie Erweiterung von A. $\quad\Box$

Wir betrachten einige Beispiele für den zweiten Spezialfall, also den der Signatur-Inklusion ohne Beteiligung von Gleichungen.

Beispiele 6.26:

(a) Gegeben sei $f_3 : \mathbf{nat1} \hookrightarrow SIG(\mathbf{natstack})$ aus Beispiel 6.1c. Sei $g : \Sigma \hookrightarrow \Sigma(T_{\mathbf{nat1}})$ die Inklusion für $\Sigma = SIG(\mathbf{natstack})$. Dann besteht $E = TH(T(\mathbf{nat1}))$ nur aus den trivialen Gleichungen $t = t$. Sei $D(T(\mathbf{nat1})) = \langle \Sigma(T_{\mathbf{nat1}}), E \rangle$. Dann ist

$$F_3(T(\mathbf{nat1})) = \bar{g}(T(D(T(\mathbf{nat1})))) \, ,$$

was als isomorph zur Termalgebra $T(SIG(\mathbf{natstack}))$ erkennbar ist, und $\eta_{T(\mathbf{nat1})}$ ist die Inklusion der **nat1**-Terme in die **natstack**-Terme der Sorte nat.

(b) Gegeben sei $f_5 : \Sigma_1 = \langle S, \emptyset \rangle \hookrightarrow \Sigma_2 = \langle S, \Omega \rangle$ aus Beispiel 6.1e. Sei X eine S-indizierte Menge (von "Variablen"). Sei $g : \Sigma_2 \hookrightarrow \Sigma_2(X)$. Dann enthält $E = TH(X)$ nur die trivialen Gleichungen $x = x$, und

$$F_5(X) = \bar{g}(T(\langle \Sigma_2(X), E \rangle)) = \bar{g}(T(\Sigma_2(X))) = T_X(\Sigma_2)$$

(vgl. Beispiel 6.1e). Die Einbettung η_X ist die Inklusion der Variablen X in die Terme über X. Letztere (als Σ_2-Algebra aufgefaßt) bilden also mit dieser Einbettung eine freie Erweiterung von X.

Die initiale Σ_1-Algebra $\emptyset$ hat $T(\Sigma_2)$ mit der leeren Einbettung als freie Erweiterung, also die initiale Σ_2-Algebra mit dem initialen Σ_1-Algebra-Morphismus.

Fassen wir die obigen Ergebnisse zusammen, so sind wir in der Lage, freie Datentyp-Konstruktoren $F : D_1\text{-}ALG \to D_2\text{-}ALG$ bzgl. beliebiger Spezifikations-Inklusionen $f : D_1 \hookrightarrow D_2$ zu konstruieren. Wie Satz 6.18 zeigt, werden durch F initiale D_1-Algebren in initiale D_2-Algebren abgebildet. Nach Lemma 6.22 lassen sich freie Datentyp-Konstruktoren zu freien Datentyp-Konstruktoren zusammensetzen. Hierauf läßt sich im Rahmen der initialen Semantik eine Methodik des schrittweisen Erweiterns von Spezifikationen gründen. Bevor wir im nächsten Abschnitt näher darauf eingehen, illustrieren wir die Idee anhand bekannter Beispiel-Spezifikationen.

Beispiel 6.27: Wir betrachten die Kette von Inklusionen

$$\langle \emptyset, \emptyset \rangle \hookrightarrow \mathbf{bool} \hookrightarrow \mathbf{nat1} \hookrightarrow \mathbf{natstack}$$

aus Beispiel 3.21. Durch schrittweise Anwendung freier Datentyp-Konstruktoren erhalten wir nacheinander (bis auf Isomorphie):

$$
\begin{aligned}
T(\langle \emptyset, \emptyset \rangle) \quad & \text{als leere Algebra,} \\
T(\mathbf{bool}) \quad & \text{als freie Erweiterung von } T(\langle \emptyset, \emptyset \rangle), \\
T(\mathbf{nat1}) \quad & \text{als freie Erweiterung von } T(\mathbf{bool}), \\
T(\mathbf{natstack}) \quad & \text{als freie Erweiterung von } T(\mathbf{nat1}).
\end{aligned}
$$

6.5 Hierarchische Spezifikation

Mit den Ergebnissen der vorangehenden Abschnitte sind wir in der Lage, etwas genauer zu beschreiben, wie man abstrakte Datentypen hierarchisch, d.h. durch schrittweise Erweiterung spezifiziert. Es geht hierbei nicht nur, wie im Beispiel 6.27, um die Erweiterung monomorpher zu monomorphen abstrakten Datentypen. Wir wollen auch Fälle berücksichtigen, in denen polymorphe abstrakte Datentypen spezifiziert bzw. als Ausgangspunkt für die weitere Erweiterung verwendet werden (vgl. Abschnitt 1.3). Ein Beispiel soll die Problematik verdeutlichen.

Beispiel 6.28: Zu spezifizieren sind die Erweiterungsschritte

$$\emptyset \to BOOL \to ORD \to ORD0 \to OLIST \to OLSORT \,,$$

wobei die folgenden abstrakten Datentypen gemeint sind:

BOOL: der übliche zweiwertige Datentyp (bis auf Isomorphie),

ORD: der abstrakte Datentyp aller (total) geordneten Mengen (vgl. Beispiel 2.5),

ORD0: der abstrakte Datentyp der geordneten Mengen mit ausgezeichnetem kleinsten Element,

OLIST: der abstrakte Datentyp aller Listen über geordneten Mengen,

OLSORT: der abstrakte Datentyp aller Listen über geordneten Mengen, angereichert um einen Sortier-Operator.

Das Grundgerüst einer solchen Spezifikation wird von einer Kette von Spezifikations-Inklusionen

$$\langle \emptyset, \emptyset \rangle \hookrightarrow D_0 \hookrightarrow D_1 \hookrightarrow \ldots \hookrightarrow D_n$$

gebildet, wobei jede Spezifikation $D_i = \langle \Sigma_i, E_i \rangle$, $0 \le i \le n$, aus einer Signatur und einer Menge von Axiomen besteht. Wir setzen nicht generell voraus, daß nur Gleichungen als Axiome verwendet werden, nehmen dies jedoch stillschweigend immer dann an, wenn die Konstruktion es erfordert, d.h. wenn die Existenz initialer Algebren oder freier Erweiterungen verlangt wird. Um nun jeder Spezifikation D_i, $0 \le i \le n$, einen abstrakten Datentyp $\mathcal{D}_i$ zuzuordnen, machen wir – wie bisher – von ADT-Operatoren Gebrauch. Für den Übergang zu einer erweiterten Spezifikation steht uns bisher nur der *EXPAND*-Operator zur Verfügung (ADT-Operator 3.19). Die Ergebnisse der letzten Abschnitte erlauben es nun, weitere nützliche ADT-Operatoren zu definieren.

Das Grundelement einer Spezifikation durch schrittweise Erweiterung ist ein einzelner Erweiterungsschritt $f : D_1 \hookrightarrow D_2$. Um zu betonen, daß ein solcher Einzelschritt als syntaktische und semantische Einheit betrachtet werden soll, führen wir hierfür eine eigene Bezeichnung ein.

Definition 6.29: Eine *hierarchische Spezifikation* ist eine Inklusion $f : D_1 \hookrightarrow D_2$ von Spezifikationen.

Um präzise zu sein: wir meinen hiermit eine Signatur-Inklusion, die ein Spezifikations-Morphismus ist.

Die Semantik einer Spezifikation D ist eine Kategorie $\mathcal{D} \subseteq D\text{–}ALG$ von Datentypen. Die Semantik einer hierarchischen Spezifikation f ist entsprechend eine Kategorie von Erweiterungen bzgl. f.

Ist ein abstrakter Datentyp $\mathcal{D} \subseteq D_1\text{–}ALG$ gegeben, so bestimmt eine hierarchische Spezifikation $f : D_1 \hookrightarrow D_2$ zunächst die Kategorie $EX(\mathcal{D}, f)$ aller Erweiterungen von Datentypen in $\mathcal{D}$ bzgl. f (s. Definition 6.5), sozusagen als "lose" Semantik. Unser Ziel ist es, in Analogie

zur Vorgehensweise bei den nicht-hierarchischen ("flachen") Spezifikationen, Operatoren zu
definieren, die diese Kategorie einschränken, etwa auf die streng persistenten oder auf die
freien Erweiterungen. Da es sich um *Erweiterungen* von Datentypen handelt, nennen wir
diese Operatoren EDT-Operatoren. Der Vollständigkeit halber führen wir auch EX noch
einmal als EDT-Operator ein.

EDT-Operator 6.30: $EX(\mathcal{D}, f)$ bezeichnet die Kategorie der Erweiterungen von $\mathcal{D}$ bzgl.
f (s. Definition 6.5).

Die weiteren EDT-Operatoren operieren auf beliebigen Kategorien von Erweiterungen bzgl.
f, im allgemeinen Unterkategorien einer Kategorie $EX(\mathcal{D}, f)$ für einen geeigneten abstrakten Datentyp $\mathcal{D}$. Sei EX eine beliebige solche Kategorie.

EDT-Operator 6.31: $MIN(EX)$ bezeichnet die volle Unterkategorie der minimalen Erweiterungen in EX (s. Definition 6.6).

Um zu beurteilen, ob eine Erweiterung in EX, z.B. (B, η) als Erweiterung von A, minimal
ist, müssen gemäß Definition 6.6 *alle* Erweiterungen in $EX(A, f)$ herangezogen werden,
auch wenn sie nicht in EX liegen.

EDT-Operator 6.32: $SP(EX)$ bezeichnet die volle Unterkategorie der streng persistenten Erweiterungen in EX (s. Definition 6.2).

Ebenso ließen sich EDT-Operatoren zur Einschränkung auf die treuen, vollen und persistenten Erweiterungen einführen, worauf wir hier jedoch verzichten, da diese im weiteren
nicht benötigt werden.

EDT-Operator 6.33: $FR(EX)$ bezeichnet die volle Unterkategorie der freien Erweiterungen in EX (s. Definition 6.14).

Die freien Erweiterungen von A sind gemäß Definition 6.14 zu verstehen, d.h. als initiale
Objekte in $EX(A, f)$, auch wenn nicht alle Erweiterungen in $EX(A, f)$ auch in EX liegen.

Diese EDT-Operatoren lassen sich kombinieren. Dabei gelten einige offensichtliche Gesetzmäßigkeiten.

Lemma 6.34:

     (1) $MIN(SP(EX)) = SP(MIN(EX))$
     (2) $SP(FR(EX)) = FR(SP(EX))$
     (3) $MIN(FR(EX)) = FR(MIN(EX)) = FR(EX)$

Auf den Beweis verzichten wir hier.

Der EDT-Operator EX überführt einen abstrakten Datentyp in eine Kategorie von Erweiterungen. Die EDT-Operatoren MIN, SP und FR operieren auf Kategorien von Erweiterungen. Um sie zu Operationen auf abstrakten Datentypen zusammensetzen zu können,
benötigen wir noch einen ADT-Operator, der Kategorien von Erweiterungen in abstrakte
Datentypen überführt. Hierzu ist ein einfacher Vergißfunktor geeignet.

ADT-Operator 6.35: $U(EX)$ bezeichnet die Kategorie der Algebren, die als Erweiterungen in EX auftreten, mit ihren Morphismen in EX.

Dieser ADT-Operator "vergißt" also lediglich die Einbettungen η, überführt also jede Erweiterung (B, η) in die Algebra B und jeden Morphismus $h : (B, \eta) \rightarrow (C, \varphi)$ zwischen
Erweiterungen in den Algebra-Morphismus $h : B \rightarrow C$, der h ja gleichzeitig ist.

Mit diesen EDT- und ADT-Operatoren können wir den *EXPAND*-Operator ausdrücken:

Lemma 6.36: $EXPAND(\mathcal{D}, f) = U(SP(EX(\mathcal{D}, f)))$

Mit den obigen EDT- und ADT-Operatoren können auch andere "hierarchische" ADT-Operatoren, d.h. solche für den Übergang zu einer erweiterten Signatur, definiert werden. Zur späteren Verwendung führen wir einen besonders nützlichen ein, welcher einen abstrakten Datentyp $\mathcal{D}$ in den abstrakten Datentyp aller streng persistenten freien Erweiterungen von Datentypen in $\mathcal{D}$ bzgl. f überführt.

ADT-Operator 6.37: $EXTEND(\mathcal{D}, f) = U(SP(FR(EX(\mathcal{D}, f))))$

Man beachte, daß $EXTEND(\mathcal{D}, f)$ leer ist, wenn es keine streng persistenten freien Erweiterungen von Datentypen in $\mathcal{D}$ bzgl. f gibt.

In den Anwendungen spielt der Fall eine besondere Rolle, daß f auf den Sorten die Identität und lediglich auf den Operatoren eine echte Inklusion ist. Dies beschreibt die Situation, daß vorhandene abstrakte Datentypen um neue Operatoren erweitert werden, nicht jedoch ein neuer abstrakter Datentyp zu einer vorhandenen Familie hinzugefügt wird. Man spricht in diesem Falle von einer "Anreicherung". Um diesen Fall in der Spezifikationspraxis direkt sichtbar zu machen, führen wir die folgende Variante des *EXTEND*-Operators ein.

ADT-Operator 6.38:

$$ENRICH(\mathcal{D}, f) = \begin{cases} EXTEND(\mathcal{D}, f) & \text{falls } f \text{ eine Anreicherung ist (s.o.)} \\ \emptyset & \text{sonst} \end{cases}$$

Die Konstruktionen im Abschnitt 6.4 erlauben es, zu einer hierarchischen Spezifikation $f : D_1 \hookrightarrow D_2$ und zu einer beliebigen D_1-Algebra A eine "kanonische" freie Erweiterung $F(A)$ zu konstruieren. Ist $F(A)$ persistente Erweiterung von A, die Einbettung η_A also ein Isomorphismus, so können wir die Teilalgebra $\eta_A(A)$ in $F(A)$ durch A selbst ersetzen und so eine streng persistente freie Erweiterung gewinnen. Wir werden daher im folgenden voraussetzen, daß $F(A)$, sofern persistent, stets streng persistent ist.

Lemma 6.21 zeigt, daß sich die Zuordnung $A \mapsto F(A)$ eindeutig zu einem freien Datentyp-Konstruktor fortsetzen läßt.

Definition 6.39: Dieser freie Datentyp-Konstruktor sei mit

$$FREE[f] : D_1\text{--}ALG \to D_2\text{--}ALG$$

bezeichnet, und seine Einschränkung auf $\mathcal{D} \subseteq D_1\text{--}ALG$ mit

$$FREE[f|\mathcal{D}] : \mathcal{D} \to D_2\text{--}ALG \ .$$

Für die Einschränkung des Bildbereichs sehen wir keine gesonderte Notation vor, d.h. wir fassen $FREE[f|\mathcal{D}]$ auch als Funktor von $\mathcal{D}$ nach $\mathcal{D}' \subseteq D_2\text{--}ALG$ auf, sofern $\mathcal{D}'$ alle Bilder von Objekten und Morphismen aus $\mathcal{D}$ enthält. Aufgrund der oben getroffenen Auswahl der freien Erweiterungen ist $FREE[f]$, sofern persistent, stets streng persistent.

Definition 6.40: Eine hierarchische Spezifikation $f : D_1 \hookrightarrow D_2$ heißt *treu* (*voll, persistent*) genau dann, wenn $FREE[f]$ die entsprechende Eigenschaft hat (vgl. Definition 6.10).

Treue hierarchische Spezifikationen werden auch *konsistent* genannt, und für volle hierarchische Spezifikationen ist die Bezeichnung *hinreichend vollständig* geläufig. Diese beiden Eigenschaften zusammen bedeuten Persistenz, und Persistenz ist für hierarchische

Spezifikationen oft eine natürliche Korrektheitsforderung. Demgemäß bilden Kriterien zum Nachweis der Persistenz, aufgeteilt in Kriterien für "Konsistenz" und "hinreichende Vollständigkeit", eine große Rolle bei der *Verifikation* von Spezifikationen. Wir gehen hier nicht weiter darauf ein (vgl. Aufgaben 11 und 12 in den Übungen 6.6).

Der *EXTEND*-Operator und der Datentyp-Konstruktor *FREE[f]* hängen eng miteinander zusammen. Der Unterschied ist, daß der erstere *alle* (isomorphen) freien Erweiterungen bestimmt, sofern sie streng persistent sind, während der letztere eine kanonische Auswahl trifft, ohne sich auf Persistenz einzuschränken.

Lemma 6.41: *Ist $f : D_1 \hookrightarrow D_2$ eine persistente hierarchische Spezifikation, und ist $\mathcal{D} \subseteq D_1-ALG$ ein abstrakter Datentyp, so gilt*

$$EXTEND(\mathcal{D}, f) \;=\; ISOCLOSE(FREE[f](\mathcal{D})) = ISOCLOSE(FREE[f|\mathcal{D}](\mathcal{D}))$$

Dies ist eine einfache Folgerung aus den Definitionen 6.37 und 6.38 sowie den Lemmata 6.15 und 6.17.

Wir kommen nun auf unser Eingangsbeispiel für hierarchische Spezifikation (Beispiel 6.28) zurück und illustrieren, wie sich die eingeführten Operatoren zur Spezifikation der beabsichtigten abstrakten Datentypen verwenden lassen.

Beispiel 6.42: Das Grundgerüst der Spezifikation wird durch die folgende Kette von Inklusionen gegeben.

$$\langle \emptyset, \emptyset \rangle \;\hookrightarrow\; \mathbf{bool} \;\hookrightarrow\; \mathbf{ord} \;\hookrightarrow\; \mathbf{ord0} \;\hookrightarrow\; \mathbf{olist} \;\hookrightarrow\; \mathbf{olsort} \;.$$

Die Inklusionen seien von links nach rechts mit f_1, f_2, f_3, f_4 und f_5 bezeichnet. $\langle \emptyset, \emptyset \rangle$ ist die leere Spezifikation, und $MOD(\langle \emptyset, \emptyset \rangle)$ ist der abstrakte Datentyp, der nur aus der leeren Algebra besteht. **bool** ist die Spezifikation im Beispiel 2.8a. **ord** ist die Spezifikation im Beispiel 2.5 (man beachte, daß dies keine Gleichungsspezifikation ist) und soll den polymorphen abstrakten Datentyp aller (total) geordneten Mengen spezifizieren. Die übrigen Spezifikationen seien wie folgt gegeben.

> **ord0**   **ord** +
>
>   **ops** $\perp: \;\rightarrow$ ord
>
>   **vars**   x : ord
>
>   **eqs** $(\perp \leq$ x$) =$ true

Die beabsichtigte Bedeutung dieser Spezifikation ist der abstrakte Datentyp der (totalen) Ordnungen mit ausgezeichnetem kleinstem Element $\perp$.

> **olist**   **ord0** +
>
>   **sorts**   list
>
>   **ops**   empty : $\rightarrow$ list
>
>   append : list $\times$ ord $\rightarrow$ list
>
>   delete : list $\rightarrow$ list
>
>   in? : list $\times$ ord $\rightarrow$ bool
>
>   last : list $\rightarrow$ ord

> **vars**   l : list; q, r : ord
>
> **eqs**   delete(append(l, r)) = l
>   in?(append(l, r), q) = (r ≤ q ∧ q ≤ r) ∨ in?(l, q)
>   last(append(l, r)) = r
>   delete(empty) = empty
>   in?(empty, r) = false
>   last(empty) = ⊥

Die beabsichtigte Bedeutung dieser Spezifikation ist der abstrakte Datentyp aller Listen
über geordneten Mengen, wobei allerdings die Ordnung (zunächst) keine Rolle spielt.

> **olsort**   olist +
>
> **ops**   sorted? : list → bool
>   sort : list → list
>
> **vars**   l : list; r : ord
>
> **eqs**   sorted?(empty) = true
>   sorted?(append(l, r)) = (last(l) ≤ r) ∧ sorted?(l)
>   sorted?(sort(l)) = true
>   in?(sort(l), r)) = (in?(l, r)

Die beabsichtigte Bedeutung dieser Spezifikation ist der abstrakte Datentyp der Listen
(wie oben), die um einen booleschen Operator sorted? und einen Sortieroperator sort angereichert sind. Dabei ist sorted? durch die Gleichungen festgelegt, nicht jedoch sort:
akzeptable ist *irgendeine* Interpretation für sort, die die Axiome erfüllt. (Man beachte,
daß nichts darüber ausgesagt wird, *wie oft* jedes Element in der sortierten Liste vorkommt;
insofern ist die Spezifikation nicht "scharf" genug, sie ist praktisch nur für Listen zu ge-
brauchen, in denen Elemente nicht mehrfach auftreten.)

Die beabsichtigten Bedeutungen werden nun durch die ADT-Operatoren präzisiert.

$$BOOL = EXTEND(MOD(\langle \emptyset, \emptyset \rangle), f_1) = INIT(MOD(\mathbf{bool}))$$
$$ORD = EXPAND(BOOL, f_2)$$
$$ORD0 = EXPAND(ORD, f_3)$$
$$OLIST = EXTEND(ORD0, f_4)$$
$$OLSORT = EXPAND(OLIST, f_5)$$

Der abstrakte Datentyp ORD enthält alle (total) geordneten Mengen mit einer *BOOL*-
Algebra als Bestandteil (in der es genau zwei Elemente gibt). $ORD0$ besteht aus allen geordneten Mengen mit minimalem Element, denn deren f_3-Redukt ist eine geordnete Menge
in ORD, Man beachte, daß $ENRICH$ hier nicht funktioniert: es ist $ENRICH(ORD, f_3) = \emptyset$,
da f_3 nicht persistent ist. Eine Alternative wäre jedoch

$$ORD0 = ISOCLOSE(FREE[f_3](ORD)) \ .$$

Der abstrakte Datentyp $OLIST$ der freien und streng persistenten Erweiterungen geordneter Mengen mit minimalem Element ist nur dann nicht leer, wenn die Spezifikation **olist**
persistent und damit "korrekt" ist. Den Nachweis wollen wir hier nicht führen. Man

beachte, daß *OLIST* in dem Sinne monomorph ist, daß die Datentypen der Listen über derselben geordneten Menge isomorph sind.

Während für f_4 Persistenz ein Korrektheitskriterium ist, ist dies für f_5 nicht der Fall: hier dient Persistenz als eine den abstrakten Datentyp mit definierende Einschränkung. Dies bedeutet im vorliegenden Fall, daß sort durch *irgendeine* den Axiomen genügende Sortieroperation *auf den gegebenen Listen* interpretiert werden soll. Im Unterschied zu f_3 gibt es hier keine Alternative, dies durch freie Erweiterungen zu spezifizieren. Wie f_3 ist auch f_5 nicht persistent: in freien Erweiterungen bzgl. f_5 geben Terme, die den sort-Operator enthalten, zu neuen Elementen Anlaß, sie sind nicht zu Termen ohne sort-Operator reduzibel.

6.6 Übungen

1) Gegeben seien die hierarchischen Spezifikationen

$$\langle \emptyset, \emptyset \rangle \hookrightarrow \textbf{bool} \hookrightarrow \textbf{nat1} \hookrightarrow \textbf{natstack} \hookrightarrow \textbf{natstack'} \ .$$

Hierbei sind **bool**, **nat1** und **natstack** aus Beispiel 2.8 und **natstack'** aus Aufgabe 5 der Übungen 3.4 zu übernehmen.

  a) Definieren Sie die beabsichtigten abstrakten Datentypen schrittweise mit Hilfe der EDT- und ADT-Operatoren aus Abschnitt 6.5.

  b) Diskutieren Sie sinnvolle Alternativen, ggf. mit abweichender Semantik.

2) Gegeben seien die hierarchischen Spezifikationen

$$\langle \emptyset, \emptyset \rangle \hookrightarrow \textbf{bool} \hookrightarrow \textbf{nat1} \hookrightarrow \textbf{nat2} \hookrightarrow \textbf{table} \hookrightarrow \textbf{tabstack}$$

aus Beispiel 3.22. Definieren Sie die beabsichtigten abstrakten Datentypen schrittweise mit Hilfe der EDT- und ADT-Operatoren aus Abschnitt 6.5. Welche Beziehung besteht zwischen dem abstrakten Datentyp zu **tabstack** und dem zu **natstack** in Aufgabe 1? (Vgl. auch Beispiel 4.26f.)

3) Geben Sie ein Beispiel für eine Erweiterung an, die weder treu noch voll ist.

4) Weisen Sie nach, daß die Erweiterungen von Datentypen und Morphismen eine Kategorie bilden (wie vor Definition 6.5 behauptet).

5) Geben Sie ein Beispiel für einen Datentyp-Konstruktor an, der nicht minimal ist.

6) Beweisen Sie Lemma 6.22, d.h. daß freie Datentyp-Konstruktoren gegen Komposition abgeschlossen sind.

7) Gegeben sei die hierarchische Spezifikation $f_1 : \textbf{nat} \hookrightarrow \textbf{nat1}$ aus Beispiel 6.1a. Sei $\mathbb{N}_2$ die **nat**-Algebra mit dem Träger $\{0, 1\}$ sowie der Operation $succ : 0 \mapsto 1, 1 \mapsto 0$.

  a) Beschreiben Sie im einzelnen anhand der Konstruktion im Abschnitt 6.4, wie die sich daraus ergebende freie Erweiterung von $\mathbb{N}_2$ bzgl. f_1 aussieht.

  b) Ist diese freie Erweiterung treu (voll, persistent, streng persistent)?

8) Beweisen Sie Lemma 6.34.

9) Beweisen Sie Lemma 6.36.

10) Seien $f_1 : D_1 \hookrightarrow D_2$ und $f_2 : D_2 \hookrightarrow D_3$ aufeinander aufbauende hierarchische Spezifikationen, und sei $\mathcal{D}_1 \subseteq D_1\text{-}ALG$. Man zeige, daß

$$EXTEND(EXTEND(\mathcal{D}_1, f_1), f_2) = EXTEND(\mathcal{D}_1, f_2 f_1)$$

gilt, daß man demnach im Rahmen der *EXTEND*-Semantik nach Belieben Hierarchiestufen zusammenziehen oder unterteilen kann.

11) Ist die im Beispiel 6.42 vorgeschlagene Alternative

$$ORD0 = ISOCLOSE(FREE[f_3](ORD))$$

gleichwertig mit der gewählten Lösung

$$ORD0 = EXPAND(ORD, f_3) \ ?$$

12) Sei $f : D_1 \hookrightarrow D_2$ eine hierarchische Spezifikation. Seien $D_i = \langle \Sigma_i, E_i \rangle$ und $\Sigma_i = \langle S_i, \Omega_i \rangle$ für $i = 1, 2$. Beweisen Sie folgende Aussagen:

  a) f ist genau dann treu, wenn für je zwei Terme $t_1, t_2 \epsilon T_{\Sigma_1}$ der gleichen Sorte $s \epsilon S_1$ gilt:
    $t_1 \equiv_{E_2} t_2 \ \Rightarrow \ t_1 \equiv_{E_1} t_2$.

  b) f ist genau dann voll, wenn es zu jedem Term $t \epsilon T_{\Sigma_2}$ mit einer Sorte $s \epsilon S_1$ einen Term $t' \epsilon T_{\Sigma_1}$ der gleichen Sorte gibt, so daß $t \equiv_{E_1} t'$ ist.

13) Benutzen Sie die Kriterien in Aufgabe 12 sowie Lemma 5.36, um die Persistenz der hierarchischen Spezifikation $f_4 : \mathbf{ord0} \hookrightarrow \mathbf{olist}$ im Beispiel 6.42 nachzuweisen.

14) Ändern Sie die Spezifikationen im Beispiel 6.42 so ab, daß der Sortieroperator in **olsort** auch für Listen befriedigend festgelegt wird, in denen Elemente mehrfach auftreten (d.h. daß nach der Sortierung jedes Element *mit der gleichen Vielfachheit* auftritt wie vorher).

7. Verhalten

Äquivalenz; Verhaltens-Abstraktion; der ADT-Operator BEHAV; "specification by example"; völlig abstrakte Modelle; finale Algebren; Reduktionen; der ADT-Operator FIN; finale Semantik; der ADT-Operator FINAL.

7.1 Äquivalenz

Auf eine hierarchische Spezifikation $f : D_1 \hookrightarrow D_2$ kann man auf mancherlei Weise ADT-Operationen gründen, die abstrakte Datentypen $\mathcal{D}_1 \subseteq D_1\text{--}ALG$ in abstrakte Datentypen $\mathcal{D}_2 \subseteq D_2\text{--}ALG$ überführen. Die wichtigsten, die wir bisher behandelt haben, sind *EXPAND* als lose Semantik und *EXTEND* (bzw. *ENRICH* für den Spezialfall der Anreicherung) als konstruktive Semantik.

Bei der Verwendung von *EXTEND* (bzw. *ENRICH*) entstehen zuweilen Kategorien von Datentypen, die in gewissem Sinne *nicht abstrakt genug* sind: das "spezifizierte Verhalten" wird erfüllt, jedoch wird die innere Struktur enger festgelegt, als es für dies Verhalten nötig wäre. Die *EXTEND*-Semantik drückt dann nicht nur aus, *was* realisiert werden soll, sondern gibt bereits mehr als nötig vor, *wie* dies geschehen soll. Ein Beispiel macht das Problem deutlich.

Beispiel 7.1: Gegeben sei die folgende Spezifikation (man beachte den Unterschied zu Beispiel 5.13e)

natset	**bool** + **nat** +
sorts	set
ops	$\emptyset :\ \to$ set
	$+ :$ set $\times$ nat $\to$ set
	$\epsilon :$ nat $\times$ set $\to$ bool
vars	s : set ; m, n : nat
eqs	$n\epsilon\emptyset$ = false
	$n\epsilon(s + m) = \mathrm{eq}(n, m) \lor n\epsilon s$

Wir haben dabei vorausgesetzt, daß **nat** um das Gleichheitsprädikat eq erweitert wurde.

Durch die Benennung ist angedeutet, daß die Absicht besteht, Mengen über natürlichen Zahlen zu spezifizieren: $\emptyset$ ist die leere Menge, die Operation $s + n$ fügt n zur Menge s hinzu, und es ist $n\epsilon s$ genau dann, wenn n zuvor zur Menge s hinzugefügt wurde.

Im Rahmen der initialen (bzw. *EXTEND-*) Semantik werden jedoch tatsächlich *Listen* über natürlichen Zahlen spezifiziert: z.B. sind dort

$$t_1 = (((\emptyset + 1) + 7) + 3) \quad \text{und} \quad t_2 = ((((\emptyset + 7) + 3) + 1) + 3)$$

verschiedene Terme. Bezüglich der Elementabfrage ϵ verhalten sich diese beiden Terme jedoch gleich: es gilt

$$n\,\epsilon\,t_1 \iff n\,\epsilon\,t_2 \ .$$

t_1 und t_2 stellen also dieselbe Menge $\{1, 3, 7\}$ dar. Nach "außen", womit in diesem Beispiel die Elementabfrage ϵ gemeint ist, wird also mengenartiges Verhalten spezifiziert: es macht keinen Unterschied, wie oft zuvor dasselbe Element eingefügt wurde, und auch nicht, in welcher Reihenfolge die Elemente eingefügt wurden. Insofern ist die initiale Algebra $T(\textbf{natset})$ als Standard-Modell nicht abstrakt genug: sie "implementiert" Mengen bereits auf eine spezielle Art, wobei dieselbe Menge durch viele verschiedene Listen dargestellt wird.

Man kann nun, um die gewünschte Mengenalgebra als initiale Semantik zu erhalten, weitere Gleichungen hinzufügen, wie etwa die im Beispiel 5.13e:

$$(s + m) + n = (s + n) + m$$
$$(s + n) + n = s + n$$

Hierdurch werden Terme identifiziert, die sich nur hinsichtlich der Reihenfolge und der Vielfachheit der Elemente unterscheiden, und man erhält im Rahmen der initialen Semantik ein "völlig abstraktes" Modell, in dem verschiedene Elemente verschiedene Mengen darstellen.

Es ist aber häufig mühsam und unbequem, ein solches völlig abstraktes Modell initial zu spezifizieren. Es ist häufig leichter, dessen *Verhalten* zu spezifizieren und durch eine "losere" als die initiale Semantik dafür zu sorgen, daß alle äquivalenten Modelle mit dem gleichen Verhalten zugelassen sind. Dies leistet die *Verhaltens-Abstraktion*, die im folgenden Abschnitt beschrieben wird. Danach (7.3) wird gezeigt, unter welchen Voraussetzungen es in dem abstrakten Datentyp aller äquivalenten Modelle ein völlig abstraktes Modell gibt. Dies wird im Rahmen der *finalen Semantik* (7.4) als Standard-Modell festgelegt.

Grundlage dieser Ansätze zur Semantik hierarchischer Spezifikationen ist die Präzisierung des Begriffs der *Äquivalenz* von Datentypen, und dieser basiert auf dem Begriff der Äquivalenz von Elementen eines Datentyps. Inwiefern sind die Terme $t_1 = (((\emptyset + 1) + 7) + 3)$ und $t_2 = ((((\emptyset + 7) + 3) + 1) + 3)$ oben äquivalent? Und inwiefern sind die Algebren der Listen und die der Mengen dort äquivalent? Und welche weiteren Algebren sind äquivalent zu diesen?

Es gibt ein klassisches Beispiel, an dem wir uns orientieren können, nämlich die Äquivalenz von endlichen *Automaten*.

Beispiel 7.2: Gegeben sei das folgende Schema für hierarchische Spezifikationen.

inout	**sorts**	X, Y
	ops	$x_1, \ldots, x_p : \to X$
		$y_1, \ldots, y_q : \to Y$
autom	**inout** +	
	sorts	Z
	ops	$z_1, \ldots, z_n : \to Z$
		$\delta : Z \times X \to Z$
		$\beta : Z \to Y$
	eqs	$\delta(z_i, x_j) = w_{ij}$ für $1 \leq i \leq n,\, 1 \leq j \leq p$
		$\beta(z_i) = v_i$ für $1 \leq i \leq n$

Hierbei sind alle w_{ij} Konstanten der Sorte Z und alle v_i Konstanten der Sorte Y. Die Gleichungen stellen die Zustandsübergänge und die Ausgaben eines endlichen Automaten dar.

Sei f : **inout** $\hookrightarrow$ **autom** die Inklusion. Die initiale Semantik von **inout** besteht (bis auf Isomorphie) aus den Mengen $X = \{x_1, \ldots, x_p\}$ und $Y = \{y_1, \ldots, y_q\}$. Diese Algebra sei mit (X, Y) bezeichnet. Sind δ und β in den Gleichungen in **autom** vollständig definiert, d.h. für alle Zustände $z_1, \ldots, z_n$ bzw. alle Eingabewerte $x_1, \ldots, x_p$, so ist f persistent. Damit ist $EXTEND((X, Y), f)$ – bis auf Isomorphie – der endliche Automat $A = (X, Y, Z, \delta, \beta)$, wobei $Z = \{z_1, \ldots, z_n\}$ ist und δ und β durch die Gleichungen definiert sind.

Die *Verhaltens-Abstraktion* dieser Isomorphieklasse (s.u. 7.2) ist die Kategorie der zu A im Sinne der Automatentheorie äquivalenten Automaten, während die *finale Semantik* (s.u. 7.4) den reduzierten Automaten darin (bis auf Isomorphie) bestimmt. Man beachte, daß $EXPAND((X, Y), f)$ *alle* Automaten über den Ein- und Ausgabealphabeten (X, Y) bezeichnet.

Die Äquivalenz endlicher Automaten ist hinreichend geläufig: zwei Zustände sind äquivalent, wenn, von ihnen ausgehend, gleiche Eingabefolgen gleiche Ausgabewerte liefern. Zwei Automaten sind äquivalent, wenn es zu jedem Zustand des einen einen äquivalenten Zustand des anderen gibt und umgekehrt. Gleichwertig damit ist die Forderung, daß isomorphe Automaten entstehen, wenn man nach der Äquivalenzrelation faktorisiert, daß also die reduzierten Automaten isomorph sind.

Zur Präzisierung des Äquivalenzbegriffs zwischen Elementen eines beliebigen Datentyps und zwischen Datentypen insgesamt sei $f : D_1 \hookrightarrow D_2$ eine hierarchische Spezifikation, und sei $B \epsilon D_2 - ALG$. Wie üblich seien $D_i = \langle \Sigma_i, E_i \rangle$ und $\Sigma_i = \langle S_i, \Omega_i \rangle$ für $i = 1, 2$. In Analogie zum obigen Beispiel bezeichnen wir D_1 als "äußeren" oder "beobachtbaren" Teil der hierarchischen Spezifikation, während der Anteil in D_2, der nicht in D_1 liegt, als "innerer" oder "verborgener" Teil betrachtet wird. Insbesondere nennen wir die Sorten in S_1 beobachtbar und die Sorten in $S_2 - S_1$ verborgen. Sei $X = \{X_s\}_{s \epsilon S}$ eine S_2-indizierte Familie von Variablen. Seien X_1 und X_2 gegeben durch

$$X_{1,s} = \begin{cases} X_s & \text{falls } s \epsilon S_1 \\ \emptyset & \text{falls } s \epsilon S_2 - S_1 \end{cases}$$

$$X_{2,s} = \begin{cases} \emptyset & \text{falls } s \epsilon S_1 \\ X_s & \text{falls } s \epsilon S_2 - S_1 \end{cases}$$

X_1 enthält die Variablen mit einer beobachtbaren Sorte, und X_2 enthält diejenigen mit einer verborgenen Sorte. Der Kürze halber nennen wir X_1 die beobachtbaren und X_2 die verborgenen Variablen. Offenbar gilt $X_1 \cap X_2 = \emptyset$ und $X = X_1 \cup X_2$.

Sei α_1 eine Belegung der beobachtbaren Variablen X_1 in B, und sei α_2 eine Belegung der verborgenen Variablen X_2 in B. Zusammengenommen ergeben α_1 und α_2 eine Belegung aller Variablen X in B, die wir mit $\alpha = \alpha_1 \cup \alpha_2$ bezeichnen und die für $x \epsilon X_s$ gegeben ist durch

$$\alpha(x) = \begin{cases} \alpha_1(x) & \text{falls } s \epsilon S_1 \\ \alpha_2(x) & \text{falls } s \epsilon S_2 - S_1 \end{cases}$$

Sei t ein Σ_2-Term über den Variablen X mit einer beobachtbaren Sorte $s\epsilon S_1$, d.h. $t\epsilon T_{\Sigma_2(X),s}$. Belegen wir X mit α, so erhalten wir den Wert $\alpha_s^\#(t)$ von t in B (s. Definition 2.16). Belegen wir dagegen nur die verborgenen Variablen X_2 mit α_2, während X_1 unbelegt bleibt, so erhalten wir einen "partiell" belegten Term, der sich als Abbildung auffassen läßt: jeder Belegung α_1 der beobachtbaren Variablen X_1 wird der Wert $\alpha_s^\#(t)$ zugeordnet.

Im Beispiel 7.2 der endlichen Automaten sind Terme mit einer beobachtbaren Sorte gerade die Terme der Art

$$\beta(\delta(\ldots\delta(\delta(z,x_1),x_2)\ldots),x_n) \ .$$

Eine Belegung α aller Variablen unterteilt sich in den beobachtbaren Teil α_1, der die Eingabevariablen $x_1,\ldots,x_n$ belegt, und den verborgenen Teil α_2, der die Zustandsvariable z belegt. Hält man letztere fest, so erhält man die Darstellung der Ausgabefunktion für einen festen Zustand, die eine zentrale Rolle in der Definition der Äquivalenz von Zuständen spielt: Zustände sind genau dann äquivalent, wenn sie die gleiche Ausgabefunktion haben.

Zur Verallgemeinerung seien $x_1 : s_1,\ldots,x_n : s_n$ alle im Term $t\epsilon T_{\Sigma_2(X),s}$, $s\epsilon S_1$, vorkommenden beobachtbaren Variablen. Sei $B\epsilon D_2{-}ALG$.

Definition 7.3: Die durch t und die partielle Belegung α_2 der verborgenen Variablen induzierte *Beobachtungsfunktion* auf dem D_1-Redukt $REDUCE(B,f)$ ist die Abbildung

$$[t,\alpha_2] : s_{1,B} \times \cdots \times s_{n,B} \to s_B \ ,$$

die durch $[t,\alpha_2](a_1,\ldots,a_n) = \alpha^\#(t)$ definiert ist, wobei gilt: $a_i = \alpha_1(x_i)$ für $1 \leq i \leq n$ und $\alpha = \alpha_1 \cup \alpha_2$.

Sei $f : D_1 \hookrightarrow D_2$ eine hierarchische Spezifikation, und sei $B\epsilon D_2{-}ALG$. Seien b und c zwei Elemente von B der Sorte $s\epsilon S_2$, also $b,c\epsilon s_B$.

Definition 7.4: b und c heißen *unterscheidbar* bzgl. f, $b \not\sim_f c$, genau dann, wenn folgendes gilt:

(1) im Falle $s\epsilon S_1$: $b \neq c$,

(2) im Falle $s\epsilon S_2 - S_1$: es gibt einen Term t mit beobachtbarer Sorte $s\epsilon S_1$, eine Belegung α_2 der verborgenen Variablen X_2 und eine verborgene Variable $x\epsilon X_2$ der Sorte s, so daß $[t,\alpha_2\langle x \leftarrow b\rangle] \neq [t,\alpha_2\langle x \leftarrow c\rangle]$ ist.

Im Falle $s\epsilon S_1$ sind zwei Elemente b und c in B also genau dann unterscheidbar, wenn sie ungleich sind. Andernfalls, wenn $s\epsilon S_2 - S_1$ ist, sind b und c genau dann unterscheidbar, wenn es einen Term t mit einer beobachtbaren Sorte sowie eine partielle Belegung α_2 gibt, so daß es einen Unterschied macht, ob eine der Variablen in α_2 mit b oder mit c belegt wird, d.h. es ergeben sich verschiedene Beobachtungsfunktionen auf $REDUCE(B,f)$.

Definition 7.5: Zwei Elemente b und c in B der gleichen Sorte $s\epsilon S_2$ heißen *äquivalent* bzgl. f, $b \sim_f c$, genau dann, wenn sie nicht unterscheidbar sind bzgl. f, wenn also nicht $b \not\sim_f c$ gilt.

Ist f aus dem Zusammenhang klar, so schreiben wir auch $b \sim c$.

Lemma 7.6: *Die Relation $\sim$ ist eine Kongruenz auf B.*

Beweis: Daß $\sim$ reflexiv und symmetrisch ist, liegt auf der Hand. Ist $b \not\sim b''$ für zwei Elemente b und b'' der gleichen Sorte , so gilt für jedes Element b' der gleichen Sorte entweder $b \not\sim b'$ oder $b' \not\sim b''$ oder beides. Hieraus folgt, daß $\sim$ transitiv, also eine Äquivalenzrelation ist. Sei $\omega : s_1 \times \ldots \times s_n \to s_0$ ein Operator in Ω_2. Seien $b_1 : s_1, \ldots, b_n : s_n$ Elemente von B mit den angegebenen Sorten. Für ein $i\epsilon\{1, \ldots, n\}$ sei b'_i ein weiteres Element von B der Sorte s_i, so daß $\omega_B(b_1, \ldots, b_{i-1}, b_i, b_{i+1}, \ldots, b_n) \not\sim \omega_B(b_1, \ldots, b_{i-1}, b'_i, b_{i+1}, \ldots, b_n)$ ist. Im Falle $s_i\epsilon S_1$ muß dann $b_i \neq b'_i$ sein, also $b_i \not\sim b'_i$. Im Falle $s_i\epsilon S_2 - S_1$ gibt es ein $[t, \alpha_2]$ und eine Variable $x\epsilon X_2$, so daß

$$[t, \alpha_2\langle x \leftarrow \omega_B(\ldots b_i \ldots)\rangle] \neq [t, \alpha_2\langle x \leftarrow \omega_B(\ldots b'_i \ldots)\rangle]$$

ist. Sei t' der Term, der aus t dadurch entsteht, daß die Variable x durch den Term $\omega(x'_1, \ldots, x'_n)$ ersetzt wird, und sei α'_2 die Belegung, bei der alle Variablen außer x wie in α_2 belegt werden sowie, für $1 \leq k \leq n$, die x'_k mit einer verborgenen Sorte in $S_2 - S_1$ durch b_k. Dann gilt nach Konstruktion

$$[t', \alpha'_2\langle x'_i \leftarrow b_i\rangle] = [t, \alpha_2\langle x \leftarrow \omega(\ldots b_i \ldots)\rangle] \quad \text{und}$$
$$[t', \alpha'_2\langle x'_i \leftarrow b'_i\rangle] = [t, \alpha_2\langle x \leftarrow \omega(\ldots b'_i \ldots)\rangle] \quad ,$$

woraus folgt:

$$[t', \alpha'_2\langle x'_i \leftarrow b_i\rangle] \neq [t', \alpha'_2\langle x'_i \leftarrow b'_i\rangle] \quad .$$

Daraus folgt $b_i \not\sim b'_i$. Durch Kontraposition folgt, daß $\sim$ eine Kongruenzrelation auf B ist.

$\square$

Mit diesem Ergebnis sind wir in der Lage, einen Äquivalenzbegriff zwischen Datentypen einzuführen. Seien $B, C\epsilon D_2{-}ALG$.

Definition 7.7: B und C heißen *äquivalent* bzgl. f, $B \approx_f C$, genau dann, wenn $B/\sim$ und $C/\sim$ isomorph sind.

Ist f aus dem Zusammenhang klar, so schreiben wir auch kurz $B \approx C$. Offensichtlich ist $\approx$ eine Äquivalenzrelation auf der Klasse der D_2-Algebren, und es ist $B \approx B/\sim$.

Bevor wir die Äquivalenz von Algebren näher analysieren (s.u. 7.3), wenden wir uns ihrer Anwendung auf die hierarchische Spezifikation "abstrakterer" Datentypen zu.

7.2 Verhaltens-Abstraktion

Sei $f : D_1 \hookrightarrow D_2$ eine hierarchische Spezifikation, und sei $\mathcal{D} \subseteq D_2{-}ALG$ ein abstrakter Datentyp.

ADT-Operator 7.8: $BEHAV(\mathcal{D}, f)$ bezeichnet die volle Unterkategorie der zu einem Datentyp $B\epsilon\mathcal{D}$ bzgl. f äquivalenten Datentypen.

Wir nennen $BEHAV(\mathcal{D}, f)$ die *Verhaltens-Abstraktion* von $\mathcal{D}$ bzgl. f: sie fügt zu $\mathcal{D}$ alle bzgl. f äquivalenten Datentypen hinzu und charakterisiert so $\mathcal{D}$ "bis auf Äquivalenz". Es besteht eine gewisse Analogie zum $ISOCLOSE$-Operator (2.21), der alle isomorphen Datentypen hinzufügt. Man könnte demnach bei $ISOCLOSE(\mathcal{D})$ von der *Isomorphie-Abstraktion* von $\mathcal{D}$ sprechen. Offensichtlich gilt:

$$\mathcal{D} \subseteq BEHAV(\mathcal{D}, f) = BEHAV(BEHAV(\mathcal{D}, f), f) \quad ,$$

d.h. $BEHAV$ ist ein Abschlußoperator, sowie

$$BEHAV(\mathcal{D}, f) \subseteq EXPAND(REDUCE(\mathcal{D}, f), f) \ .$$

Außerdem gilt:

$$REDUCE(\mathcal{D}, f) = REDUCE(BEHAV(\mathcal{D}, f), f)$$
$$= REDUCE(EXPAND(REDUCE(\mathcal{D}, f), f), f) \ .$$

Speziell für $\mathcal{D} = EXTEND(\mathcal{D}_1, f)$, $\mathcal{D}_1 \subseteq D_1{-}ALG$, ergibt sich, sofern f persistent ist:

$$EXTEND(\mathcal{D}_1, f) \subseteq BEHAV(\mathcal{D}, f) \subseteq EXPAND(\mathcal{D}_1, f) \ .$$

In diesem Sinne liegt die Verhaltens-Abstraktion "zwischen $EXTEND$ und $EXPAND$".

Beispiel 7.9: Sei $f : \textbf{bool+nat} \hookrightarrow \textbf{natset}$ gegeben wie im Beispiel 7.1. Dann bezeichnet

$$NATLIST = EXTEND(INIT(MOD(\textbf{bool+nat})), f) = INIT(MOD(\textbf{natset}))$$

die Isomorphieklasse der Listen über natürlichen Zahlen. Als Verhaltens-Abstraktion bekommen wir

$$NATBUNCH = BEHAV(NATLIST, f) \ ,$$

worin u.a. Algebren von Listen, Multimengen und Mengen enthalten sind. Man beachte, daß auch nichtminimale Algebren in $NATBUNCH$ enthalten sind, daß also "junk" bei der Verhaltensabstraktion nicht ausgeschlossen wird. Allerdings muß jedes "junk"-Element zu einem Element in der minimalen Unteralgebra äquivalent sein, da sonst keine isomorphen Quotienten entstehen und somit die Algebren nicht äquivalent sein können. Insbesondere gilt die echte Inklusion

$$NATBUNCH \subset EXPAND(INIT(MOD(\textbf{bool+nat})), f) \ .$$

In der letzteren Kategorie sind z.B. auch unendliche Mengen enthalten, die in $NATBUNCH$ nicht auftreten können.

Verhaltens-Abstraktion wird methodologisch oft im Sinne des "specification by example" verwendet: man spezifiziert einen Muster-Datentyp mit dem gewünschten Verhalten (z.B. initial) und sagt anschließend: "es muß nicht dieser sein, jeder äquivalente ist auch recht". Im obigen Beispiel ist $NATLIST$ ein solches "Muster" für das spezifizierte Verhalten, auf ϵ-Anfragen die richtige Antwort zu liefern, und $NATBUNCH$ drückt aus, welche Datentypen "auch recht" sind, sofern es nur auf dieses Verhalten ankommt. Die nächsten beiden Beispiele zeigen dieselbe Vorgehensweise.

Beispiel 7.10: Sei $f : \textbf{inout} \hookrightarrow \textbf{autom}$ die hierarchische Spezifikation im Beispiel 7.2. Dann bezeichnet

$$INITAUTOM = EXTEND(INIT(MOD(\textbf{inout})), f)$$
$$= INIT(MOD(\textbf{autom}))$$

den spezifizierten Automaten (bis auf Isomorphie). Als Verhaltens-Abstraktion ergibt sich die Äquivalenzklasse dieses Automaten,

$$EQAUTOM = BEHAV(INITAUTOM, f) \ ,$$

mit allen Automaten-Morphismen.

Beispiel 7.11: Wir spezifizieren Akkumulatoren für natürliche Zahlen, d.h. Register, in denen natürliche Zahlen aufsummiert werden können. Dazu benutzen wir die Spezifikation **nat1** aus Beispiel 2.2c.

> **natacc**   **nat1** +
>
>   **sorts**   acc
>
>   **ops**   reset : $\to$ acc
>   add : acc $\times$ nat $\to$ acc
>   val : acc $\to$ nat
>
>   **vars**   a : acc ; n : nat
>
>   **eqs**   val(reset) = 0
>   val(add(a, n)) = val(a) + n

Die initiale Semantik als "Muster" stellt für jeden Akkumulator a die vollständige Liste der aufaddierten Beträge in ihrer Reihenfolge dar, aus der die Operation val dann den Wert errechnet. Sei *INITACC* dieser abstrakte Datentyp, also

$$INITACC = EXTEND(INIT(MOD(\text{nat1})), f) = INIT(MOD(\text{natacc})) \ ,$$

wobei f : **nat1** $\hookrightarrow$ **natacc** die Inklusion ist. Die Verhaltens-Abstraktion

$$BEHACC = BEHAV(INITACC, f)$$

erweitert diese Kategorie so weit, daß auch die naheliegende und praktikable Implementierung zugelassen ist, bei der jeder Akkumulator nur seinen aktuellen Wert enthält und nicht mehr "weiß", welche Einzelbeträge in welcher Reihenfolge aufsummiert wurden. In jedem Fall liefert jeder Akkumulator in *BEHACC* beim Aufruf der val-Funktion die Summe der eingegebenen Werte.

Das folgende Beispiel zeigt eine etwas ungewöhnlichere Anwendung des "specification by example".

Beispiel 7.12: Gegeben sei folgende Spezifikation, die die natürlichen Zahlen um eine Abfrage erweitert, ob eine gegebene Zahl gerade ist.

> **nateven**   **bool** + **nat** +
>
>   **ops**   even : nat $\to$ bool
>
>   **vars**   n : nat
>
>   **eqs**   even(0) = true
>   even(succ(0)) = false
>   even(succ(succ(n))) = even(n)

Sei f : **bool** $\hookrightarrow$ **nateven** die Inklusion. Die initiale Semantik liefert das Standard-Modell der natürlichen Zahlen mit der gewünschten Abfrage:

$$NATEVEN = EXTEND(INIT(MOD(\text{bool})), f) = INIT(MOD(\text{nateven})) \ .$$

Die Verhaltens-Abstraktion

$$NATMOD = BEHAV(NATEVEN, f)$$

fügt alle Restklassen der natürlichen Zahlen modulo einer geraden Zahl hinzu, und darüberhinaus viele nichtminimale Algebren mit dem gleichen Verhalten bzgl. der Operation *even*. In jedem Datentyp in *NATMOD* ist jedes Element entweder äquivalent zu 0 oder äquivalent zu *succ*(0).

7.3 Finale Algebren

Sei $f : D_1 \hookrightarrow D_2$ eine hierarchische Spezifikation. Die Äquivalenzrelation $\approx_f$ auf der Klasse der D_2-Algebren präzisiert die Vorstellung vom gleichen Verhalten bzgl. der unterliegenden Hierarchiestufe D_1 und deren Einbettung mittels f. Die Verhaltens-Abstraktion schließt einen abstrakten Datentyp $\mathcal{D} \subseteq D_2$-$ALG$ gegen diese Äquivalenzrelation ab. Ist $\mathcal{D}$ speziell ein monomorpher abstrakter Datentyp, also eine Isomorphieklasse, so ist $BEHAV(\mathcal{D}, f)$ eine Äquivalenzklasse.

Aus der Automatentheorie ist bekannt, daß es in einer Äquivalenzklasse von Automaten einen – bis auf Isomorphie eindeutigen – *reduzierten* Automaten R gibt. R ist dadurch charakterisiert, daß je zwei Zustände inäquivalent sind. Zu jedem Automaten A in der Äquivalenzklasse gibt es genau einen Automaten-Morphismus $h : A \rightarrow R$.

Sei K eine beliebige Kategorie.

Definition 7.13: Ein Objekt $F\epsilon K$ heißt *final* in K genau dann, wenn es zu jedem Objekt $A\epsilon K$ genau einen Morphismus $h : A \rightarrow K$ in K gibt.

Diese Definition ist dual zu der initialer Objekte (4.7). Finale Objekte werden zuweilen auch *terminal* genannt. Dual zu Lemma 4.9 läßt sich auch für finale Objekte zeigen, daß sie bis auf Isomorphie eindeutig sind, sofern sie existieren, und daß alle zu einem finalen Objekt isomorphen ebenfalls final sind.

Lemma 7.14: *Sei F final in K, und sei $F'\epsilon K$. Dann ist F' genau dann final in K, wenn $F \cong F'$ ist.*

Zu einer Spezifikation $D = \langle \Sigma, E \rangle$ gibt es in der Kategorie D-ALG aller D-Algebren stets eine finale Algebra F: sie besteht aus genau einem Element für jede Sorte und konstanten Abbildungen als Operationen. Der eindeutige Morphismus von einer D-Algebra A ist die sortenweise konstante Abbildung, die jedes Element in A auf das einzige Element derselben Sorte in F abbildet. Dies gilt auch für den Fall, daß A leere Träger hat. Als Datentypen sind diese finalen Algebren von geringem Interesse.

Von großem Interesse ist dagegen die Frage, ob es in einem mittels Verhaltens-Abstraktion gewonnenen abstrakten Datentyp $BEHAV(\mathcal{D}, f)$ eine finale Algebra gibt. Wie im Falle des reduzierten Automaten wäre dies ein "völlig abstraktes" Modell in dem Sinne, daß alle Elemente paarweise inäquivalent sind, es also keine nach außen ununterscheidbare Elemente mit verschiedenen internen Darstellungen gibt.

Definition 7.15: Ein abstrakter Datentyp $\mathcal{D} \subseteq D_2$-$ALG$ heißt *minimal* bzgl. f genau dann, wenn jede Algebra $B\epsilon\mathcal{D}$ zu einer minimalen Algebra $C\epsilon\mathcal{D}$ bzgl. f äquivalent ist.

Sei $f : D_1 \hookrightarrow D_2$ eine hierarchische Spezifikation, und sei $\mathcal{D} \subseteq D_2$-$ALG$ eine Äquivalenzklasse bzgl. $\approx$, d.h. je zei Datentypen in $\mathcal{D}$ sind äquivalent bzgl. f. Wir nennen $\mathcal{D}$ *bzgl. Faktorisierung nach $\sim$ abgeschlossen* genau dann, wenn mit jeder Algebra B auch ihr Qotient $B/\sim$ in $\mathcal{D}$ liegt. Es sei vorausgesetzt, daß $\mathcal{D}$ eine volle Unterkategorie von D_2-ALG ist.

Satz 7.16: *Eine bzgl. f minimale und bzgl. Faktorisierung nach $\sim$ abgeschlossene Äquivalenzklasse $\mathcal{D} \subseteq D_2\text{-}ALG$ besitzt eine finale Algebra.*

Beweis: Sei $B\epsilon\mathcal{D}$, und sei $F = B/\sim$. Von einer Algebra $C\epsilon\mathcal{D}$ gibt es einen Morphismus $h : C \to C/\sim \cong F$. Um Eindeutigkeit zu zeigen, sei $g : C \to F$ ein beliebiger Morphismus. Ist C minimal, so ist nach Lemma 2.28(2) $h = g$. Ist C nicht minimal, so ist jedes Element c außerhalb der minimalen Unteralgebra von C äquivalent zu einem Element c' innerhalb, d.h. es ist $h(c) = h(c') = g(c') = g(c)$. Damit ist auch in diesem Fall $h = g$. Also ist F final in $\mathcal{D}$.
$\square$

Da $B/\sim \,\cong\, C/\sim$ ist für je zwei Datentypen B und C in $\mathcal{D}$, gewinnt man einen finalen Datentyp in $\mathcal{D}$, indem man einen beliebigen Datentyp in $\mathcal{D}$ nach $\sim$ faktorisiert.

Zwei äquivalente Datentypen $B, C \in D_2\text{-}ALG$ haben ein gemeinsames homomorphes Bild, z.B. $B/\sim$, wobei die Morphismen surjektiv und deren f-Redukte Isomorphismen in $D_1\text{-}ALG$ sind. Interessant ist, daß diese Eigenschaft ausreicht, um Äquivalenz zu charakterisieren: zwei Datentypen B und C sind genau dann äquivalent, wenn sie ein gemeinsames homomorphes Bild mit Morphismen der obigen Art haben. Um dies zu zeigen, benötigen wir einige Vorbereitungen.

Seien B und C D_2-Algebren, und sei $h : B \to C$ ein D_2-Algebra-Morphismus.

Definition 7.17: Eine *Reduktion* bzgl. f ist ein D_2-Algebra-Morphismus $h : B \to C$, welcher surjektiv ist und dessen f-Redukt $\bar{f}(h)$ ein Isomorphismus ist. Wir schreiben $B \triangleright C$, wenn es eine Reduktion $h : B \to C$ gibt.

Die folgenden Lemmata sind offensichtlich.

Lemma 7.18: $B \triangleright B/\sim$

Lemma 7.19: $B \triangleright C \wedge C \cong C' \implies B \triangleright C'$

Die Existenz einer Reduktion ist hinreichend für Äquivalenz, wie das folgende Lemma zeigt.

Lemma 7.20: $B \triangleright C \implies B \approx C$

Beweis: Sei $h : B \to C$ eine Reduktion. Wenn für alle Elemente b, b' in B der gleichen Sorte s $h(b) = h(b') \Rightarrow b \sim b'$ gilt, dann muß $B/\sim \,\cong\, C/\sim$ sein, also $B \approx C$. Sei daher $b \not\sim b'$. Im folgenden verwenden wir die im Abschnitt 7.1 eingeführte Notation bzgl. $X = X_1 \cup X_2$, $\alpha = \alpha_1 \cup \alpha_2$, etc. Ist $s\epsilon S_1$, so ist mit $b \not\sim b'$ auch $b \neq b'$ und damit $h(b) \neq h(b')$, da $\bar{f}(h)$ bijektiv ist. Ist $s \in S_2 - S_1$, so gibt es eine Beobachtungsfunktion $[t, \alpha_2]$ (s. Definition 7.3) und eine Variable $x\epsilon X_2$ mit $\alpha_2(x) = b$, so daß gilt:

$$[t, \alpha_2 < x \leftarrow b >] \neq [t, \alpha_2 < x \leftarrow b' >] \ .$$

Demnach gibt es eine Belegung α_1 von X_1, so daß mit $\gamma = \alpha_1 \cup \alpha_2 < x \leftarrow b >$ und $\gamma' = \alpha_1 \cup \alpha_2 < x \leftarrow b' >$ gilt: $\gamma_s^\#(t) \neq \gamma_s'^\#(t)$. Wäre nun $h(b) = h(b')$, so wäre $h(\gamma_s^\#(t)) = h(\gamma_s'^\#(t))$, wie sich durch Induktion über den Aufbau der Terme zeigen läßt. Dies wäre ein Widerspruch zu der Annahme, daß $\bar{f}(h)$ ein Isomorphismus ist. Demnach muß $h(b) \neq h(b')$ sein. Durch Kontraposition folgt $h(b) = h(b') \Rightarrow b \sim b'$, woraus die Behauptung des Lemmas folgt.
$\square$

Offenbar ist die Relation $\triangleright$ zwischen D_2-Algebren reflexiv und transitiv, aber nicht symmetrisch. Die Umkehrung des obigen Lemmas kann daher nicht gelten, d.h. die Bedingung ist zwar hinreichend, aber nicht notwendig. Mit einer symmetrisierten Form der Reduktionsbeziehung $\triangleright$ erhalten wir jedoch die erwähnte notwendige und hinreichende Bedingung für Äquivalenz.

Definition 7.21: Für zwei D_2-Algebren B und C gilt $B \bowtie C$ genau dann, wenn es eine D_2-Algebra G gibt, so daß $B \triangleright G$ und $C \triangleright G$ gilt.

Satz 7.22: $B \bowtie C \iff B \approx C$

Beweis: Sei zunächst $B \bowtie C$, etwa $B \triangleright G$ und $C \triangleright G$. Nach Lemma 7.20 sind dann $B \approx G$ und $C \approx G$, woraus $B \approx C$ folgt. Sei umgekehrt $B \approx C$. Nach Lemma 7.18 gilt $B \triangleright B/\sim$ und $C \triangleright C/\sim$. Da $B/\sim \cong C/\sim$ ist, folgt nach Lemma 7.19 $B \triangleright C/\sim$, woraus wiederum $B \bowtie C$ folgt.

$\square$

7.4 Finale Semantik

Sei $f : D_1 \hookrightarrow D_2$ eine hierarchische Spezifikation, und sei $\mathcal{D}_2 \subseteq D_2{-}ALG$. Die Verhaltens-Abstraktion $\mathcal{D} = BEHAV(\mathcal{D}_2, f)$ liefert, anschaulich ausgedrückt, die Kategorie der möglichen Realisierungen des in $\mathcal{D}_2$ ausgedrückten Verhaltens nach außen, wobei f angibt, was "außen" ist. Besitzt diese Kategorie eine finale Algebra, so repräsentiert diese das Verhalten auf völlig abstrakte, also in gewissem Sinne *minimale* Art und Weise. Häufig zeigt diese Minimalität den Weg zu einer ökonomischen Implementierung. Um diese anzustreben, leistet ein ADT-Operator gute Dieste, der die finalen Algebren in einer Äquivalenzklasse liefert.

Sei Σ eine Signatur, und sei $\mathcal{D} \subseteq \Sigma{-}ALG$ ein abstrakter Datentyp.

ADT-Operator 7.23: $FIN(\mathcal{D})$ bezeichnet die volle Unterkategorie der finalen Algebren in $\mathcal{D}$.

Man beachte, daß der *FIN*-Operator nicht hierarchisch ist, er hat keinen Parameter f. Interessante Datentypen liefert dieser Operator jedoch nur im Zusammenhang mit hierarchischen Spezifikationen, indem man ihn auf eine mit *BEHAV* gebildete Äquivalenzklasse anwendet.

Nach Lemma 7.14 ist $FIN(\mathcal{D})$ ein monomorpher abstrakter Datentyp. Hat $\mathcal{D}$ keine finalen Algebren, so ist $FIN(\mathcal{D})$ leer.

Sei wiederum $f : D_1 \hookrightarrow D_2$ eine hierarchische Spezifikation, und sei $\mathcal{D}_1 \subseteq D_1{-}ALG$ ein monomorpher und minimaler abstrakter Datentyp, d.h. eine Isomorphieklasse von minimalen Algebren. Solche abstrakten Datentypen entstehen z.B. bei Verwendung der initialen Semantik. Sei $\mathcal{D}_2 = EXTEND(\mathcal{D}_1, f)$. Dann ist $\mathcal{D}_2$ ebenfalls ein monomorpher und minimaler abstrakter Datentyp, so daß $\mathcal{D} = BEHAV(\mathcal{D}_2, f)$ eine bzgl. f minimale Äquivalenzklasse ist. Offenbar ist $\mathcal{D}$ bzgl. Faktorisierung nach $\sim$ abgeschlossen, da alle äquivalenten Algebren enthalten sind. Nach Satz 7.16 besitzt dann $\mathcal{D}$ eine finale Algebra. Man beachte, daß f keineswegs persistent sein muß, damit dies gilt.

Die *finale Semantik* legt nun $FIN(\mathcal{D})$ als Semantik der Erweiterung von $\mathcal{D}_1$ bzgl. f fest. Dieser Ansatz wird durch den folgenden hierarchischen ADT-Operator ausgedrückt.

ADT-Operator 7.24: $FINAL(\mathcal{D}_1, f) = FIN(BEHAV(EXTEND(\mathcal{D}_1, f), f))$.

Der *FINAL*-Operator überführt monomorphe in monomorphe abstrakte Datentypen. Er stellt einen Weg dar, die Ideen der Verhaltens-Abstraktion einzubringen und dabei in der Welt monomorpher Spezifikationen zu bleiben.

Beispiel 7.25: Sei f : **bool+nat** $\hookrightarrow$ **natset** die hierarchische Spezifikation im Beispiel 7.1. Sei

$$BOOLNAT = INIT(MOD(\textbf{bool+nat}))\ .$$

Dann ist

$$NATSET = FINAL(BOOLNAT, f)$$

die Algebra der (endlichen) Mengen natürlicher Zahlen (bis auf Isomorphie).

Beispiel 7.26: Sei f : **inout** $\hookrightarrow$ **autom** die hierarchische Spezifikation im Beispiel 7.2. Sei (X, Y) die initiale Semantik von **inout**, wie im Beispiel 7.2 definiert (es spielt keione Rolle, ob wir hier die eine Algebra (X, Y) oder deren Isomorphieklasse ansetzen). Dann ist

$$REDAUTOM = FINAL((X, Y), f)$$

der reduzierte Automat mit dem spezifizierten Verhalten (bis auf Isomorphie). Man vergleiche diesen abstrakten Datentyp mit denen im Beispiel 7.10.

Beispiel 7.27: Sei f : **nat1** $\hookrightarrow$ **natacc** die hierarchische Spezifikation im Beispiel 7.11. Sei

$$NAT1 = INIT(MOD(\textbf{nat1}))\ .$$

Dann ist

$$NATACC = FINAL(NAT1, f)$$

der "minimale" Akkumulator natürlicher Zahlen (bis auf Isomorphie), dessen Zustände durch den aktuellen Wert eindeutig bestimmt sind.

Beispiel 7.28: Sei f : **bool** $\hookrightarrow$ **nateven** die hierarchische Spezifikation im Beispiel 7.12. Sei

$$BOOL = INIT(MOD(\textbf{bool}))\ .$$

Dann ist

$$NATMOD2 = FINAL(BOOL, f)$$

die Algebra der natürlichen Zahlen modulo 2 (bis auf Isomorphie).

Besteht $\mathcal{D}_1$ nur aus minimalen Algebren, so besteht auch $\mathcal{D} = FINAL(\mathcal{D}_1, f)$ nur aus minimalen Algebren. Ist demnach $\mathcal{D}_1$ ein nicht-leerer, monomorpher und minimaler abstrakter Datentyp, so ist $\mathcal{D}$ ebenfalls nicht leer, monomorph und minimal. Wir können daher $\mathcal{D}$ als Ausgangspunkt einer weiteren Erweiterung mittels finaler Semantik nehmen (vgl. Satz 7.16), d.h. die finale Semantik läßt sich über mehrere Hierarchiestufen fortsetzen.

Beispiel 7.29: Sei f_1 : **nat1** $\hookrightarrow$ **natacc** die hierarchische Spezifikation im Beispiel 7.11, und sei f_2 : **natacc** $\hookrightarrow$ **nataccset** gegeben durch die folgende Spezifikation (vgl. Beispiel 7.1):

nataccset   **natacc** +

    sorts   set

    ops $\emptyset$: $\rightarrow$ set

                 + : set $\times$ acc $\rightarrow$ set

                 ϵ : acc $\times$ set $\rightarrow$ bool

$$\textbf{vars} \quad s : set \; ; \; a, b : acc$$
$$\textbf{eqs} \quad a\epsilon\emptyset = false$$
$$a\epsilon(s + b) = eq(a, b) \lor a\epsilon s$$

Sei

$$NATACC = FINAL(NAT1, f_1)$$

der im Beispiel 7.27 definierte abstrakte Datentyp der (minimalen) Akkumulatoren. Dann ist

$$NATACCSET = FINAL(NATACC, f_2)$$

die Algebra der (endlichen) Mengen von (minimalen) Akkumulatoren.

7.5 Übungen

1) Gegeben sei die hierarchische Spezifikation f : **nat1** $\hookrightarrow$ **natacc** im Beispiel 7.11. Im folgenden stehe 1 für succ(0), 2 für succ(succ(0)), $n + 1$ für succ(n) u.s.w. Für welche Belegungen der Variablen bezeichnen die folgenden Paare von Termen jeweils bzgl. f äquivalente Elemente in der initialen **natacc**-Algebra ?

a) reset   und   add(reset, 0) ,

b) add(reset, 2)   und   add(add(reset, 1), 1) ,

c) add(a, 2)   und   add(add(a, 1), n + 1) ,

d) add(reset, 2)   und   add(add(a, 1), n) ,

e) add(a, n + 2)   und   add(add(a, 1), n + 1) ,

f) add(add(a, 2), n + 1)   und   add(add(a, n + 2), 1) .

2) Gegeben sei ein endlicher Automat A als initiales Modell der folgenden Spezifikation:

$$\textbf{inout} \quad \textbf{sorts} \quad X, Y$$
$$\textbf{ops} \quad x_1, x_2 : \; \rightarrow X$$
$$y_1, y_2 : \; \rightarrow Y$$

$$\textbf{autom} \quad \textbf{inout} +$$
$$\textbf{sorts} \quad Z$$
$$\textbf{ops} \quad z_1, z_2, z_3 : \; \rightarrow Z$$
$$\delta : Z \times X \rightarrow Z$$
$$\beta : Z \rightarrow Y$$
$$\textbf{eqs} \quad \delta(z_1, x_1) = z_1 \; ; \; \delta(z_1, x_2) = z_2$$
$$\delta(z_2, x_1) = z_3 \; ; \; \delta(z_2, x_2) = z_1$$
$$\delta(z_3, x_1) = z_3 \; ; \; \delta(z_3, x_2) = z_1$$
$$\beta(z_1) = y_1 \; ; \; \beta(z_2) = y_2$$

Sei f : **inout** $\hookrightarrow$ **autom** die Inklusion. Welche Zustände (d.h. Elemente der Sorte Z) sind äquivalent bzgl. f ?

3) Seien $f :$ **inout** $\hookrightarrow$ **autom** und A gegeben wie in Aufgabe 2. Geben Sie je ein Beispiel für einen zu A äquivalenten Automaten B mit den folgenden Eigenschaften:

a) B ist minimal, aber nicht initial in **autom**$-ALG$,

b) B ist nicht minimal.

4) Beweisen Sie die im Abschnitt 7.2 aufgestellten Behauptungen, daß für jede hierarchische Spezifikation $f : D_1 \hookrightarrow D_2$ und jeden abstrakten Datentyp $\mathcal{D} \subseteq D_2-ALG$ gilt:

a) $BEHAV(\mathcal{D}, f) \subseteq EXPAND(REDUCE(\mathcal{D}, f), f)$

b) $REDUCE(\mathcal{D}, f) = REDUCE(BEHAV(\mathcal{D}, f), f)$
$= REDUCE(EXPAND(REDUCE(\mathcal{D}, f), f), f)$

5) Gegeben seien die Spezifikation **natset** im Beispiel 7.1 und die abstrakten Datentypen $NATLIST$ und $NATBUNCH$ im Beispiel 7.9. Eine **natset**-Algebra NLS sei folgendermaßen definiert:

a) In NLS ist $NATLIST$ als Unteralgebra enthalten.

b) Zu jeder Liste in $NATLIST$, also jedem Element der Sorte set, enthält NLS außerhalb von $NATLIST$ eine "sortierte Kopie", d.h. eine Liste mit den gleichen Elementen in der gleichen Vielfachheit, jedoch aufsteigend sortiert.

c) In NLS sind keine weiteren Elemente enthalten.

d) Auf den "sortierten Kopien" ist die Operation + durch Einfügen in der Sortierfolge definiert, so daß wiederum eine aufsteigend sortierte Liste entsteht.

Ist dieser Datentyp NLS im abstrakten Datentyp $NATBUNCH$ enthalten ?

6) Ist die Algebra NLS aus Aufgabe 5

a) minimal ?

b) minimal bzgl. f ?

7) Beweisen Sie Lemma 7.14 explizit.

8) Im Beweis zu Lemma 7.20 wird folgendermaßen geschlossen:

Sei $h : B \to C$ eine Reduktion. Wenn für alle Elemente $b, b' \epsilon B$ der gleichen Sorte s $h(b) = h(b') \Rightarrow b \sim b'$ gilt, dann muß ... $B \approx C$ sein.

Beweisen Sie diese Behauptung.

9) Spezifizieren Sie die natürlichen Zahlen modulo 3 im Rahmen der finalen Semantik.

10) Spezifizieren Sie im Rahmen der finalen Semantik einen "völlig abstrakten" Datentyp $ABBILDUNG$ (bis auf Isomorphie), der es erlaubt, partielle Abbildungen auf den natürlichen Zahlen mit endlichem Definitionsbereich zu definieren und zu modifizieren. Vorzusehen sind folgende Operatoren, wobei a eine Variable der Sorte abb (für Abbildungen) und n, m Variable der Sorte nat sind:

undef: die überall undefinierte Abbildung;

define(a, n, m): definiert in der Abbildung a die Zahl m als Bild für n;

erase(a, n): macht die Abbildung a für das Argument n undefiniert;

eval(a, n): liefert das Bild von n unter der Abbildung a.

11) Mit den Bezeichnungen im Beispiel 7.29 ist

$$NATACCSET = FINAL(FINAL(NAT1, f_1), f_2) \ .$$

In welcher Beziehung steht dieser abstrakte Datentyp zu dem folgenden:

$$NATACCSET' = FINAL(NAT1, f_2 f_1) \ ?$$

12) Seien $f_1 : D_1 \hookrightarrow D_2$ und $f_2 : D_2 \hookrightarrow D_3$ aufeinander aufbauende hierarchische Spezifikationen, und sei $\mathcal{D}_1 = INIT(MOD(D_1))$. Untersuchen Sie, unter welchen Voraussetzungen

$$FINAL(FINAL(\mathcal{D}_1, f_1), f_2) = FINAL(\mathcal{D}_1, f_2 f_1)$$

gilt, wann man demnach im Rahmen der finalen Semantik Hierarchiestufen zusammenziehen oder unterteilen kann (vgl. Übungen 6.6, Aufgabe 10).

8. Parametrisierung

Pushouts in SIGN; Eindeutigkeit von Pushouts (bis auf Isomorphie); Pushouts in SPEC; Parametrische Spezifikation; Komposition von Pushouts; Anwendung einer parametrischen Spezifikation; Abwendung von Namenskonflikten mittels Pushouts; Mehrfache Anwendung von parametrischen Spezifikationen; Assoziativität der Anwendung; Parametrische abstrakte Datentypen (PADTen); (streng) persistente, minimale und reduzierte PADTen; Zusammenhang zwischen streng persistenten Funktoren und PADTen.

8.1 Pushouts in SIGN und SPEC

Der Hauptgrund für die Einführung des Begriffes Pushout ist der, daß mittels Pushout-Konstruktionen zwei abstrakte Datentypen bzw. auch die zugrundeliegenden Signaturen gewissermaßen vereinigt werden können. Man hat damit dann auch die Möglichkeit, Teile von Algebren (mit unterschiedlichen Signaturen) zusammenzufügen. Pushouts sind recht allgemeine Vorschriften, die es gestatten aus zwei Objekten ein neues Objekt zu konstruieren, welches die gemeinsamen Eigenschaften der Ausgangsobjekte auf einen kleinsten gemeinsamen Nenner bringt. Dies wird unter anderem bei der Anwendung einer parametrischen Spezifikation auf eine Parameterspezifikation benötigt, d.h. als Objekte treten hier Spezifikationen (und die zugrundeliegenden Signaturen) auf.

Die Kategorie *SIGN* der Signaturen und Signatur-Morphismen hat nun die wichtige Eigenschaft, daß sie alle Pushouts besitzt, d.h. zu je zwei Signaturen Σ_1 und Σ_2 mit gegebenen Signatur-Morphismen $f_1 : \Sigma_0 \to \Sigma_1$ und $f_2 : \Sigma_0 \to \Sigma_2$ kann stets eine Signatur Σ_3 und zugehörige Morphismen mit speziellen, unten beschriebenen Eigenschaften gefunden werden. Die Pushout-Konstruktion modelliert quasi die *Vereinigung* von Σ_1 und Σ_2 mit dem gemeinsamen *Durchschnitt* Σ_0, allerdings in einem allgemeinen Sinn, da nicht nur Inklusionen, sondern beliebige Signatur-Morphismen f_1 und f_2 auftreten können.

Satz 8.1: *Die Kategorie SIGN besitzt alle Pushouts.*

Beweis Es seien die Signaturen $\Sigma_0, \Sigma_1, \Sigma_2$ und die Signatur-Morphismen $f_1 : \Sigma_0 \to \Sigma_1$, $f_2 : \Sigma_0 \to \Sigma_2$ gegeben. Dann ist zu zeigen, daß es eine Signatur Σ_3 mit Signatur-Morphismen $f_1' : \Sigma_2 \to \Sigma_3$ und $f_2' : \Sigma_1 \to \Sigma_3$ gibt, für die folgende Eigenschaften gelten:

(1) Es gilt $f_1' \circ f_2 = f_2' \circ f_1$.

(2) Zu jeder Signatur Σ_4 mit gegebenen Signatur-Morphismen $g_1 : \Sigma_2 \to \Sigma_4$ und $g_2 : \Sigma_1 \to \Sigma_4$ mit $g_1 \circ f_2 = g_2 \circ f_1$ existiert ein eindeutiger Signatur-Morphismus $h : \Sigma_3 \to \Sigma_4$ mit $g_1 = h \circ f_1'$ und $g_2 = h \circ f_2'$.

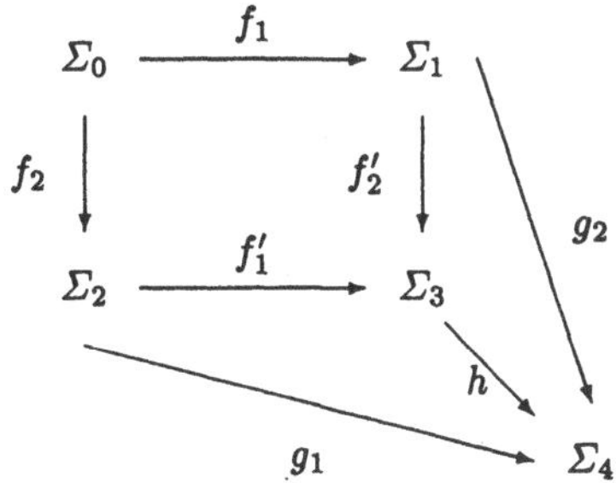

Es bezeichne $S_1 + S_2 := \{s^1 \mid s\epsilon S_1\} \cup \{s^2 \mid s\epsilon S_2\}$ die disjunkte Vereinigung der Sorten S_1 und S_2 und $\equiv_S$ die kleinste von $\{(f_1(s)^1, f_2(s)^2) \mid s\epsilon S_0\}$ erzeugte Äquivalenz auf $S_1 + S_2$. Die Sortenmenge S_3 der Pushout-Signatur Σ_3 wird nun als $(S_1 + S_2)\ /\ \equiv_S$ definiert. $\Omega_1 + \Omega_2 = \{(\Omega_1 + \Omega_2)_{\bar{s},s}\}_{\bar{s}\epsilon S_3^*, s\epsilon S_3}$ bezeichnet die disjunkte Vereinigung der Operationssymbole unter Berücksichtigung von S_3 :

$$(\Omega_1 + \Omega_2)_{\bar{s},s} := \{\omega^1 \mid \omega\epsilon\Omega_{1;s_1\ldots s_n,s_0} ,\ \bar{s} = [s_1^1]\ldots[s_n^1]\ ,\ s = [s_0^1]\} \ \cup$$
$$\{\omega^2 \mid \omega\epsilon\Omega_{2;s_1\ldots s_n,s_0} ,\ \bar{s} = [s_1^2]\ldots[s_n^2]\ ,\ s = [s_0^2]\}$$

$\equiv_\Omega = \{\equiv_{\Omega;\bar{s},s}\}_{\bar{s}\epsilon S_3^*, s\epsilon S_3}$ ist die kleinste von

$$\{(f_1(\omega)^1, f_2(\omega)^2) \mid \omega\epsilon\Omega_{0;\bar{s}_0,s_0}, f_1(\bar{s}_0)^1\epsilon\bar{s}, f_2(\bar{s}_0)^2\epsilon\bar{s}, f_1(s_0)^1\epsilon s, f_2(s_0)^2\epsilon s\}_{\bar{s}\epsilon S_3^*, s\epsilon S_3}$$

erzeugte Äquivalenzfamilie auf $\Omega_1+\Omega_2$. Die Menge Ω_3 der Operationssymbole der Pushout-Signatur Σ_3 wird nun definiert als $\Omega_3 := (\Omega_1 + \Omega_2)\ /\ \equiv_\Omega$. Die Pushout-Morphismen f_1' bzw. f_2' sind die kanonischen Einbettungen $f_i'(s) := [s^{\bar{i}}]$ und $f_i'(\omega) := [\omega^{\bar{i}}]$ für $i = 1, 2$ mit $\bar{1} = 2$ und $\bar{2} = 1$. Wir beweisen nun die Pushout-Eigenschaft (s.o. (1) - (2)).

(1) $f_1'(f_2(s_0)) = [f_2(s_0)^2] = [f_1(s_0)^1] = f_2'(f_1(s_0))$. Die gewünschte Eigenschaft für die Operationssymbole ergibt sich analog.

(2) Ein Signatur-Morphismus $h : \Sigma_3 \to \Sigma_4$ läßt sich wie folgt definieren :

$$h :\quad (S_1 + S_2)\ /\ \equiv_S \quad \to \qquad\qquad S_4$$
$$[x] \qquad\qquad \mapsto \quad \begin{cases} g_2(s) & \text{falls } x = s^1 \\ g_1(s) & \text{falls } x = s^2 \end{cases}$$

Eine analoge Definition gilt für die Operationssymbole.

Zunächst muß die Wohldefiniertheit von h gezeigt werden. Dazu seien $x, y\epsilon(S_1 + S_2)$ mit $x \neq y$ und $[x] = [y]$. Es lassen sich drei Fälle unterscheiden :

1. $x = s^1$ und $y = t^2$.
   Da $s^1 \equiv_S t^2$ gilt, gibt es ein $s_0\epsilon S_0$ mit $f_1(s_0) = s$ und $f_2(s_0) = t$. Es gilt nun :

$$h([s^1]) = g_2(s) = g_2(f_1(s_0)) = g_1(f_2(s_0)) = g_1(t) = h([t^2])$$

2. $x = s^1$ und $y = t^1$ mit $s \neq t$.
   Da $s^1 \equiv_S t^1$ gilt, existieren s_0 , $t_0\epsilon S_0$ mit $s_0 \neq t_0$ und $f_1(s_0) = s$, $f_1(t_0) = t$ und $f_2(s_0) = f_2(t_0)$. Es gilt nun :

$$h([s^1]) = g_2(s) = g_2(f_1(s_0)) = g_1(f_2(s_0)) =$$
$$g_1(f_2(t_0)) = g_2(f_1(t_0)) = g_2(t) = h([t^1])$$

3. $x = s^2$ und $y = t^2$ mit $s \neq t$.
   Analog zu Fall 2.

Ganz genauso läßt sich die Wohldefiniertheit für die Abbildung der Operationssymbole zeigen. Die Morphismus-Eigenschaft von h ergibt sich als Folge der Morphismus-Eigenschaft von g_1 bzw. g_2. Die Eindeutigkeit von h erklärt sich wie folgt :
Es sei h' ein weiterer Signatur-Morphismus von Σ_3 nach Σ_4 mit $g_1 = h' \circ f_1'$ und $g_2 = h' \circ f_2'$. Dann gilt für $s\epsilon S_1$ (und analog für $s\epsilon S_2$) :

$$h'([s^1]) = h'(f_2'(s)) = g_2(s) = h([s^1])$$

In ähnlicher Weise ergibt sich die Eindeutigkeit von h auf den Operationssymbolen. $\square$

Beispiel 8.2: Es seien die folgenden Signaturen und Signatur-Morphismen gegeben.

$$\Sigma_0 : c : \to s$$

$$\Sigma_1 : c : \to s$$
$$d : \to t$$
$$f : t \times s \to t$$

$$\Sigma_2 : b : \to r$$
$$g : r \to r$$

Der Morphismus $f_1 : \Sigma_0 \to \Sigma_1$ ist die Einbettung, und für $f_2 : \Sigma_0 \to \Sigma_2$ gilt: $f_2(s) = r$ und $f_2(c) = b$. Führt man genau die im obigen Satz angegebene Konstruktion aus, erhält man folgende Pushout-Signatur Σ_3.

$$S_3 = \{\{s^1, r^2\}, \{t^1\}\}$$
$$\Omega_3 : \{c^1, b^2\} : \to \{s^1, r^2\}$$
$$\{g^2\} : \{s^1, r^2\} \to \{s^1, r^2\}$$
$$\{d^1\} : \to \{t^1\}$$
$$\{f^1\} : \{t^1\} \times \{s^1, r^2\} \to \{t^1\}$$

□

Das folgende Lemma erlaubt es nun, statt dieser etwas umständlich notierten Sorten und Operationssymbole eine besser lesbare, isomorphe Signatur zu verwenden.

Lemma 8.3: *Die im obigen Satz definierte Pushout-Signatur Σ_3 ist eindeutig bis auf Isomorphie.*

Beweis Es sei $\hat{\Sigma}_3$ eine weitere Signatur mit den gewünschten Eigenschaften (1) und (2). Dann ist zu zeigen, daß Σ_3 isomorph zu $\hat{\Sigma}_3$ ist.

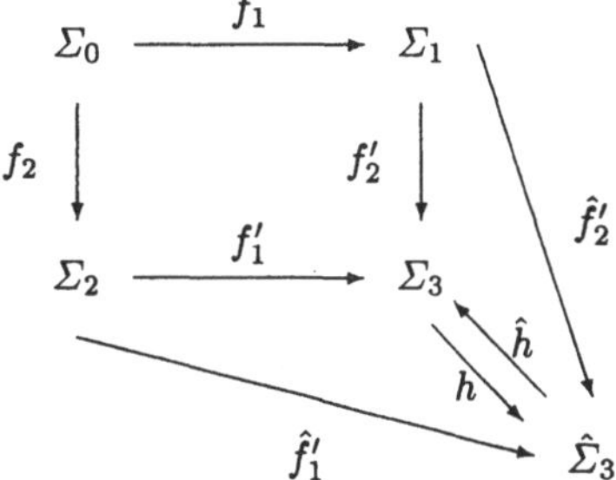

Man hat nun eindeutige Morphismen h und $\hat{h}$. Angenommen, es gilt $\hat{h} \circ h \neq id_{\Sigma_3}$. Dann folgt auch $h \circ \hat{h} \circ h \neq h \circ id_{\Sigma_3} = h$. Damit gäbe es aber einen Morphismus $h \circ \hat{h} \circ h$ von Σ_3 nach $\hat{\Sigma}_3$ ungleich h, so daß $h \circ \hat{h} \circ h \circ f_1' = \hat{f}_1'$ und $h \circ \hat{h} \circ h \circ f_2' = \hat{f}_2'$ gilt. Dies ist ein Widerspruch zur Eindeutigkeit von h. Analog läßt sich $h \circ \hat{h} = id_{\hat{\Sigma}_3}$ zeigen. □

Die bis auf Isomorphie gegebene Eindeutigkeit der Pushout-Signatur Σ_3 ist also im wesentlichen auf die Eindeutigkeit der Pushout-Morphismen h zurückzuführen. Der obige Beweis macht keinerlei Verwendung von speziellen Signatur-Eigenschaften. Daher sind

Pushouts in beliebigen Kategorien stets eindeutig bis auf Isomorphie. In den folgenden Beispielen wird nun immer eine übersichtliche, aber zur angegebenen Definition isomorphe Signatur Verwendung finden.

Beispiele 8.4:

(1) Eine zum oben angegebenen Beispiel isomorphe Signatur ist die folgende.

$$\begin{aligned}
S_3 &= \{r,t\} \\
\Omega_3 : \; &b : \to r \\
&g : r \to r \\
&d : \to t \\
&f : t \times r \to t
\end{aligned}$$

(2) Die folgenden Beispiele zeigen, wie die Pushout-Konstruktion Namenskonflikte löst, falls z.B. gleiche Operationssymbole in unterschiedlichen Kontexten benutzt werden.

$$\Sigma_0 : c : \to s$$

$$\Sigma_1 : a,b : \to s$$

$$\Sigma_2 : a,b : \to s$$

Für die Morphismen $f_1 : \Sigma_0 \to \Sigma_1$ und $f_2 : \Sigma_0 \to \Sigma_2$ gilt $f_2(c) = a$ und $f_1(c) = b$. Dann hat die Pushout-Signatur Σ_3 folgende Gestalt.

$$\begin{aligned}
S_3 &= \{\{s^1,s^2\}\} & S_3 &= \{s\} \\
\Omega_3 : \; &\{a^2,b^1\} : \to \{s^1,s^2\} & \Omega_3 : \; &c : \to s \\
&\{a^1\} : \to \{s^1,s^2\} & &a : \to s \\
&\{b^2\} : \to \{s^1,s^2\} & &b : \to s
\end{aligned}$$

Die linke Signatur entsteht, falls man genau die Konstruktion aus dem Satz durchführt, die rechte ist isomorph dazu. Man beachte, daß "a aus Σ_2" und "b aus Σ_1" identifiziert werden, während "a aus Σ_1" und "b aus Σ_2" unterschiedliche Operationssymbole in der Pushout-Signatur darstellen.

(3) In diesem Beispiel gibt es namensgleiche Sortensymbole in Σ_1 und Σ_2. Diese Sorten werden aber zu unterschiedlichen Sortenelementen, da keine Identifizierung über die Signatur Σ_0 erfolgt.

$$\begin{aligned}
\Sigma_0 : \; &S_0 = \{\text{entry}\} \\
&\Omega_0 = \emptyset
\end{aligned}$$

$$\begin{aligned}
\Sigma_1 : \; &\text{new} : \to \text{stack} \\
&\text{push} : \text{stack} \times \text{entry} \to \text{stack}
\end{aligned}$$

$$\begin{aligned}
\Sigma_2 : \; &0 : \to \text{nat} \\
&\text{succ} : \text{nat} \to \text{nat} \\
&\text{false}, \text{true} : \to \text{bool} \\
&\text{new} : \to \text{stack} \\
&\text{push} : \text{stack} \times \text{nat} \to \text{stack}
\end{aligned}$$

$f_1 : \Sigma_0 \to \Sigma_1$ sei die Einbettung und für $f_2 : \Sigma_0 \to \Sigma_2$ gelte $f_2(\text{entry}) = \text{bool}$. Dann ergibt sich die folgende Pushout-Signatur.

$$S_3 = \{\text{nat}, \text{bool}, \text{stack}^2, \text{stack}^1\}$$
$$\Sigma_3 : 0 : \to \text{nat}$$
$$\text{succ} : \text{nat} \to \text{nat}$$
$$\text{new}^2 : \to \text{stack}^2$$
$$\text{push}^2 : \text{stack}^2 \times \text{nat} \to \text{stack}^2$$
$$\text{new}^1 : \to \text{stack}^1$$
$$\text{push}^1 : \text{stack}^1 \times \text{bool} \to \text{stack}^1$$

(4) Im vorigen Beispiel ist es sicherlich sinnvoll, verschiedene stack-Sorten einzuführen, da diese Sorten auch unterschiedliche Bedeutungen haben: "**stack**$^2 \approx$ **stack-of-nat**" und "**stack**$^1 \approx$ **stack-of-bool** ". Bei der Pushout-Konstruktion werden jedoch auch teilweise nicht unbedingt benötigte Sorten neu eingeführt.

$$\Sigma_0 : \text{default} : \to \text{entry}$$

$$\Sigma_1 : \text{default} : \to \text{entry}$$
$$\text{new} : \to \text{stack}$$
$$\text{push} : \text{stack} \times \text{entry} \to \text{stack}$$
$$\text{false}, \text{true} : \to \text{bool}$$
$$\text{empty?} : \text{stack} \to \text{bool}$$

$$\Sigma_2 : 0 : \to \text{nat}$$
$$\text{succ} : \text{nat} \to \text{nat}$$
$$\text{false}, \text{true} : \to \text{bool}$$
$$\text{eq} : \text{nat} \times \text{nat} \to \text{bool}$$

Der Morphismus $f_1 : \Sigma_0 \to \Sigma_1$ sei die Einbettung, und für $f_2 : \Sigma_0 \to \Sigma_2$ gelte $f_2(\text{entry}) = \text{nat}$ und $f_2(\text{default}) = 0$. Dann ergibt sich die folgende Pushout-Signatur.

$$S_3 = \{\text{nat}, \text{bool}^2, \text{stack}, \text{bool}^1\}$$
$$\Sigma_3 : 0 : \to \text{nat}$$
$$\text{succ} : \text{nat} \to \text{nat}$$
$$\text{false}^2, \text{true}^2 : \to \text{bool}^2$$
$$\text{eq} : \text{nat} \times \text{nat} \to \text{bool}^2$$
$$\text{new} : \to \text{stack}$$
$$\text{push} : \text{stack} \times \text{entry} \to \text{stack}$$
$$\text{false}^1, \text{true}^1 : \to \text{bool}^1$$
$$\text{empty?} : \text{stack} \to \text{bool}^1$$

Die Einführung von zwei unterschiedlichen bool-Sorten kann vermieden werden, falls die Sorte bool und die Operationen false und true mit in die Signatur Σ_0 aufgenommen und mittels f_2 identisch abgebildet werden.

$\square$

Der duale Begriff zu Pushout ist ein Pullback. Pullbacks treten beim Übergang von Signaturen zu den zugehörigen Algebrenklassen auf. Ein Signatur-Morphismus $f : \Sigma_0 \to \Sigma_1$ induziert ja einen Reduktfunktor $\bar{f} : \Sigma_1\text{–}ALG \to \Sigma_0\text{–}ALG$ in der entgegengesetzten Richtung. Daher müssen alle Pfeile im Pushout-Diagramm bei diesem Übergang quasi umgedreht werden. Somit ergeben sich aus der Pushout-Eigenschaft von Σ_3 für die zugehörigen Algebrenklassen und Reduktbildungen folgende Eigenschaften.

Lemma 8.5:

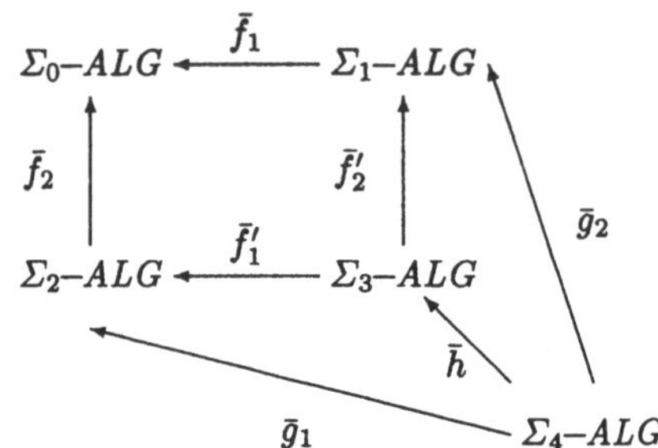

(1) $\bar{f}_2 \circ \bar{f}_1' = \bar{f}_1 \circ \bar{f}_2'$.

(2) Es gilt $\bar{f}_2 \circ \bar{g}_1 = \bar{f}_1 \circ \bar{g}_2$ und damit auch $\bar{g}_1 = \bar{f}_1' \circ \bar{h}$ und $\bar{g}_2 = \bar{f}_2' \circ \bar{h}$.

Beweis

(1) Es sei $s \epsilon S_3$, so daß ein $s_0 \epsilon S_0$ mit $f_1'(f_2(s_0)) = s = f_2'(f_1(s_0))$ existiert. Dann gilt:

$$
\begin{aligned}
[\bar{f}_2 \circ \bar{f}_1']_s(s_{A_3}) &= [\bar{f}_2 \circ \bar{f}_1']_{f_1'(f_2(s_0))}(s_{A_3}) && \text{(Eigenschaft von s)} \\
&= [\bar{f}_2]_{f_2(s_0)}(s_{A_3}) && \text{(Definition von } \bar{f}_1') \\
&= s_{A_3} && \text{(Definition von } \bar{f}_2) \\
&= [\bar{f}_1]_{f_1(s_0)}(s_{A_3}) && \text{(Definition von } \bar{f}_1) \\
&= [\bar{f}_1 \circ \bar{f}_2']_{f_2'(f_1(s_0))}(s_{A_3}) && \text{(Definition von } \bar{f}_2') \\
&= [\bar{f}_1 \circ \bar{f}_2']_s(s_{A_3}) && \text{(Eigenschaft von s)}
\end{aligned}
$$

Eine analoge Argumentation gilt für die Operationssymbole.

(2) Es sei $s \epsilon S_4$, so daß ein $s_2 \epsilon S_2$ existiert mit $g_1(s_2) = s = h(\bar{f}_1'(s_2))$. Dann gilt:

$$
\begin{aligned}
[\bar{g}_1]_s(s_{A_4}) &= [\bar{g}_1]_{g_1(s_2)}(s_{A_4}) && \text{(Eigenschaft von s)} \\
&= s_{A_4} && \text{(Definition von } \bar{g}_1) \\
&= [\bar{f}_1']_{f_1'(s_2)} \circ [\bar{h}]_{h(f_1'(s_2))}(s_{A_4}) && \text{(Definition von } \bar{f}_1 \text{ und } \bar{h}) \\
&= [\bar{f}_1' \circ \bar{h}]_{h(f_1'(s_2))}(s_{A_4}) && \text{(Definition von } \circ) \\
&= [\bar{f}_1' \circ \bar{h}]_s(s_{A_4}) && \text{(Eigenschaft von s)}
\end{aligned}
$$

Die Kommutativität $\bar{g}_2 = \bar{f}_2' \circ \bar{h}$ und für die Operationssymbole ergibt sich analog.

□

Lemma 8.6: *Es seien Spezifikationen $D_1 = \langle \Sigma_1, E_1 \rangle$ und $D_2 = \langle \Sigma_2, E_2 \rangle$, ein Signatur-Morphismus $f : \Sigma_1 \to \Sigma_2$ und eine injektive Funktion $f : X_1 \to X_2$ gegeben. D.h. es existiert eine Übersetzung auf den Termen mit Variablen $f : T_{\Sigma_1(X_1)} \to T_{\Sigma_2(X_2)}$, die auch auf Formeln fortgesetzt werden kann. Falls gilt $f(E_1) := \{ f(e) \mid e \epsilon E_1 \} \subseteq E_2$, so ist $f : D_1 \to D_2$ auch Spezifikations-Morphismus.*

Beweis Unmittelbare Folgerung aus Satz 3.16 und Definition 3.17.   □

Ein Ziel dieses Kapitels ist es parametrische Spezifikationen einzuführen und deren Anwendung auf andere Spezifikationen zu definieren. Bisher wurden aber in Pushout-Konstruktionen nur Signaturen betrachtet. Pushouts werden im folgenden nun derart verallgemeinert, so daß auch Spezifikationen und nicht nur deren Signaturen behandelt werden könen.

Satz 8.7: *Die Kategorie SPEC besitzt alle Pushouts.*

Beweis Es seien die Spezifikationen D_0, D_1, D_2 und Spezifikations-Morphismen $f_1 : D_0 \to D_1$, $f_2 : D_0 \to D_2$ gegeben. Dann ist zu zeigen, daß es eine Spezifikation D_3 mit Spezifikations-Morphismen $f_1' : D_2 \to D_3$ und $f_2' : D_1 \to D_3$ gibt, für die folgende Eigenschaften gelten:

(1) Es gilt $f_1' \circ f_2 = f_2' \circ f_1$.

(2) Zu jeder Spezifikation D_4 mit gegebenen Spezifikations-Morphismen $g_1 : D_2 \to D_4$ und $g_2 : D_1 \to D_4$ mit $g_1 \circ f_2 = g_2 \circ f_1$ existiert ein eindeutiger Spezifikations-Morphismus $h : D_3 \to D_4$ mit $g_1 = h \circ f_1'$ und $g_2 = h \circ f_2'$.

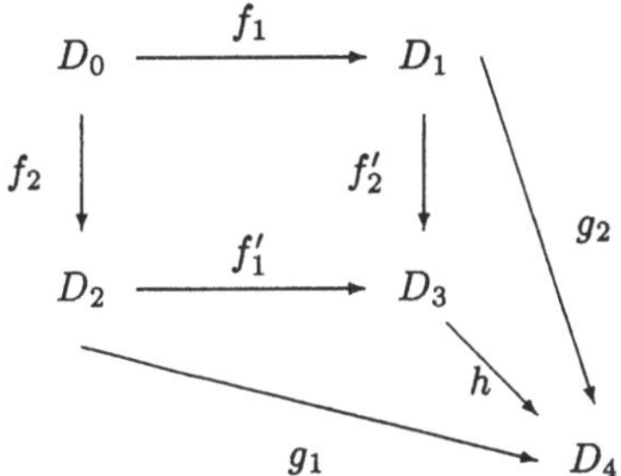

Es gelte $D_i = \langle \Sigma_i, E_i \rangle$ für $i = 0, \ldots, 4$. Zunächst wird Σ_3 als Pushout-Signatur von Σ_1 und Σ_2 bzgl. f_1, f_2 und Σ_0 definiert. Man wähle nun eine Variablenmenge X_3 so, daß es injektive Funktionen $f_1' : X_2 \to X_3$ und $f_2' : X_1 \to X_3$ gibt. Damit existieren Übersetzungen auf den Termen mit Variablen $f_1' : T_{\Sigma_2(X_2)} \to T_{\Sigma_3(X_3)}$ und $f_2' : T_{\Sigma_1(X_1)} \to T_{\Sigma_3(X_3)}$. Diese Übersetzungen lassen sich auf Formeln fortsetzen und man definiert $E_3 := \{f_1'(e_2) | e_2 \epsilon E_2\} \cup \{f_2'(e_1) | e_1 \epsilon E_1\}$.

Die Signatur-Morphismen f_1' und f_2' mit zugehörigen Reduktbildungen $\bar{f}_1'$ und $\bar{f}_2'$ induzieren dann eindeutige Spezifikations-Morphismen

$$\bar{f}_1' : \langle \Sigma_3, E_3 \rangle\text{–}ALG \to \langle \Sigma_2, E_2 \rangle\text{–}ALG$$

$$\bar{f}_2' : \langle \Sigma_3, E_3 \rangle\text{–}ALG \to \langle \Sigma_1, E_1 \rangle\text{–}ALG$$

Die zusätzliche Eigenschaft von f_1' und f_2' Spezifikations-Morphismus zu sein, ergibt sich aus dem obigen Lemma.

(1) Es ist zu zeigen: $\bar{f}_2' \circ \bar{f}_1' = \bar{f}_1 \circ \bar{f}_2'$. Dies gilt aber bereits für die Reduktbildungen der Signatur-Morphismen.

(2) Da Σ_3 Pushout-Signatur ist, hat man einen eindeutigen Signatur-Morphismus $h : \Sigma_3 \to \Sigma_4$ und damit auch einen eindeutigen ADT-Morphismus $\bar{h} : \Sigma_4\text{-}ALG \to \Sigma_3\text{-}ALG$. $\bar{h}$ ist auch Spezifikations-Morphismus, i.e., $\bar{h} : D_4\text{-}ALG \to D_3\text{-}ALG$:
Es sei A_4 eine D_4-Algebra. Dann gilt $A_4 \models g_1(E_2)$ und $A_4 \models g_2(E_1)$, da g_1 und g_2 Spezifikations-Morphismen sind. Hieraus folgt $A_4 \models h(f'_1(E_2))$ und $A_4 \models h(f'_2(E_1))$ aufgrund der Kommutativität $g_1 = h \circ f'_1$ bzw. $g_2 = h \circ f'_2$ der Signatur-Morphismen. Dann folgt aber auch $A_4 \models h(f'_1(E_2) \cup f'_2(E_1))$ und damit $A_4 \models h(E_3)$ aufgrund der Konstruktion von D_3.
Aufgrund der Eindeutigkeit von h als Signatur-Morphismus ist $\bar{h}$ auch als Spezifikations-Morphismus eindeutig festgelegt. $\bar{g}_1 = \bar{f}'_1 \circ \bar{h}$ und $\bar{g}_2 = \bar{f}'_2 \circ \bar{h}$ gilt bereits für die Reduktbildungen der Signatur-Morphismen.

□

8.2 Parametrische Spezifikation

Es gibt eine Reihe von abstrakten Datentypen, die in verschiedenen, leicht unterschiedlichen Versionen benutzt werden. Im Kapitel 2 wurde z.B. die Spezifikation **natstack** vorgestellt, die Stapel über natürlichen Zahlen realisiert. Ganz genauso kann man auch eine Spezifikation **boolstack** für Stapel über booleschen Werten oder **charstack** für Stapel über Buchstaben angeben. Es ist aber sicherlich ökonomischer, nur einmal eine Spezifikation **stack** zu schreiben und diese dann den jeweiligen Erfordernissen entsprechend anzuwenden. Für derartige Anforderungen führen wir den Begriff der parametrischen Spezifikation ein.

Definition 8.8: Eine *parametrische Spezifikation* ist ein Paar $P = \langle D_F, D_B \rangle$ von Spezifikationen $D_F = \langle \Sigma_F, E_F \rangle$ und $D_B = \langle \Sigma_B, E_B \rangle$ mit $\Sigma_F \subseteq \Sigma_B$ und $E_B \models E_F$. $\langle \Sigma_F, E_F \rangle$ wird Spezifikation des *formalen Parameters* und $\langle \Sigma_B, E_B \rangle$ *Rumpf* der Spezifikation genannt. □

Eine nicht-parametrische Spezifikation ergibt sich als Speziallfall der obigen Definition, falls der formale Parameter leer ist. Aufgrund der einschränkenden Bedingung $\Sigma_F \subseteq \Sigma_B$ gibt es einen einbettenden Signatur-Morphismus $\beta : \Sigma_F \hookrightarrow \Sigma_B$. Die zweite Bedingung $E_B \models E_F$ ist dann wegen des Darstellungssatzes 3.14 äquivalent zu der Forderung, daß dieser Signatur-Morphismus auch ein Theorie-Morphismus $\beta : E_F^* \to E_B^*$ ist. Für einen solchen Morphismus muß ja $\beta(E_F^*) \subseteq E_B^*$ bzw. hier sogar $E_F^* \subseteq E_B^*$ gelten. Eine parametrische Spezifikation ist von der Struktur her ähnlich einer hierarchischen Spezifikation.

Die Bedingung $E_B \models E_F$ stellt sicher, daß die Eigenschaften des formalen Parameters auch in der Ziel-Spezifikation gelten. Dies ist i.a. aber nicht entscheidbar. Alternativ dazu könnte man stattdessen auch die syntaktisch überprüfbare Bedingung $E_F \subseteq E_B$ aufstellen.

Beispiele 8.9: Die meisten der folgenden Beispiele verwenden als formale Parameter die Spezifikationen **entry** und **elem**. In **entry** wird eine Parametersorte und eine Konstante "default" dieser Sorte bereit gestellt. In **elem** wird zusätzlich noch ein Gleichheitsprädikat gefordert.

```
entry   sorts   entry
        ops     default : → entry
```

elem   bool +
   sorts   elem

   ops   default : $\rightarrow$ elem
              eq : elem $\times$ elem $\rightarrow$ bool

   vars   e, f, g : elem

   eqs   eq(e, e) = true
             eq(e, f) $\Rightarrow$ eq(f, e) = true
             (eq(e, f) $\wedge$ eq(f, g)) $\Rightarrow$ eq(e, g) = true

(1) Der Name **stack(entry)** der folgenden Stapel-Spezifikation zeigt an, daß die Spezifikation **entry** der formale Parameter ist. Die Sorten und Operationen in **stack(entry)** gehören zusätzlich zum Rumpf. Diese Konvention wird durchgängig für alle parametrischen Spezifikationen verwendet. Die Rumpfspezifikation erhält man auch, falls die Sorten und Operationen der Spezifikation **natstack** (Beispiel 2.8.c) geeignet umbenannt werden. Insbesondere verwendet **stack(entry)** die Bezeichnung entry als formale Parametersorte statt der konkreten Sorte nat und default statt 0.

   stack(entry)   **sorts**   stack

                      ops   new : $\rightarrow$ stack
                                push : stack $\times$ entry $\rightarrow$ stack
                                pop : stack $\rightarrow$ stack
                                top : stack $\rightarrow$ entry

                      vars   e : entry ; s : stack

                      eqs   pop(new) = new
                                pop(push(s, e)) = s
                                top(new) = default
                                top(push(s, e)) = e

(2) Analoge Bemerkungen wie sie zur Stapel-Spezifikation gemacht wurden gelten auch für die parametrische Spezifikation von Schlangen, die ähnlich der Spezifikation **natqueue** (Beispiel 2.8.d) ist.

   queue(entry)   **sorts**   queue

                      ops   empty : $\rightarrow$ queue
                                in : queue $\times$ entry $\rightarrow$ queue
                                out : queue $\rightarrow$ queue
                                front : queue $\rightarrow$ entry

                      vars   e, f : entry ; q : queue

                      eqs   out(empty) = empty
                                out(in(empty, e)) = empty
                                out(in(in(q, e), f)) = in(out(in(q, e)), f)
                                front(empty) = default
                                front(in(q, e)) = e
                                front(in(in(q, e), f)) = front(in(q, e))

(3) Die parametrische Spezifikation für Mengen sieht eine Konstante für die leere Menge
und eine Einfügeoperation vor. Weiter kann abgefragt werden, ob ein gegebener Wert
Element der Menge ist.

set(elem)   **sorts**   set

        ops   empty : $\to$ set
              add : set $\times$ elem $\to$ set
              in : set $\times$ elem $\to$ bool

        vars   e, f : elem; s : set

        eqs   add(add(s, e), f) = add(add(s, f), e)
              add(add(s, e), e) = add(s, e)
              in(empty, e) = false
              in(add(s, e), f)
                  = if eq(e, f) then true else in(s, f)

Falls zusätzlich noch eine Operation zum Löschen von Elementen in der Menge
gewünscht ist, so kann man die obige Spezifikation um folgende Angaben ergänzen.

        ops   sub : set $\times$ elem $\to$ set

        eqs   sub(empty, e) = empty
              sub(add(s, e), f)
                  = if eq(e, f) sub(s, f) true else add(sub(s, f), e)

Falls man z.B. auch aus Schlangen nicht nur das erste, sondern beliebige Elemente
löschen möchte, so müßte als formaler Parameter in **queue(entry)** nicht **entry**, sondern **elem** angenommen werden. Hierdurch entsteht dann eine parametrische Spezifikation **queue(elem)**.

(4) Die Spezifikation von Feldern sieht als formale Parametersorten Indizes und Einträge
vor. Einträge werden unter bestimmten Indexwerten im Feld gespeichert und können
mit Hilfe der Indexangabe wieder gezielt gelesen werden.

index-and-entry   **bool +**

        sorts   index, entry

        ops   eq : index $\times$ index $\to$ bool
              default : $\to$ entry
              if then else : bool $\times$ entry $\times$ entry $\to$ entry

        vars   i, j, k : index ; e, f : entry

        eqs   eq(i, i) = true
              eq(i, j) $\Rightarrow$ eq(j, i) = true
              (eq(i, j) $\wedge$ eq(j, k)) $\Rightarrow$ eq(i, k) = true
              if false then e else f = f
              if true then e else f = e

<table>
<tr><td>array(index-and-entry)</td><td>sorts</td><td>array</td></tr>
<tr><td></td><td>ops</td><td>new : $\to$ array
assign : array $\times$ index $\times$ entry $\to$ array
read : array $\times$ index $\to$ entry</td></tr>
<tr><td></td><td>vars</td><td>i, j : index ; e : entry ; a : array</td></tr>
<tr><td></td><td>eqs</td><td>read(new, i) = default
read(assign(a, i, e), j) =
    if eq(i, j) then e else read(a, j)</td></tr>
</table>

□

Wesentlich für die Benutzung von parametrischen Spezifikationen ist die Art der Parameterübergabe. So wird man z.B. sowohl natürliche Zahlen als auch boolesche Werte für die formale Sorte entry in der Spezifikation **stack** einsetzen wollen und so Spezifikationen **natstack** und **boolstack** erhalten. Technisches Hilfsmittel bei der Anwendung einer parametrischen Spezifikation sind Pushouts.

SPEC-Operator 8.10: Es seien parametrische Spezifikationen $P_i = \langle D_{F_i}, D_{B_i} \rangle$ für $i = 1, 2$ und ein Spezifikations-Morphismus $\alpha : \Sigma_{F_1} \to \Sigma_{B_2}$ gegeben. Die *Anwendung von P_1 auf P_2 mittels α* ergibt die parametrische Spezifikation

$$APPLY(P_1, P_2, \alpha) := \langle D_{F_2}, D_{B_3} \rangle.$$

$$
\begin{array}{ccccc}
D_{F_1} & \xrightarrow{\beta_1} & D_{B_1} & & \\
\alpha \downarrow & & \downarrow \alpha' & & \\
D_{F_2} & \xrightarrow{\beta_2} & D_{B_2} & \xrightarrow{\beta_1'} & D_{B_3}
\end{array}
$$

Dabei ist D_{B_3} die Pushout-Spezifikation von D_{B_2} und D_{B_1}. β_1' und α' sind die zugehörigen Pushout-Morphismen.

□

Insgesamt ist hierdurch ein Spezifikations-Operator *APPLY* festgelegt, der angewendet auf eine parametrische Spezifikation wiederum eine parametrische Spezifikation ergibt. Der Spezifikations-Morphismus $\alpha : \Sigma_{F_1} \to \Sigma_{B_2}$ weist dem formalen Parameter den aktuellen Parameter zu (Zuweisung = engl. assignment, daher α). Da jede nicht-parametrische Spezifikation auch als parametrische mit leerem formalen Parameter aufgefaßt werden kann, ermöglicht die Definition auch die Parameterübergabe an einfache Spezifikationen. In diesen Fällen ist dann D_{F_2} leer, und es entsteht auch wieder eine nicht-parametrische Spezifikation mit leerem formalen Parameter.

Beispiel 8.11:

(1) Es werden Stapel über natürlichen Zahlen konstruiert. Dazu wird folgender Parameterübergabe-Morphismus α von der parametrischen Spezifikation **stack(entry)** in die nicht-parametrische Spezifikation **nat** festgelegt.

$$
\begin{array}{rcl}
\alpha : \Sigma_{\mathbf{entry}} & \to & \Sigma_{\mathbf{nat}} \\
\text{entry} & \mapsto & \text{nat} \\
\text{default} & \mapsto & 0
\end{array}
$$

$$\textbf{stack-of-nat} := APPLY(\textbf{stack(entry)}, \textbf{nat}, \alpha)$$

Ganz analog könnten Spezifikationen **stack-of-bool** oder **stack-of-char** gebildet werden.

(2) Es werden zunächst Felder gebildet, deren Indizes als auch Einträge natürliche Zahlen sind. Als default-Wert wird 0 verwendet.

$$
\alpha_1: \quad \Sigma_{\textbf{index-and-entry}} \quad \rightarrow \quad \Sigma_{\textbf{nat+bool}}
$$

$$
\begin{array}{ccc}
\text{index} & \mapsto & \text{nat} \\
\text{entry} & \mapsto & \text{nat} \\
\text{default} & \mapsto & 0
\end{array}
$$

Alle anderen, nicht aufgeführten Sorten und Operationssymbole werden identisch abgebildet, z.B. gilt $\alpha_1(\text{bool}) = \text{bool}$.

$$\textbf{array-of-nat-and-nat} := APPLY(\textbf{array(index-and-entry)}, \textbf{nat+bool}, \alpha_1)$$

Nun werden zusätzlich noch Felder vorgesehen, die boolesche Werte als Indizes und natürliche Zahlen als Einträge besitzen. Der default-Wert der Sorte entry ist hier die Konstante 1. Der zweite Parameter-Übergabemorphismus ist somit wie folgt festgelegt.

$$
\alpha_2: \quad \Sigma_{\textbf{index-and-entry}} \quad \rightarrow \quad \Sigma_{\textbf{array-of-nat-and-nat}}
$$

$$
\begin{array}{ccc}
\text{index} & \mapsto & \text{bool} \\
\text{entry} & \mapsto & \text{nat} \\
\text{default} & \mapsto & 1
\end{array}
$$

$$\textbf{array-of-nat-and-nat+array-of-bool-and-nat} :=$$
$$APPLY(\textbf{array(index-and-entry)}, \textbf{array-of-nat-and-nat}, \alpha_2)$$

In der resultierenden Spezifikation treten unter anderem die folgenden Sorten und Operationssymbole auf. Man beachte, daß hier z.B. array(nat, nat) und array(bool, nat) nur formale, unterschiedliche Sortenbezeichner sind.

sorts   array(nat, nat), array(nat, bool)

ops   new(nat, nat) : $\rightarrow$ array(nat, nat)
       assign(nat, nat) : array(nat, nat) $\times$ nat $\times$ nat $\rightarrow$ array(nat, nat)
       new(bool, nat) : $\rightarrow$ array(bool, nat)
       assign(bool, nat) : array(bool, nat) $\times$ bool $\times$ nat $\rightarrow$ array(bool, nat)

$\square$

Wie im obigen Beispiel schon angedeutet, ist es möglich den $APPLY$ Operator mehrfach anzuwenden. Interessant ist hierbei die Frage, ob die Ergebnisspezifikation von der Reihenfolge abhängt oder nicht. Wir werden sehen, daß die parametrische Anwendung in gewisser Weise assoziativ ist. Der entsprechende Beweis macht von der folgenden Eigenschaft von Pushouts Verwendung: Die Komposition von Pushouts ergibt wieder ein Pushout.

Lemma 8.12: *Es sei Σ_4 Pushout-Signatur von Σ_1 und Σ_3 bzgl. f_1 und f_3 mit Pushout-Morphismen f_4 und f_6. Weiter sei Σ_5 Pushout-Signatur von Σ_2 und Σ_4 bzgl. f_2 und f_4 mit Pushout-Morphismen f_5 und f_7. Dann ist Σ_5 auch Pushout-Signatur von Σ_2 und Σ_3 bzgl. $f_2 \circ f_1$ und f_3 mit Pushout-Morphismen f_5 und $f_7 \circ f_6$.*

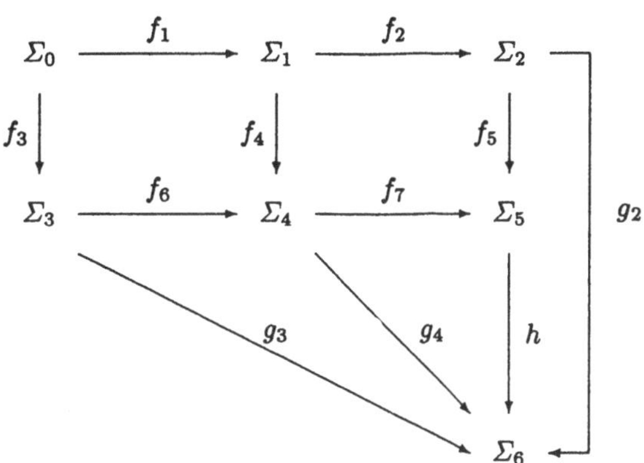

Beweis

(1) $f_7 \circ f_6 \circ f_3 = f_7 \circ f_4 \circ f_1 = f_5 \circ f_2 \circ f_1$

(2) Es sei Σ_6 eine Signatur mit $g_2 : \Sigma_2 \to \Sigma_6$ und $g_3 : \Sigma_3 \to \Sigma_6$ so daß $g_3 \circ f_3 = g_2 \circ f_2 \circ f_1$ gilt. Da Σ_4 Pushout-Signatur ist, hat man einen eindeutigen Morphismus $g_4 : \Sigma_4 \to \Sigma_6$ mit $g_3 = g_4 \circ f_6$ (A). Hieraus folgt, da auch Σ_5 Pushout-Signatur ist, die Existenz eines eindeutigen Morphismus $h : \Sigma_5 \to \Sigma_6$ mit $g_4 = h \circ f_7$ (B) und $g_2 = h \circ f_5$ (C). Damit gilt aber $g_3 = h \circ f_7 \circ f_6$ (als Folge von (A) und (B)) und mit (C) auch $g_2 = h \circ f_5$.

$\square$

Wiederum macht der obige Beweis keinerlei Verwendung von speziellen Signatur-Eigenschaften. Daher ist die Komposition von Pushouts in beliebigen Kategorien stets wieder ein Pushout.

Satz 8.13: *Es seien parametrische Spezifikationen $P_i = \langle D_{F_i}, D_{B_i} \rangle$ für $i = 1, 2, 3$ und Spezifikations-Morphismen α_i für $i = 1, 2$ wie unten skizziert gegeben. Die Anwendung von parametrischen Spezifikationen ist assoziativ, d.h. es gilt:*

$$APPLY(APPLY(P_1, P_2, \alpha_1), P_3, \alpha_2) \cong APPLY(P_1, APPLY(P_2, P_3, \alpha_2), \alpha_2' \circ \alpha_1)$$

Beweis Es ist möglich, zunächst das Pushout D_{B_4} von D_{B_1} und D_{B_2} und das Pushout D_{B_5} von D_{B_2} und D_{B_3} zu bilden. Anschließend berechnet man D_{B_6} als Pushout von D_{B_4} und D_{B_5}.

$$
\begin{array}{ccccc}
D_{F_1} & \xrightarrow{\;\beta_1\;} & D_{B_1} & & \\[1ex]
\alpha_1 \downarrow & & \downarrow \alpha_1' & & \\[1ex]
D_{F_2} & \xrightarrow{\;\beta_2\;} & D_{B_2} & \xrightarrow{\;\beta_1'\;} & D_{B_4} \\[1ex]
\alpha_2 \downarrow & & \alpha_2' \downarrow & & \downarrow \alpha_2'' \\[1ex]
D_{F_3} & \xrightarrow{\;\beta_3\;} & D_{B_3} & \xrightarrow{\;\beta_2'\;} & D_{B_5} & \xrightarrow{\;\beta_1''\;} & D_{B_6}
\end{array}
$$

Aufgrund der bis auf Isomorphie gegebenen Eindeutigkeit von Pushouts ist die Rumpf-spezifikation von $APPLY(P_1, P_2, \alpha_1)$ isomorph zu D_{B_4} und die von $APPLY(P_2, P_3, \alpha_2)$ isomorph zu D_{B_5}. Da die Zusammensetzung von Pushouts nach dem letzten Lemma wieder Pushouts ergeben, ist D_{B_6} sowohl isomorph zur Rumpfspezifikation von

$$APPLY(\langle D_{F_2}, D_{B_4}\rangle, P_3, \alpha_2)$$

als auch zu der von

$$APPLY(P_1, \langle D_{F_3}, D_{B_5}\rangle, \alpha_2' \circ \alpha_1)$$

In beiden $APPLY$-Termen ist D_{F_3} der formale Parameter. $\qquad\qquad\qquad\qquad$ □

Beispiel 8.14 Wir betrachten nochmals die Spezifikationen **nat** für natürliche Zahlen, **queue(entry)** für Schlangen und **stack(entry)** für Stapel zusammen mit Spezifikations-morphismen α_1 und α_2. α_1 sei die Identität und für α_2 gelte $\alpha_2(\text{entry}) = \text{nat}$ und $\alpha_2(\text{default}) = 0$.

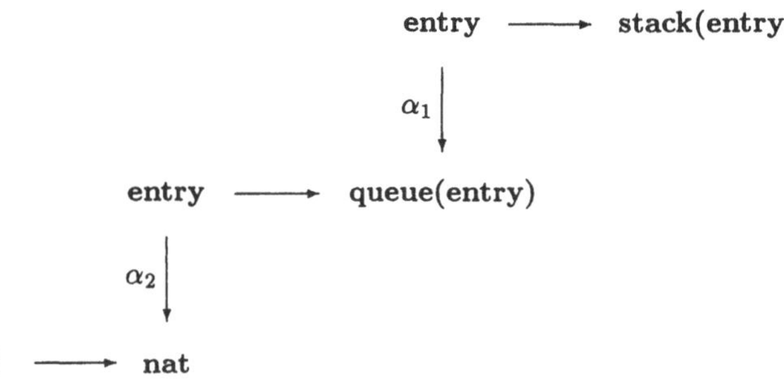

Ziel unserer Überlegungen ist eine Spezifikation der Art **stack-of-queue-of-nat**. Dies läßt sich auf zwei unterschiedlichen Wegen realisieren. Zum einen kann man **nat** direkt in **queue(entry)** einsetzen und anschließend **stack(entry)** auf diese Spezifikation anwenden.

$$\text{queue-of-nat} := APPLY(\text{queue(entry)}, \text{nat}, \alpha_2)$$

$$\text{stack-of-(queue-of-nat)} := APPLY(\text{stack(entry)}, \text{queue-of-nat}, \alpha_1 \circ \alpha_2')$$

Eine andere Möglichkeit besteht darin, zuerst eine (echt) parametrische Spezifikation **stack-of-queue(entry)** zu bilden und anschließend **nat** dort einzusetzen.

$$\textbf{stack-of-queue(entry)} := \text{APPLY}(\textbf{stack(entry)}, \textbf{queue(entry)}, \alpha_1)$$

$$\textbf{(stack-of-queue)-of-nat} := \text{APPLY}(\textbf{stack-of-queue(entry)}, \textbf{nat}, \alpha_2)$$

Der obige Satz besagt nun, daß auf beiden Wegen isomorphe Spezifikationen entstehen. Es sind also **stack-of-(queue-of-nat)** und **(stack-of-queue)-of-nat** gleichwertig.

8.3 Parametrische abstrakte Datentypen

Durch Spezifikationen werden abstrakte Datentypen festgelegt. Analog hierzu werden durch parametrische Spezifikationen parametrische abstrakte Datentypen bestimmt. Diese parametrischen abstrakten Datentypen bestehen im wesentlichen aus zwei ADTen, dem Parameter-ADT und dem Rumpf-ADT, und einem Funktor der aus einer Parameter-Algebra die Ergebnis-Algebra konstruiert.

Definition 8.15: Ein *parametrischer abstrakter Datentyp* (oder kurz *PADT*) $\mathcal{P} = \langle \mathcal{F}, \mathcal{B}, \beta, T \rangle$, notiert als $\mathcal{P}: \mathcal{F} \xrightarrow[T]{\beta} \mathcal{B}$, besteht aus

- abstrakten Datentypen $\mathcal{F}$ und $\mathcal{B}$ (dem formalen Parameter und dem Rumpf),
- einem ADT-Morphismus $\beta : \mathcal{F} \to \mathcal{B}$, wobei $\beta : \Sigma_{\mathcal{F}} \hookrightarrow \Sigma_{\mathcal{B}}$ die Inklusion ist und
- einem Funktor $T : \mathcal{F} \to \mathcal{B}$.

Ein PADT heißt *streng persistent* (bzw. *persistent*), falls $\overline{\beta} \circ T = id_{\mathcal{F}}$ (bzw. $\overline{\beta} \circ T(A) \cong A$ für alle $A \epsilon \mathcal{F}$ und $\overline{\beta} \circ T(f) \cong f$ für alle $f \epsilon \mathcal{F}$) gilt.

Ein PADT heißt *minimal*, falls für alle $A \epsilon \mathcal{F}$ das Bild $T(A)$ unter dem Typkonstruktor minimale Erweiterung von A ist (siehe Definition 6.6). Ein PADT ist *reduziert*, falls für alle $A \epsilon \mathcal{F}$ alle Elemente von $T(A)$ paarweise bzgl. β unterscheidbar sind (siehe Definition 7.4). Ein PADT heißt *surjektiv*, falls der zugehörige Funktor T surjektiv ist. □

Kern eines parametrischen abstrakten Datentyps ist also eine Typkonstruktion, die insbesondere jeder Parameteralgebra A eine Rumpfalgebra $T(A)$ zuordnet. Da ein abstrakter Datentyp aber als Klasse von Algebren aufgefaßt worden war, müßte eigentlich bei der Anwendung eines parametrischen abstrakten Datentyps wiederum eine Klasse von Algebren und nicht nur eine einzige Algebra als Ergebnis auftreten. Ein derartiger parametrischer abstrakter Datentyp wird hier aber induziert. Sei nämlich $\mathcal{F}_A \subseteq \mathcal{F}$ ein Parameter-ADT, dann entsteht durch Anwendung von T folgender Ergebnis-ADT:

$$T(\mathcal{F}_A) := \{T(A) \mid A \epsilon \mathcal{F}_A\}$$

Eine weitere Verallgemeinerung stellt der Begriff abstrakter PADT (APADT) dar: Falls nämlich ein PADT eigentlich eine Zuordnung der Form $T : 2^{\mathcal{F}} \to 2^{\mathcal{B}}$ ist, müßte ein APADT noch verschiedene Funktoren zulassen : $T \subseteq [2^{\mathcal{F}} \to 2^{\mathcal{B}}]$. Bei einem ADT sind ja auch verschiedene Algebren erlaubt. Ein PADT ergibt sich dann als Spezialfall eines APADT indem $\mid T \mid = 1$ gefordert wird, wie ja auch ein Datentyp ein Spezialfall eines abstrakten Datentyps ist.

Der Übergang von Spezifikationen zu ADTen wurde unter anderem mittels des ADT-Operators *INIT* gestaltet. Um nun von parametrischen Spezifikationen zu PADTen zu gelangen wird ein analoger Operator für parametrische Spezifikationen verwendet. Er ordnet im wesentlichen der parametrischenSpezifikation die induzierte freie Konstruktion aus Kapitel 6.4 zu.

PADT-Operator 8.16: Es sei $P = \langle D_F, D_B \rangle$ ein parametrische Gleichungsspezifikation. Der PADT-Operator *FREE* ordnet einer parametrischen Spezifikation den folgenden PADT zu.

$$FREE(\langle D_F, D_B \rangle) := \langle \mathcal{F}, \mathcal{B}, \beta, T \rangle$$

$$\mathcal{F} = MOD(D_F), \mathcal{B} = MOD(D_B), \beta : \Sigma_{\mathcal{F}} \to \Sigma_{\mathcal{B}}$$

T ist der Funktor des zugehörigen freien Datentyp-Konstruktors. ◻

Der PADT-Operator *FREE* ordnet einer parametrischen Spezifikation ähnlich wie *INIT* für einfach Spezifikationen quasi eine Standard-Semantik zu. Dies ist aber im allgemeinen nur für Gleichungsspezifikationen möglich.

Beispiel 8.17: Die beiden folgenden Beispiele für PADTen beziehen sich auf die vorgestellten parametrischen Spezifikationen und sind nach dem gleichen Muster strukturiert. Es wird jeweils die Standard-Semantik, die freie Konstruktion, betrachtet. In beiden Fällen liegt strenge Persistenz vor.

(1) Bei der Anwendung von *FREE* auf die parametrische Spezifikation **stack(entry)** entsteht der unten beschriebene PADT *STACK(ENTRY)*.

$$FREE(\textbf{stack(entry)}) := \langle MOD(\textbf{entry}), MOD(\textbf{stack(entry)}),$$
$$\textbf{entry} \hookrightarrow \textbf{stack(entry)},$$
$$FREE(\textbf{entry} \hookrightarrow \textbf{stack(entry)}) \rangle$$

Jede Parameter-Algebra A aus $MOD(\textbf{entry})$ wird nun unter dem freien Funktor $FREE(\textbf{entry} \hookrightarrow \textbf{stack(entry)})$ auf eine **stack(entry)** Algebra A$'$ abgebildet, indem gesetzt wird:

- $\text{entry}_{A'} := \text{entry}_A$
- $\text{stack}_{A'} := (\text{entry}_A)^*$
- $\text{default}_{A'} := \text{default}_A$
- $\text{new}_{A'} := \lambda$
- $\text{push}_{A'}(s, e) := s \mid e$
- $\text{pop}_{A'}(s) := \begin{cases} s' & \text{falls } s = s' \mid e \\ \lambda & \text{sonst} \end{cases}$
- $\text{top}_{A'}(s) := \begin{cases} e & \text{falls } s = s' \mid e \\ \text{default}_A & \text{sonst} \end{cases}$

Jeder Algebra-Morphismus $f : A \to B$ in $MOD(\textbf{entry})$ geht unter dem freien Funktor über in einen Algebra-Morphismus f' in $MOD(\textbf{stack(entry)})$, indem gesetzt wird:

- $f'_{\text{entry}} := f_{\text{entry}}$
- $f'_{\text{stack}} : (\text{entry}_A)^* \to (\text{entry}_B)^*$
  $f'_{\text{stack}}(e_1 \mid \ldots \mid e_n) := f_{\text{entry}}(e_1) \mid \ldots \mid f_{\text{entry}}(e_n)$

(2) Bei der Anwendung von *FREE* auf die parametrische Spezifikation **set(elem)** entsteht analog zu oben ein PADT *SET(ELEM)*. Jede Parameter-Algebra A aus $MOD(\textbf{elem})$

wird unter $FREE(\mathbf{entry} \hookrightarrow \mathbf{stack(entry)})$ auf eine $\mathbf{set(elem)}$ Algebra A' abgebildet. Man setzt:

- $s_{A'} := s_A$ für $s\epsilon$ { elem, bool }
- $\omega_{A'} := \omega_A$ für $\omega\epsilon$ { default, eq, false, true, ... }
- $\mathrm{set}_{A'} := \{m \mid m \subseteq \mathrm{elem}_A\}$
- $\mathrm{empty}_{A'} := \emptyset$
- $\mathrm{add}_{A'}(m, e) := m \cup \{e\}$
- $\mathrm{in}_{A'}(m, e) := \begin{cases} \mathrm{true}_A & \text{falls } e \ \epsilon \ m \\ \mathrm{false}_A & \text{sonst} \end{cases}$

Analog zu oben werden auch die Algebra-Morphismen abgebildet.

□

Das folgende Lemma besagt, daß durch einen Parameter ADT $\mathcal{F}$, eine Signaturinklusion $\beta : \Sigma_{\mathcal{F}} \hookrightarrow \Sigma_B$ und einen streng persistenten Funktor $T : \mathcal{F} \to B$ ein PADT bestimmt ist.

Lemma 8.18: *Gegeben seien abstrakte Datentypen $\mathcal{F}$ und B, eine Signaturinklusion $\beta : \Sigma_{\mathcal{F}} \hookrightarrow \Sigma_B$ und ein Funktor $T : \mathcal{F} \to B$. Falls T streng persistent ist, dann ist $\langle \mathcal{F}, T(\mathcal{F}), \beta, T \rangle$ ein PADT, d.h. $\beta : \mathcal{F} \to T(\mathcal{F})$ ist ADT-Morphismus.*

Beweis Zur Übung. □

8.4 Übungen

1) Berechnen Sie die Pushouts der folgenden Signaturen.

- $\Sigma_0 : S_0 = \{s_1, s_2\}; \Omega_0 = \emptyset$
  $\Sigma_1 : S_1 = \{s_1\}; a : \to s_1$
  $\Sigma_2 : S_2 = \{s_2\}; a : \to s_2$
  Für $f_1 : \Sigma_0 \to \Sigma_1$ gilt $f_1(s_1) = f_1(s_2) = s_1$ und für $f_2 : \Sigma_0 \to \Sigma_2$ gilt $f_2(s_1) = f_2(s_2) = s_2$.
- $\Sigma_0 : S_0 = \{\mathrm{entry}\}; \Omega_0 = \emptyset$
  $\Sigma_1 : \mathrm{new} : \to \mathrm{stack}; \mathrm{push} : \mathrm{stack} \times \mathrm{entry} \to \mathrm{stack}$
  $\Sigma_2 : 0 : \to \mathrm{nat}; \mathrm{succ} : \mathrm{nat} \to \mathrm{nat}; \mathrm{false}, \mathrm{true} : \to \mathrm{bool}; \mathrm{stack} : \mathrm{bool} \to \mathrm{nat}$
  $f_1 : \Sigma_0 \to \Sigma_1$ sei die Einbettung und für $f_2 : \Sigma_0 \to \Sigma_2$ gelte $f_2(\mathrm{entry}) = \mathrm{bool}$.

2) Wenden Sie die parametrischen Spezifikationen **stack(entry)**, **queue(entry)** und **array(index-and-entry)** an, um die folgenden Ergebnis-Spezifikationen zu erhalten.

- **queue-of-bool**
- **array-of-nat-and-(stack-of-int)**
- **queue-of-stack-of-(entry)**
- **array-of-(stack-of-nat)-and-int**

Beachten Sie, daß Sie im letzten Fall noch ein Gleichheitsprädikat auf Stapeln über natürlichen Zahlen definieren müssen, da diese Sorte als Index verwendet wird.

3) Geben Sie eine parametrische Spezifikation für Felder ohne Doppeleinträge an.

4) Beweisen oder widerlegen Sie die folgende Aussage: Ersetzt man in der Definition einer parametrischen Spezifikation die Forderung $E_B \models E_F$ durch $E_F \subseteq E_B$, so wird hierdurch ein äquivalenter Begriff festgelegt.

5) Erweitern Sie die parametrische Spezifikation **queue(entry)** um eine zusätzliche Operation delete : queue $\times$ nat $\to$ queue die gezielt das n-te Element einer Schlange löscht.

6) Beweisen Sie Lemma 8.18.

7) Diskutieren Sie den Unterschied zwischen den parametrischen Spezifikationen $\langle \emptyset, D \rangle$ und $\langle D, D \rangle$. Geben Sie einen Kontext an, in dem sich diese Spezifikationen unterschiedlich verhalten.

8) Für einen PADT sind die Eigenschaften Persistenz, Minimalität, Reduziertheit und Surjektivität definiert. Überlegen Sie, ob alle 16 Kombinationen möglich sind. Geben Sie Beispiele an oder begründen Sie warum eine Kombination nicht möglich ist.

9) Zeigen Sie, daß sich zu einem persistenten Datentyp-Konstruktor (T, η) immer ein streng persistenter Datentyp-Konstruktor (T', ID) angeben läßt, der zu (T, η) "isomorph" ist, d.h. es gibt eine natürliche Transformation $T \Longrightarrow T'$, die nur aus Isomorphismen besteht.

10) Definieren Sie bis auf Isomorphie explizit (durch Angabe der Abbildungen von Algebren und Morphismen) die Typkonstruktoren der PADTen *QUEUE(ENTRY)* und *ARRAY(INDEX-AND-ENTRY)*.

11) Wie wirkt sich das Weglassen der beiden add Gleichungen in der Spezifikation **set(elem)** auf die freie Konstruktion aus? Liegt dann noch Persistenz vor und wie müssen die Operationen modifiziert werden? Was geschieht in beiden Fällen, falls zusätzlich noch eine Operation choose zusammen mit folgenden Gleichungen aufgenommen wird?

        ops   choose : set $\rightarrow$ elem

        eqs   choose(empty) = default
                     choose(add(s, e)) = e

9. PADT-Konstruktion

Der Funktor ALG; Vereinigung von Algebren; Übertragung von Pushouts in SIGN auf Pull-backs in CAT^{op}; Vereinigung von Funktoren und natürlichen Transformationen; Pushouts in ADT; Übertragung von Persistenz; Extension Lemma; Sichten; parametrische Anwendung eines PADTs; Quasi-Assoziativität der Anwendung; spezielle parametrische Anwendungen: Kombination, Erweiterung, Anreicherung und Ableitung; Reduktion eines PADTs; Verträglichkeit von Reduktion und Anwendung; die zugehörigen PADT-Operatoren APPLY, COMBINE, P-EXTEND, P-ENRICH, P-DERIVE und REDUCE; Konstruktionsterme für PADTen; Normalform von Konstruktionstermen.

Wie bereits bei ADTen interessieren uns auch bei parametrischen ADTen Operatoren, mit denen sich aus gegebenen PADTen neue PADTen ableiten lassen. Einige grundlegende Operatoren und wichtige Spezialfälle sind Gegenstand dieses Kapitels. Für solche Operatoren werden Rechengesetze benötigt, um Konstruktionen von PADTen miteinander vergleichen und umformen zu können. Im nächsten Kapitel sollen dann "Implementierungen" von PADTen durch PADTen untersucht werden, die zum wesentlichen Teil aus PADT-Konstruktionen bestehen.

9.1 Grundlagen

Der Übergang von Signaturen und Algebrenkategorien wird durch den folgenden Funktor erfaßt, der als Wertebereich die duale Kategorie zu CAT, der Kategorie aller Kategorien mit Funktoren als Morphismen, hat.

Lemma 9.1: $ALG : SIGN \rightarrow CAT^{op}$ *bildet mit*

$$\Sigma \mapsto \Sigma\text{--}ALG \text{ und } (\alpha\colon \Sigma_1 \rightarrow \Sigma_2) \mapsto (\overline{\alpha}\colon \Sigma_2\text{--}ALG \rightarrow \Sigma_1\text{--}ALG)$$

einen Funktor.

Wie eng dieser Zusammenhang ist, soll daran gezeigt werden daß ALG Pushouts (sogar noch allgemeinere Konstruktionen aus der Kategorientheorie nämlich Colimiten) respektiert. Dafür ist es hilfreich, zunächst zu klären, wie das Pushout von Signaturen auf eine Zusammensetzung von Algebren zu verschiedenen Signaturen übertragen werden kann. Die Konstruktion im Beweis des anschließenden Satzes bildet eine "Vereinigung" von Algebren entsprechend den Verhältnissen bei den Signaturen.

Satz 9.2: *Gegeben sei das Pushout in SIGN, das per ALG in folgendes CAT-Diagramm übergeführt wird:*

$$
\begin{array}{ccc}
\Sigma\text{--}ALG & \xleftarrow{\ \overline{\beta}\ } & \Sigma_\beta\text{--}ALG \\
\overline{\alpha} \uparrow & & \uparrow \overline{\alpha'} \\
\Sigma_\alpha\text{--}ALG & \xleftarrow{\ \overline{\beta'}\ } & \Sigma_{po}\text{--}ALG
\end{array}
$$

Dann existiert zu jeder Σ_α-Algebra A_α und jeder Σ_β-Algebra A_β mit

$$\overline{\alpha}(A_\alpha) = \overline{\beta}(A_\beta)$$

genau eine Σ_{po}-Algebra B mit

$$(*) \quad \overline{\beta'}(B) = A_\alpha \text{ und } \overline{\alpha'}(B) = A_\beta.$$

Analoges gilt auch für einen Σ_α-Homomorphismus f und einen Σ_β-Homomorphismus g.

Beweis: ObdA sei Σ_{po} wie im Beweis zum Satz 8.1 definiert. Insbesondere gilt $S_{po} = (S_\alpha + S_\beta / \equiv_S)$, so daß β' und α' Sorten auf ihre Äquivalenzklassen unter $\equiv_S$ abbilden. Zu nach Voraussetzung gegebenen Algebren A_α und A_β bezeichne $s_A := s_{A_i}$, falls $s\epsilon S_i$ $(i = \alpha, \beta)$.

Dann kann man die Träger einer Σ_{po}-Algebra B durch die Setzung

$$(i) \quad ([s]_{\equiv_S})_B := s_A \quad \text{für } s\epsilon S_\alpha + S_\beta$$

festlegen. Die Wohldefiniertheit von (i) ergibt sich wie folgt:

- Für $s', s''\epsilon S_\alpha + S_\beta$ setze: $s' \equiv s''$ gdw. $s'_A = s''_A$.
- Da $\overline{\alpha}(A_\alpha) = \overline{\beta}(A_\beta)$, gilt für $s\epsilon S$ $\alpha(s)_{A_\alpha} = \beta(s)_{A_\beta}$, also $\alpha(s) \equiv \beta(s)$.
- Da $\equiv_S$ die kleinste von $\{(\alpha(s), \beta(s)) \mid s\epsilon S\}$ erzeugte Äquivalenz auf $S_\alpha + S_\beta$ ist, folgt $s' \equiv_S s'' \Rightarrow s' \equiv s'' \Rightarrow s'_a = s''_A$.

Die Operationen von B können analog definiert werden.

Äquivalent zu (i) gilt

$$(ii) \quad \overline{\beta}(s)_B = s_{A_\alpha} \text{ für } s\epsilon S_\alpha \quad \text{und} \quad \overline{\alpha}(s)_B = s_{A_\beta} \text{ für } s\epsilon S_\beta$$

(ii) ist aber (zusammen mit dem Analogon für Operatoren) nach Definition 3.7 äquivalent zu (*), so daß eine gewünschte Algebra B existiert, und sie durch (*) eindeutig bestimmt wird. $\qquad\qquad\square$

Notation 9.3: Bei gegebenem Pushout wird die unter der Voraussetzung $\alpha(A_\alpha) = \beta(A_\beta)$ erhaltene Algebra B als *Vereinigung* von A_α und A_β, kurz: $A_\alpha \,\dot{\cup}\, A_\beta$, bezeichnet. Dasselbe Operationssymbol wird auch für Morphismen verwendet. Auf welches Pushout sich eine Vereinigung bezieht, wird später jeweils aus dem Kontext deutlich.

Bemerkung: Wenn die Redukte der beteiligten Algebren nur bis auf Isomorphie übereinstimmen brauchen, gilt der entsprechend modifizierte Satz 9.2 nur unter zusätzlichen Voraussetzungen; z.B., falls einer der Signaturmorphismen α oder β injektiv ist.

Insbesondere gelten folgende Rechenregeln für passende Σ_α- bzw. Σ_β-Homomorphismen und Algebren (d.h. sofern die vorkommenden Verknüpfungen definiert sind):

Lemma 9.4:

$$(f\alpha_1 \,\dot{\cup}\, f_{\beta_1}) \circ (f_{\alpha_2} \,\dot{\cup}\, f_{\beta_2}) = (f_{\alpha_1} \circ f_{\alpha_2}) \,\dot{\cup}\, (f_{\beta_1} \circ f_{\beta_2})$$

$$1_{A_\alpha \,\dot{\cup}\, A_\beta} = 1_{A_\alpha} \,\dot{\cup}\, 1_{A_\beta}$$

Beweis: Die Funktoreigenschaft von $\overline{\beta'}$ und $\overline{\alpha'}$ garantiert, daß sich jeweils links und rechts dieselben β'- bzw. α'-Redukte ergeben. Die Gleichungen gelten dann aufgrund der Eindeutigkeit der "$\dot{\cup}$"-Konstruktion. $\qquad\qquad\square$

Aus dem obigen Satz folgt als grundlegender Satz über den Funktor *ALG*:

Satz 9.5: *Der Funktor* $ALG : SIGN \to CAT^{op}$ *bildet Pushouts in* $SIGN$ *auf Pullbacks in* CAT *ab, respektiert also Pushouts.*

Beweis: Für das aus einem Pushout hervorgegangene Diagramm in Satz 9.2 ist die Pullback-Eigenschaft zu zeigen, d.h.: Zu jeder Kategorie C und zu je zwei Funktoren $F_i : C \to \Sigma_i\text{-}ALG$, $i = \alpha, \beta$, mit

$$\overline{\alpha}F_\alpha = \overline{\beta}F_\beta$$

gibt es genau einen Funktor $F : C \to \Sigma_{po}\text{-}ALG$ mit

$$(*) \quad \overline{\beta'}F = F_\alpha \quad \text{und} \quad \overline{\alpha'}F = F_\beta.$$

Wegen $(*)$ und der Voraussetzung an F_α und F_β wird dieser Funktor F nach Satz 9.2 durch

$$F(A) := \quad F_\alpha(A) \mathbin{\dot\cup} F_\beta(A)$$
$$\text{und} \quad F(h) := \quad F_\alpha(h) \mathbin{\dot\cup} F_\beta(h)$$

für Objekte A und Morphismen f in C eindeutig festlegt. Die Funktoreigenschaft ergibt sich mit Hilfe der Rechenregeln in Lemma 9.4. $\qquad\Box$

Der Beweis macht deutlich, daß zu (passenden) Funktoren F_α und F_β mit Zielkategorie $\Sigma_\alpha\text{-}ALG$ bzw. $\Sigma_\beta\text{-}ALG$ eindeutig deren "Vereinigung" $F_\alpha \mathbin{\dot\cup} F_\beta$ angegeben werden. Für spätere Zwecke benötigen wir noch eine analoge Vereinigung von natürlichen Transformationen.

Lemma 9.6: *Seien in der Situation von Satz 9.2 eine beliebige Kategorie C sowie Funktoren*

$$F_{\alpha_j} : C \to \Sigma_\alpha\text{-}ALG \quad \text{und} \quad F_{\beta_j} : C \to \Sigma_\beta\text{-}ALG \quad \text{mit} \quad \overline{\alpha}F_{\alpha_j} = \overline{\beta}F_{\beta_j}, \quad j = 1, 2,$$

gegeben. Dann existiert zu je zwei natürlichen Transformationen

$$\eta_\alpha : F_{\alpha_1} \Rightarrow F_{\alpha_2} \quad \text{und} \quad \eta_\beta : F_{\beta_1} \Rightarrow F_{\beta_2} \quad \text{mit} \quad \overline{\alpha}\eta_\alpha = \overline{\beta}\eta_\beta$$

genau eine natürliche Transformation

$$\eta_\alpha \mathbin{\dot\cup} \eta_\beta : F_{\alpha_1} \mathbin{\dot\cup} F_{\beta_1} \Longrightarrow F_{\alpha_2} \mathbin{\dot\cup} F_{\beta_2}$$

mit

$$(*) \quad \overline{\beta'}\eta = \eta_\alpha \quad \text{und} \quad \overline{\alpha'}\eta = \eta_\beta.$$

Beweis: Wegen $(*)$ kommt für η nur die Morphismenfamilie $(\eta_{\alpha,A} \mathbin{\dot\cup} \eta_{\beta,A} \mid \alpha \epsilon \, |C|)$ in Frage. Diese bildet eine natürliche Transformation, wenn für beliebige Morphismen $f : A \to B$ in C das folgende Diagramm kommutiert.

$$
\begin{array}{ccc}
F_{\alpha_1}(A) \mathbin{\dot\cup} F_{\beta_1}(A) & \xrightarrow{F_{\alpha_1}(f) \,\dot\cup\, F_{\beta_1}(f)} & F_{\alpha_1}(B) \mathbin{\dot\cup} F_{\beta_1}(B) \\
\Big\downarrow{\scriptstyle \eta_{\alpha,A} \,\dot\cup\, \eta_{\beta,A}} & & \Big\downarrow{\scriptstyle \eta_{\alpha,B} \,\dot\cup\, \eta_{\beta,B}} \\
F_{\alpha_2}(A) \mathbin{\dot\cup} F_{\beta_2}(A) & \xrightarrow{F_{\alpha_2}(f) \,\dot\cup\, F_{\beta_2}(f)} & F_{\alpha_2}(B) \mathbin{\dot\cup} F_{\beta_2}(B)
\end{array}
$$

Da η_α und η_β natürliche Transformationen sind, kommutieren die Projektionen unter $\overline{\beta'}$ und $\overline{\alpha'}$, d.h.

$$\eta_{\alpha,B} \circ F_{\alpha_1}(f) = F_{\alpha_2}(f) \circ \eta_{\alpha,A} \quad \text{und} \quad \eta_{\beta,B} \circ F_{\beta_1}(f) = F_{\beta_2}(f) \circ \eta_{\beta,A}$$

Mit Lemma 9.4 folgt daraus die gewünschte Kommutativität.   □

Satz 9.7: *Die Kategorie ADT besitzt Pushouts.*

Beweis: Zu wie im nachstehenden Diagramm gegebenen ADTen $\mathcal{D}$, $\mathcal{D}_\alpha$, $\mathcal{D}_\beta$ und ADT-Morphismen α, β bezeichne $\mathcal{D}_\alpha \dot\cup \mathcal{D}_\beta$ die durch

$$\{A_\alpha \dot\cup A_\beta \mid A_\alpha \epsilon \, |\mathcal{D}_\alpha|, A_\beta \epsilon \, |\mathcal{D}_\beta|, \ \overline{\alpha}(A_\alpha) = \overline{\beta}(A_\beta)\}$$

bestimmte volle Unterkategorie von $\Sigma_{po}-ALG$; Σ_{po} sei das Pushout der zugehörigen Signaturen Σ, Σ_α, Σ_β.

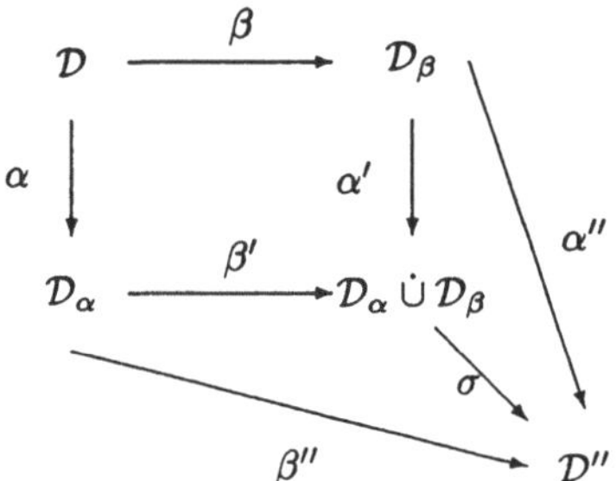

$\mathcal{D}_\alpha \dot\cup \mathcal{D}_\beta$ bildet mit den Signatur-Morphismen α' und β' tatsächlich ein Pushout in ADT: Aus der Definition von $\mathcal{D}_\alpha \dot\cup \mathcal{D}_\beta$ und Satz 9.2 folgt, daß α' und β' ADT-Morphismen sind. Zu beliebigen ADT-Morphismen α'' und β'' mit

$$\alpha'' \beta = \beta'' \alpha$$

ist auch der Signaturmorphismus σ, der durch Anwendung der Pushouteigenschaft in $SIGN$ eindeutig bestimmt ist, ein ADT-Morphismus, denn

$$\overline{\sigma}(\mathcal{D}'') = \overline{\alpha''}(\mathcal{D}'') \dot\cup \overline{\beta''}(\mathcal{D}'') \subseteq \mathcal{D}_\alpha \dot\cup \mathcal{D}_\beta$$ □

Da auch $\Sigma_{po}-ALG = \Sigma_\alpha-ALG \dot\cup \Sigma_\beta-ALG$ gilt, lassen sich die obigen Aussagen über die Vereinigung von Funktoren und von Transformationen sogar auf beliebige passende ADTen $\mathcal{D}_\alpha$ bzw. $\mathcal{D}_\beta$ anstelle $\Sigma_\alpha-ALG$ bzw. $\Sigma_\beta-ALG$ übertragen, indem $\Sigma_{po}-ALG$ überall durch $\mathcal{D}_\alpha \dot\cup \mathcal{D}_\beta$ ersetzt wird.

Falls ein Pushout wie oben und ein Funktor $T: \mathcal{D} \to \mathcal{D}_\beta$ gegeben ist, überträgt das folgende "Extension-Lemma" quasi die Persistenz-Eigenschaft von T auf die gegenüberliegenden Seite des Pushouts, nämlich auf den Funktor $T': \mathcal{D}_\alpha \to \mathcal{D}_\alpha \dot\cup \mathcal{D}_\beta$.

Satz 9.8: *Gegeben das obige Pushout in ADT. Zu jedem Funktor $T: \mathcal{D} \to \mathcal{D}_\beta$, der bzgl. β streng persistent ist ($\overline{\beta}T = id_\mathcal{D}$), existiert genau ein Funktor $T': \mathcal{D}_\alpha \to \mathcal{D}_\alpha \dot\cup \mathcal{D}_\beta$, für den*

$$\overline{\beta'}T' = id_{\mathcal{D}_\alpha} \quad \text{und} \quad \overline{\alpha'}T' = T\,\overline{\alpha}$$

gilt.

Beweis: Aufgrund der Anforderungen ist T' eindeutig als der Funktor

$$id_{\mathcal{D}_\alpha} \dot\cup (T\overline{\alpha})$$

bestimmt. $\square$

Um den Kalkül für das Rechnen mit PADT-Operatoren sowie später mit ganzen Implementierungen einfach überschaubar zu halten, beschränken wir uns auf streng persistente und surjektive PADTen (vgl. Lemma 8.18). Wie im Kapitel 10 ausgeführt wird, lassen sich gerade damit bestimmte Phänomene des hierarchischen Software-Entwurfs angemessen nachbilden.

Neben PADTen selbst werden für PADT-Operatoren teilweise noch Signatur-Morphismen zwischen PADTen als Argumente benötigt. Da man durch sie algebraische Strukturen aus der Perspektive anderer Signaturen "sehen" kann (Reduktbildung), sprechen wir statt von Signatur-Morphismen anschaulicher von *Sichten*. Die Gesamtheit aller PADTen sei mit *PADT*, die aller Sichten mit *VIEW* bezeichnet.

Im allgemeinen bestimmen Konstruktionsoperatoren partielle Operationen mit einem oder mehreren Argumenten aus *PADT* und *VIEW* sowie mit einem Ergebnis aus *PADT*. Solche Operationen werden PADTen meist nur bis auf Isomorphie der Signaturen eindeutig bestimmen; die jeweiligen Typkonstruktoren liegen jedoch relativ dazu fest. Ohne explizit für eine eindeutige Namensgebung zu sorgen, werden wir solche PADTen dennoch als "gleich" ansehen. Werden PADTen durch partiell definierte Ausdrücke τ_1, τ_2 bestimmt, so bedeutet die Notation $\tau_1 \leq \tau_2$: Wenn τ_1 definiert ist, dann ist auch τ_2 definiert und bestimmt den (im obigen Sinne) gleichen PADTen wie τ_1.

9.2 Parametrische Anwendung

Der wichtigste PADT-Operator ist die parametrische Anwendung *APPLY*, die wir schon für parametrische Spezifikationen kennengelernt haben. In einen PADT $\mathcal{P}(\mathcal{F})$ wird ein PADT $\mathcal{A}$ als "aktueller Parameter" eingesetzt, indem eine passende "aktuelle" Substitution für den "formalen" Parameter $\mathcal{F}$ von $\mathcal{P}$ vorgenommen und der Typkonstruktor angewendet wird. Dazu wird durch Angabe einer Sicht (Signatur-Morphismus) α vom formalen Parameter von $\mathcal{P}$ in den Rumpf von $\mathcal{A}$ festgelegt, wie Sorten und Operatoren zu substituieren sind. Zusätzlich muß jede aktuelle Parameter-Algebra zulässig, d.h. unter dieser Sicht auch formale Parameter-Algebra sein.

PADT-Operator 9.9: Als *parametrische Anwendung* wird die folgende partielle Operation bezeichnet:

$$APPLY : PADT \times PADT \times VIEW \multimap PADT$$

Gegeben seien PADTen $\mathcal{P}: \mathcal{F}_1 \xrightarrow[T_1]{\beta_1} \mathcal{B}_1$, $\mathcal{A}: \mathcal{F}_2 \xrightarrow[T_2]{\beta_2} \mathcal{B}_2$ und eine Sicht α. $APPLY(\mathcal{P}, \mathcal{A}, \alpha)$ ist genau dann definiert, wenn $\alpha: \mathcal{F}_1 \to \mathcal{B}_2$ ein ADT-Morphismus ist, und ergibt sich gemäß dem nachstehenden Pushout in ADT, ergänzt um die Übertragung T_1' des Typkonstruktors T_1, wie folgt (vgl. Sätze 9.7 und 9.8):

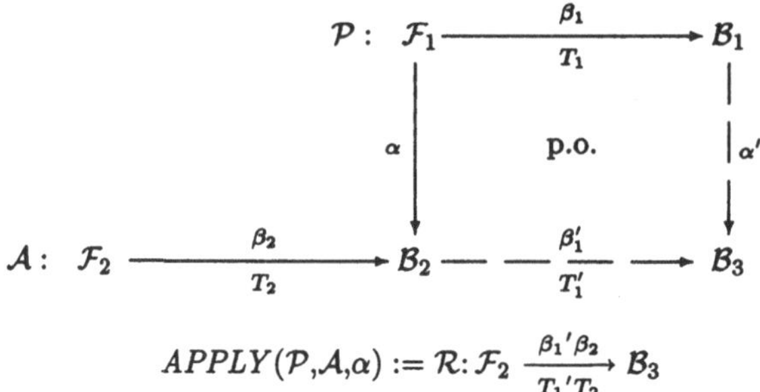

$$APPLY\,(\mathcal{P},\mathcal{A},\alpha) := \mathcal{R}\colon \mathcal{F}_2 \xrightarrow[T_1'T_2]{\beta_1'\beta_2} \mathcal{B}_3$$

Wenn wir mit $\mathcal{P}^\alpha$ die Übertragung von $\mathcal{P}$ per α, den PADT $\mathcal{B}_2 \xrightarrow[T_1']{\beta_1'} \mathcal{B}_3$ undmit $\bullet$ die Hintereinanderschaltung von PADTen durch Komposition der Signaturmorphismen und Typkonstruktoren bezeichnen, können wir auch $APPLY\,(\mathcal{P},\mathcal{A},\alpha) := \mathcal{P}^\alpha \bullet \mathcal{A}$ schreiben.

VIEW-Operator 9.10: Durch die parametrische Anwendung wird auch eine neue Sicht $\alpha'\colon \mathcal{B}_1 \to \mathcal{B}_3$ vom Rumpf des PADTs $\mathcal{P}$ in den Rumpf des Ergebnisses $\mathcal{R}$ bestimmt. So erhalten wir eine Operation, die ebenfalls mit $APPLY$ bezeichnet sei:

$$APPLY\colon PADT \times VIEW \multimap VIEW \qquad \text{mit } APPLY\,(\mathcal{P},\alpha) := \alpha'$$

Notation 9.11: Wenn $APPLY\,(\mathcal{P},\mathcal{A},\alpha)$ definiert ist, heißen $(\mathcal{A},\alpha)$ (bzw. nur $\mathcal{A}$, falls α aus dem Kontext klar ist) *aktueller Parameter* zu $\mathcal{P}$ und α *Parameterzuweisung* von $\mathcal{A}$ an $\mathcal{P}$. $APPLY\,(\mathcal{P},\mathcal{A},\alpha)$ bezeichnet die *Anwendung* von $\mathcal{P}$ auf $\mathcal{A}$ oder die *Einsetzung* von $\mathcal{A}$ in $\mathcal{P}$ (gemäß α). Gelegentlich kürzen wir $APPLY\,(\mathcal{P},\mathcal{A},\alpha)$ zu $\mathcal{P}-OF-\mathcal{A}$ ab, wenn die beteiligte Sicht klar oder vernachlässigbar ist. In Beispielen wird der formale Parameter in Klammern dahinter angegeben, so daß wir notieren:

$$APPLY\,(\mathcal{P}(\mathcal{F}_1),\mathcal{A}(\mathcal{F}_2),\alpha)) = \mathcal{P}-OF-\mathcal{A}(\mathcal{F}_2)$$

Beispiel 9.12: Wird der PADT *STACK(ENTRY)* auf den PADT *QUEUE(ENTRY)* (vgl. Bsp. 8.17(1,2)) gemäß der naheliegenden Parameterzuweisung

$$\alpha\colon \text{entry} \mapsto \text{queue}$$

angewendet[1], ergibt sich ein PADT, der zu einer Einträge-Algebra gerade Stacks von Queues aus diesen Einträgen konstruiert. Dieser ist also definiert durch:

$$APPLY\,(STACK(ENTRY),QUEUE(ENTRY),\alpha) = STACK\text{-}OF\text{-}QUEUE(ENTRY)$$

Dabei wird der formale Parameter *ENTRY* von *QUEUE(ENTRY)* übernommen.

Wird ein PADT auf einen nichtparametrischen ADT angewendet, ist das Ergebnis wieder nichtparametrisch. Wenn z.B. $NAT = INIT(MOD(\mathbf{nat}))$ den ADT der natürlichen Zahlen bezeichnet, so liefert

$$APPLY\,(QUEUE(ENTRY),\ NAT,\ \text{entry} \mapsto \text{nat}) = QUEUE\text{-}OF\text{-}NAT$$

---

[1] Parameterzuweisungen sind in diesem und folgenden Beispielen ggf. um naheliegende Zuordnungen der zugehörigen Operatoren zu ergänzen, z.B. default $\mapsto$ empty .

den ADT der Queues von natürlichen Zahlen. □

Beispiel 9.13: Typischerweise kann auch in Ergebnisse parametrischer Anwendungen wieder eingesetzt werden, z.B.:

$$APPLY(APPLY(STACK(ENTRY_1),$$
$$QUEUE(ENTRY_2),$$
$$\text{entry}_1 \mapsto \text{queue})$$
$$NAT,$$
$$\text{entry}_2 \mapsto \text{nat})$$
$$= \quad (STACK\text{-}OF\text{-}QUEUE)\text{-}OF\text{-}NAT$$

□

Beispiel 9.14: Durch Anwendung eines PADTs $\mathcal{P}(\mathcal{F})$ auf einen PADT $\mathcal{G}(\mathcal{G})$ wird nur der formale Parameter $\mathcal{F}$ durch $\mathcal{G}$ ersetzt; z.B.:

$$APPLY(QUEUE(ENTRY),ELEM(ELEM), \text{entry} \mapsto \text{elem}) = QUEUE(ELEM)$$
□

Welche Gesetzmäßigkeiten gelten nun, wenn mehrere *APPLY*–Operatoren gemeinsam auftreten? Wenn etwa mehrere PADTen ineinander eingesetzt werden, z.B. $\mathcal{P}_3$ in $\mathcal{P}_2$ und $\mathcal{P}_2$ in $\mathcal{P}_1$, stellt sich die Frage, ob es egal ist, in welcher Reihenfolge man die Anwendungen auswertet, d.h. in der genannten Situation, ob gilt[2]:

$$(\mathcal{P}_1 - OF - \mathcal{P}_2) - OF - \mathcal{P}_3 = \mathcal{P}_1 - OF - (\mathcal{P}_2 - OF - \mathcal{P}_3)$$

Tatsächlich verhalten sich parametrische Anwendungen im Sinne dieses Beispiels assoziativ. Jedoch ist zu berücksichtigen, daß *APPLY* eine dreistellige Operation ist, bei der noch eine Sicht beteiligt ist. Präzise formuliert, gilt folgende Aussage:

Satz 9.15: *Seien $\mathcal{P}_i$ PADTen ($i = 1, 2, 3$) und α_i Parameterzuweisungen von $\mathcal{P}_{i+1}$ an $\mathcal{P}_i$ ($i = 1, 2$). Dann gilt:*

$$APPLY(APPLY(\mathcal{P}_1,\mathcal{P}_2,\alpha_1),\mathcal{P}_3,\alpha_2)$$
$$= APPLY(\mathcal{P}_1,APPLY(\mathcal{P}_2,\mathcal{P}_3,\alpha_2),APPLY(\mathcal{P}_2,\alpha_2) \circ \alpha_1)$$

Beweis: Die Behauptung folgt ganz analog wie im Beweis von Satz 8.7, wenn statt Pushouts in *SPEC* Pushouts in *ADT* benutzt werden. □

Vernachlässigt man die Sichten, ist aus dieser Gleichung ein assoziatives Verhalten von *APPLY* abzulesen, allerdings mit folgender Einschränkung: Es wird vorausgesetzt, daß bestimmte Parameterzuweisungen α_1 und α_2 schon existieren, so daß die linke Seite

$$\mathcal{L} = APPLY(APPLY(\mathcal{P}_1,\mathcal{P}_2,\alpha_1),\mathcal{P}_3,\alpha_2) \cong (\mathcal{P}_1 - OF - \mathcal{P}_2) - OF - \mathcal{P}_3$$

definiert ist. Daraus folgt, daß Parameterzuweisungen α_2 und α existieren, so daß die rechte Seite

$$\mathcal{R} = APPLY(\mathcal{P}_1,APPLY(\mathcal{P}_2,\mathcal{P}_3,\alpha_2),\alpha) \cong \mathcal{P}_1 - OF - (\mathcal{P}_2 - OF - \mathcal{P}_3)$$

definiert und gleichwertig zur linken Seite ist. Für beliebige PADTen $\mathcal{P}_i$ und Sichten α, α_i gilt also nur $\mathcal{L} \leq \mathcal{R}$. Deshalb bezeichnen wir *APPLY* als *quasi-assoziativ.*

---

[2] Solche Auswertungen erinnern an bottom-up ("call-by-value") bzw. top-down ("call-by-name") Berechnungsstrategien bei Funktionsgleichungen, die dort nicht unbedingt gleiche Ergebnisse liefern.

Tatsächlich gilt die Umkehrung nicht im allgemeinen! Falls $P_2 - OF - P_3$ in P_1 eingesetzt werden kann, muß das nicht auch auf P_2 alleine zutreffen, weil gegenüber $P_2 - OF - P_3$

— Sorten und Operatoren fehlen
— oder zu viele Rumpf-Algebren vorgesehen sein

können. Entsprechende Gegenbeispiele lassen sich leicht konstruieren (zur Übung). Somit sind parametrische Anwendungen nicht beliebig miteinander vertauschbar. Der obige Satz erlaubt aber zumindest, jede Kette von Anwendungen beliebig von links nach rechts, von rechts nach links oder gemischt "auszuwerten". In Kurzform ausgedrückt, gilt für n beliebige PADTen $P_1, \ldots, P_n$:

$$(\cdots (P_1 - OF - P_2) \cdots) - OF - P_n \; \leq \; P_1 - OF - (P_2 - OF - (\cdots - OF - P_n \cdots))$$

Bei der rechtsbündigen Auswertung kommen als Zwischenergebnisse nur ADTen mit möglichst "wenigen" Algebren vor, während bei der linksbündigen Auswertung nur ADT-Morphismen zwischen den ursprünglichen PADT-Komponenten als Parameterzuweisungen benutzt werden. Das folgende technische Lemma kann gewissermaßen als Ersatz für die an der vollen Assoziativität fehlende Richtung angesehen werden.

Lemma 9.16: *Seien P_i PADTen ($i = 1, 2, 3$), α_2 Parameterzuweisung von P_3 an P_2 und α Parameterzuweisung von $APPLY(P_2, P_3, \alpha_2)$ an P_1. Dann gilt:*

$$APPLY(P_1, APPLY(P_2, P_3, \alpha_2), \alpha) = APPLY(APPLY(P_1, P_2^{\alpha_2}, \alpha), P_3, id)$$

Beweis: Gemäß Definition 9.9 folgt für $P = APPLY(P_1, APPLY(P_2, P_3, \alpha_2), \alpha)$:

$$P = P_1^\alpha \bullet (P_2^{\alpha_2} \bullet P_3) = (P_1^\alpha \bullet P_2^{\alpha_2}) \bullet P_3 = (P_1^\alpha \bullet P_2^{\alpha_2})^{id} \bullet P_3$$

Somit gilt auch: $P = APPLY(APPLY(P_1, P_2^{\alpha_2}, \alpha), P_3, id)$.   □

Einige wichtige Konstruktionen von PADTen lassen sich auf Spezialfälle von $APPLY$ zurückführen:

PADT-Operator 9.17: Die *Kombination* zweier PADTen $P_i \colon \mathcal{F} \xrightarrow[T_i]{\beta_i} B_i$ ($i = 1, 2$) mit gleichem formalen Parameter $\mathcal{F}$ führt zu einer Vereinigung der Rümpfe und entsprechender Überlagerung der Typkonstruktoren:

$$COMBINE(P_1, P_2) :=$$

$$\mathcal{F} \xrightarrow[T_1 \,\dot\cup\, T_2]{\subseteq} (B_1 \,\dot\cup\, B_2) = APPLY(P_2 \colon \mathcal{F} \xrightarrow[T_2]{\beta_2} B_2, \; P_1 \colon \mathcal{F} \xrightarrow[T_1]{\beta_1} B_1, \; \beta_1)$$

Zusätzlich sei $COMBINE$ analog auf den Fall ausgedehnt, daß eines der Argumente einen leeren formalen Parameter hat:

$$COMBINE(P_1(\mathcal{F}), \, P_2(\emptyset)) := APPLY(P_2(\emptyset), \, P_1(\mathcal{F}), \, \emptyset \hookrightarrow B_1)$$

(und umgekehrt, falls P_1 nichtparametrisch).

Beispiele 9.18: $COMBINE(STACK(ENTRY), QUEUE(ENTRY))$ konstruiert aus jeder Einträge-Algebra sowohl zugehörige Stacks als auch Queues und faßt diese in einer Rumpf-Algebra zusammen.

Um für Arrays natürlichzahlige Indices festzulegen, den Typ der Einträge aber variabel zu belassen, wird die durch

$$APPLY(ARRAY(INDEX\text{-}AND\text{-}ENTRY),$$
$$COMBINE(NAT,ENTRY(ENTRY)),$$
$$(\text{index} \mapsto \text{nat, entry} \mapsto \text{entry}))$$

angedeutete parametrische Einsetzung gebildet (vgl. Bsp. 8.17(4)). □

Beispiele 9.19: Die Notation für PADTen mit "mehreren" formalen Parametern wie etwa "$\mathcal{P}(\mathcal{F}_1 - AND - \mathcal{F}_2)$" soll für parametrische Anwendungen analog übernommen werden: Um die Zuweisung eines (per *COMBINE*) aus $\mathcal{A}_1$ und $\mathcal{A}_2$ zusammengesetzten aktuellen Parameters $\mathcal{A}$ an die Komponenten $\mathcal{F}_1$ und $\mathcal{F}_2$ des formalen Parameters $\mathcal{F}_1 - AND - \mathcal{F}_2$ implizit deutlich zu machen, schreiben wir

$$\mathcal{P} - OF - \mathcal{A}_1 - AND - \mathcal{A}_2 \quad \text{für} \quad APPLY(\mathcal{P},\mathcal{A},\alpha)$$

falls α in $\alpha_1 \colon \mathcal{F}_1 \to \mathcal{B}_{\mathcal{A}_1}$ und $\alpha_2 \colon \mathcal{F}_2 \to \mathcal{B}_{\mathcal{A}_2}$ zerfällt. Z.B. wird notiert:

- *ARRAY-OF-NAT-AND-ENTRY(ENTRY)* für den zweiten PADT aus Beispiel 9.18

- *ARRAY-OF-NAT-AND-QUEUE(ELEM)*
  $= APPLY(ARRAY(INDEX\text{-}AND\text{-}ENTRY), COMBINE(NAT,QUEUE(ELEM)), \alpha)$
  mit $\alpha = (\text{index} \mapsto \text{nat}, \text{entry} \mapsto \text{queue}, \dots)$

- *ARRAY-OF-NAT-AND-BOOL*
  $= APPLY(ARRAY(INDEX\text{-}AND\text{-}ENTRY),COMBINE(NAT,BOOL),\alpha)$
  mit $\alpha = (\text{index} \mapsto \text{nat}, \text{entry} \mapsto \text{bool}, \dots)$ □

PADT-Operator 9.20: Die *Erweiterung* eines PADTs $\mathcal{P} \colon \mathcal{F} \xrightarrow[T]{\beta} \mathcal{B}$ um neue Sorten und Operatoren, bei der die "alte" algebraische Struktur der Rumpf-Algebren erhalten bleibt, wird bestimmt durch:

- eine Signatur Σ_ϵ mit $\epsilon : \Sigma_\mathcal{B} \subseteq \Sigma_\epsilon$ und
- einen streng persistenten Funktor $E : \mathcal{C} \to \Sigma_\epsilon - ALG$ auf einem ADT $\mathcal{C}$ mit $\mathcal{B} \subseteq \mathcal{C} \subseteq \Sigma_\mathcal{B} - ALG$.

Als Ergebnis wird der PADT $\mathcal{F} \xrightarrow[ET]{\epsilon\beta} E(\mathcal{B})$ geliefert, welcher mit

$$APPLY(\mathcal{E} \colon \mathcal{C} \xrightarrow[E]{\epsilon} \Sigma_\epsilon - ALG, \mathcal{P} \colon \mathcal{F} \xrightarrow[T]{\beta} \mathcal{B}, id_{\Sigma_\mathcal{B}}) = \mathcal{E}^{id} \bullet \mathcal{P}$$

übereinstimmt.

Derartige *APPLY*-Situationen, also $APPLY(\mathcal{E},\mathcal{P},id)$ mit einer Identität als Parameterzuweisung, bezeichnen wir zukünftig mit dem Operator *P-EXTEND($\mathcal{P},\mathcal{E}$)*, der *(parametrischen) Erweiterung* von $\mathcal{P}$ durch $\mathcal{E}$.

PADT-Operator 9.21: Falls bei einer Erweiterung keine neuen Sorten hinzukommen ($S_\mathcal{B} = S_\epsilon$), spricht man auch von einer *(parametrischen) Anreicherung*, bezeichnet durch *P-ENRICH($\mathcal{P},\mathcal{E}$)*.

Man beachte, daß in diesem Kalkül die Erweiterungs- bzw. Anreicherungsvorschrift explizit als ein PADT $\mathcal{E}$ angegeben werden muß, was eine Prüfung auf Persistenz voraussetzt.

Häufig werden PADTen nur um solche Operationen angereichert, die Umbenennungen variabler Terme über der Rumpf-Signatur Σ_B sind, also aus den Rumpf-Operationen "abgeleitet" werden. Dazu sei die Gesamtheit $T(\Sigma_B, V)$ aller Σ_B-Terme mit Variablen V als Signatur aufgefaßt; jede Σ_B-Algebra bildet dann auch eine $T(\Sigma_B, V)$-Algebra.

PADT-Operator 9.22: Zu einer beliebigen Signatur Σ_B und einer sortenidentischen Sicht $\delta\colon \Sigma_\delta \to T(\Sigma_B, V)$ von einer Signatur Σ_δ in die Termsignatur, dem sogenannten *Derivor* δ, kann wie ein PADT

$$\mathcal{E}_\delta\colon \Sigma_B\text{-}ALG \xrightarrow[E_\delta]{\subseteq} (\Sigma_B + \Sigma_\delta)\text{-}ALG$$

mit folgendem Typkonstruktor E_δ angegeben werden:

- Jede Σ_B-Algebra A geht unter E_δ in diejenige $(\Sigma_B + \Sigma_\delta)$-Algebra über, die als Σ_B-Redukt A und als Σ_δ-Redukt $\overline{\delta}(A)$ hat, wenn A als $T(\Sigma_B, V)$-Algebra aufgefaßt wird.
- Σ_B-Morphismen werden identisch übernommen.

So ergibt sich ein streng persistenter Funktor E_δ und damit eine Anreicherungsvorschrift $\mathcal{E}_\delta$. Wenn man den Derivor durch Gleichungen E der Form $\omega = \delta(\omega)$ für $\omega \epsilon \Sigma_\delta$ darstellt, gilt $E_\delta = FREE[\langle \Sigma_B, \emptyset \rangle \hookrightarrow \langle \Sigma_B + \Sigma_\delta, E \rangle]$ (zu *FREE* vgl. Def. 6.39). Jede solche Anreicherung P-$ENRICH(\mathcal{P}, \mathcal{E}_\delta)$ zu einem passenden Derivor δ nennen wir eine *(parametrische) Ableitung*, bezeichnet durch P-$DERIVE(\mathcal{P}, \delta)$.

Anschließend stellen wir einige Beispiele von Anreicherungen vor. Diese dienen später als Bestandteile von Implementierungen und beziehen daraus erst ihre eigentliche Motivation.

Beispiel 9.23: Für eine Anreicherung des PADTs *QUEUE(ELEM)* (aus den Beispielen 8.17(2) und 9.6) soll ein PADT $\mathcal{E} = MAKE\text{-}SET(QUEUE)$ verwendet werden, dessen Typkonstruktor durch

$$FREE\ [\textbf{queue(elem)} \hookrightarrow \textbf{make-set}]$$

mit folgender Spezifikation **make-set** definiert sei:

> **make-set = queue(elem) +**
>
> | | |
> |---|---|
> | **ops** | insert: queue × elem → queue |
> | | delete: queue × elem → queue |
> | | is-in: elem × queue → bool |
> | **vars** | x,y: elem; q: queue |
> | **eqs** | insert(q, x) = in(q, x) |
> | | delete(empty, x) = empty |
> | | delete(in(q, x), x) = if (x eq y) then delete(q, x) |
> | | else in(delete(q, x), y) fi |
> | | is-in(x, empty) = false |
> | | is-in(x, in(q, y)) = if (x eq y) then true else is-in(x, q) fi |

$\mathcal{E}$ reichert also jede *QUEUE*-Algebra A um mengenartige Operationen an, die durch die Gleichungen bestimmt sind. Zwecks Persistenz ist es erforderlich, daß sich alle queue-Objekte in A eindeutig durch wiederholte Anwendung von in_A aus $empty_A$ erzeugen lassen, was aber bei *QUEUE*-Algebren der Fall ist. Somit liefert

$$P\text{-}ENRICH(QUEUE(ELEM), MAKE\text{-}SET(QUEUE))$$

zu jeder Elemente-Algebra die zugehörige angereicherte *QUEUE*-Algebra. □

Beispiel 9.24: Durch eine andere Definition als im Beispiel 9.23, nämlich mit Gleichungen, die auch die Operationen "out" und "front" ausnutzen, können wir im formalen Parameter der Anreicherungsvorschrift noch weitere $\Sigma_{\text{queue(elem)}}$-Algebren[3] zulassen. Die obige Definition von *P-ENRICH* bzw. *P-EXTEND* sieht ja eine solche Möglichkeit vor. Wir nehmen dazu an, daß die Signatur $\Sigma_{\text{queue(elem)}}$ um die Sorte "nat" und Operatoren 0, succ, < sowie "length: queue → nat" ergänzt sei.

Die betreffende Erweiterungsvorschrift $\mathcal{E}' = MAKE\text{-}SET'(QUEUE')$ sei signaturgleich zu *MAKE-SET(QUEUE)*; jedoch modifizieren wir den formalen Parameter und die definierenden Gleichungen, so daß der Typkonstruktor durch

$$FREE[\langle \Sigma_{\text{queue(elem)}}, \emptyset \rangle \hookrightarrow \textbf{make-set} \mid QUEUE']$$

mit folgenden Angaben bestimmt ist: $QUEUE'$-Algebren sind alle $\Sigma_{\text{queue(elem)}}$-Algebren A, die einen nat-Träger isomorph zu $\mathbb{N}$ haben und die die Bedingung

$$(*) \quad 0 < \text{length}_A(q) \Rightarrow \text{length}_A(\text{out}_A(q)) < \text{length}_A(q)$$

erfüllen. **make-set'** sei folgende Spezifikation:

make-set' $= \Sigma_{\text{queue(elem)}}$ +

    ops   insert: queue × elem → queue
               delete: queue × elem → queue
               is-in: elem × queue → bool
    vars x: elem; q: queue

    eqs   insert(q, x) = in(q, x)
              delete(q, x) = if length(q) = 0 then q
                                else if (x eq front(q))
                                      then delete(out(q), x)
                                      else in(delete(out(q), x), front(q)) fi fi
              is-in(x, q)   = if length(q) = 0 then false
                                  else if (x eq front(q)) then true
                                  else is-in(x, out(q)) fi fi

Bereits der Typkonstruktor $FREE[\langle \Sigma_{\text{queue(elem)}}, \emptyset \rangle \hookrightarrow \textbf{make-set}']$ ist treu (konsistent), weil das Gleichungssysstem für jeden neuen Operator ω genau eine Gleichung mit linker Seite "$\omega(x_1, \ldots, x_n)$" und sonst keine anderen Gleichungen vorsieht. Die im Definitionsbereich *QUEUE'* vorausgesetzte "verkleinernde" Wirkung von out garantiert die Vollständigkeit des hier eingeschränkten Typkonstruktors. (Diese Eigenschaft entspräche, wenn man die Gleichungen als rekursive Programme auffaßt, gerade deren Terminierung.) Somit folgt auch Persistenz (vgl. Def. 6.39). □

---

[3] Σ_D bezeichne im folgenden immer die Signatur einer Spezifikation D.

Beispiel 9.25: Gegeben sei ein PADT *PTR-ARRAY(ENTRY)*, durch den zu irgendwelchen Einträgen natürlichzahlig indizierte Arrays gebildet und mit jeweils zwei Zahlen zu Tripeln zusammengefaßt werden. Die Zahlen sollen als Indizes benutzt werden, also die Rolle von Zeigern spielen.

Die Signatur $\Sigma_{\text{ptr-array}}$ dieses PADTs umfaßt außer der Rumpf-Signatur von

$$ARRAY\text{-}OF\text{-}NAT\text{-}AND\text{-}ENTRY(ENTRY)$$

noch die Sorte "triple" und die Operatoren:

$$
\begin{array}{ll}
(\_,\,\_,\,\_): & \text{array} \times \text{nat} \times \text{nat} \rightarrow \text{triple} \\
\_.\text{arr}: & \text{triple} \rightarrow \text{array} \\
\_.\text{i}: & \text{triple} \rightarrow \text{nat} \\
\_.\text{j}: & \text{triple} \rightarrow \text{nat}
\end{array}
$$

Jede *PTR-ARRAY*-Algebra A hat den Träger

$$\text{triple}_A \cong \text{array}_A \times \text{nat}_A \times \text{nat}_A,$$

auf dem die obigen Operatoren als Tripelkonstruktor und Selektoren wirken.

Über diesem PADT können nun queue-artige Operatoren Σ_{qu} mit Hilfe eines Derivors

$$\delta_{qu} : \Sigma_{qu} \rightarrow T(\Sigma_{\text{ptr-array}}, V)$$

abgeleitet werden:

$$
\begin{array}{ll}
\text{init} & \mapsto (\text{new},\, 0,\, 0) \\
\text{add-rear(t, x)} & \mapsto (\text{assign(t, t.j, x)},\, \text{t.i},\, \text{t.j+1}) \\
\text{remove-front(t)} & \mapsto \text{if t.i} = \text{t.j then t} \\
& \qquad\quad \text{else if t.i+1} = \text{t.j then (t.arr, 0, 0)} \\
& \qquad\qquad\quad \text{else (t.arr, t.i+1, t.j) fi fi} \\
\text{front(t)} & \mapsto \text{if t.i} = \text{t.j then default else read(t, t.i) fi} \\
\text{length(t)} & \mapsto \text{t.j} - \text{t.i}
\end{array}
$$

Das Ergebnis ist durch *P-DERIVE(PTR-ARRAY(ENTRY)*,δ_{qu}) definiert; auf die zugehörige Anreicherungsvorschrift $\mathcal{E}_{\delta_{qu}}$ beziehen wir uns später mit

$$MAKE\text{-}QUEUE(\Sigma_{\text{ptr-array}}\text{-}ALG).$$ $\square$

Für die eingeführten Operationen gelten aufgrund ihrer Ableitung aus *APPLY* u.a. die folgenden Gesetze:

Korollar 9.26: *Für passende PADTen* $\mathcal{P}_1, \mathcal{P}_2$ *gilt:*

$$COMBINE(\mathcal{P}_1,\mathcal{P}_2) = COMBINE(\mathcal{P}_2,\mathcal{P}_1)$$

Beweis: Da Pushout-Diagramme kommutieren, folgt sofort:

$$APPLY(\mathcal{P}_2,\mathcal{P}_1,\beta_1) = APPLY(\mathcal{P}_1,\mathcal{P}_2,\beta_2)$$ $\square$

Korollar 9.27:

(a) *Für PADTen $\mathcal{E}_1, \mathcal{E}_2$ und $\mathcal{P}$ gilt:*

$$P\text{-}EXTEND(\mathcal{P}, P\text{-}EXTEND(\mathcal{E}_1, \mathcal{E}_2)) \leq P\text{-}EXTEND(P\text{-}EXTEND(\mathcal{P}_1, \mathcal{E}_1), \mathcal{E}_2)$$

(b) *Zu einer Sicht γ bezeichne γ^* die Fortsetzung auf Terme. Für PADTen $\mathcal{P}_1, \mathcal{P}_2$ und Sichten α, δ gilt:*

$$APPLY(P\text{-}DERIVE(\mathcal{P}_1, \delta), \mathcal{P}_2, \alpha) \leq P\text{-}DERIVE(APPLY(\mathcal{P}_1, \mathcal{P}_2, \alpha), \gamma^* \circ \delta)$$

mit $\gamma = APPLY(\mathcal{P}_1, \alpha)$.

Beweise: Die Behauptungen ergeben sich jeweils durch Spezialisierung von Satz 9.15.   □

9.3 Reduktion

Während eine parametrische Anwendung fast immer die algebraische Struktur der beteiligten PADTen vergrößert, wirkt die folgende Operation dem entgegen. Gemäß einer Sicht ϱ in einen PADT $\mathcal{P}$ soll dieser PADT "reduziert" werden, indem ein entsprechend (per Reduktbildung) "sichtbarer" Ausschnitt des Rumpfes von $\mathcal{P}$ gebildet wird. Damit berücksichtigt unser Kalkül das Modularisierungsprinzip des "Information Hiding".

PADT-Operator 9.28: Als *Reduktion*[4] wird die folgende partielle Operation bezeichnet:

$$REDUCE : PADT \times VIEW \multimap PADT$$

Gegeben ein PADT $\mathcal{P}: \mathcal{F} \xrightarrow[T]{\beta} \mathcal{B}$ und eine Sicht ϱ, so ist $REDUCE(\mathcal{P}, \varrho)$ genau dann definiert, wenn ϱ ein Signatur-Morphismus $\varrho: \Sigma_\varrho \to \Sigma_\mathcal{B}$ ist, der zu einer Signatur-Inklusion $\varrho^{-1}\beta: \Sigma_\mathcal{F} \hookrightarrow \Sigma_\varrho$ führt. Unter Verwendung des ADT-Operators $REDUCE$ aus Kapitel 3 wird definiert:

$$REDUCE(\mathcal{P}, \varrho) := \mathcal{R} : \mathcal{F} \xrightarrow[\overline{\varrho}\, T]{\varrho^{-1}\beta} REDUCE(\mathcal{B}, \varrho) = \overline{\varrho}(\mathcal{B})$$

Falls $REDUCE(\mathcal{P}, \varrho)$ definiert ist, heißt ϱ *Reducer* zu $\mathcal{P}$. Der Ergebnis-PADT heißt *Reduktion* von $\mathcal{P}$ gemäß ϱ.

Im wesentlichen wird der Typkonstruktor von $\mathcal{P}$ mit dem Reduktfunktor zu ϱ komponiert; dabei bleibt die Persistenz gewahrt. Damit der formale Parameter von $\mathcal{P}$ übernommen werden kann, muß ihn ϱ original sichtbar lassen; deshalb muß $\varrho^{-1}\beta$ eine Inklusion sein. Der Leser möge sich klarmachen, daß die obige Operation wohldefiniert ist, d.h. tatsächlich einen PADT bestimmt.

Beispiel 9.29: Es sei

$$\mathcal{P} = P\text{-}ENRICH(QUEUE(ELEM), MAKE\text{-}SET(QUEUE))$$

(siehe Bsp. 9.23). Die folgende Sicht ϱ_s stellt eine Beziehung zwischen der Signatur $\Sigma_{set(elem)}$ (Bsp. 8.9(3)) und der Rumpfsignatur von $\mathcal{P}$ her, indem dort gerade die Mengen-Operatoren unter anderen Namen "entdeckt" werden.

---

[4] nicht zu verwechseln mit dem Begriff "Reduktion" im Abschnitt 7.3

Auf Σ_{elem} sei ϱ_s die Identität. Ansonsten gelte:

$$\varrho_s : \text{set} \mapsto \text{queue} \qquad \begin{array}{ll} \text{empty} & \mapsto \text{empty} \\ \text{add} & \mapsto \text{insert} \\ \text{sub} & \mapsto \text{delete} \\ \text{in} & \mapsto \text{is-in} \end{array}$$

Die Reduktion von $\mathcal{P}$ gemäß ϱ_s konstruiert dann zu einer Elemente-Algebra eine Σ_{set}-Algebra, in der Mengen-Operationen über Queues der gegebenen Elementen erklärt sind. Dabei werden die eigentlichen Queue-Operationen "vergessen". Dementsprechend wird definiert:

$$QUEUE\text{-}AS\text{-}SET(ELEM) :=$$
$$REDUCE(P\text{-}ENRICH(QUEUE(ELEM),MAKE\text{-}SET(QUEUE)),\varrho_s)$$

$\square$

Beispiel 9.30: Analog läßt sich das Ergebnis der Ableitung

$$P\text{-}DERIVE(PTR\text{-}ARRAY(ENTRY),\delta_{qu})$$

(siehe Bsp. 9.25) gemäß einem Reducer $\varrho_{qu}\colon \Sigma_{\text{queue(entry)}} \to (\Sigma_{\text{ptr-array}} + \Sigma_{qu})$ auf einen $\Sigma_{\text{queue(entry)}}$-Ausschnitt reduzieren (vgl. Bsp. 8.9(2)).

Außerhalb Σ_{entry} sei ϱ_{qu} wie folgt definiert:

$$\varrho_{qu} : \text{queue} \mapsto \text{triple} \qquad \begin{array}{ll} \text{empty} & \mapsto \text{init} \\ \text{in} & \mapsto \text{add-rear} \\ \text{out} & \mapsto \text{remove-front} \\ \text{front} & \mapsto \text{front} \\ \text{length} & \mapsto \text{length} \end{array}$$

Hier sei notiert:

$$ARRAY\text{-}AS\text{-}QUEUE(ENTRY) :=$$
$$REDUCE(P\text{-}DERIVE(PTR\text{-}ARRAY(ENTRY),\delta_{qu}),\varrho_{qu})$$

Bei dieser Reduktion verschwindet außer den $\Sigma_{\text{ptr-array}}$-Operatoren sogar die Sorte "array". *ARRAY-AS-QUEUE*-Algebren besitzen also nur noch einen "entry"- und einen "queue"-Träger (vorher "triple"), auf denen Queue-Operationen arbeiten. $\square$

Solche Kombinationen von *P-DERIVE* und *REDUCE* sind recht typische Konstruktionen, da PADTen häufig auf einige abgeleitete Operationen reduziert werden sollen. Bezeichnend für die Aufgabenteilung zwischen *REDUCE* und *APPLY* ist, daß eine Reduktion nur am eigentlichen Konstruktionsteil (Rumpf und Typkonstruktor) eines PADTs angreift. Änderungen am Parameterteil erfordern hingegen parametrische Einsetzungen von anderen PADTen.

Obwohl es die Bezeichnung "Reduktion" nicht nahelegt, können mit *REDUCE* durchaus Rumpfsignaturen vergrößert werden, weil Reducers auch nichtinjektiv sein dürfen. Bei der Reduktbildung gehen dann einige Trägermengen und Operationen in mehrere semantisch gleiche, aber unterschiedlich benannte Exemplare über (vgl. Übungen).

Anschließend sollen die Eigenschaften der *REDUCE*-Operation untersucht werden. Unmittelbar sieht man, daß sich mehrere hintereinander geschaltete Reduktionen zu einer Reduktion komponieren lassen.

Satz 9.31: *Seien $\mathcal{P}$ ein PADT, ϱ_1 ein Reducer zu $\mathcal{P}$ und ϱ_2 ein Reducer zu REDUCE($\mathcal{P},\varrho$).* *Dann gilt:*

$$REDUCE(REDUCE(\mathcal{P},\varrho_1),\varrho_2) = REDUCE(\mathcal{P}, \varrho_1 \circ \varrho_2)$$

Vor allem stellt sich aber heraus, daß *REDUCE* und *APPLY* miteinander verträglich sind.

Satz 9.32: *Seien $\mathcal{P}_i$ PADTen und ϱ_i Reducers zu $\mathcal{P}_i$ ($i = 1, 2$) sowie α eine Parameter-* *zuweisung von REDUCE($\mathcal{P}_2,\varrho_2$) an REDUCE($\mathcal{P}_1,\varrho_1$). Dann gibt es eine Sicht ϱ, so daß* *gilt:*

$$APPLY\,(REDUCE(\mathcal{P}_1,\varrho_1),REDUCE(\mathcal{P}_2,\varrho_2),\alpha) = REDUCE(APPLY\,(\mathcal{P}_1,\mathcal{P}_2,\varrho_2\alpha),\varrho)$$

Beweis: Detaillierter dargestellt, seien $\mathcal{P}_i\colon \mathcal{F}_i \xrightarrow[T_i]{\beta_i} \mathcal{B}_i$ und $REDUCE(\mathcal{P}_i,\varrho_i)\colon \mathcal{F}_i \xrightarrow[\widehat{T}_i]{\widehat{\beta}_i} \widehat{\mathcal{B}}_i$ ($i = 1, 2$). Aufgrund der Voraussetzungen ist der Ausdruck auf der linken Seite definiert; der berechnete PADT $\mathcal{R}_{(1)}\colon \mathcal{F}_2 \xrightarrow[\widehat{T}_2 \circ \widehat{T}'_1]{\widehat{\beta}'_1 \widehat{\beta}_2} \mathcal{B}_{(1)}$ wird bestimmt durch das Pushout von $(\alpha, \widehat{\beta}_1)$, d.h. das "hintere" Viereck (1) des nachstehenden Diagramms in der Kategorie *ADT* (vgl. Satz 9.7). Die Dreiecke kommutieren nach Definition von *REDUCE*.

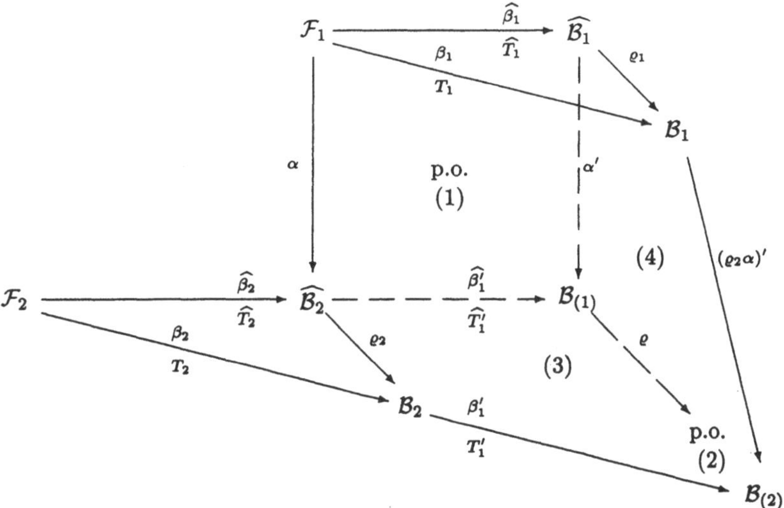

Bildet man das "vordere" Pushout (2) von $(\varrho_2\alpha, \beta_1)$, so kommutiert das "äußere" Polygon, d.h. $\beta'_1\varrho_2\alpha = (\varrho_2\alpha)'\varrho_1\widehat{\beta}_1$. Deshalb gibt es wegen der Pushout-Eigenschaft von (1) genau ein $\varrho : \mathcal{B}_{(1)} \to \mathcal{B}_{(2)}$ mit

$$(3)\ \varrho\widehat{\beta'_1} = \beta'_1\varrho_2 \quad \text{und} \quad (4)\ \varrho\alpha' = (\varrho_2\alpha)'\varrho_1$$

Mit diesem ϱ ist auch der Ausdruck auf der rechten Seite definiert:

- $\varrho_2\alpha$ ist offensichtlich Parameterzuweisung von $\mathcal{P}_2$ an $\mathcal{P}_1$. Wir setzen:

$$\mathcal{R}_{(2)} := APPLY(\mathcal{P}_1,\mathcal{P}_2,\varrho_2\alpha): \mathcal{F}_2 \xrightarrow[T_1'T_2]{\beta_1'\beta_2} \mathcal{B}_{(2)}$$

- ϱ ist Reducer zu $\mathcal{R}_{(2)}$, denn

$$(\text{i}) \quad \varrho^{-1}\beta_1'\beta_2 = \varrho^{-1}\beta_1'\varrho_2\widehat{\beta_2} = \varrho^{-1}\varrho\widehat{\beta_1'\beta_2} = \widehat{\beta_1'\beta_2} \text{ ist eine Inklusion.}$$

Um $REDUCE(\mathcal{R}_{(2)},\varrho) = \mathcal{R}_{(1)}$ zu zeigen, fehlt wegen (i) nur noch

$$(\text{ii}) \quad \overline{\varrho} \circ T_1' \circ T_2 = \widehat{T_1'} \circ \widehat{T_2}$$

Dies wird dadurch bestätigt, daß die Kompositionen mit den Reduktfunktoren V und W zu $\widehat{\beta_1'}$ bzw. α' jeweils übereinstimmen. Es werden die Eigenschaften von Übertragungen (Satz 9.8) sowie (3) und (4) ausgenutzt:

$$V \circ \overline{\varrho} \circ T_1' \circ T_2 = \overline{\varrho_2} \circ \overline{\beta_1'} \circ T_1' \circ T_2 \quad = \overline{\varrho_2} \circ T_2 = \widehat{T_2} \qquad = V \circ \widehat{T_1'} \circ \widehat{T_2}$$

$$W \circ \overline{\varrho} \circ T_1' \circ T_2 = \overline{\varrho_1} \circ \overline{(\varrho_2\alpha)'} \circ T_1' \circ T_2 = \overline{\varrho_1} \circ (T_1\overline{\alpha}) \circ \overline{\varrho_2} \circ T_2$$

$$= \widehat{T_1} \circ \overline{\alpha} \circ \widehat{T_2} \qquad = W \circ \widehat{T_1'} \circ \widehat{T_2}$$

$\square$

VIEW-Operator 9.33: Der Konstruktion des Reducers ϱ im obigen Beweis liegt eine Operation über Sichten,

$$APPLY_R : VIEW \times VIEW \times VIEW \multimap\!\!\rightarrow VIEW$$

zugrunde. Diese bildet $APPLY_R(\varrho_1,\varrho_2,\alpha) := \varrho$ aus Sichten ϱ_1, ϱ_2 und α, die wie im obigen Diagramm zueinander passen. Dazu werden die angegebenen Pushouts (in *SIGN*) ausgenutzt.

Wie bei der Quasi-Assoziativität von *APPLY* muß auch das Ergebnis des letzten Satzes vorsichtig interpretiert werden. Ohne die Voraussetzungen würde wieder nur die Definiertheit der linken Seite

$$APPLY(REDUCE(\mathcal{P}_1,\varrho_1),REDUCE(\mathcal{P}_2,\varrho_2),\alpha)$$

die einer geeignet gewählten rechten Seite

$$REDUCE(APPLY(\mathcal{P}_1,\mathcal{P}_2,\gamma),\varrho)$$

implizieren, jedoch nicht umgekehrt. Obwohl $\mathcal{P}_2$ in $\mathcal{P}_1$ eingesetzt werden kann, muß nicht unbedingt $REDUCE(\mathcal{P}_2,\varrho_2)$ auf den gleichen formalen Parameter von $REDUCE(\mathcal{P}_1,\varrho_1)$ passen. Das kann etwa daran liegen, daß die Signatur durch Reduktion verkleinert wird.

Resultate wie die obigen erlauben Umformungen von Ausdrücken, die aus mehreren Konstruktionsoperatoren zusammengesetzt sind. Solche Terme werden für Implementierungen im Abschnitt 10.3 von großer Bedeutung sein. Ihre Syntax ist wie folgt festgelegt:

Definition 9.34: Ein Term über der Signatur

$$\begin{aligned}
APPLY: &\quad PADT \times PADT \times VIEW \rightarrow PADT \\
P\text{-}EXTEND: &\quad PADT \times PADT \rightarrow PADT \\
P\text{-}ENRICH: &\quad PADT \times PADT \rightarrow PADT \\
P\text{-}DERIVE: &\quad PADT \times VIEW \rightarrow PADT \\
COMBINE: &\quad PADT \times PADT \rightarrow PADT \\
REDUCE: &\quad PADT \times VIEW \rightarrow PADT
\end{aligned}$$

mit $\{PADT, VIEW\}$-sortierten Variablen heißt *Konstruktionsterm*.

Weitere Terme können, etwa um auch Rechnungen über Sichten zu beschreiben, unter zusätzlicher Verwendung der Operatoren

$\_^* :$	$VIEW \rightarrow VIEW$	Fortsetzung auf Terme
$\_ \circ \_ :$	$VIEW \times VIEW \rightarrow VIEW$	Komposition (z.T. implizit)
$APPLY :$	$PADT \times VIEW \rightarrow VIEW$	(s. 9.9)
$APPLY_R :$	$VIEW \times VIEW \times VIEW \rightarrow VIEW$ (s. 9.33)	

gebildet werden. In unserem Kalkül sei jedem Term genau eine partielle Funktion über den Bereichen der PADTen und der Sichten als (einzige) Interpretation zugeordnet.

Mit Hilfe der letzten Sätze 9.31/9.32 läßt sich jeder Konstruktionsterm aus parametrischen Anwendungen und Reduktionen (bis auf geeignete Manipulation von Sichten) in eine "Normalform" umwandeln, die genau eine Reduktion, und zwar als äußersten Operator aufweist.

Korollar 9.35: (Normalform von Konstruktionstermen)
Zu jedem $\{APPLY, REDUCE\}$-Konstruktionsterm τ gibt es einen $\{APPLY, APPLY_R, \circ\}$-Term τ_P (von der Sorte PADT) und einen $\{APPLY_R, \circ\}$-Term τ_V (von der Sorte VIEW), so daß gilt:

$$\tau \leq REDUCE(\tau_P, \tau_V)$$

Begründung: Mehrere sukzessive Reduktionen sowie Reduktionen an Argumenten für parametrische Anwendungen können zu jeweils einer Reduktion zusammengefaßt werden. Wenn man diese Umformungen in einem Konstruktionsterm von innen nach außen iteriert, erhält man schließlich die gewünschte Form. □

Über eine Normalform für den Term τ_P, etwa eine Art Standardklammerung der *APPLY*-Operatoren, lassen sich nur im Rahmen von Satz 9.15 Aussagen machen.

Bei der Konstruktion eines PADTs mittels parametrischer Anwendungen und Reduktionen reicht also *eine* Reduktion zum "Schluß" der Konstruktion aus. Auch Ableitungen lassen sich zum Teil aus allgemeinen Anwendungen herausziehen, wie in Korollar 9.27(b) angegeben. Die Komposition von Ableitungen ist durch eine ähnliche Regel wie für Reduktionen gewährleistet.

Satz 9.36: *Für einen PADT $\mathcal{P}$ und Sichten δ_1, δ_2 gilt:*

$$P\text{-}DERIVE(P\text{-}DERIVE(\mathcal{P},\delta_1),\delta_2) \leq P\text{-}DERIVE(\mathcal{P}, \delta_1^* \circ \delta_2)$$

Die folgenden Konstruktionsterme haben im Hinblick auf die beteiligten Parameterzuweisungen eine besonders einfache Struktur, und sie befinden sich in Normalform bzgl. ihrer Reduktionen und – im eingeschränkten Sinne – auch bzgl. der Ableitungen.

Definition 9.37: Ein Konstruktionsterm τ ist *linear* gdw. τ folgende Form hat, wobei $\mathcal{X}_1, \ldots, \mathcal{X}_n$ und $\chi_1, \ldots, \chi_{n+1}$ nicht notwendig verschiedene *PADT*- bzw. *VIEW*-Variablen sind:

$$\tau = REDUCE(P\text{-}DERIVE($$
$$APPLY(APPLY(\ldots(APPLY(\mathcal{X}_1, \mathcal{X}_2, \chi_1), \mathcal{X}_3, \chi_2), \ldots), \mathcal{X}_n, \chi_{n-1}),$$
$$\chi_n), \chi_{n+1})$$

Ein linearer Term besteht also aus einer strikt linksbündig geklammerten Folge von parametrischen Anwendungen als Argument einer Ableitung und einer Reduktion. Die Baumdarstellung verdeutlicht, daß die Operatoren des Terms als lineare Liste angeordnet werden können. Der $\{APPLY\}$-Teilterm ist genau dann definiert, wenn jedes χ_i, $1 \leq i \leq n - 1$, durch eine Parameterzuweisung von $\mathcal{X}_{i+1}$ an $\mathcal{X}_i$ belegt wird. Da zudem die Definiertheit der *P-DERIVE-* und *REDUCE*-Operationen nur von syntaktischen Bedingungen abhängt, kann also bei einem linearen Term die Prüfung der algebraischen Definiertheit auf die Argument-PADTen beschränkt bleiben.

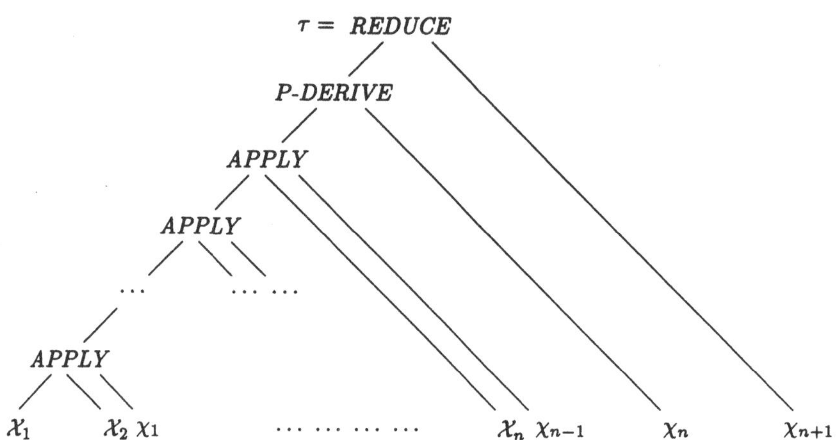

9.3 Übungen

1) Konstruieren Sie Beispiel-PADTen $\mathcal{P}_1, \mathcal{P}_2, \mathcal{P}_3$, so daß $\mathcal{P}_2$ auf $\mathcal{P}_3$ und $\mathcal{P}_1$ auf $\mathcal{P}_2 - OF - \mathcal{P}_3$, nicht aber $\mathcal{P}_1$ auf $\mathcal{P}_2$ angewendet werden kann.

2) Im Beispiel 9.24 lohnt es sich, etwas genauer hinzusehen:

   a) Definieren Sie den ADT *QUEUE'* mit Hilfe von Gleichungsspezifikationen und ADT-Operatoren.

   b) Beweisen Sie mit den dort gegebenen Hinweisen, daß der Typkonstruktor von *MAKE-SET'(QUEUE')* tatsächlich persistent ist.

3) Spezifizieren Sie den PADT *PTR-ARRAY(ENTRY)* (Bsp. 9.25).

4) Gegeben sei ein PADT *LIST(ELEM)*, der "Listen von Elementen" beschreibt, bei denen u.a. Zugriffe sowohl am Listenanfang als auch am Listenende erlaubt sind. Wie kann allein durch Reduktion (gemäß einem nicht-injektiven Reducer) ein ADT entstehen, in dem Listen entweder nur als Stacks oder nur als Queues benutzt werden dürfen ?

5) Konstruieren Sie aus dem PADT *ARRAY-OF-NAT-AND-ENTRY(ENTRY)* durch Ableitung und Reduktion einen PADT *ARRAY-AS-STACK(ENTRY)*, der nur Stack-artige Operationen auf Arrays anbietet.

10. Implementierung

Hierarchische Strukturierung von Software-Entwürfen; Abstraktionsbeziehungen: Realisierung zwischen Algebren, Realisierung zwschen PADTen; Verträglichkeit von Realisierungen und PADT-Konstruktionen; Implementierung eines Ziel-PADTs durch Basis-PADTen; Erweiterungsimplementierungen; konstruktive Komposition von Implementierungen.

10.1 Einführung

Als wesentliche Prinzipien zur Strukturierung von Software-Entwürfen sind die stufenweise (top-down) Verfeinerung bzw. (bottom-up) Abstraktion und die Dekomposition bzw. Komposition anerkannt. Beide zusammen führen zu einer Hierarchie von *Modulen*, an deren Spitze das Anwendungsproblem und an deren Basis typischerweise die Konzepte einer Programmiersprache stehen. Um die konzeptionelle Distanz zwischen dem Problem und der Programmiersprache überbrücken zu können, muß jedes Modul irgendeiner Entwurfsstufe als Abstraktion einer Komposition von Grundmodulen der jeweils nächstniedrigeren Stufe erkennbar sein. Im folgenden soll eine solche Beziehung als *Implementierung* eines Moduls A durch Module $B_1, ..., B_n$ bezeichnet werden. Insgesamt läßt sich die Struktur eines Software-Entwurfs durch ein Schema wie in Abb. 10.1 darstellen.

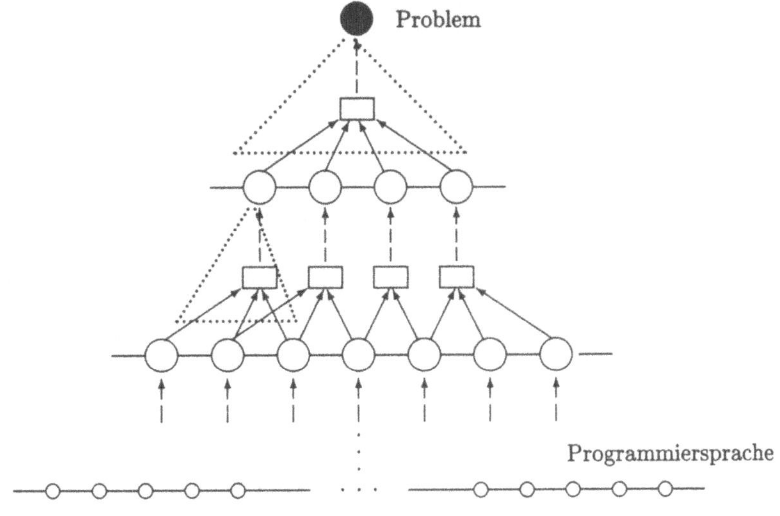

Abbildung 10.1

(Grundmodule einer Stufe sind durch Kreise, zusammengesetzte Module durch Rechtecke bezeichnet. Die Verbindungen zeigen die Bestandteile von Kompositionen ($\rightarrow$) und Abstraktionsbeziehungen ($- \rightarrow$). Daraus ergeben sich Implementierungen, die hier durch gepunktete Dreiecke angedeutet sind.)

Ziel eines Software-Entwurfs ist, ein Programm zu konstruieren, das – bis auf eine gewisse Abstraktion – das gegebene Problem bzw. dessen Lösung repräsentiert, d.h. letztendlich ist das Problem durch die Konzepte der Programmiersprache zu implementieren:

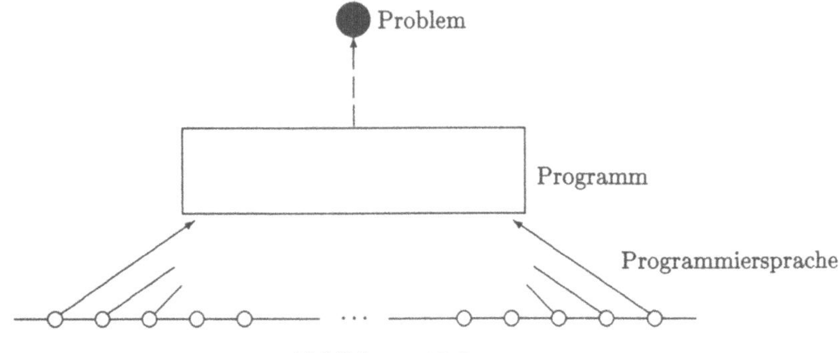

Abbildung 10.2

Die genannten Strukturierungen helfen, die Komplexität des Entwurfsvorgangs zu bewältigen. Um die dabei entwickelten Einzelimplementierungen (Abb. 10.1) allerdings wirklich nutzen zu können, sollte sich die angezielte Gesamtimplementierung (Abb. 10.2) daraus "zusammensetzen" lassen.

In diesem Kapitel soll die Semantik hierarchischer Strukturierungen untersucht werden. Als Module betrachten wir Parametrische Abstrakte Datentypen, die wie im Kapitel 9 streng persistent und surjektiv sind, legen also das Prinzip der Datenabstraktion für die Modulbildung zugrunde. Während wir bei der Zusammensetzung von PADTen (als Teil einer Implementierung) im folgenden von "Konstruktion" sprechen, bezeichnen wir die Zusammensetzung von Implementierungen im Unterschied dazu als "Komposition".

Nachdem wir im Kapitel 9 bereits eine Auswahl von Konstruktionsoperatoren für PADTen und die dafür geltenden Gesetzmäßigkeiten zusammengestellt haben, präzisieren wir anschließend Abstraktionsbeziehungen (Realisierungen) zwischen Modulen. Damit können wir im 3. Abschnitt des Kapitels Implementierungen definieren und die Forderung nach Komponierbarkeit prüfen.

10.2 Realisierung

Die Konstruktionsoperatoren *APPLY* und *REDUCE* für PADTen erlauben Manipulationen an der Signaturstruktur und entsprechend an der algebraischen Struktur wie das Hinzufügen, Entfernen, Ersetzen von Sorten und Operatoren bzw. Trägermengen und Operationen. Da den Konstruktionen nur Reduktfunktoren oder streng persistente Funktoren zugrundeliegen, bleibt dabei die algebraische Struktur zu gleichen oder umbenannten Signaturteilen immer erhalten.

Diese Invarianz zeigt sich auch bei der Programmierung in einer Programmiersprache, da dort allen Programmen im Prinzip dieselben, durch die Sprache bestimmten Objekte zur Verfügung stehen, wie Arrays, Integerwerte usw. Analoges gilt auf der Maschinenebene durch die Benutzung einer Speicherstruktur. Deshalb erscheint die Annahme angebracht, grundsätzlich auf jeder Abstraktionsstufe eines Software-Entwurfs die Objektstruktur von Modulen entsprechend zu fixieren und nur persistente Konstruktionen zuzulassen.

Andererseits sollte es im Rahmen eines Software-Entwurfs auch möglich sein, sich auf höheren Abstraktionsstufen Objektstrukturen frei definieren zu können, etwa um sich von gewissen Details der Darstellung wie z.B. der Größe und Adresse von Speicherzellen zu lösen. Betrachten wir als typisches Beispiel Queues von natürlichen Zahlen: Die üblichen Queue-Operationen können zwar z.B. für Arrays (von natürlichen Zahlen) in bekannter Weise unter Verwendung von Anfangs- und Endezeigern definiert werden; um das charakteristische Verhalten der Queue-Operatationen zu beschreiben, ist es eher angebracht, von der Arraystruktur zu "abstrahieren" und Wörter über $\mathbb{N}$ als Objekte zu nehmen. Zwecks Darstellung von Queues in einer vorgeschriebenen Speicherstruktur wäre natürlich umgekehrt vorzugehen. — Derartige Übergänge zwischen Abstraktionsstufen fehlen bisher in unserem Kalkül und sollen nun präzise gefaßt werden.

Eine Beziehung zwischen zwei unterschiedlich abstrakten Objektstrukturen wird dadurch hergestellt, daß man angibt, durch welche Objekte einer niedrigeren Abstraktionsstufe die Objekte einer höheren Stufe "repräsentiert" werden. Typischerweise können dabei mehrere niedrigere Objekte dasselbe höhere Objekt repräsentieren, wenn sie sich nur in "Repräsentationsdetails" unterscheiden; es brauchen aber nicht alle Objekte zur Repräsentation herangezogen werden. Während so auf der niedrigeren Abstraktionsstufe bei der Definition von Operationen vielleicht manche Objekte als irrelevant, andere als zueinander äquivalent behandelt werden, werden beim Übergang zur höheren Stufe tatsächlich Objekte "vergessen" oder miteinander "identifiziert".

Diese Verhältnisse lassen sich naheliegend durch den folgenden Begriff der "Realisierung" formalisieren, den wir zunächst als Relation zwischen Algebren (zur gleichen Signatur) ausdrücken.

Definition 10.1: Seien A_1 und A_2 Σ-Algebren. A_1 *realisiert* A_2, in Zeichen $A_1 - \to A_2$, gdw. es eine Σ-Algebra $\widehat{A}$, einen injektiven Σ-Morphismus i und einen surjektiven Σ-Morphismus r gibt, so daß die Situation

$$A_1 \xleftarrow{\ i\ } \widehat{A} \xrightarrow{\ r\ } A_2$$

vorliegt. $\widehat{A}$ heißt dann *Repräsentation* von A_2, r ist die zugehörige *Repräsentationsabbildung*.

Realisierungen lassen sich offensichtlich wie folgt äquivalent charakterisieren.

Lemma 10.2: *Seien A_1 und A_2 Σ-Algebren. A_1 realisiert A_2 gdw. gilt:*

(a) *Es existiert ein surjektiver Σ-Morphismus*

$$r : \widehat{A} \longrightarrow\!\!\!\!\rightarrow A_2$$

von einer Unteralgebra $\widehat{A}$ von A_1 nach A_2.

(b) *A_2 ist isomorph zum Quotienten einer Unteralgebra $\widehat{A}$ von A_1 nach einer Σ-Kongruenz $\equiv$, d.h.*

$$(\widehat{A}/\equiv) \cong A_2$$

(c) Es existiert ein surjektiver partieller Σ-Morphismus[5]

$$q : A_1 \multimap\twoheadrightarrow A_2$$

q ist die eigentliche Realisierungs- oder auch Abstraktionsabbildung.

Beispiel 10.3: Wie oben angedeutet, sollen Arrays mit Anfangs- und Endezeigern Queues realisieren, wenn man diese Objekte mit Queue-Operationen versieht. Einen entsprechenden (parametrischen) ADT *ARRAY-AS-QUEUE* haben wir im Beispiel 9.30 eingeführt. Werden als Einträge natürliche Zahlen gewonnen, ergibt sich eine Realisierung

$$A_1 = ARRAY\text{-}AS\text{-}QUEUE\text{-}OF\text{-}NAT\text{-}-\to QUEUE\text{-}OF\text{-}NAT = A_2$$

aus folgender Abbildung:

$$q : \text{queue}_{A_1} \cong (\mathbb{N}^{\mathbb{N}} \times \mathbb{N} \times \mathbb{N}) \multimap\twoheadrightarrow \mathbb{N}^* \cong \text{queue}_{A_2}$$

$$q(arr, i, j) = \begin{cases} \varepsilon & \text{falls } i = j \\ arr(i) \cdots arr(j-1) & \text{falls } i < j \\ \text{undefiniert} & \text{sonst} \end{cases}$$

Ein Array (genauer: ein Tripel aus einem Array und zwei Indizes) repräsentiert also gerade die zwischen dem linken und dem rechten Index eingeschlossene Folge von Einträgen. □

Beispiel 10.4: Werden nun Queues jeweils auf die Menge ihrer Elemente abgebildet, d.h.

$$n_1\, n_2 \cdots n_l \;\mapsto\; \{n_1, n_2, \ldots, n_l\},$$

so erhält man eine Realisierung

$$QUEUE\text{-}AS\text{-}SET\text{-}OF\text{-}NAT\text{-}-\to SET\text{-}OF\text{-}NAT$$

mit totaler Realisierungsabbildung q (vgl. Bsp. 9.29.). □

Wenn das Ziel einer Realisierung eine durch Σ-Operationen erzeugte Algebra ist, kann sogar eine bestimmte Repräsentation ausgezeichnet werden.

Lemma 10.5: *Seien A_1 eine beliebige und A_2 eine minimale Σ-Algebra. A_1 realisiert A_2 gdw. es einen Σ-Morphismus $r\colon A_1^0 \to A_2$ gibt. (A_1^0 bezeichnet die minimale Unteralgebra von A_1.)*

Beweis: Die Behauptung folgt mit Lemma 10.2(a) aus folgenden Begründungen.

"$\Leftarrow$": r ist bereits surjektiv, denn homomorphe Bilder sind Unteralgebren, aber A_2 besitzt wegen der Minimalität keine echten Unteralgebren.

"$\Rightarrow$": Ein Morphismus $r\colon \widehat{A} \twoheadrightarrow A_2$ mit $\widehat{A} \subseteq A_1$ kann auf A_1^0 eingeschränkt werden. □

Die Reihenfolge der beteiligten Injektion (Unteralgebrabildung) und Surjektion (Faktorisierung) kann für eine Realisierung entscheidend sein.

---

[5]Partielle Abbildungen zwischen Algebren, die jeweils auf einer Unteralgebra definiert und dort mit den Operationen verträglich sind, werden hier als partielle Morphismen bezeichnet: Ein *partieller Σ-Morphismus* $h : A \multimap\twoheadrightarrow B$ zwischen zwei Σ-Algebren A und B, $\Sigma = \langle S, \Omega \rangle$, ist eine S-indizierte Familie von partiellen Funktionen $\{h_s : s_A \multimap\to s_R\}$, so daß für alle $\overline{s}\epsilon S^*$, $s\epsilon S$, $\omega\epsilon\Omega_{\overline{s},S}$ und alle $\overline{a}\epsilon\overline{s}_A$ gilt:

$$h_{\overline{s}(\overline{a})} \text{ ist definiert} \implies h_s(\omega_A(\overline{a})) \text{ ist definiert und } \omega_R(h_{\overline{s}}(\overline{a})) = h_s(\omega_A(\overline{a}))$$

Lemma 10.6: *Seien A_1 und A_2 Σ-Algebren. Wenn es eine Σ-Algebra A' sowie Σ-Morphismen r' und i' gibt mit*

$$A_1 \xrightarrow{\;r'\;}\!\!\!\!\!\!\rightarrow A' \leftarrow\!\!\!\!\!\!\xleftarrow{\;i'\;} A_2,$$

dann wird A_2 durch A_1 realisiert. Die Umkehrung gilt nicht.

Beweis zu "$\Rightarrow$": Die Unteralgebra $\widehat{A} := r'^{-1}(i'(A_2))$ von A_1 wird unter dem Σ-Morphismus $i'^{-1} \circ r' \colon \widehat{A} \to A_2$ surjektiv auf A_2 abgebildet.

Gegenbeispiel zu "$\Leftarrow$": siehe Übungen $\qquad\qquad\qquad\qquad\qquad\qquad\qquad\qquad$ □

Realisierungen zwischen Algebren lassen sich kanonisch auf Realisierungen zwischen PADTen verallgemeinern, deren formale Parameter einen gemeinsamen Durchschnitt aufweisen. Um Strukturbeziehungen zwischen Funktoren zu beschreiben, gehen wir dabei von Morphismen zu natürlichen Transformationen (vgl. Anhang) über.

Definition 10.7: Seien $\mathcal{P}_i \colon \mathcal{F}_i \xrightarrow[T_i]{\;\beta\;} \mathcal{B}_i$ $(i = 1, 2)$ PADTen mit gleichen Signaturanteilen $\beta \colon \Sigma_{\mathcal{F}_1} = \Sigma_{\mathcal{F}_2} \subseteq \Sigma_{\mathcal{B}_1} = \Sigma_{\mathcal{B}_2}$. $\mathcal{F}$ bezeichne den Durchschnitt $\mathcal{F}_1 \cap \mathcal{F}_2$ der ADTen $\mathcal{F}_1$ und $\mathcal{F}_2$. $\mathcal{P}_1$ *realisiert* $\mathcal{P}_2$, in Zeichen

$$\mathcal{P}_1 - - \to \mathcal{P}_2,$$

gdw. es einen dazu signaturgleichen PADT $\widehat{\mathcal{P}} \colon \mathcal{F} \xrightarrow[\widehat{T}]{\;\beta\;} \widehat{\mathcal{B}}$ sowie bzgl. β persistente natürliche Transformationen η_i und η_r gibt, so daß die Situation

$$T_1\,|_{\mathcal{F}} \xleftarrow{\;\eta_i\;}\!\!\!\!\!\!\leftarrow \widehat{T} \xrightarrow{\;\eta_r\;}\!\!\!\!\!\!\rightarrow T_2\,|_{\mathcal{F}}$$

vorliegt. (Die Pfeile '$\leftarrow\!\!\!\!\leftarrow$', '$\rightarrow\!\!\!\!\rightarrow$' bezeichnen komponentenweise injektive bzw. surjektive natürliche Transformationen.) $\widehat{\mathcal{P}}$ heißt dann *Repräsentation* von $\mathcal{P}_2$.

Dabei sei eine $\Sigma_{\mathcal{B}}-ALG$-wertige natürliche Transformation η *(streng) persistent* bzgl. β gdw. $\overline{\beta}\eta = ID_{\mathcal{F}}$ (identische Transformation) gilt.

Eine Realisierung zwischen $\mathcal{P}_1$ und $\mathcal{P}_2$ ist somit beschrieben durch eine Familie von Realisierungen

$$\left(T_1(A) \xleftarrow{\;\eta_{i,A}\;}\!\!\!\!\!\!\leftarrow \widehat{T}(A) \xrightarrow{\;\eta_{r,A}\;}\!\!\!\!\!\!\rightarrow T_2(A) \mid A \epsilon \mathcal{F} \right)$$

zwischen den Rumpf-Algebren zu allen gemeinsamen formalen-Parameter-Algebren, welche die Parameter-Redukte unverändert lassen und mit Morphismen verträglich sind.

Wenn die formalen Parameter ineinander enthalten sind, sprechen wir im Fall $\mathcal{F} = \mathcal{F}_1 \subseteq \mathcal{F}_2$ von einer *top-down-Realisierung*

$$\mathcal{P}_1 \;-\underset{\subseteq}{\;}\to\; \mathcal{P}_2$$

bzw. im Fall $\mathcal{F}_1 \supseteq \mathcal{F}_2 = \mathcal{F}$ von einer *bottom-up-Realisierung*

$$\mathcal{P}_1 \;-\underset{\supseteq}{\;}\to\; \mathcal{P}_2\,.$$

Bemerkung: Analog zum Lemma 10.2 (a) kann bei einer Realisierung $\mathcal{P}_1 - \to \mathcal{P}_2$ die "injektive" natürliche Transformation so gewählt werden, daß sie nur aus Inklusionen besteht; diese sei auch insgesamt wieder als Inklusion notiert.

Beispiele 10.8: Da sich in den Beispielen 10.3/10.4 entsprechende Strukturbeziehungen für beliebige Elemente-Algebren aufstellen lassen, liegen folgende Realisierungen zwischen PADTen vor:

$$ARRAY\text{-}AS\text{-}QUEUE(ENTRY) \ - - \to QUEUE(ENTRY)$$
$$QUEUE\text{-}AS\text{-}SET(ELEM) \qquad - - \to SET(ELEM) \qquad\qquad \square$$

Die obigen Lemmata über Realisierungen zwischen Algebren können auf Realisierungen zwischen PADTen übertragen werden. So gilt etwa analog zum Lemma 10.6:

Lemma 10.9: *Seien β, $\mathcal{P}_1$ und $\mathcal{P}_2$ wie in Definition 10.7 gegeben. Wenn es einen zu $\mathcal{P}_1, \mathcal{P}_2$ signaturgleichen PADT $\mathcal{P}': (\mathcal{F}_1 \cap \mathcal{F}_2) \xrightarrow[T']{\beta} B'$ sowie bzgl. β persistente natürliche Transformationen η'_r und η'_i gibt mit*

$$T_1 \mid_{\mathcal{F}} \overset{\eta'_r}{\Longrightarrow} T' \overset{\eta'_i}{\Longleftarrow} T_2 \mid_{\mathcal{F}}$$

dann gilt:

$$\mathcal{P}_1 - - \to \mathcal{P}_2$$

Beweis: Nach Voraussetzung kommutieren für beliebige Morphismen $h: A \to B$ im ADT $\mathcal{F}$ (volle Unterkategorie) die Teile des folgenden Diagramms.

$$
\begin{array}{ccccc}
T_1(A) & \xrightarrow{\ \eta'_{r,A}\ } & T_1'(A) & \xleftarrow{\ \eta'_{i,A}\ } & T_2(A) \\
\downarrow{\scriptstyle T_1(h)} & & \downarrow{\scriptstyle T_1'(h)} & & \downarrow{\scriptstyle T_2(h)} \\
T_1(B) & \xrightarrow{\ \eta'_{r,B}\ } & T_1'(B) & \xleftarrow{\ \eta'_{i,B}\ } & T_2(B)
\end{array}
$$

Ein Funktor $\widehat{T}$ mit $\widehat{T} \subseteq T_1$ kann wie folgt definiert werden:

$$\widehat{T}(A) := \eta'^{-1}_{r,A}(\eta'_{i,A}(T_2(A))) \subseteq T_1(A) \qquad \text{für Algebren } A$$
$$\widehat{T}(h) := T_1(h) \mid_{\widehat{T}(A) \to \widehat{T}(B)} \qquad\qquad \text{für Morphismen } h: A \to B$$

$T_1(h)$ läßt sich derartig einschränken, denn nach obigem Diagramm 10.6 gilt für $a\epsilon\widehat{T}(A)$:

$$\eta'_{r,B} \circ T_1(h)\ (a) = \eta'_{i,B} \circ T_2(h) \circ \eta'^{-1}_{i,A} \circ \eta'_{r,A}\ (a)$$

so daß $(\eta'^{-1}_{i,B} \circ \eta'_{r,B} \circ T_1(h))(a)\epsilon T_2(B)$, also $T_1(h)(a)\epsilon\widehat{T}(B)$. Damit ist $\widehat{T}$ wohldefiniert und wegen der Persistenz von T_1, T_2, η'_r und η'_i selbst persistent.

Schließlich liest man aus obigem Diagramm auch ab, daß

$$\eta_i'^{-1}\eta_r : \widehat{T} \Longrightarrow T_2$$

eine natürliche Transformation bildet, so daß tatsächlich eine Realisierung besteht. $\qquad\square$

Der folgende Satz zeigt, daß Realisierungen transitiv und unter bestimmten Voraussetzungen mit den Konstruktionsoperatoren verträglich sind. Dazu benötigen wir noch eine weitere Bezeichnung:

Definition 10.10: Ein Funktor zwischen Algebrenkategorien, der injektive bzw. surjektive Morphismen wieder auf injektive bzw. surjektive Morphismen abbildet, heißt *konservativ*. Wenn der Typkonstruktor eines PADTs konservativ ist, bezeichnen wir auch kurz den PADT als konservativ.

Offenbar sind insbesondere Reduktfunktoren konservativ; für andere Funktoren wird diese Eigenschaft später genauer diskutiert.

Satz 10.11: (Verträglichkeitstheorem)
Seien $\mathcal{P}_k(\mathcal{F}_k)$, $k = 1, 2, 3$, signaturgleiche PADTen.

(a) *Falls $\mathcal{P}_1 - \to \mathcal{P}_2$ und $\mathcal{P}_2 - \to \mathcal{P}_3$, so gilt auch $\mathcal{P}_1 - \to \mathcal{P}_3$, sofern $\mathcal{F}_1 \cap \mathcal{F}_3 = \mathcal{F}_1 \cap \mathcal{F}_2 \cap \mathcal{F}_3$. Insbesondere sind top-down- und bottom-up-Realisierungen jeweils untereinander komponierbar.*

(b) *Sei $(\mathcal{A}, \alpha)$ aktueller Parameter zu $\mathcal{P}_1$ und $\mathcal{P}_2$ mit formalem Parameter $\mathcal{F}$. Falls $\mathcal{P}_1 - \to \mathcal{P}_2$, so gilt*

$$APPLY(\mathcal{P}_1, \mathcal{A}, \alpha) - - \to APPLY(\mathcal{P}_2, \mathcal{A}, \alpha)$$

Bei einer top-down- oder bottom-up-Realisierung braucht $\mathcal{A}$ nur aktueller Parameter zu $\mathcal{P}_2$ bzw. $\mathcal{P}_1$ zu sein.

(c) *Sei $\mathcal{P}$ ein konservativer PADT, und seien $\mathcal{A}_k(\mathcal{G}_k)$, $k = 1, 2$, signaturgleiche PADTen, die unter der Zuweisung α aktuelle Parameter zu $\mathcal{P}$ sind. Falls $\mathcal{A}_1 - \to \mathcal{A}_2$, so gilt:*

$$APPLY(\mathcal{P}, \mathcal{A}_1, \alpha) - - \to APPLY(\mathcal{P}, \mathcal{A}_2, \alpha)$$

(d) *Sei ϱ Reducer zu $\mathcal{P}_1$ oder $\mathcal{P}_2$. Falls $\mathcal{P}_1 - - \to \mathcal{P}_2$, so gilt*

$$REDUCE(\mathcal{P}_1, \varrho) - - \to REDUCE(\mathcal{P}_2, \varrho)$$

Notation 10.12: Seien Kategorien C_0, C_1, C_2, C_3, sowie Funktoren $F: C_1 \to C_2$, $G, G': C_0 \to C_1$, $H, H': C_2 \to C_3$ gegeben. Zu einer C_1-indizierten natürlichen Transformation $\eta = (\ \eta_A \mid A\epsilon|C_1|) : G \Rightarrow G'$ bezeichnet "$F\eta$" die natürliche Transformation $(\ F(\eta_A) \mid A\epsilon|C_1|) : FG \Rightarrow FG'$. Zu einer C_2-indizierten natürlichen Transformation $(\ \eta_A \mid A\epsilon|C_2|) : H \Rightarrow H'$ steht "$\eta - F$" für die C_1-indizierte Transformation $(\ \eta_{F(A)} \mid A\epsilon|C_1|) : HF \Rightarrow H'F$.

Beweis des Satzes:

Die Bestandteile der auftretenden PADTen seien $\mathcal{P}_k : \mathcal{F}_k \xrightarrow[T_k]{\beta} B_k$ und $\mathcal{A}_k : \mathcal{G}_k \xrightarrow[U_k]{\gamma} C_k$.

zu (a): Nach Voraussetzung liegen persistente Funktoren und Transformationen in folgender Situation vor:

$$T_1 \xleftarrow{\eta_{l_1}} \widehat{T}_1 \xRightarrow{\eta_{r_2}} T_2 \xleftarrow{\eta_{l_2}} \widehat{T}_2 \xRightarrow{\eta_{r_2}} T_3$$

Nach Lemma 10.9 und Definition 10.7 gibt es dann einen PADT $\widehat{\mathcal{P}}$ sowie persistente Transformationen $\widehat{\eta_{i_2}}$ und $\widehat{\eta_{r_1}}$ mit

$$\widehat{T_1} \overset{\eta_{i_1}\widehat{\eta_{i_2}}}{\Longleftarrow\!\!\!\prec} \widehat{T} \overset{\eta_{r_2}\widehat{\eta_{r_1}}}{\Longrightarrow\!\!\!\Longrightarrow} T_3 \; ,$$

so daß

$$\mathcal{P}_1 - - \!\!\to \mathcal{P}_3$$

zu (b): Seien η_i und η_r persistente Transformationen sowie $\widehat{\mathcal{P}}$ ein PADT gemäß Definition 10.7, d.h.

$$T_1 \overset{\eta_i}{\Longleftarrow\!\!\!\prec} \widehat{T} \overset{\eta_r}{\Longrightarrow\!\!\!\Longrightarrow} T_2$$

Die Typkonstruktoren der PADTen $APPLY(\mathcal{P}_k,\mathcal{A},\alpha)$ sind nach Satz 9.8 durch

$$T'_k U = (id \,\dot{\cup}\, T_k \overline{\alpha}) \circ U = U \,\dot{\cup}\, (T_k \overline{\alpha} U)$$

bestimmt ($k = 1,2$; für $\widehat{\mathcal{P}}$ analog).

Mit $\eta_i \colon \widehat{T} \Longrightarrow\!\!\!\Longrightarrow T_1$ hat man auch die Transformation $\eta_i - \overline{\alpha} \colon \widehat{T}\,\overline{\alpha} \Longrightarrow\!\!\!\Longrightarrow T_1 \overline{\alpha}$. Wegen der Persistenz von η_i gilt

$$\overline{\beta} \circ (\eta_i - \overline{\alpha}) = (ID_{\mathcal{F}} - \overline{\alpha}) = \overline{\alpha} \circ ID_{\mathcal{C}} \; ,$$

so daß aufgrund von Satz 9.6 die Transformation $ID_{\mathcal{C}} \,\dot{\cup}\, (\eta_i - \overline{\alpha})$ gebildet werden kann. Durch Vorschalten von U erhält man:

$$\eta'_i := (ID_{\mathcal{C}} - U) \,\dot{\cup}\, (\eta_i - \overline{\alpha} U) \colon \widehat{T'} U \Longrightarrow\!\!\!\Longrightarrow T'_1 U$$

η'_i ist persistent und besteht aus Injektionen, da die Vereinigung von injektiven Morphismen wieder injektiv ist. Analog wird definiert:

$$\eta'_r := (ID_{\mathcal{C}} - U) \,\dot{\cup}\, (\eta_r - \overline{\alpha} U) \colon \widehat{T'} U \Longrightarrow\!\!\!\Longrightarrow T'_2 U$$

Somit ergibt sich mit $APPLY(\widehat{\mathcal{P}},\mathcal{A},\alpha)$, η'_i und η'_r die Realisierung

$$APPLY(\mathcal{P}_1,\mathcal{A},\alpha) - - \!\!\to APPLY(\mathcal{P}_2,\mathcal{A},\alpha) \; .$$

zu (c): Ausgehend von einer Situation

$$U_i \overset{\eta_i}{\Longleftarrow\!\!\!\prec} \widehat{U} \overset{\eta_r}{\Longrightarrow\!\!\!\Longrightarrow} U_2$$

interessieren nun die Verhältnisse zwischen den Typkonstruktoren $T' U_k$ ($k = 1,2$) und $T' \widehat{U}$. Dabei gilt $T' = id \,\dot{\cup}\, T\overline{\alpha}$. Da T nach Voraussetzung konservativ ist und auch unter Vereinigung Injektionen wie Surjektionen respektiert werden, trifft dasselbe auf T' zu.

Aus $\eta_i \colon \widehat{U} \Longrightarrow\!\!\!\Longrightarrow U_1$ erhält man durch Nachschalten von T' deshalb die Transformation

$$\eta'_i := T' \eta_i \colon T' \widehat{U} \Longrightarrow\!\!\!\Longrightarrow T' U_1 \; ,$$

die wegen der Persistenz von T' selbst persistent ist. Genauer ist η'_i bestimmt durch:

$$\eta'_i = \eta_i \,\dot{\cup}\, T\overline{\alpha}\eta_i$$

Analog wird definiert:

$$\eta'_r := T' \eta_r \colon T' \widehat{U} \Longrightarrow\!\!\!\Longrightarrow T' U_2$$

Somit gilt:

$$APPLY(\mathcal{P},\mathcal{A}_1,\alpha)----\rightarrow APPLY(\mathcal{P},\mathcal{A}_2,\alpha)\ .$$

zu (d): Wegen der Signaturgleichheit von $\mathcal{P}_1$ und $\mathcal{P}_2$ ist ϱ natürlich Reducer zu beiden PADTen. Der Typkonstruktor einer Reduktion $REDUCE(\mathcal{P}_k,\varrho)$ ist die Komposition $\overline{\varrho}T_k$. Von daher kann analog zum Beweis von (c) argumentiert werden, weil $\overline{\varrho}$ konservativ ist. $\square$

Bemerkenswert an den Konstruktionen der Beweise ist, daß die gewünschten strukturellen Beziehungen recht intuitiv aus den gegebenen Realisierungen hervorgehen; dies geschieht insbesondere bei der *APPLY*-Operation über die Vereinigung von natürlichen Transformationen. So weisen die Transformationen für die Realisierung

$$\text{(b)}\quad APPLY(\mathcal{P}_1,\mathcal{A},\alpha)----\rightarrow APPLY(\mathcal{P}_2,\mathcal{A},\alpha)$$

im Parameterteil die Identität und im zugehörigen Rumpfteil die gegebenen Transformationen auf. Für die Realisierung

$$\text{(c)}\quad APPLY(\mathcal{P},\mathcal{A}_1,\alpha)----\rightarrow APPLY(\mathcal{P},\mathcal{A}_2,\alpha)$$

muß hingegen auf die Transformationen des Parameterteils noch der Typkonstruktor von $\mathcal{P}$ "angewendet" werden, um die Transformationen des Rumpfteils zu erhalten. Damit diese injektiv bzw. surjektiv bleiben, muß der Funktor konservativ sein.

Die Forderung nach einem konservativen Typkonstruktor bedeutet in vielen Fällen keine Einschränkung. Aufgrund des folgenden Satzes sind etwa minimale und gleichzeitig reduzierte PADTen (vgl. Def. 8.15) auch konservativ.

Satz 10.13:

(a) *Falls T minimal ist, so respektiert T surjektive Morphismen.*

(b) *Falls T reduziert ist, so respektiert T injektive Morphismen.*

Beweis: zu (a): Man betrachte einen surjektiven $\Sigma_{\mathcal{F}}$-Morphismus $h\colon A \longrightarrow\!\!\!\!\!\!\rightarrow \tilde{A}$. Nach Voraussetzung ist $T(\tilde{A})$ minimale Erweiterung von $\tilde{A}$, so daß sich jedes $\tilde{a}\epsilon T(\tilde{A})$ als $\tilde{a} = t_{T(\tilde{A})}(\tilde{a}_1,\ldots,\tilde{a}_n)$ mit $\tilde{a}_i\epsilon\tilde{A}$ und einem $\Sigma_{\mathcal{B}}$-Term t darstellen läßt. Zu jedem $\tilde{a}_i$ existiert ein Urbild $a_i\epsilon A$ unter h. Da $T(h)$ ein $\Sigma_{\mathcal{B}}$-Morphismus mit $\overline{\beta}(T(h)) = h$ ist, gilt:

$$\tilde{a} = t_{T(\tilde{A})}(h(a_1),\ldots,h(a_n)) = T(h)(t_{T(A)}(a_1,\ldots,a_n))$$

Also ist auch $T(h)$ surjektiv.

zu (b): Sei $h\colon A \rightarrowtail \tilde{A}$ ein injektiver $\Sigma_{\mathcal{F}}$-Morphismus. Nach Voraussetzung gibt es zu beliebigen $b, c\ \epsilon T(A)$ mit $b \neq c$ einen partiell belegten $\Sigma_{\mathcal{B}}$-Term $t(x,a_1,\ldots,a_n)$ von einer Sorte $S_{\mathcal{F}}$ mit

$$t_{T(A)}(b,a_1,\ldots,a_n) \neq t_{T(A)}(c,a_1,\ldots,a_n)\ .$$

Da $T(h)$ ein $\Sigma_{\mathcal{B}}$-Morphismus mit $\overline{\beta}(T(h)) = h$ ist, folgt aus der Injektivität von h:

$$t_{T(\tilde{A})}(T(h)(b),h(a_1),\ldots,h(a_n)) = T(h)(t_{T(A)}(b,a_1,\ldots,a_n))$$

$$= h(t_{T(A)}(b,a_1,\ldots,a_n)) \neq h(t_{T(A)}(c,a_1,\ldots,a_n))$$

$$= t_{T(\tilde{A})}(T(h)(c),h(a_1),\ldots,h(a_n))$$

Also sind auch $T(h)(b)$ und $T(h)(c)$ in $T(\tilde{A})$ verschieden, so daß $T(h)$ injektiv ist.   □

Wie im Beispiel 8.17 erklärt, sind Standard-PADTen wie *QUEUE, STACK, ARRAY* und *SET* minimal, reduziert und damit konservativ. Zudem bleibt Konservativität unter den Konstruktionsoperatoren erhalten, wie der nächste Satz bestätigt.

Satz 10.14: *Seien $\mathcal{P}$ ein PADT, $(\mathcal{A}, \alpha)$ aktueller Parameter und ϱ Reducer zu $\mathcal{P}$, wobei $\mathcal{P}$ und $\mathcal{A}$ beide einen konservativen Typkonstruktor haben. Dann sind auch $APPLY(\mathcal{P},\mathcal{A},\alpha)$ und $REDUCE(\mathcal{P},\varrho)$ konservativ.*

Beweis: Wie bereits im Beweis zu Satz 10.11 (c) begründet, hat die Übertragung $\mathcal{P}^{\alpha}$ von $\mathcal{P}$ einen konservativen Typkonstruktor; Reduktfunktoren wie $\bar{\varrho}$ sind generell konservativ. Da auch die Komposition konservativer Funktoren wieder konservativ ist, haben $APPLY(\mathcal{P},\mathcal{A},\alpha) = \mathcal{P}^{\alpha} \bullet \mathcal{A}$ und analog $REDUCE(\mathcal{P},\varrho)$ konservative Typkonstruktoren.   □

Für die Verträglichkeit von Realisierungen mit speziellen parametrischen Anwendungen wie Anreicherungen liegen einfachere Verhältnisse vor. Das folgende Korollar zeigt und nutzt aus, daß PADTen, die als Anreicherungsvorschriften dienen, immer konservative Typkonstruktoren haben.

Korollar 10.15: *Seien $\mathcal{E}\colon\! C \xrightarrow[E]{\varepsilon} \mathcal{D}$ ein PADT mit $S_C = S_D$, und seien $\mathcal{P}_k$, $k = 1, 2$, signaturgleiche PADTen, so daß $(\mathcal{P}_1, id)$ und $(\mathcal{P}_2, id)$ aktuelle Parameter zu $\mathcal{E}$ sind. Falls $\mathcal{P}_1 - \to \mathcal{P}_2$, so ist definiert und gilt:*

$$P\text{-}ENRICH(\mathcal{P}_1,\mathcal{E}) - - \to P\text{-}ENRICH(\mathcal{P}_2,\mathcal{E})$$

Beweis: Wegen der vorausgesetzten Sortenidentität bedeutet die Persistenz des Typkonstruktors von $\mathcal{E}$, daß dieser die Identität auf Morphismen und damit konservativ ist. Die Behauptung ergibt sich aus Satz 10.11 (c) mit $P\text{-}ENRICH(\mathcal{P}_k,\mathcal{E}) = APPLY(\mathcal{E},\mathcal{P}_k,id)$, $k = 1, 2$.   □

Spezialisiert man das Korollar auf Ableitungen, so reduziert sich die Definiertheit auf eine syntaktische Vorbedingung.

Korollar 10.16: *Seien $\mathcal{P}_k$, $k = 1, 2$, signaturgleiche PADTen und δ Derivor zu $\mathcal{P}_1$ oder $\mathcal{P}_2$. Falls $\mathcal{P}_1 - \to \mathcal{P}_2$, so gilt:*

$$P\text{-}DERIVE(\mathcal{P}_1,\delta) - - \to P\text{-}DERIVE(\mathcal{P}_2,\delta)$$

Weiterhin resultiert aus den Aussagen 10.11 (b) und (c) zusammen eine eingeschränkte Verträglichkeit von Realisierungen mit *APPLY* in beiden Argumenten.

Korollar 10.17: *Seien $\mathcal{P}_k(\mathcal{F}_k)$, $k = 1, 2$, signaturgleiche PADTen, so daß*

$$\text{(i)}\quad \mathcal{P}_1 \ \xrightarrow{\ \subseteq\ } \ \mathcal{P}_2 \ \text{gilt und } \mathcal{P}_2 \text{ konservativ ist}$$
$$\text{oder}\quad \text{(ii)}\quad \mathcal{P}_1 \ \xrightarrow{\ \supseteq\ } \ \mathcal{P}_2 \ \text{gilt und } \mathcal{P}_1 \text{ konservativ ist.}$$

Falls $(\mathcal{A}_k, \alpha)$ signaturgleiche aktuelle Parameter zum jeweiligen PADT $\mathcal{P}_k$, $k = 1, 2$, sind und $\mathcal{A}_1 - \to \mathcal{A}_2$ gilt, so folgt:

$$APPLY(\mathcal{P}_1,\mathcal{A}_1,\alpha) - - \to APPLY(\mathcal{P}_2,\mathcal{A}_2,\alpha)$$

Beweis: Unter der Voraussetzung (i) ist $\mathcal{A}_1$ auch aktueller Parameter zu P_2 und aus Satz 10.11 folgt:

$$APPLY(\mathcal{P}_1,\mathcal{A}_1,\alpha) \xrightarrow{\ (b)\ } APPLY(\mathcal{P}_2,\mathcal{A}_1,\alpha) \xrightarrow{\ (c)\ } APPLY(\mathcal{P}_2,\mathcal{A}_2,\alpha)$$

Analog folgt bei (ii):

$$APPLY(\mathcal{P}_1,\mathcal{A}_1,\alpha) \xrightarrow{\ (c)\ } APPLY(\mathcal{P}_1,\mathcal{A}_2,\alpha) \xrightarrow{\ (b)\ } APPLY(\mathcal{P}_2,\mathcal{A}_2,\alpha)$$

In beiden Fällen ergibt sich die Behauptung mittels 10.11(a)[6]. □

Zur besseren Übersicht ist das Korollar, insbesondere mit seinen Voraussetzungen, in Abb. 10.3 abgekürzt mit Hilfe von Diagrammen dargestellt. Ein Pfeil $\mathcal{P}_k \xrightarrow{\alpha} \mathcal{A}_1$ steht dabei für eine Parameterzuweisung α von $\mathcal{A}_1$ an $\mathcal{P}_k$.

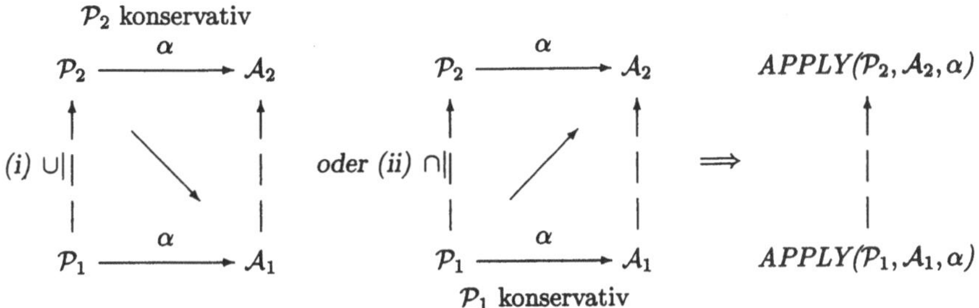

Abbildung 10.3

Die vertikale Orientierung entspricht dem Übergang zwischen zwei Abstraktionsstufen in einer Hierarchie von Modulen.

Definition 10.18: Falls die Voraussetzungen zum Korollar 10.17 zutreffen, heißt die Realisierung $\mathcal{P}_1 {-}{\to} \mathcal{P}_2$ im Fall (i) *top-down*, im Fall (ii) *bottom-up* gemäß α auf die Realisierung $\mathcal{A}_1 {-}{\to} \mathcal{A}_2$ anwendbar.

Diese Sprechweise rührt daher, daß von einem "top-down" Software-Entwurf erwartet wird, in jedes Modul einer Stufe nicht nur Module derselben Stufe, sondern auch realisierende Module niedrigerer Stufen einsetzen zu können. Bei einem "bottom-up" Entwurf werden analog niedrigere Module allgemeiner, d.h. mit größeren formalen Parametern angelegt.

Unsere Definition von Realisierung und die aufgestellten Gesetze gehen von einer Angleichung der betrachteten PADTen in ihren Signaturanteilen sowie teilweise in ihren formalen Parametern aus; diese kann man meist durch geeignete Anwendung der Konstruktionsoperatoren herstellen. Wie sich die gefundenen Verträglichkeiten und Einschränkungen im Kontext von zusammengesetzten Konstruktionen und Abstraktionen auswirken, untersuchen wir im nächsten Abschnitt.

---

[6]Treffen beide Voraussetzungen zu, kann man sogar nachrechnen, daß die zugehörigen Transformationen, die in den Beweisen zum Satz 10.11 konstruiert werden, auf beiden Wegen übereinstimmen.

10.3 Komposition von Implementierungen

Um einen sogenannten "Ziel"-PADT durch "Basis"-PADTen einer niedrigeren Abstraktionsstufe "implementieren" zu können, muß sich das Ziel aus der Basis bis auf Abstraktion konstruieren lassen, und zwar mit Hilfe der eingeführten Operatoren. Eine solche realisierende Konstruktion bildet dann gerade eine "Implementierung".

Definition 10.19: Seien $\mathcal{P}_{b1},\ldots,\mathcal{P}_{bm}$ und $\mathcal{P}_t$ PADTen. Eine *Implementierung* von $\mathcal{P}_t$, dem *Ziel* ("target"), durch $\mathcal{P}_{b1},\ldots,\mathcal{P}_{bm}$, die *Basis* ("base"), besteht aus einem in PADTen variablen Konstruktionsterm τ über geeigneten Sichten, so daß gilt:

$$\tau(\mathcal{P}_{b1},\ldots,\mathcal{P}_{bm})- -\to\mathcal{P}_t$$

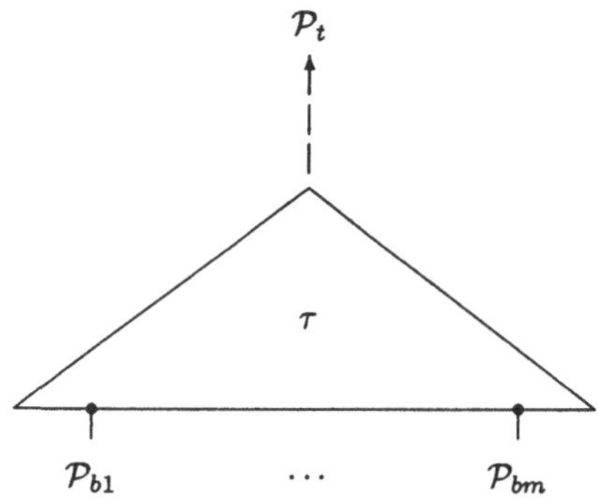

Abbildung 10.4

Die Definition beinhaltet implizit, daß eine Implementierung folgende Bestandteile aufweist:

- eine Basis, d.h. eine Menge $\{\mathcal{P}_{b1},\ldots,\mathcal{P}_{bm}\}$ von PADTen (die auch ADTen $\mathcal{D}$, aufgefaßt als triviale PADTen $\mathcal{D}(\emptyset)$ oder $\mathcal{D}(\mathcal{D})$, sein dürfen),
- ein Ziel, d.h. einen PADT $\mathcal{P}_t$,
- einen Konstruktionsterm τ (s. Def. 9.34) mit *PADT*-Variablen V_P und mit (anstelle von *VIEW*-Variablen) konstanten Sichten $\{\gamma_1,\ldots,\gamma_n\}$
- sowie eine Variablenbelegung $\vartheta_P : V_P \to \{\mathcal{P}_{b1},\ldots,\mathcal{P}_{bm}\}$.

Die geforderte Realisierung bezieht sich auf den PADT, zu dem τ nach Einsetzen der Basis-PADTen gemäß ϑ_P ausgewertet wird; dafür steht hier kurz "$\tau(\mathcal{P}_{b1},\ldots,\mathcal{P}_{bm})$".

Die syntaktische Struktur der PADT-Variablen liegt mit den auftretenden Sichten bereits im wesentlichen fest, so daß durch den variablen Term ein Konstruktionsschema unabhängig von den algebraischen Verhältnissen beschrieben wird. Diese Sichtweise wird bei der Komposition von Implementierungen relevant, da sie erlaubt, für die Variablen auch andere PADTen oder Konstruktionsterme statt der ursprünglichen Basis zu substituieren, etwa wiederum deren Implementierungen. Die Korrektheit der Konstruktion bzgl. der gegebenen Basis- und Ziel-PADTen wird durch die Realisierungsbeziehung garantiert.

Aus vorangegangenen Beispielen kennen wir inzwischen die erforderlichen Bausteine, um Implementierungen von *QUEUE(ELEM)* und *SET(ELEM)* anzugeben:

Beispiel 10.20: *SET(ELEM)* läßt sich durch *QUEUE(ELEM)* und *MAKE-SET(QUEUE)* (s. Bsp. 9.23) implementieren, indem *ENRICH* und *REDUCE* (mit dem Reducer aus Bsp. 9.29) angewendet werden. Nach Beispiel 10.4 gilt:

$$REDUCE($$
$$ENRICH(\ QUEUE(ELEM),$$
$$MAKE\text{-}SET(QUEUE)),$$
$$\varrho_s)$$
$$=\ QUEUE\text{-}AS\text{-}SET(ELEM)\ -\,-\!\rightarrow SET(ELEM)$$

In diesem Kontext darf *MAKE-SET(QUEUE)* ohne Einschränkung durch *MAKE-SET'* *(QUEUE')* (s. Bsp. 9.24) ausgetauscht werden. □

Beispiel 10.21: Zu *QUEUE(ELEM)* gilt (unter Vernachlässigung von Parameterzuweisungen):

- *ARRAY-AS-QUEUE(ELEM)* $-\,-\!\rightarrow$ *QUEUE(ELEM)*   nach Satz 10.11 (b),
  da *PTR-ARRAY(ENTRY)* $-\,-\!\rightarrow$ *QUEUE(ENTRY)* nach Bsp. 10.4
  und *ELEM(ELEM)* aktueller Parameter

- *ARRAY-AS-QUEUE(ELEM)*
  = *APPLY(ARRAY-AS-QUEUE(ELEM),ELEM(ELEM))* analog Bsp. 9.14

- *ARRAY-AS-QUEUE(ENTRY)*
  = *REDUCE(*
      P-DERIVE(
          PTR-ARRAY(ENTRY), δ_{qu}),
      ϱ_{qu})
  (siehe Bsp. 9.25, 9.30)

- *PTR-ARRAY(ENTRY)*
  = *APPLY(*
      TRIPLE(F_1-AND-F_2-AND-F_3),
      COMBINE(ARRAY-OF-NAT-AND-ENTRY(ENTRY),NAT))
  (vgl. Bsp. 9.25)

- *ARRAY-OF-NAT-AND-ENTRY(ENTRY)*
  = *APPLY(*
      ARRAY(INDEX-AND-ENTRY),
      COMBINE(NAT,ENTRY(ENTRY)))
  (siehe Bsp. 9.18)

Daraus ergibt sich ein Konstruktionsterm τ_{AQu}, der eine Implementierung des PADTs *QUEUE* durch die PADTen

$$TRIPLE(F_1-AND-F_2-AND-F_3),\ ARRAY(INDEX\text{-}AND\text{-}ENTRY),$$
$$ELEM(ELEM),\ ENTRY(ENTRY)\ \text{und}\ NAT(\emptyset)$$

bildet. Wenn man auch Ableitungen (*P-DERIVE*) durch den Operator *P-ENRICH* beschreibt, so ist gemäß

$$P\text{-}DERIVE(PTR\text{-}ARRAY(ENTRY), \delta_{qu})$$
$$= P\text{-}ENRICH(PTR\text{-}ARRAY(ENTRY), MAKE\text{-}QUEUE(\Sigma_{ptr\text{-}array}\text{-}ALG))$$

(s. Bsp. 9.25) zusätzlich $MAKE\text{-}QUEUE(\Sigma_{ptr\text{-}array}\text{-}ALG)$ in der Basis zu berücksichtigen.

Bei dem eingeführten Implementierungsbegriff ist zu beachten, daß er im allgemeinen eine mehrelementige Basis parametrischer ADTen einbezieht. Damit fordern wir, daß alle benötigten Bestandteile, also auch Erweiterungs-, Anreicherungs- oder Ableitungsvorschriften, explizit als Module in der Basis (auf derselben Abstraktionsstufe) zur Verfügung stehen. So wird z.B. ausgeschlossen, bei einer Implementierung in einer "Programmiersprache" Konzepte zu verwenden, die nicht durch Programme, sondern vielleicht nur durch allgemeine Gleichungssysteme beschrieben sind. Von daher kontrollieren die beim hierarchischen Entwurf eingeführten Basen bzw. Abstraktionsstufen die Implementierbarkeit.

Es ist zwar jede beliebige Kombination von Konstruktionen zugelassen, aber mit den Ergebnissen von Kapitel 9 können Konstruktionsterme immer in spezielle Formen umgewandelt werden. So garantiert Korollar 9.35 für jeden Term die Existenz einer Normalform $REDUCE(\tau)$ mit einem $\{APPLY\}$-Term τ. Zeichnet man in der Basis einen PADT $\mathcal{P}_b$ aus, in den nicht eingesetzt wird, kann $\tau(\mathcal{P}_b, \ldots)$ aufgrund Lemma 9.16 zu einer einzigen Erweiterung $P\text{-}EXTEND(\mathcal{P}_b, \mathcal{E})$ mit geeignetem PADT $\mathcal{E}$ umgewandelt werden. Somit reicht die Implementierbarkeit durch Terme wie

$$(*) \qquad REDUCE(P\text{-}EXTEND(\mathcal{X}, \mathcal{X}_{\mathcal{E}}), \varrho)$$

dann aus, wenn man die Erweiterungsvorschrift als frei wählbar annimmt. In diesem schwachen Sinne beschreibt dieser Spezialfall eine Normalform von Implementierungen.

Definition 10.22: Eine *Erweiterungsimplementierung* von $\mathcal{P}_t$ durch $\mathcal{P}_b$ (mit gleichen formalen Parametern) ist eine Implementierung, deren Konstruktionsterm von der Form $(*)$ ist und deren Basis beliebige Erweiterungsvorschriften (zur Substitution für $\mathcal{X}_{\mathcal{E}}$) enthält.

Beispiel 10.23: Die Beispiele 10.20/10.21 liefern nach geeigneten Termumformungen Erweiterungsimplementierungen von $SET(ELEM)$ durch $QUEUE(ELEM)$ und von $QUEUE$ $(ELEM)$ durch $ARRAY\text{-}OF\text{-}NAT\text{-}AND\text{-}ELEM(ELEM)$.   □

Selbst wenn man in Beispielen häufig spezielle Strukturen wiederfindet, ist es für den schrittweisen Aufbau von Implementierungen eher vorteilhaft, eine größere Freiheit bei der Konstruktion zu haben. So machen etwa zusammengesetzte Einsetzungen wie im Beispiel 10.21 den Aufbau komplexer Module aus einfachen Typkonstruktoren deutlich; oder es lassen sich durch zwischengeschaltete Reduktionen die aktuell betrachteten Strukturen vereinfachen; usw.

Dadurch, daß hier für jede Implementierung alle Basis-Objekte und das Konstruktionsschema explizit anzugeben sind, können die Komposition aufeinanderfolgender Implementierungen, aber auch Situationen, wo solche Kompositionen nicht möglich sind, übersichtlich erfaßt und beschrieben werden. So liegt es nahe, wenn man Implementierungen möglichst *konstruktiv* komponieren will, gerade die beteiligten Konstruktionsterme zusammenzusetzen. Für den Nachweis, daß wieder eine Implementierung entsteht, werden die im vorigen Abschnitt untersuchten Verträglichkeiten zwischen Konstruktionen und Realisierungen benötigt.

Um die erforderlichen Voraussetzungen möglichst direkt herzustellen, nehmen wir zunächst an, daß alle auftretenden PADTen "einfach" sind. Ein PADT $\mathcal{P}(\mathcal{F})$ heiße *einfach* gdw. der formale Parameter $\mathcal{F} = \Sigma_{\mathcal{F}}\text{-}ALG$, also nur syntaktisch eingeschränkt ist, und der Typkonstruktor konservativ ist. Wie der folgende Satz zeigt, lassen sich dann Implementierungen tatsächlich durch Termsubstitution komponieren[7].

Satz 10.24: *Seien* $\mathcal{P}_t, \mathcal{P}_{b1}, \ldots, \mathcal{P}_{bm}$ *und* $\mathcal{P}_{i1}, \ldots, \mathcal{P}_{in_i}$ $(i = 1, \ldots, m)$ *einfache PADTen. Seien* τ *eine Implementierung von* $\mathcal{P}_t$ *durch* $\mathcal{P}_{b1}, \ldots, \mathcal{P}_{bm}$ *sowie* τ_i *Implementierungen von* $\mathcal{P}_{bi}$ *durch* $\mathcal{P}_{i1}, \ldots, \mathcal{P}_{in_i}$ $(i = 1, \ldots, m)$. *Dann bildet*

$$\tau(\tau_1, \ldots, \tau_m)$$

eine Implementierung von $\mathcal{P}_t$ *durch* $\mathcal{P}_{11}, \ldots, \mathcal{P}_{mn_m}$.

Beweis: Aus den Definitionen der Operationen *APPLY*, *P-DERIVE* und *REDUCE* folgt sofort, daß sie aus einfachen PADTen wieder PADTen herstellen. Das gilt dann natürlich auch für Konstruktionsterme.

Zu den gegebenen Konstruktionstermen seien nun Berechnungsergebnisse notiert durch

$$\mathcal{R} := \tau(\mathcal{P}_{b1}, \ldots, \mathcal{P}_{bm}) \text{ und } \mathcal{R}_i := \tau_i(\mathcal{P}_{i1}, \ldots, \mathcal{P}_{in_i}) \quad (i = 1, \ldots, m)$$

Per Induktion über den Aufbau des Terms τ kann gezeigt werden:

$$(*) \quad \tau(\mathcal{R}_1, \ldots, \mathcal{R}_m) \text{ ist definiert und } \tau(\mathcal{R}_1, \ldots, \mathcal{R}_m)\text{-}-\rightarrow\tau(\mathcal{P}_{b1}, \ldots, \mathcal{P}_{bm})$$

(i) Falls τ eine Variable ist, gilt $(*)$ sofort, da nach Voraussetzung $\mathcal{R}_i \ -\,-\rightarrow\mathcal{P}_{bi}$ $(i = 1, \ldots, m)$

(ii) Sei $\tau = APPLY(\tau_1, \tau_2, \alpha)$, so daß $(*)$ für τ_1 und τ_2 gelte. Für $\mathcal{S}'_j := \tau_j(\mathcal{R}_1, \ldots, \mathcal{R}_m)$ und $\mathcal{S}_j := \tau_j(\mathcal{P}_{b1}, \ldots, \mathcal{P}_{b_m})$ heißt das also: $\mathcal{S}'_j\text{-} \rightarrow \mathcal{S}_j$, wobei $\mathcal{S}'_j$ und $\mathcal{S}_j$ in ihren Signaturen und damit – als einfache PADTen – in ihren formalen Parametern übereinstimmen $(j = 1, 2)$. Wegen der Definiertheit von $\mathcal{R} = APPLY(\mathcal{S}_1, \mathcal{S}_2, \alpha)$ ist deshalb α auch Parameterzuweisung von $\mathcal{S}'_2$ an $\mathcal{S}'_1$. Da $\mathcal{S}_1$ konvervativ, ist $\mathcal{S}'_1\text{-}\rightarrow \mathcal{S}_1$ top-down auf $\mathcal{S}'_2\text{-}\rightarrow \mathcal{S}_2$ anwendbar. Somit ist $APPLY(\mathcal{S}'_1, \mathcal{S}'_2, \alpha)$ definiert, und es gilt gemäß Korollar 10.17:

$$APPLY(\mathcal{S}'_1, \mathcal{S}'_2, \alpha)\text{-}-\rightarrow APPLY(\mathcal{S}_1, \mathcal{S}_2, \alpha)$$

(iii) Sei $\tau = REDUCE(\tau_0, \varrho)$ mit $(*)$ für τ_0 und seien $\mathcal{S}'_0$, $\mathcal{S}_0$ wie unter (ii) signaturgleich gegeben. Wegen der Definiertheit von $\mathcal{R} = REDUCE(\mathcal{S}_0, \varrho)$ ist ϱ auch Reducer zu $\mathcal{S}'_0$, und es gilt gemäß Satz 10.11(d):

$$REDUCE(\mathcal{S}'_0, \varrho)\text{-}-\rightarrow REDUCE(\mathcal{S}_0, \varrho)$$

(iv) Für $\tau = P\text{-}DERIVE(\tau_0, \delta)$ kann man analog zu (iii) mit Korollar 10.16 argumentieren.

Durch die Fälle (i) – (iv) ist $(*)$ bewiesen. Da nach Voraussetzung auch $\mathcal{R}\text{-}\rightarrow \mathcal{P}_t$, folgt aus Satz 10.11 (a), der Transitivität von Realisierungen:

$$\tau(\tau_1, \ldots, \tau_m)(\mathcal{P}_{11}, \ldots, \mathcal{P}_{mn_m}) = \tau(\mathcal{R}_1, \ldots, \mathcal{R}_m)\text{-}-\rightarrow\mathcal{P}_t \qquad \square$$

Die Voraussetzungen des Satzes kann man leicht in folgender Hinsicht abschwächen:

---

[7]ObdA werden im folgenden meist statt beliebiger Konstruktionsterme nur {*APPLY*, *P-DERIVE, REDUCE*}-Terme betrachtet. Die restlichen Operationen sind durch Spezialfälle von *APPLY* erklärt, die sich bei gleichen PADT-Argumenten nur durch bestimmte Signaturverhältnisse auszeichnen, und die deshalb auch erkennbar bleiben.

- Zu jedem Basis-PADT, der für verschiedene Variablen in τ substituiert wird, dürfen auch mehrere verschiedene Implementierungen vorliegen.

- Da als Voraussetzung zum Korollar 10.17 jeweils eine Art der Anwendbarkeit (top-down oder bottom-up) ausreicht, braucht man nur für bestimmte PADTen konservative Typkonstruktoren verlangen.

Der Beweis zeigt, daß sich die Voraussetzungen der Verträglichkeitsaussagen aufgrund der "Einfachheit" der PADTen auf rein syntaktische Bedingungen reduzieren, die aber bereits durch die gegebenen Realisierungen gewährleistet sind. Will man jedoch für PADTen nichttriviale formale Parameter vorsehen, etwa um deren Eigenschaften für die Definition der Typkonstruktoren auszunutzen, erweisen sich die obigen Annahmen als zu restriktiv. Im allgemeinen muß für die Komposition von Implementierungen erst algebraisch geprüft werden, ob sich der Implementierungsterm τ überhaupt auf diejenigen Konstruktionen anwenden läßt, die die Basis zu τ auf einer niedrigeren Abstraktionsstufe realisieren. Erst dann garantieren die Verträglichkeiten, daß eine stufen-übergreifende Realisierung entsteht.

Beispiel 10.25: In den Beispielen 10.20 und 10.21 liegen zwei aneinander anschließende Implementierungen vor; die Abbildung 10.5 gibt einen Überblick über die Situation.

Wenn man eine Implementierung von *SET(ELEM)* durch PADTen (Module) der 1. Stufe erreichen will, stellt sich zunächst die Frage, ob sich $\tau_{AQu}(TRIPLE, ARRAY, \ldots)$ in $\tau_{QuS}(MAKE\text{-}SET, QUEUE)$ anstelle von *QUEUE* einsetzen läßt.

Fall (i): Falls *MAKE-SET* als Modul der Stufe 1 vorgesehen wäre, müßte *ARRAY-AS-QUEUE* aktueller Parameter zu *MAKE-SET* sein, so daß gemäß Satz 10.11 (c) gelten würde:

$$APPLY(MAKE\text{-}SET, ARRAY\text{-}AS\text{-}QUEUE, id)$$
$$- - \to APPLY(MAKE\text{-}SET, QUEUE, id)$$

Mit Satz 10.11 (d) und (a) folgt dann:

$$ARRAY\text{-}AS\text{-}SET(ELEM) := \tau_{QuS}(MAKE\text{-}SET, \tau_{AQu}(TRIPLE, ARRAY, \ldots))$$
$$- - \to SET(ELEM)$$

Diese Überlegungen scheitern jedoch, weil der formale Parameter von *MAKE-SET* auf *QUEUE* beschränkt ist. Somit müßte erst der formale Parameter des Moduls passend vergrößert werden, insbesondere auf realisierende Σ_{QUEUE}-Algebren erweitert werden. Anstelle von *MAKE-SET* leistet hier *MAKE-SET'* aus Bsp. 9.24 das gewünschte, auch *ARRAY-AS-QUEUE*-Algebren der Bedingung für dessen Parameter *QUEUE'* genügen.

Fall (ii): Falls *MAKE-SET* ein Modul der Stufe 2, aber nicht der Stufe 1 ist, etwa weil auf der untersten Stufe die zur Definition (im Bsp. 9.23) verwendeten impliziten Gleichungen kein erlaubtes Darstellungsmittel sind, muß das Modul erst selbst durch niedrigere Module implementiert werden. Angenommen, dabei trete die folgende Realisierung auf:

$$(*) \quad \mathcal{R} := \tau_{MS}(\ldots) - - \to MAKE\text{-}SET(QUEUE)$$

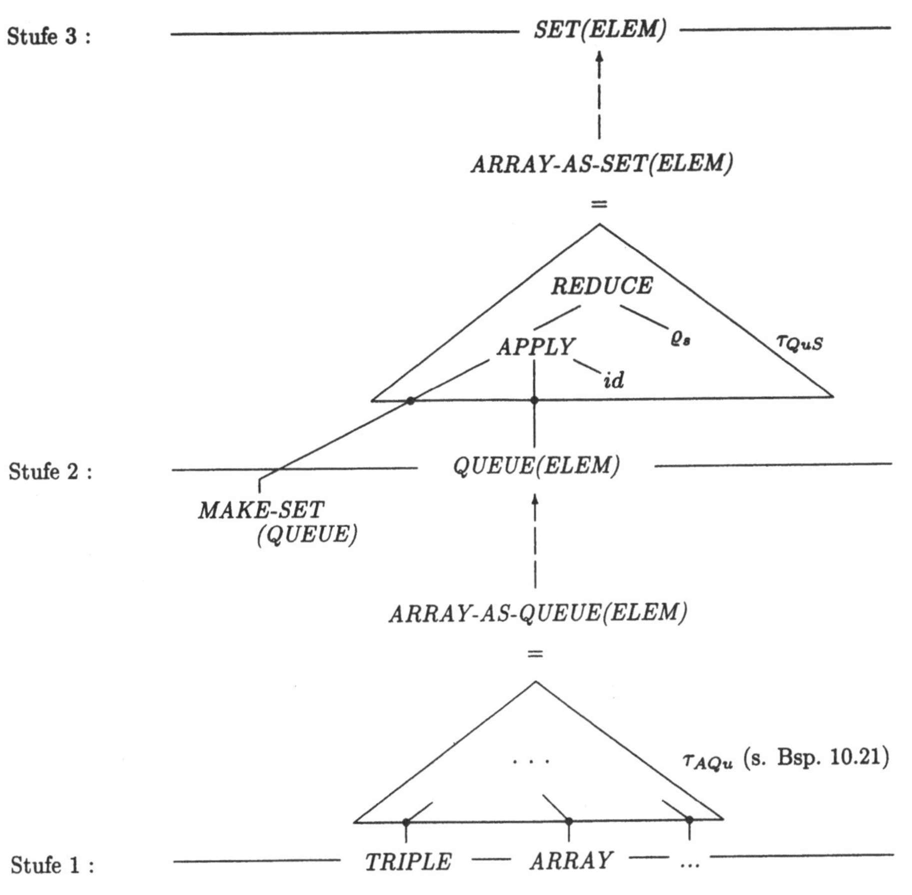

Abbildung 10.5

Dann liefert $\tau_{QuS}(\tau_{MS}, \tau_{AQu})$ aufgrund von Korollar 10.17 und Satz 10.11 die gewünschte Implementierung, allerdings nur, wenn (∗) bottom-up auf die Realisierung

$$ARRAY\text{-}AS\text{-}QUEUE(ELEM)\text{--}\text{--}\rightarrow QUEUE(ELEM)$$

anwendbar ist. Für das neue Modul $\mathcal{R}$ muß also außer dem gleichstufigen Modul *ARRAY-AS-QUEUE* auch *QUEUE* (von Stufe 2) als Parameter zugelassen sein. Wiederum kann dafür z.B. *MAKE-SET'* verwendet werden, denn es gilt:

$$MAKE\text{-}SET'(QUEUE')\text{--}\text{--}\rightarrow MAKE\text{-}SET(QUEUE)$$

Dabei sei angenommen, daß sich dieses Modul, das Operationen durch rekursive Programme "ableitet" (s. Bsp. 9.24), tatsächlich mit dem "Abstraktionsgrad" der Stufe 1 vereinbart. □

Die Fallstudie zeigt, daß für die konstruktive Komposition von Implementierungen vor allem die Voraussetzungen für die Verträglichkeit von Realisierungen mit parametrischen

Anwendungen zu prüfen sind; gegebenenfalls lassen sich diese erst herstellen, indem an bestimmten Stellen Module geändert oder re-implementiert werden.

Die Verträglichkeitsaussagen aus Abschnitt 10.2 erlauben grundsätzlich nur, Realisierungen zwischen Argumenten auf die Ergebnisse jeweils eines Konstruktionsschritts zu übertragen, ohne die konstruierten PADTen explizit auszurechnen. Wenn weitere Schritte folgen, erfordern die weiteren Prüfungen doch solche Zwischenrechnungen, so daß fast die gesamte komponierte Implementierung "nachgerechnet" wird. Gerade wenn ein Software-Entwurf schon hierarchisch strukturiert wird, wären jedoch folgende Verhältnisse wünschenswert:

- Konstruktionen und Realisierungen werden nur "lokal" auf der jeweiligen Abstraktionsstufe nachgerechnet.

- Verträglichkeiten werden nur für die ursprünglich gegebenen Realisierungen geprüft.

- Sind die Voraussetzungen dort erfüllt, so lassen sich die gesamten Konstruktionen komponieren, und es ergeben sich automatisch mehrere Stufen übergreifende Realisierungen.

Das folgende Kompositionstheorem besagt, daß es bei Implementierungen mit linearem Konstruktionsterm (Def. 9.37) tatsächlich ausreicht, nur die Basis-PADTen, ihre Realisierungen und die Sichten dazwischen zu untersuchen.

Satz 10.26: (Kompositionstheorem)
Sei τ eine Implementierung von $\mathcal{P}_t$ durch $\mathcal{P}_{b1}, \ldots, \mathcal{P}_{bm}$ mit einem linearen Konstruktionsterm über Sichten $\gamma_1, \ldots, \gamma_n$, und seien τ_i Implementierungen von $\mathcal{P}_{bi}$ durch $\mathcal{P}_{11}, \ldots, \mathcal{P}_{in_i}$ $(i = 1, \ldots, m)$.

Zu jeder Parameterzuweisung γ_j innerhalb des Terms $\tau(\mathcal{P}_{b1}, \ldots, \mathcal{P}_{bm})$ von einem $\mathcal{P}_{bk}$ an den formalen Parameter eines $\mathcal{P}_{bi}$ $(\gamma_j : \mathcal{F}_{bi} \rightarrow \mathcal{B}_{bk})$ sei die Realisierung zu $\mathcal{P}_{bi}$ top-down gemäß γ_j auf die Realisierung zu $\mathcal{P}_{bk}$ anwendbar. Dann bildet

$$\tau(\tau_1, \ldots, \tau_m)$$

eine Implementierung von $\mathcal{P}_t$ durch $\mathcal{P}_{11}, \ldots, \mathcal{P}_{mn_m}$. Abbildung 10.6 veranschaulicht diese Aussage anhand eines typischen linearen Terms τ und seiner Belegung.

Ergänzungen:

(a) *Die Behauptung gilt auch, wenn statt top-down Anwendungen überall bottom-up Anwendungen gefordert werden.*

(b) *Sollen beliebig top-down oder bottom-up Anwendungen zugelassen sein, müssen sämtliche beteiligte Typkonstruktoren (der Basis wie der realisierenden PADTen) konservativ sein.*

Beweis: Im groben kann man hier analog zum Beweis von Satz 10.24 argumentieren; nur muß die besondere Struktur des $\{APPLY\}$-Teilterms geeignet berücksichtigt werden.

ObdA. habe τ (nach Belegung) die Form wie in Abb. 10.6. Durch $\mathcal{R}_i := \tau_i(\mathcal{P}_{i1}, \ldots, \mathcal{P}_{in_i})$ seien die Konstruktionsergebnisse der τ_i notiert $(i = 1, \ldots, m)$ sowie durch

$$S_1 := \mathcal{P}_{b1}, \qquad S_i := APPLY(S_{i-1}, \mathcal{P}_{bi}, \gamma_{i-1}) \qquad (i > 1)$$
$$S_1' := \mathcal{R}_1, \qquad S_i' := APPLY(S_{i-1}', \mathcal{R}_i, \gamma_{i-1}) \qquad (i > 1)$$

bestimmte Zwischenkonstruktionen zu τ, deren Definiertheit sich implizit ergibt. Wegen der vorausgesetzten top-down Anwendbarkeit sind die $\mathcal{P}_{bi}$ ($i < m$) konservativ.

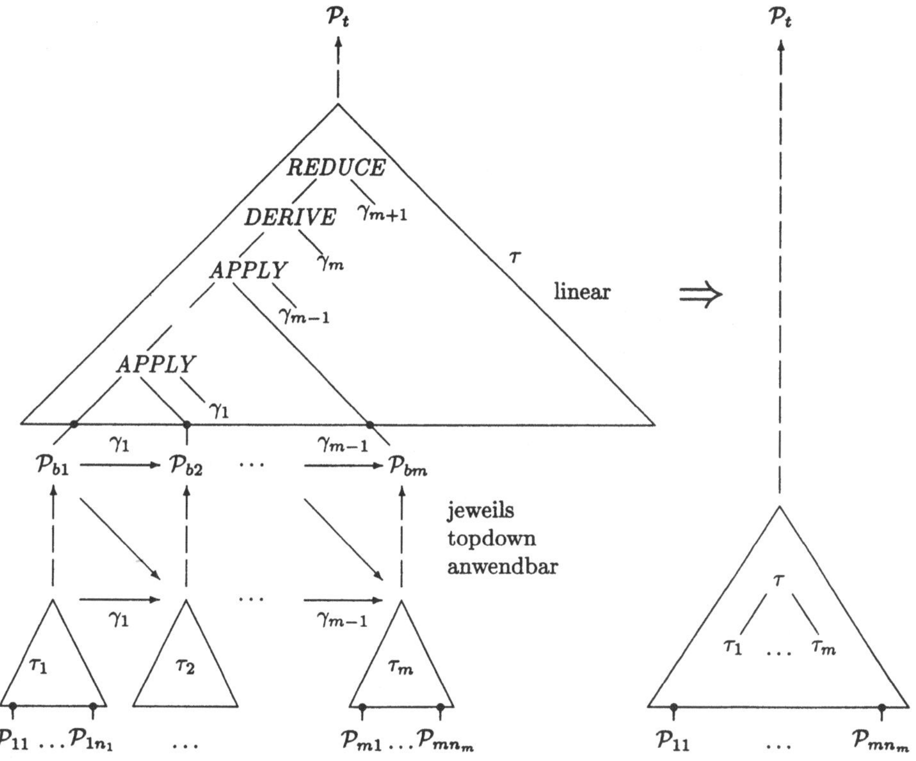

Abbildung 10.6

Per Induktion über i kann gezeigt werden:

(∗) Für alle $i = 1, \ldots, m$ ist $\mathcal{S}_i$ konservativ (außer $i = m$), und es gilt: $\mathcal{S}'_i - \to \mathcal{S}_i$

Offensichtlich gilt (∗) für $i = 1$. Wird nun (∗) für ein beliebiges $i < m$ angenommen, so folgt für $i + 1$: Nach Voraussetzung ist $\mathcal{R}_i - \to \mathcal{P}_{bi}$ top-down anwendbar auf $\mathcal{R}_{i+1} - \to \mathcal{P}_{b,i+1}$. Da $\mathcal{S}_i$ und $\mathcal{P}_{bi}$ bzw. $\mathcal{S}'_i$ und $\mathcal{R}_i$ in ihren formalen Parametern übereinstimmen und $\mathcal{S}_i$ konservativ ist, ist auch $\mathcal{S}'_i - \to \mathcal{S}_i$ top-down gemäß γ_i auf $\mathcal{R}_{i+1} - \to \mathcal{P}_{b,i+1}$ anwendbar. Somit gilt gemäß Korollar 10.17:

$$\mathcal{S}'_{i+1} = APPLY(\mathcal{S}'_i, \mathcal{R}_{i+1}, \gamma_i) - \to \mathcal{S}_{i+1} = APPLY(\mathcal{S}_i, \mathcal{P}_{b,i+1}, \gamma_i)$$

Nach Satz 10.14 pflanzt sich die Konservativität von $\mathcal{P}_{b,i+1}$ und $\mathcal{S}_i$ (nach Annahme) auf $\mathcal{S}_{i+1}$ fort (falls $i + 1 < m$).

Insbesondere bestätigt (∗), daß $S'_m - \!\!\rightarrow S_m$. Mit Korollar 10.16 (Verträglichkeit mit *P-DERIVE*), Satz 10.11(d) (*REDUCE*) und 10.11(a) (Transitivität) folgt daraus:

$$\tau(\mathcal{R}_1,\ldots,\mathcal{R}_m) - -\!\rightarrow \mathcal{P}_t$$

Die Ergänzungen lassen sich analog nachweisen, indem die Induktionsbehauptung (∗) passend modifiziert wird. Anstelle von S_i sind konservative Typkonstruktoren (a) für S'_i, (b) für S_i und S'_i erforderlich, um Korollar 10.17 anwenden zu können.   □

Den Satz können wir zu folgender Regel zusammenfassen: Wenn bei zwei aneinander anschließenden Familien von Implementierungen die "höheren" Konstruktionsterme linear sind und an den "unteren" Übergängen die verlangten Anwendbarkeiten vorliegen, lassen sich Implementierungen durch Termsubstitution komponieren. Dadurch wird eine, die "mittlere" Abstraktionsstufe übersprungen.

Für eine wichtige Teilklasse linearer Implementierungen macht das Kompositionstheorem deutlich, unter welcher Bedingung und wie diese unter sich konstruktiv komponiert werden können. Wir betrachten Erweiterungsimplementierungen (Def. 10.22) mit Konstruktionstermen der Form

$$REDUCE(P\text{-}EXTEND(\mathcal{X},\mathcal{X}_\mathcal{E}),\varrho) \ .$$

Korollar 10.27: *Seien* τ_i *Erweiterungsimplementierungen von* $\mathcal{P}_{i+1}$ *durch* $\mathcal{P}_i$, *jeweils mit Reducer* ϱ_i *und Erweiterungsvorschrift* $\mathcal{E}_i$ $(i = 1,2)$, *so daß* $\mathcal{E}_2$ *auf die Realisierung zu* $\mathcal{P}_2$ *anwendbar ist, d.h.:* $\mathcal{E}_2$ *sei konservativ und erlaube* $\tau_1(\mathcal{P}_1,\mathcal{E}_1)$ *als aktuellen Parameter. Dann gibt es eine Erweiterungsimplementierung von* $\mathcal{P}_3$ *durch* $\mathcal{P}_1$ *mit der Erweiterungsvorschrift* $APPLY(\mathcal{E}_2,\mathcal{E}_1,\varrho_1)$.

Beweis: Aufgrund Satz 10.26 gilt:

$$\begin{aligned}
\mathcal{R} := REDUCE(&EXTEND(\\
&REDUCE(EXTEND(\mathcal{P}_1,\mathcal{E}_1),\varrho_1), \\
&\mathcal{E}_2),\varrho_2 \hspace{4cm}) - -\!\rightarrow \mathcal{P}_3
\end{aligned}$$

Mit $P\text{-}EXTEND(\mathcal{P}_i,\mathcal{E}_i) = APPLY(\mathcal{E}_i,\mathcal{P}_i,id_i)$ $(i = 1,2)$ ergibt sich als Darstellung von $\mathcal{R}$ entsprechend Korollar 9.35:

$$\mathcal{R} = REDUCE(APPLY(\mathcal{E}_2,APPLY(\mathcal{E}_1,\mathcal{P}_1,id_1),\varrho_1),\varrho)$$

mit $\varrho = APPLY_R(id_2,\varrho_1,id) \circ \varrho_2$. Lemma 9.16 liefert schließlich den gewünschten Konstruktionsterm:

$$\mathcal{R} = REDUCE(P\text{-}EXTEND(\mathcal{P}_1,APPLY(\mathcal{E}_2,\mathcal{E}_1,\varrho_1)),\varrho)$$ □

Die konstruktive Komposition führt hier also dazu, daß sich die gegebenen Erweiterungsvorschriften zu einer neuen Erweiterungsvorschrift zusammensetzen lassen.

Im folgenden Beispiel benutzen wir das Kompositionstheorem wieder für allgemeine, z.T. sogar nichtlineare Implementierungen.

Beispiel 10.28: Für einen PADT *SYMBOLTABLE(IDF)*, durch den Symboltabellen zu beliebigen Typen *IDF* von Bezeichnern konstruiert werden, seien folgende zwei Implementierungsstufen bekannt:

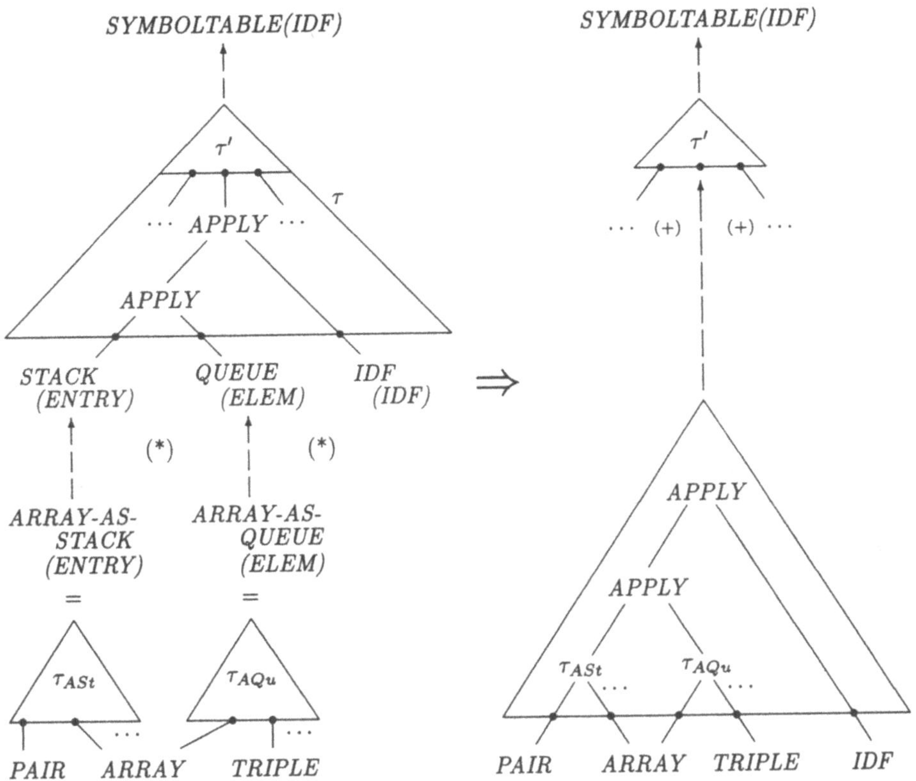

Abbildung 10.7

Für die unmittelbare Implementierung von *SYMBOLTABLE(IDF)* kann etwa

$$STACK\text{-}OF\text{-}QUEUE(IDF)$$

als Speicherstruktur dienen: Die in einem Programm auftretenden Bezeichner werden je Blocklevel in einer Queue gesammelt, und entsprechend der Blockschachtelung werden diese Queues in einem Stack abgelegt. Für die Komponenten von *STACK-OF-QUEUE(IDF)* wiederum sind unabhängige Implementierungen durch *PAIR*, *TRIPLE*, *ARRAY* und andere PADTen bekannt (vgl. Bsp. 10.21 und Übungen). Die genaue Spezifikation der einzelnen Schritte sei dem Leser zur Übung überlassen. Die Abbildung 10.8 gibt die Entwurfssituation und die dabei mögliche Anwendung des Kompositionstheorems wieder, wobei Sichten weggelassen sind.

An den mit (*) gekennzeichneten Stellen müssen zuvor die Voraussetzungen des Satzes geprüft werden: Tatsächlich sind alle vorkommenden Typkonstruktoren konservativ; die PADTen *QUEUE* und *ARRAY-AS-QUEUE* können beide für den formalen Parameter *ENTRY* eingesetzt werden, ebenso *IDF* für *ELEM*. Wegen der Übereinstimmung der for-

malen Parameter gibt es keinen Unterschied zwischen top-down oder bottom-up Anwendbarkeit.

Der Teilterm τ' in Abb. 10.7 soll andeuten, daß an der gewählten Speicherstruktur noch
weitere Transformationen wie eine Anreicherung um Tabellen-Operationen vorzunehmen
sind. Der Satz würde sogar für den um τ' erweiterten Konstruktionsterm τ greifen, wenn
dieser insgesamt linear wäre, z.B. falls $\tau' = REDUCE(P\text{-}DERIVE(\mathcal{X}))$. Mit jeder (allgemeinen) parametrischen Anwendung auf $STACK\text{-}OF\text{-}QUEUE(IDF)$, die sowohl auf das
$STACK\text{-}$ als auch auf das $QUEUE\text{-}$Redukt Bezug nimmt, wird jedoch die lineare Struktur
gestört. Falls dann der Term τ' selbst linear ist, kann das Theorem erneut benutzt werden,
nachdem an den Stellen (+) die Voraussetzungen geprüft worden sind.   □

Die Diskussion zu dem Beispiel weist bereits auf die Grenzen der Komponierbarkeit hin.
Da wegen der Quasi-Assoziativität von $APPLY$ nicht beliebige Konstruktionsterme auf
eine lineare Form zu bringen sind, lassen sich häufig nur lineare Teilstücke von Implementierungen komponieren. Abbildung 10.8 skizziert ein Beispiel, wie in einer Hierarchie von
Implementierungen zunächst alle *maximalen* linearen Teilstrukturen (auch über mehrere
Stufen hinweg) mit niedrigeren (beliebigen) Terme zu jeweils einer Implementierung komponiert werden. Erst dann ist man darauf angewiesen, alle neu entstandenen Schnittstellen
im Sinne des Kompositionstheorems zu prüfen. Anschließend wird das Verfahren nach oben
hin iteriert.

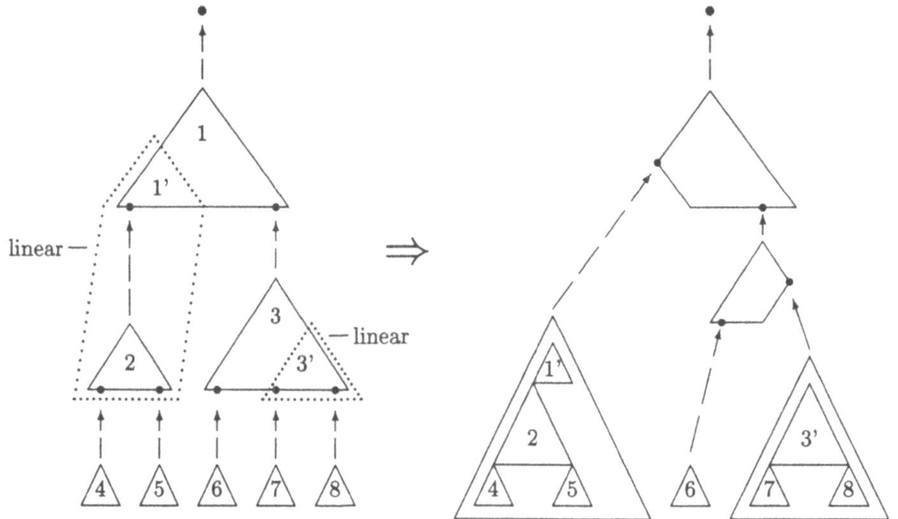

Abbildung 10.8

Wenn bei den neuen Realisierungen einfache PADTen vorliegen, kann die Komposition
fortgesetzt werden, nach Satz 10.24 sogar unabhängig von der Termform. Sonst reicht es für
Anwendbarkeiten im Sinne von Korollar 10.17 schon, daß bestimmte PADTen konservative

Typkonstruktoren sowie hinreichend "große" formale Parameter haben. Konservativität ist garantiert, wenn die ursprünglichen Basis-PADTen konservativ waren, da Konstruktionsterme diese Eigenschaft fortpflanzen (Satz 10.14).

Daß einige Module Strukturen niedrigerer oder höherer Abstraktionsstufe als aktuelle Parameter erlauben müssen, entspricht durchaus der "top-down" oder "bottom-up" Entwurfsphilosophie des Software-Engineering: Module werden so allgemein angelegt, daß sie in der jeweiligen Richtung möglichst "universell anwendbar" sind. Von daher ist zu erwarten, daß in vielen praktischen Situationen eine Komposition ohne weiteres möglich ist. Sonst kann sich wie im Beispiel 10.25 ergeben, daß an bestimmten Stellen, die sich systematisch lokalisieren lassen, Module geändert oder re-implementiert werden müssen. Der Entwurf muß dann erst noch zu einer Gesamtimplementierung komponierbar gemacht werden.

10.4 Übungen

1) Rechnen Sie nach, daß die Realisierungsabbildungen in den Beispielen 10.3 und 10.4 Algebra-Morphismen sind.

2) Gegeben seien die Signatur $\Sigma = \langle\{s\}, \{\text{null}: \to s, \text{pos}: \to s, +: s \times s \to s\}\rangle$ und folgende Σ-Algebren A_1 und A_2; die jeweilige Operation "+" wird durch eine Tabelle definiert:

$$s_{A_1} = \{-2, -1, 0, +1, +2\} \qquad\qquad s_{A_2} = \{0, 1\}$$
$$\text{null}_{A_1} = 0, \quad \text{pos}_{A_1} = +1 \qquad\qquad \text{null}_{A_2} = 0, \quad \text{pos}_{A_2} = 1$$

$+_{A_1}$	-2	-1	0	$+1$	$+2$
-2	-2	-1	-2	-1	0
-1	-1	-2	-1	0	$+1$
0	-2	-1	0	$+1$	$+2$
$+1$	-1	0	$+1$	$+2$	$+1$
$+2$	0	$+1$	$+2$	$+1$	$+2$

$+_{A_2}$	0	1
0	0	1
1	1	1

Zeigen Sie, daß diese Algebren das noch fehlende Gegenbeispiel zur "$\Leftarrow$"-Richtung von Lemma 10.6 liefern:

  a) Es gibt eine Σ-Unteralgebra $\widehat{A}$ von A_1 und eine Σ-Kongruenz $\equiv$ auf $\widehat{A}$, so daß $(\widehat{A}/\equiv) \cong A_2$, d.h. nach 10.2(b) $A_1 - \to A_2$.

  b) Es gibt keine Σ-Kongruenz $\equiv$ auf A_1, für die eine Unteralgebra von $(A_1/\equiv)$ isomorph zu A_2 wäre. *Hinweis:* Für jede Σ-Kongruenz mit $+2 \equiv +1$ ist $(A_1/\equiv)$ einelementig.

3) Geben Sie analog zum Bsp. 10.21 eine Implementierung τ_{ASt} von *STACK(ENTRY)* durch *PAIR(...)*, *ARRAY(...)* usw. an, bei der Stacks durch Arrays mit Top-Zeiger repräsentiert werden. Verwenden Sie dabei den PADT *ARRAY-AS-STACK(ENTRY)* aus Übung 9.3.5. Bedenken Sie, daß zu einer korrekten Implementierung auch die Angabe und der Nachweis einer Familie von Realisierungsabbildungen (natürliche Transformation) gehört.

4) Das Korollar 10.27 beinhaltet auch die Komposition von Implementierungen der Form *REDUCE(P-DERIVE($\mathcal{X}, \delta$), ϱ)*: Zeigen Sie, daß aus Derivors δ_1 und δ_2 anstelle der Erweiterungen $\delta_1^* \varrho_1^* \delta_2$ als neuer Derivor entsteht.

5) Spezifizieren Sie einen ADT *MODCOUNTER* von Zählern modulo 60 mit Operatoren zum Initialisieren, Weiterzählen und Abfragen des Zählerstandes. Überlegen Sie sich mindestens zwei verschiedene Implementierungen durch *STACK(BOOL)*, darunter eine mit injektiver Repräsentationsabbildung. Lassen sich diese Implementierungen mit der Implementierung aus Übung 3) komponieren ?

6) Welche (praktischen) Implementierungen von Mengen kennen Sie, die effiziente Einfüge-, Lösch- und Suchoperationen anbieten, deren Aufwand also höchstens logarithmisch von der Zahl der Elemente abhängt ? Machen Sie sich die Bestandteile solcher Implementierungen im Sinne der Definitionen dieses Kapitels klar.

11. Untersorten

Signatur mit partiell geordneter Sortenmenge; Signatur-Spezifikation; begrenzter Operator; minimale Signatur-Spezifikation; Signatur-Vervollständigung; Algebra mit partiell geordneter Sortenmenge; Algebra-Morphismus mit partiell geordneter Sortenmenge; Initialität der Termalgebra; Kongruenz; Quotient; Beziehung zwischen Morphismen und Kongruenzen; Quotiententerm-Algebra; Menge der mögliche Terme; Familie der erweiterten Terme; Initialität der Quotienten-Termalgebra; induzierte konventionelle Signatur; konventionelle Gleichung; Deklaration; induziertes Operationssymbol; induzierte Gleichung; Deklarationen-Termalgebra; Termersetzung; untersorten-erhaltend; Isomorphie von Quotienten-Termalgebra und Normalformalgebra.

Konventionelle algebraische Spezifikationstechniken können gewisse Datentypen nicht ohne versteckte Sorten und Funktionen beschreiben. In manchen Fällen ist es sicherlich wünschenswert und erforderlich, Teile der Spezifikation zu verstecken. Oft verdecken diese versteckten Teile aber gerade interessante Aspekte, z.B. wird eine konventionelle Spezifikation der ganzen Zahlen eine zusätzliche versteckte Sorte für die natürlichen Zahlen und eine Konvertierungsfunktion besitzen, und diese Strukturierung wird nach außen nicht sichtbar gemacht. Gerade dies ist aber in einem Ansatz mit partiell geordneten Sortenmengen und Untersorten möglich.

Die Sortenmenge der Spezifikationen wird durch eine partielle Ordnung klassifiziert, die ausdrückt, daß eine Sorte Untersorte einer anderen ist. Dieses Konzept impliziert, daß eine Funktion mehr als einmal in der Signatur mit unterschiedlichen Definitions- und Wertebereichen auftreten kann, d.h. die Funktionen sind überladen. Als Sprachmittel zur Beschreibung von Algebren erlauben wir außer Gleichungen noch sogenannte Deklarationen, die es gestatten, einem Term eine Untersorte der eigentlichen Termsorte zuzuweisen. Um z.B. die übliche Beziehung zwischen Morphismen und Kongruenzen, in dem Sinne, daß ein Morphismus eine Kongruenz induziert und umgekehrt, weiterhin zu bewahren, müssen die grundlegenden Begriffe wie Signatur, Algebra und Kongruenz hier anders definiert werden.

11.1 Signaturen

Die Syntax der hier diskutierten mehrsortigen Algebren wird durch einen Signaturbegriff mit einer Halbordnung auf den Sorten bestimmt. Dieses Konzept hat einen tiefen Einfluß auf Definitions- und Zielbereiche von Funktionen. Es ist möglich und manchmal erforderlich, daß derselbe Funktionsname auf unterschiedliche Argumentbereiche und mit unterschiedlichen Zielsorten angewendet wird: die Funktionen sind überladen. Dies muß der hier gewählte Begriff für Signatur in Betracht ziehen.

Definition 11.1: Eine *Signatur* ist ein Tripel $\langle S, \leq, \Sigma \rangle$, wobei
(1) S eine Sortenmenge,
(2) $\leq$ eine partielle Ordnung auf S und
(3) $\Sigma = \langle \Sigma_{w,s} \rangle_{w \in S^*, s \in S}$ eine Familie von Operations-Symbolmengen ist,
(4) so daß falls $v \leq w$ (als Fortsetzung von $\leq$ auf S^*) und $t \geq s$ gilt, auch $\Sigma_{w,s} \subseteq \Sigma_{v,t}$ gültig ist.

Falls $s \leq t$ gilt, so sagt man, daß s eine Untersorte von t und t eine Obersorte von s ist.
$s < t$ bedeutet $s \leq t$ und $s \neq t$. Eine Sorte s heißt maximal bzw. minimal, falls es kein t mit
$t > s$ bzw. $t < s$ gibt. Falls weder $s \leq t$ noch $t \leq s$ gilt, so sind s und t unvergleichbar. Die
Bedingung (4) formalisiert die Vorstellung, daß eine Funktion $f : W \to S$ auch aufgefaßt
werden kann als Funktion $f : V \to T$, wobei $V \subseteq W$ und $T \supseteq S$ gilt.

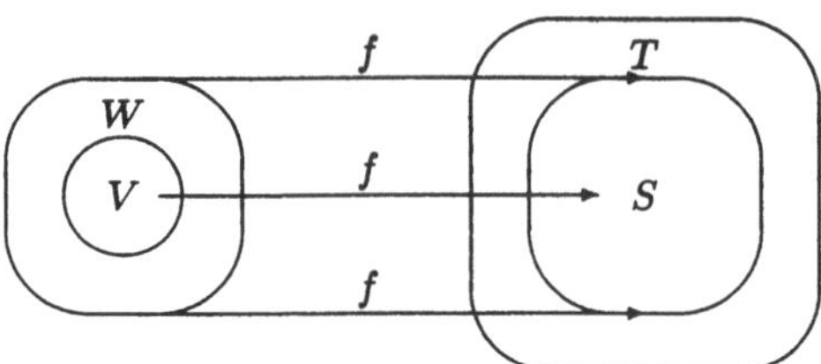

Dasselbe Operationssymbol kann also sowohl verschieden viele Argumente wie auch unterschiedliche Argument- und Zielsorten haben. Dieses Überladen von Symbolen ist häufig
anzutreffen, z.B. bezeichnet das Zeichen − sowohl eine unäre als auch eine binäre Operation,
und mit dem Symbol + wird oft die Addition von numerischen Werten unterschiedlicher
Sorten als auch die Konkatenation von Zeichenketten notiert.

Eine Signatur wird manchmal nur durch Σ bezeichnet. Falls Σ aus dem Zusammenhang
hervorgeht, ist $\sigma : w \to s$ äquivalent zu $\sigma \epsilon \Sigma_{w,s}$. Die Funktionsnamen von Σ werden mit
$FUN(\Sigma) = \{\sigma^{w,s} \mid ws \epsilon S^{+} \text{ und } \sigma \epsilon \Sigma_{w,s}\}$ bezeichnet, die Symbole oder Buchstaben von Σ
bestehen aus der Menge $LET(\Sigma) = \{\sigma \mid ws \epsilon S^{+} \text{ und } \sigma \epsilon \Sigma_{w,s}\}$.

Beispiel 11.2: Die folgende Signatur beschreibt einige Operationen auf natürlichen und
ganzen Zahlen und auf Wahrheitswerten.

ordered-int	**sorts**	nat, int, bool	
	order	nat $<$ int	
	ops	$0 : \to$ nat	$(*)$
		$0 : \to$ int	
		$+1 :$ nat $\to$ nat	$(*)$
		$+1 :$ nat $\to$ int	
		$+1 :$ int $\to$ int	$(*)$
		$-1 :$ int $\to$ int	$(*)$
		$-1 :$ nat $\to$ int	
		false, true $: \to$ bool	$(*)$
		eq $:$ int $\times$ int $\to$ bool	$(*)$
		eq $:$ nat $\times$ int $\to$ bool	
		eq $:$ int $\times$ nat $\to$ bool	
		eq $:$ nat $\times$ nat $\to$ bool	

Wie man sieht, ist es lästig, alle Operationssymbole mit den entsprechenden Definitions-
und Zielbereichen zu wiederholen. Eine kompaktere Notation für Signaturen ist daher
angebracht.

Definition 11.3: Eine *Signatur-Spezifikation* ist ein Tripel $\langle S, \leq, \Sigma \rangle$, das nur den Bedingungen (1)-(3) der Signatur-Definition (siehe Definition 11.1) genügt.

Lemma 11.4: *Eine Signatur-Spezifikation* $\langle S, \le, \Sigma \rangle$ *induziert eindeutig die Signatur* $\langle S, \le, IND(\Sigma) \rangle$, *wobei* $IND(\Sigma) = \langle IND(\Sigma)_{w,s} \rangle_{w \epsilon S^*, s \epsilon S}$ *mit* $IND(\Sigma)_{w,s} = \bigcup_{v \ge w, r \le s} \Sigma_{v,r}$ *gilt.*

Beweis Es ist zu zeigen, daß aus $x \le w$ und $t \ge s$ auch $IND(\Sigma)_{w,s} \subseteq IND(\Sigma)_{x,t}$ folgt:
$IND(\Sigma)_{w,s} = \bigcup_{v \ge w, r \le s} \Sigma_{v,r} \subseteq \bigcup_{v \ge x, r \le t} \Sigma_{v,r} = IND(\Sigma)_{x,t}.$ □

Jede Signatur ist auch eine Signatur-Spezifikation, und zu einer Signatur-Spezifikation gibt es eine eindeutig induzierte Signatur. Daher werden im folgenden grundsätzlich eine Signatur-Spezifikation und ihre induzierte Signatur gleichgesetzt. $\langle S, \le, \Sigma_1 \rangle$ wird minimale Signatur-Spezifikation von Σ genannt, falls $IND(\Sigma_1) = \Sigma$ und für alle weiteren Signatur-Spezifikationen Σ_2 von Σ gilt: $\Sigma_1 \subseteq \Sigma_2$. Minimale Signatur-Spezifikationen sind immer eindeutig, falls sie existieren, und werden mit $MIN(\Sigma)$ bezeichnet.

Oft kann man zu einem Operator Begrenzungen in den Definitions- und Zielbereichen angeben, so daß dieser Operator auf allen Unter- bzw. Obersorten dieser Begrenzungen definiert ist. So ist z.B. für $s_1 < s$ und $s_2 < s$ mit $c :\to s_1$, $c :\to s_2$ und $c :\to s$ die Liste der Begrenzungen $c :\to s_1$ und $c :\to s_2$, denn hieraus folgt ja $c :\to s$. Es läßt sich in diesem Fall aber nicht nur eine einzige Begrenzung an geben.

Definition 11.5: Die Signatur $\langle S, \le, \Sigma \rangle$ hat *begrenzte Operatoren*, falls zu $\sigma : w \to s$ endlich viele Begrenzungen $(w_1, s_1), \ldots, (w_n, s_n)$ mit $w_i \ge w$, $s_i \le s$ und $\sigma : w_i \to s_i$ existieren, so daß zu $\sigma : v \to r$ mit $v \ge w$ und $r \le s$ ein j mit $w_j \ge v$ und $s_j \le r$ existiert.

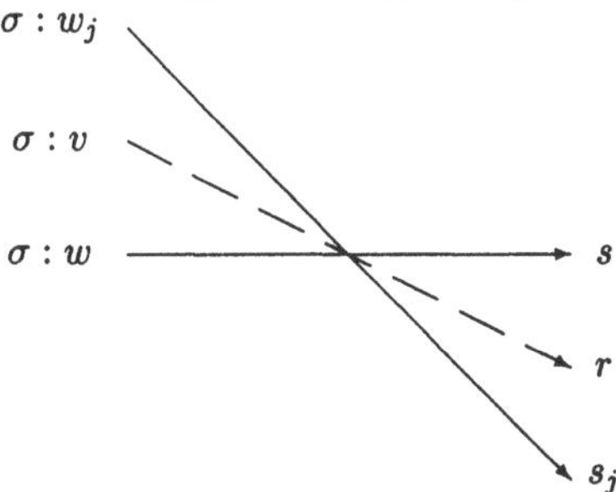

Satz 11.6: *Es sei* Σ *eine Signatur. Dann sind folgende Aussagen äquivalent.*
(1) Zu Σ *gibt es eine minimale Signatur-Spezifikation.*
(2) Σ *hat begrenzte Operatoren.*

Beweis

$\Rightarrow$ Man zeigt $\neg(2) \Rightarrow \neg(1)$ durch Angabe eines Gegenbeispiels. Es sei $S = \{s_n \mid n \epsilon \mathbf{N}\}$, $\le = \{ s_{n+1} \le s_n \mid n \epsilon \mathbf{N} \}$ und $c :\to s_n$ für $n \epsilon \mathbf{N}$.
  Für diese Signatur existieren keine Begrenzungen, aber angenommen, es gibt eine minimale Signatur-Spezifikation $MIN(\Sigma)$ zu obiger Signatur. Dann gibt es auch ein minimales $k \epsilon N$, so daß $c :\to s_k$ in $MIN(\Sigma)$ gilt, und es gibt ein $m > k$, so daß $c :\to s_m$ in $MIN(\Sigma)$ gilt, da $MIN(\Sigma)$ Signatur-Spezifikation zu Σ ist. Damit wäre aber auch $MIN(\Sigma) - MIN(\Sigma)_{\lambda, s(k)}$ Signatur-Spezifikation zu Σ.

$\Rightarrow$ $MIN(\Sigma)_{w,s} = \{ \sigma \epsilon \Sigma_{w,s} \mid$ Es gibt kein $vt \ne ws$ mit $v \ge w$, $t \le s$ und $\sigma : v \to t \}$. Es ist zu zeigen, daß

(A) $MIN(\Sigma)$ Signatur-Spezifikation zu Σ und

(B) $MIN(\Sigma)$ minimal ist.

(A) Zu $\sigma : w \to s$ wähle ein festes vt mit $v \geq w$, $t \leq s$, $\sigma : v \to t$ und es gibt kein xr mit $xr \neq vt$, $x \geq v$, $r \leq t$ und $\sigma : x \to r$, d.h. v ist maximal und t minimal gewählt. Solch ein vt existiert wegen der Voraussetzung, daß Σ begrenzte Operatoren hat. Dann gilt:
$$\sigma \in MIN(\Sigma)_{v,t} \subseteq \bigcup_{x \geq w, r \leq s} MIN(\Sigma)_{x,r} = IND(MIN(\Sigma))_{w,s}.$$

(B) Angenommen, das oben definierte $MIN(\Sigma)$ ist nicht minimal. Dann gibt es eine zweite Signatur-Spezifikation Σ_1 zu Σ, so daß ein ws existiert mit $\neg(MIN(\Sigma)_{w,s} \subseteq \Sigma_{1;w,s})$. Daraus folgt: Es gibt $\sigma \in MIN(\Sigma)_{w,s}$ mit $\neg \sigma \in \Sigma_{1;w,s}$. Es gilt aber weiter: $\sigma \in \Sigma_{w,s} = IND(\Sigma_1)_{w,s} = \bigcup_{v \geq w, t \leq s} \Sigma_{1;v,t}$ und damit muß es ein $vt \neq ws$, $v \geq w$, $t \leq s$ mit $\sigma \in \Sigma_{1;v,t}$ geben. Daraus folgt $\sigma \in \Sigma_{v,t}$. $\sigma \in MIN(\Sigma)_{w,s}$ bedeutet aber: Für alle $v \geq w$, $t \leq s$ mit $vt \neq ws$ gilt $\sigma \in \Sigma_{v,t}$.

□

Beispiel 11.7: Im Gegenbeispiel des Beweises zum obigen Theorem gibt es für die Konstante c keine minimale Zielsorte, während im Beispiel der natürlichen und ganzen Zahlen immer Begrenzungen existieren. Für die Konstante 0 ist $\{(\lambda,\text{nat})\}$ die minimale Menge der Begrenzungen, für die Funktion $+1$ ist $\{(\text{nat},\text{nat}),(\text{int},\text{int})\}$ diese Menge.

Korollar 11.8: *Für Signaturen mit endlichen Sortenmengen existieren minimale Signatur-Spezifikationen.*

Beweis Falls die Sortenmenge endlich ist, gibt es immer Begrenzungen für einen Operator und damit läßt sich das obige Theorem anwenden. □

Beispiel 11.9: Die mit $(*)$ gekennzeichneten Zeilen aus dem Signatur-Beispiel stellen die minimale Signatur-Spezifikation zu dieser Signatur dar.

ordered-int	**sorts**	nat, int, bool
	order	nat $<$ int
	ops	$0 : \to$ nat
		$+1 :$ nat $\to$ nat
		$+1 :$ int $\to$ int
		$-1 :$ int $\to$ int
		false, true $: \to$ bool
		eq $:$ int $\times$ int $\to$ bool

Hierdurch ist also genau die obige Signatur mit einer minimalen Anzahl von Angaben festgelegt. Die Festlegung $+1 :$ nat $\to$ nat kann nicht entfallen, da sie eine wichtige Aussage über die zugehörige Funktion macht. Daher ist auch $-1 :$ nat $\to$ nat natürlich nicht Teil der Signatur.

Die Halbordnungsstruktur einer Signatur kann zu einer Verbandsstruktur vervollständigt werden. Der Nutzen dieser Vervollständigung wird sich später darin zeigen, daß auf einer syntaktischen Ebene die Behandlung von Vereinigungssorten möglich ist. Weiter müssen Gleichungen nicht unbedingt wohlsortiert sein, falls dies erwünscht ist. So werden z.B. Angaben wie 0=false und 1=true Sinn machen, ohne daß explizit zu den Sorten nat und bool eine Vereinigungssorte eingeführt werden muß. Es wird auch möglich sein, Terme beliebig umzusortieren, z.B. durch Festlegungen wie 0:bool und 1:bool, obwohl 0 und 1 Terme der Sorte nat sind.

Definition 11.10: Zur Signatur $\langle S, \le, \Sigma \rangle$ heißt die von $\langle COMP(S), \le, \Sigma \rangle$ induzierte *Signatur-Vervollständigung* von Σ, wobei $COMP(S)$ und $\le$ auf $COMP(S)$ folgendermaßen festgelegt sind.

(1) $COMP(S) = \{\, R \subseteq S \mid \neg\exists\ r_1, r_2 \epsilon R : r_1 < r_2 \,\}$

(2) $R \le T$ auf $COMP(S) \Leftrightarrow (\forall r \epsilon R)(\exists t \epsilon T)(r \le t$ auf $S)$

Die Sorten bestehen hier also aus Mengen von Basis-Sorten mit der Eigenschaft, daß jeweils zwei Basis-Sorten unvergleichbar sind. Diese Vervollständigung einer Signatur wird auch mit $COMP(\Sigma)$ bezeichnet und gestattet es nun, sowohl von der (in $COMP(\Sigma)$) maximalen Sorte einer Signatur, die der Vereinigung der (in Σ) maximalen Sorten entspricht, als auch von der minimalen Sorte, die der leeren Menge entspricht, zu reden. Weiter kann man zu einer beliebigen Sortenmenge $\{s_i\}_{i \epsilon I}$ über S auch deren Vereinigungssorte

$$\bigcup_{i \epsilon I}\{s_i\} := \{s_j \epsilon S \mid \text{ Es gibt kein } s_k \text{ mit } s_j < s_k\}$$

betrachten. Daher bezeichnet eine Sortenmenge $R = \{r_1, \ldots, r_n\}$ in diesem Zusammenhang auch die Menge $\{\, r \epsilon R \mid r$ ist bezüglich Σ maximal in R $\}$. Das folgende Beispiel verdeutlicht diesen Sprachgebrauch.

Beispiel 11.11: Im obigen Beispiel ergibt sich bei der Konstruktion der Vervollständigung der Signatur die folgende Struktur. Hierbei ist dann z.B. der Term int $\cup$ bool äquivalent zu dem Ausdruck { int, bool }.

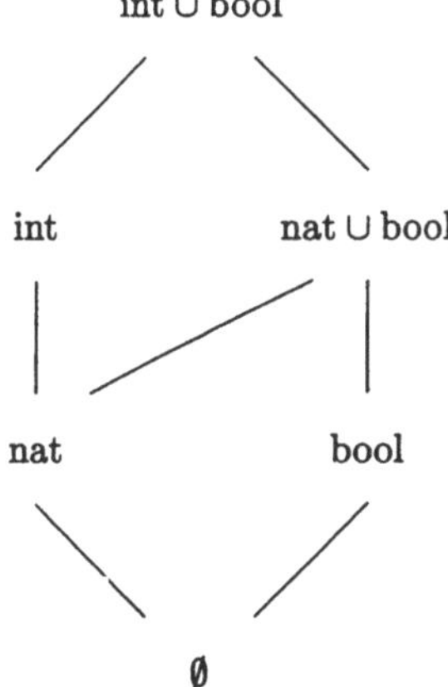

Man unterscheidet also nicht zwischen (int) und (nat $\cup$ int) und auch nicht zwischen (int $\cup$ bool) und (nat $\cup$ int $\cup$ bool). Es werden u.a. die folgenden Operationen mit Zielsorte nat $\cup$ bool neu eingeführt.

```
ops   0 : → nat ∪ bool
      +1 : nat → nat ∪ bool
      false, true : → nat ∪ bool
      eq : int × int → nat ∪ bool
```

11.2 Algebren

Wie beim Signaturbegriff müssen auch Algebren und Morphismen die Halbordnung auf den Sorten berücksichtigen. Identische Elemente in verschiedenen Trägern werden daher nicht unterschieden. Wie im konventionellen Fall sind Termalgebren initial in der Klasse aller Algebren.

Definition 11.12: Es sei die Signatur Σ gegeben. Eine *Σ-Algebra* ist ein Paar $\langle A, F \rangle$, wobei

(1) $A = \langle s_A \rangle_{s \in S}$ eine Familie von Mengen ist,

(2) so daß mit $s \leq t$ auch $s_A \subseteq t_A$ gilt, und

(3) $F = \langle \sigma_A^{w,s} \rangle_{\sigma^{w,s} \in FUN(\Sigma)}$ eine Familie von Funktionen ist, zu $\sigma : w \to s$ gilt
$$\sigma_A^{w,s} : w_A \to s_A,$$

(4) so daß aus $\sigma \epsilon \Sigma_{w,s} \cap \Sigma_{v,t}$ und $a \epsilon w_A \cap v_A$ auch $\sigma_A^{w,s}(a) = \sigma_A^{v,t}(a)$ folgt.

Bedingung (2) fordert, daß, falls s eine Untersorte von t ist, auch s_A eine Teilmenge von t_A sein muß. Bedingung (4) stellt sicher, daß man von einer Funktion σ_A (ohne die Sortenindizes) sprechen kann, obwohl σ auf verschiedenen Trägern mit sogar unterschiedlichen Stelligkeiten definiert sein kann.

$$\sigma_A : \bigcup_{\sigma : w \to s} w_A \to \bigcup_{\sigma : w \to s} s_A$$

Es folgt, daß mit $\sigma : w \to s$, $v \leq w$ und $t \geq s$ auch $v_A \subseteq w_A$, $t_A \supseteq s_A$ und $\sigma_A^{w,s} \mid v_A = \sigma_A^{v,t}$ gültig ist. Bedingung (4) muß aber auch gelten, falls die Sorten in keiner Beziehung zueinander stehen. Falls $\sigma : w \to s$ und $\sigma : v \to t$ und dabei w und v oder s und t unvergleichbar sind und $a \epsilon w_A \cap v_A$ gilt, dann muß auch $\sigma_A^{w,s}(a) = \sigma_A^{v,t}(a)$ gelten. Denn die Wahl des Funktionsnamens σ drückt aus, daß es zwischen den Funktionen $\sigma_A^{w,s}$ und $\sigma_A^{v,t}$ eine Gemeinsamkeit gibt. Diese Gemeinsamkeit besteht in der Bedingung, daß beide Funktionen, angewendet auf die gleichen Argumente, das gleiche Ergebnis liefern. Falls unterschiedliche Resultate auf gleichen Werten gewünscht sind, sollten auch unterschiedliche Namen für die Funktionen gewählt werden. Bedingung (4) stellt damit auch indirekt Forderungen an die Struktur der Trägermengen. Aus $\sigma : w \to s$ und $\sigma : v \to t$ muß auch $\sigma_A(w_A \cap v_A) \subseteq s_A \cap t_A$ folgen. Die folgende Abbildung stellt diesen Zusammenhang dar.

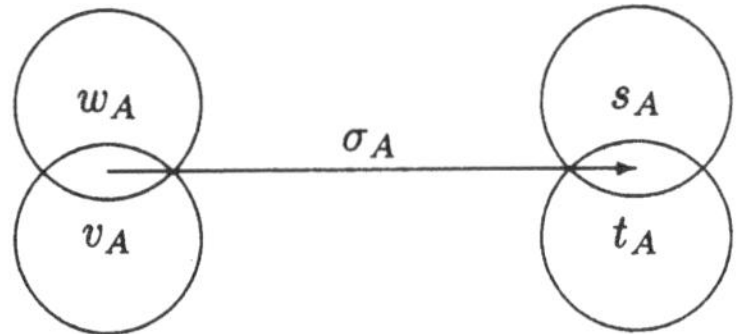

Manchmal kürzt man $\langle A, F \rangle$ mit A ab. $SET(A)$ bezeichnet die Vereinigung aller Träger s_A.

Beispiel 11.13: Die natürlichen und ganzen Zahlen mit den Operationen 0, Nachfolger und Vorgänger zusammen mit booleschen Werten und einem Gleichheitsprädikat bilden eine Algebra zur bereits vorgestellten Signatur für natürliche und ganze Zahlen.

Definition 11.14: Es seien die Signatur Σ und Σ-Algebren A und B gegeben. Ein Σ-*Algebra-Morphismus* $f : A \to B$ ist eine Familie von Abbildungen $\langle f_s \rangle_{s \in S}$, $f_s : s_A \to s_B$, so daß
(1) mit $\sigma : w \to s$ und $a \epsilon w_A$ auch $f_s(\sigma_A(a)) = \sigma_B(f_w(a))$ gültig ist und
(2) $f_s(a) = f_t(a)$ für $a \epsilon s_A \cap t_A$ gilt.
Bedingung (1) ist die übliche Forderung zur Respektierung der operationalen Struktur. Bedingung (2) spiegelt wieder, daß man nicht zwischen gleichen Elementen in unterschiedlichen Trägern unterscheidet. Im besonderen gilt die Bedingung für den Fall, daß s eine Untersorte von t ist, da dann auch s_A eine Teilmenge von t_A ist. Falls diese Bedingung nicht gestellt wird, ist eine Situation wie unten skizziert möglich. Aber eine solche Abbildung f gibt nicht die Struktur von A in B wieder.

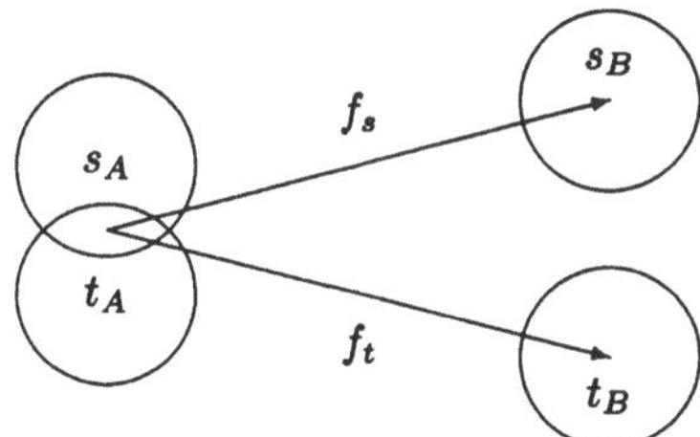

Die Kategorie der Σ-Algebren mit beliebigen Morphismen wird mit $\Sigma{-}ALG$ bezeichnet.

Ein Algebra-Morphismus $f : A \to B$ induziert eindeutig eine Abbildung $SET(f) : SET(A) \to SET(B)$ mit $SET(f)(s_A) \subseteq s_B$. Umgekehrt bestimmt eine operationsrespektierende Abbildung $f : SET(A) \to SET(B)$ mit $f(s_A) \subseteq s_B$ auch eindeutig einen Morphismus.

Definition 11.15: Es sei die Signatur Σ gegeben. Die Σ-*Termalgebra* $\langle T_\Sigma, F_\Sigma \rangle$ ist wie üblich definiert : $T_\Sigma = \langle s_T \rangle_{s \in S}$ ist die kleinste Familie von Mengen, so daß
(1) mit $\sigma :\to s$ auch $\sigma \epsilon s_T$ gilt und
(2) für $\sigma : s_1, \ldots, s_n \to s$ und $t_i \epsilon s_{i,T}$ auch $\sigma(t_1, \ldots, t_n) \epsilon s_T$ gültig ist.
$F_\Sigma = \langle \sigma_T^{w,s} \rangle_{\sigma^{w,s} \epsilon FUN(\Sigma)}$ ist festgelegt durch
(3) $\sigma_T^{\lambda,s} = \sigma$ und
(4) $\sigma_T^{w,s}(t_1, \ldots, t_n) = \sigma(t_1, \ldots, t_n)$ für $\sigma : w \to s$, $w = s_1, \ldots, s_n$ und $t_i \epsilon s_{i,T}$.

Lemma 11.16: *Die oben festgelegte Termalgebra* T_Σ *genügt den Bedingungen der Algebra-Definition.*

Beweis Zu Bedingung (2) der Algebra-Definition: Falls $s \leq r$ gilt, muß auch $s_T \subseteq r_T$ wahr sein. Es sei $t \epsilon s_T$. Falls $t = \sigma$ mit $\sigma :\to s$ gilt, ist auch $\sigma :\to r$ und damit $t \epsilon r_T$ gültig. Falls $t = \sigma(t_1, \ldots, t_n)$ mit $\sigma : s_1, \ldots, s_n \to s$ und $t_i \epsilon s_{i,T}$, dann gilt auch $\sigma : s_1, \ldots, s_n \to r$ und damit $t \epsilon r_T$.

Zu Bedingung (4) der Algebra-Definition: Zu $\sigma : w \to s$ und $\sigma : v \to r$ mit $w = s_1, \ldots, s_n$, $v = u_1, \ldots, u_n$ und $t_i \epsilon s_{i,T} \cap u_{i,T}$ gilt auch $\sigma_T^{w,s}(t_1, \ldots, t_n) = \sigma(t_1, \ldots, t_n) = \sigma_T^{v,r}(t_1, \ldots, t_n)$.

$\square$

Beispiel 11.17: Die Termalgebra zur Signatur der natürlichen und ganzen Zahlen kann durch die folgenden kontextfreien Produktionen beschrieben werden.

<int> ::= 0 | (<int>)+1 | (<int>)-1

<nat> ::= 0 | (<nat>)+1

<bool> ::= false | true | eq(<int>,<int>)

Die Träger der Sorten bestehen aus den von den entsprechenden nicht-terminalen Zeichen erzeugten Sprachen. Wie man sieht, ist jeder Term der Sorte nat auch gleichzeitig ein Term der Sorte int, und damit gelten auch die besonderen Bedingungen der Algebra-Definition.

Satz 11.18: *Es sei die Signatur Σ gegeben. Dann ist T_Σ initial in $\Sigma{-}ALG$.*

Beweis Es sei A eine Σ-Algebra. Man definiert den eindeutigen Morphismus $f : T_\Sigma \to A$ wie üblich über den Aufbau der Terme.

$$f_s(t) = \begin{cases} t_A^{\lambda,s} & \text{falls } t : \to s \\ \sigma_A^{w,s}(f_{s_1}(t_1),\ldots,f_{s_n}(t_n)) & \text{falls } t = \sigma(t_1,\ldots,t_n),\, \sigma : w \to s \\ & \text{und } w = s_1,\ldots,s_n \end{cases}$$

Zunächst muß man die Wohldefiniertheit dieser Festlegung zeigen, da die Wahl von ws nicht eindeutig ist. Die folgende Situation kann auftreten: $t = \sigma(t_1,\ldots,t_n)$, $\sigma : w \to s$ und $\sigma : v \to r$ mit $w = s_1,\ldots,s_n$, $v = u_1,\ldots,u_n$ und $t_i \epsilon s_{i,T} \cap u_{i,T}$. Man muß nun zeigen, daß $\sigma_A^{w,s}(f_{s_1}(t_1),\ldots,f_{s_n}(t_n)) = \sigma_A^{v,r}(f_{u_1}(t_1),\ldots,f_{u_n}(t_n))$ gilt. Dies ist aber Teil des Beweises der Bedingung (2) der Morphismus-Definition:

Es sei $t \epsilon s_T \cap r_T$ gegeben. Falls die Tiefe von t gleich 1 ist und $t : \to s$ gilt, ist auch $t : \to r$ und damit $f_s(t) = f_r(t)$ gültig. Falls die Tiefe von t gleich $n+1$ ist und $t = \sigma(t_1,\ldots,t_n)$, $\sigma : w \to s$ und $\sigma : v \to r$, $w = s_1,\ldots,s_n$, $v = u_1,\ldots,u_n$ und $t_i \epsilon s_{i,T} \cap u_{i,T}$ gilt, ist aufgrund der Induktionsvoraussetzung auch $f_{s_i}(t_i) = f_{u_i}(t_i)$ wahr und damit auch:

$$f_s(t) = f_s(\sigma(t_1,\ldots,t_n)) = \sigma_A^{w,s}(f_{s_1}(t_1),\ldots,f_{s_n}(t_n)) =$$

$$\sigma_A^{v,r}(f_{u_1}(t_1),\ldots,f_{u_n}(t_n)) = f_r(\sigma(t_1,\ldots,t_n)) = f_r(t)$$

Der Beweis, daß f die Operationen respektiert, und der Beweis der Eindeutigkeit von f ist analog zum konventionellen Fall. $\square$

Beispiel 11.19: Der eindeutige Morphismus von der Termalgebra über der Signatur für natürliche und ganze Zahlen in die Algebra der natürlichen und ganzen Zahlen wertet wie im konventionellen Fall die Terme aus. So werden z.B. die Terme 0+1 und 0-1+1+1 auf die Zahl 1 und die Terme eq(0,0-1) und eq(0+1,0) auf den Wahrheitswert false abgebildet werden. Es gelten damit aber auch die besonderen Bedingungen der Morphismus-Definition.

Korollar 11.20: *Es seien die Signatur Σ und ihre Vervollständigung $COMP(\Sigma)$ gegeben. Dann gilt $s_{T_\Sigma} \cup t_{T_\Sigma} = \{s,t\}_{T_{COMP(\Sigma)}}$ für $s,t \epsilon S$.*

Beweis Da $\{s\} \le \{s,t\}$ und $\{t\} \le \{s,t\}$ in $COMP(\Sigma)$ gilt, ist auch $s_{T_\Sigma} \cup t_{T_\Sigma} = \{s\}_{T_{COMP(\Sigma)}} \cup \{t\}_{T_{COMP(\Sigma)}} \subseteq \{s,t\}_{T_{COMP(\Sigma)}}$ wahr. Auf der anderen Seite kommen aber in $COMP(\Sigma)$ keine neuen Funktionssymbole hinzu, und daher gilt die Inklusion auch in der anderen Richtung. $\square$

Beispiel 11.21: In der Signatur-Vervollständigung des diskutierten Beispiels bestehen z.B. die Terme der Sorte (nat ∪ bool) genau aus den von <nat> und <bool> erzeugten Termmengen. Es gilt also L(<nat ∪ bool>) = L(<nat>) ∪ L(<bool>), wobei L(<s>) die von <s> erzeugte Sprache ist.

11.3 Gleichungen

Wichtigstes Beschreibungsmittel von Algebren sind wie im konventionellen Fall Gleichungen. Doch besonders der Kongruenzbegriff muß die Halbordnung der Sorten in Betracht ziehen. Die klassischen Initialitätsresultate haben jedoch auch für den neuen Ansatz Gültigkeit, insbesondere, da Gleichungsspezifikationen mit einer Halbordnung auf den Sorten auf den konventionellen Fall ohne Sortenstrukturierung zurückgeführt werden können.

Definition 11.22: Es seien die Signatur Σ und die $\Sigma-$Algebra A gegeben. Eine Familie von paarweise disjunkten Mengen $V = \langle V_s \rangle_{s \epsilon S}$, V_s disjunkt zu den Symbolen in Σ, heißt *Variablen-Familie* zu Σ. Eine *Zuweisung* an V ist eine Familie von Abbildungen $I = \langle I_s \rangle_{s \epsilon S}$, $I_s : V_s \to s_A$. Die *erweiterte Signatur* $\langle S, \leq, \Sigma(V) \rangle$ ist die von

$$\text{if } w = \lambda \text{ then } \Sigma_{w,s} \cup V_s \text{ else } \Sigma_{w,s}$$

induzierte Signatur. Das Resultat der Anwendung des Redukt-Funktors $U : \Sigma(V)-ALG \to \Sigma-ALG$ auf $T_{\Sigma(V)}$ wird mit $T_\Sigma(V)$ bezeichnet und Termalgebra über den Variablen V genannt.

Das nächste Lemma zeigt, daß für den hier eingeführten Algebra-Begriff immer freie Algebren existieren.

Lemma 11.23: *Es seien die Signatur Σ, die Variablen V, die $\Sigma-$Algebra A und die Zuweisung $I : V \to A$ gegeben. Dann gibt es einen eindeutigen $\Sigma-$Algebra-Morphismus $I^* : T_\Sigma(V) \to A$, der I im Sinne von $I^*(v) = I(v)$ für $v \epsilon V$ erweitert.*

Beweis Es läßt sich wie im konventionellen Fall argumentieren. Die $\Sigma-$Algebra A kann durch die Definition $v_A = I(v)$ zu einer $\Sigma(V)-$Algebra A_V gemacht werden. $T_{\Sigma(V)}$ ist initial in $\Sigma(V)-ALG$ und daher gibt es einen eindeutigen Morphismus $f : T_{\Sigma(V)} \to A_V$. Dann ist $U(f) : T_\Sigma(V) \to A$ der gesuchte Morphismus, wobei $U : \Sigma(V)-ALG \to \Sigma-ALG$ der entsprechende Redukt-Funktor ist. □

Definition 11.24: Es seien die Signatur Σ, die $\Sigma-$Algebra A und eine Familie von Relationen $\equiv = \langle \equiv_s \rangle_{s \epsilon S}$, $\equiv_s \subseteq s_A \times s_A$ gegeben.

Es bezeichne $EQ(\equiv)$ die von der Vereinigung $\bigcup_{s \epsilon S} \equiv_s$ auf SET(A) erzeugte Äquivalenz. $\equiv$ heißt *Äquivalenz* auf A, falls $\equiv_s = (\ EQ(\equiv) \mid s_A \times s_A\ )$ gilt.

Eine Äquivalenz heißt *Kongruenz*, falls für $\sigma : w \to s$ und $\sigma : v \to r$, $w = s_1, \ldots, s_n$, $v = u_1, \ldots, u_n$, $a_i \epsilon s_{i,A}$ und $b_i \epsilon u_{i,A}$ mit $a_i\ EQ(\equiv)\ b_i$ auch

$$\sigma_A^{w,s}(a_1, \ldots, a_n)\ EQ(\equiv)\ \sigma_A^{v,r}(b_1, \ldots, b_n)$$

gilt. Der *Quotient $A\ /\ \equiv$* einer Algebra bezüglich einer Kongruenz $\equiv$ ist definiert durch:
(1) $A\ /\ \equiv = \langle A\ /\ \equiv_s \rangle_{s \epsilon S}$, $A\ /\ \equiv_s = \{[a] \mid a \epsilon s_A\}$, wobei $[a] = \{b \epsilon SET(A) \mid a\ EQ(\equiv)\ b\}$ gilt.

(2) $F \,/ \equiv = \langle \sigma_{A\,/\,\equiv}^{w,s} \rangle_{\sigma^{w,s}\epsilon FUN(\Sigma)}$ mit

$$\sigma_{A\,/\,\equiv}^{w,s}([a_1],\ldots,[a_n]) = [\sigma_A^{w,s}(b_1,\ldots,b_n)]$$

und $w = s_1,\ldots,s_n$, $b_i \epsilon s_{i,A}$ und $[b_i] = [a_i]$.

Es reicht nicht zu fordern, daß jede Relation $\equiv_s$ eine Äquivalenz auf $s_A \times s_A$ ist. Bei einer solchen Definition wäre es möglich, daß zwei Elemente, die beide in unterschiedlichen Trägern s und t vorkommen, unter $\equiv_s$, aber nicht unter $\equiv_t$ äquivalent sind. Ein solcher Fall sollte aber ausgeschlossen werden. Auch mit einer schwächeren Definition von Kongruenz im Sinne von $a_i \equiv_{s_i} b_i$ impliziert $\sigma_A^{w,s}(a_1,\ldots,a_n) \equiv_s \sigma_A^{v,r}(b_1,\ldots,b_n)$ läßt sich nicht arbeiten. Es könnte $a \equiv b$, aber nicht $\sigma(a) \equiv \sigma(b)$ gelten, falls zwar a und b in einem Träger auftreten, nicht aber $\sigma(a)$ und $\sigma(b)$.

Lemma 11.25: *Die oben festgelegte Quotienten-Algebra $A \,/ \equiv$ genügt den Bedingungen der Algebra-Definition.*

Beweis Zu Bedingung (2) der Algebra-Definition: Es sei $s \leq t$. Dann ist zu zeigen, daß $s_A \,/ \equiv \, \subseteq t_A \,/ \equiv$ gilt. Mit $[a]\epsilon s_A \,/ \equiv$ gibt es ein $b \epsilon s_A$ und $[a] = [b]$. $b \epsilon s_A$ bedeutet aber auch $b \epsilon t_A$, und damit ist $[a] = [b] \epsilon t_A \,/ \equiv$ wahr.

Zu Bedingung (4) der Algebra-Definition: Zu $\sigma : w \to s$ und $\sigma : v \to t$, $w = s_1,\ldots,s_n$, $v = u_1,\ldots,u_n$ und $[b_i] \, \epsilon s_{i,A} \,/ \equiv \, \cap \, u_{i,A} \,/ \equiv$ gibt es $a_i \epsilon s_{i,A}$ und $c_i \epsilon u_{i,A}$ mit $[a_i] = [b_i] = [c_i]$. Damit gelten die folgenden Gleichungen.

$$\sigma_{A\,/\,\equiv}^{w,s}([b_1],\ldots,[b_n]) = \sigma_{A\,/\,\equiv}^{w,s}([a_1],\ldots,[a_n]) = [\sigma_A^{w,s}(a_1,\ldots,a_n)] =_*$$

$$[\sigma_A^{v,t}(c_1,\ldots,c_n)] = \sigma_{A\,/\,\equiv}^{v,t}([c_1],\ldots,[c_n]) = \sigma_{A\,/\,\equiv}^{v,t}([b_1],\ldots,[b_n])$$

Die Gleichheit $=_*$ gilt wegen der Kongruenz-Definition.   □

Falls eine beliebige Familie von Relationen auf einer Algebra gegeben ist, gibt es immer eine kleinste Kongruenz, die diese Familie enthält. Sie wird wie im konventionellen Fall erzeugte Kongruenz genannt. Für die hier eingeführten Begriffe Morphismus und Kongruenz gelten die üblichen Beziehungen.

Lemma 11.26: *Es seien die Signatur Σ und Σ−Algebren A und B gegeben.*
(1) Ein Morphismus $f : A \to B$ induziert eine Kongruenz $\equiv$ auf A.
(2) Eine Kongruenz $\equiv$ auf A induziert einen Epimorphismus $f : A \to A \,/ \equiv$.

Beweis
(1) Wie üblich definiert man, daß $a \equiv_s b$ genau dann gilt, wenn auch $f_s(a) = f_s(b)$ gilt. Angenommen, $\equiv$ ist keine Kongruenz. Dann gibt es eine Sorte s, so daß $\equiv_s$ eine echte Teilmenge von $EQ(\equiv) \,|\, s_A \times s_A$ ist, d.h. es gibt $a, b \epsilon s_A$ mit $a \, EQ(\equiv) \, b$, aber $a \equiv_s b$ gilt nicht. Es ist jedoch $EQ(\equiv)$ die von $\equiv$ erzeugte Äquivalenz, und dies impliziert $f_s(a) = f_s(b)$. Daher gilt $a \equiv_s b$. Also ist $\equiv$ eine Äquivalenz. Die Kongruenz-Bedingungen sind ebenfalls gültig. Es seien $\sigma : w \to s$ und $\sigma : v \to t$ mit $w = s_1,\ldots,s_n$, $v = u_1,\ldots,u_n$, $a_i \epsilon s_{i,A}$, $b_i \epsilon u_{i,A}$ und $f_{s_i}(a_i) = f_{u_i}(b_i)$ gegeben. Dann gelten die folgenden Gleichheiten.

$$f_s(\sigma_A^{w,s}(a_1,\ldots,a_n)) = \sigma_B^{w,s}(f_{s_1}(a_1),\ldots,f_{s_n}(a_n)) = \sigma_B^{w,s}(f_{u_1}(b_1),\ldots,f_{u_n}(b_n)) =$$

$$\sigma_B^{v,t}(f_{u_1}(b_1), \ldots, f_{u_n}(b_n)) = f_t(\sigma_A^{v,t}(b_1, \ldots, b_n))$$

Damit gilt $\sigma_A^{w,s}(a_1, \ldots, a_n) \; EQ(\equiv) \; \sigma_A^{v,t}(b_1, \ldots, b_n)$.

(2) Man definiert wie üblich $f_s(a) = [a]$. Das so definierte f respektiert die Operationen, und die Bedingung (2) der Morphismus-Definition gilt auch: Aus $a \epsilon s_A \cap t_A$ folgt $[a] \epsilon s_A \, / \equiv \cap t_A \, / \equiv$, und damit ist $f_s(a) = [a] = f_t(a)$ gültig. Weiter ist f auch surjektiv: Es sei $[a] \epsilon s_A \, / \equiv$ gegeben. Dann gibt es ein $b \epsilon s_A$ mit $[a] = [b]$, und damit gilt $f_s(b) = [b] = [a]$. $\qquad\qquad\square$

Definition 11.27: Es seien die Signatur Σ, Variablen V, $T_\Sigma(V)$ und die Σ–Algebra A gegeben.

Eine *Gleichung* ist ein Paar L=R mit $L, R \epsilon T_\Sigma(V)_s$. L=R ist *gültig* in A, falls für alle Zuweisungen $I : V_{L,R} \to A$ auch $I^*(L) = I^*(R)$ gilt, wobei $V_{L,R}$ die in L oder R auftretenden Variablen aus V bezeichnet.

$E(T_\Sigma)$ bezeichnet die von den Gleichungen E erzeugten *konstanten Gleichungen*:

$$E(T_\Sigma) = \{ \; I^*(L) = I^*(R) \mid (L = R) \epsilon E \text{ und } I : V_{L,R} \to T_\Sigma \text{ Zuweisung } \}.$$

Die von den konstanten Gleichungen *erzeugte Kongruenz* wird mit $\equiv_E$ bezeichnet.

Den Quotient $T_\Sigma \, / \equiv_E$ nennt man *Quotienten-Termalgebra* und bezeichnet ihn mit $T_{\Sigma,E}$. $T_{\Sigma,E}$ ist die Semantik der *Spezifikation* $\langle \Sigma, E \rangle$.

Eine Σ–Algebra, die eine Menge E von Gleichungen erfüllt, wird auch $\langle \Sigma, E \rangle$–Algebra genannt. Die Kategorie der $\langle \Sigma, E \rangle$-Algebren wird als $\langle \Sigma, E \rangle$–$ALG$ notiert.

Beispiel 11.28: Für die bereits diskutierte Signatur der natürlichen und ganzen Zahlen kann man folgende Variablen und Gleichungen angeben.

> **vars** $\quad n : nat; i, j : int$
>
> **eqs** $\quad (i + 1) + 1 = (i - 1) + 1 = i$
> $\qquad\quad eq(0, 0) = true$
> $\qquad\quad eq(0, n + 1) = eq(n + 1, 0) = false$
> $\qquad\quad eq(i + 1, j + 1) = eq(i, j)$

Mehrfachgleichungen der Form $t_1 = t_2 = t_3$ sind Abkürzungen für $t_1 = t_2$ und $t_1 = t_3$. Für die Gleichung $eq(0, n + 1) = false$ ist die Verwendung einer Variablen der Sorte nat entscheidend, denn es gilt ja $eq(0, (-1)+1) = true$. Die Quotienten-Termalgebra der obigen Spezifikation ist isomorph zur vorgestellten Algebra der natürlichen und ganzen Zahlen mit Gleichheit. Das Gleichheitsprädikat wurde hierbei ohne die Verwendung von versteckten Operationen spezifiziert, was im konventionellen Fall nicht möglich ist.

Betrachtet man die Signatur-Vervollständigung, so ist es möglich, die Gleichungen false=0 und true=0+1 anzugeben. Der Träger der Sorte nat $\cup$ bool in $T_{COMP(\Sigma),E}$ ist dann isomorph zu den natürlichen Zahlen. Ein interessantes Phänomen ist hier auch die Tatsache, daß z.B. eq(false,true) kein gültiger Term, wohl aber

$$eq_{COMP(\Sigma),E}(false_{COMP(\Sigma),E}, true_{COMP(\Sigma),E})$$

eine gültige Folge von Operationsaufrufen in $T_{COMP(\Sigma),E}$ ist. Die Aufrufmöglichkeiten gehen also in Abhängigkeit von den Gleichungen über die übliche Termalgebra hinaus.

Beispiel 11.29: Man beachte, daß es bei Verwendung von partiell geordneten Sortenmengen möglich ist, Spezifikationen anzugeben, die im konventionellen Fall zweideutig sind, aber hier eine eindeutige Bedeutung besitzen.

konventionell-zweideutig	**sorts**	s_1, s_2, r
	ops	$c : \rightarrow s_1$
		$c : \rightarrow s_2$
		$f : s_1 \rightarrow r$
		$f : s_2 \rightarrow r$
		$a : \rightarrow r$
	eqs	$f(c) = a$

Streng genommen ist f(c) kein gültiger Term, da bei der Termbildung die disjunkte Vereinigung der Operationssymbole eingeht, d.h. gültige Terme sind $f_{s_1 \rightarrow r}(c_{\rightarrow s_1})$ und $f_{s_2 \rightarrow r}(c_{\rightarrow s_2})$. Mit den zusätzlichen Forderungen im Fall der partiell geordneten Sortenmengen steht die obige Gleichung als Kurzschreibweise für $f_{s_1 \rightarrow r}(c_{\rightarrow s_1}) = a$ und $f_{s_2 \rightarrow r}(c_{\rightarrow s_2}) = a$.

Definition 11.30: Es seien die Signatur Σ und die Gleichungen E gegeben. Die Menge der *möglichen Terme* POS(T) ist die kleinste Menge, die den folgenden Bedingungen genügt.
(1) Aus $\sigma : \rightarrow s$ folgt $\sigma \epsilon POS(T)$.
(2) Mit $\sigma : s_1 \times \ldots \times s_n \rightarrow s$ und $t_i \epsilon POS(T)$ gilt auch $\sigma(t_1, \ldots, t_n) \epsilon POS(T)$.

$\leftrightarrow_{POS(E)}$ ist die kleinste reflexive, symmetrische und transitive Relation auf POS(T), die $E(T_\Sigma)$ enthält und folgendem Operations-Abschluß genügt : Aus $\sigma : s_1 \times \ldots \times s_n \rightarrow s$, $t_i \epsilon POS(T)$ und $t_L \leftrightarrow_{POS(E)} t_R$ folgt

$$\sigma(t_1, \ldots, t_L, \ldots, t_n) \leftrightarrow_{POS(E)} \sigma(t_1, \ldots, t_R, \ldots, t_n).$$

Die Familie der *erweiterten Terme* $ENR(T) = \langle ENR(s_T) \rangle_{s \epsilon S}$ ist durch

$$ENR(s_T) = \{t \epsilon POS(T) \mid \text{Es gibt } t_s \epsilon s_T \text{ mit } t \leftrightarrow_{POS(E)} t_s\}$$

festgelegt.

POS(T) ist die Menge aller Terme mit richtigen Stelligkeiten, aber mit möglicherweise inkorrekten Sorten, und $\leftrightarrow_{POS(E)}$ ist die Fortsetzung der von den Gleichungen E erzeugten Ersetzungen auf dieser Menge. $ENR(s_T)$ erweitert s_T um alle Terme, die zu einem s_T−Term bezüglich $\leftrightarrow_{POS(E)}$ kongruent sind.

Beispiel 11.31: Im obigen Beispiel der natürlichen und ganzen Zahlen gilt mit den Gleichungen 0=false und 0+1=true, daß eq(false,false), eq(false, true), eq(true,false) und eq(true,true) zusätzliche Terme der Sorte bool sind, da die Ersetzungen 0=false und 0+1=true vorgenommen werden können. Die Forderung nach sortierten Gleichungen kann damit indirekt aufgegeben werden, falls man Terme aus der von der Signatur-Vervollständigung induzierten Termalgebra zuläßt. Denn dann ist jeder Term auch ein Term der maximalen Sorte, die der gesamten Sortenmenge S entspricht.

Beispiel 11.32: Eine einfache Anwendung von frei sortierten Gleichungen ist die Definition einer Ordnungsrelation auf einer endlichen Menge, indem die Elemente der Menge mit natürlichen Zahlen identifiziert werden. Das Beispiel erweitert hier eine Spezifikation der natürlichen Zahlen mit den Vergleichsoperatoren $\leq$, $<$ und eq und den üblichen boole-schen Funktionen.

lexical-order   **ordered-int +**

sorts	char, string
order	char $<$ string
ops	$a, b, c, \ldots, x, y, z : \rightarrow$ char
	$\mid\ :$ char $\times$ string $\rightarrow$ string
	$\leq$, eq, $<$: int $\times$ int $\rightarrow$ bool
vars	$c, c_1, c_2 :$ char; $s, s_1, s_2 :$ string
eqs	$a = 0$
	$\ldots$
	$z = 25$
	$(c_1) \leq (c_2\mid s) = c_1 \leq c_2$
	$(c_1 \mid s) \leq (c_2) = c_1 < c_2$
	$(c_1\mid s_1) \leq (c_2\mid s_2) = (c_1 < c_2) \vee (eq(c_1, c_2) \wedge s_1 \leq s_2)$
	$eq(s_1, s_2) = s_1 \leq s_2 \wedge s_2 \leq s_1$
	$s_1 < s_2 = s_1 \leq s_2 \wedge \neg(eq(s_1, s_2))$

Die Gleichungen a=0 ,..., z=25 können unter Berücksichtigung der Vervollständigung als Gleichungen der Sorte (char $\cup$ nat) aufgefaßt werden. Allein mit diesen Gleichungen sind schon die Vergleiche $\leq$, $<$ und eq auf der Sorte char festgelegt. Der konventionelle Weg wäre die Definition einer Injektion inject : char $\rightarrow$ nat mit inject(a) = 0 ,..., inject(z) = 25 und der Angabe $c_1 \leq c_2 = $ inject$(c_1) \leq$ inject(c_2). Die Spezifikation mit der freien Sortierung der Gleichungen formuliert die Zusammenhänge jedoch ohne die zusätzliche Hilfsfunktion inject.

Satz 11.33: *Es seien die Signatur Σ und die Gleichungen E gegeben. Dann ist $T_{\Sigma,E}$ initial in $\langle \Sigma, E\rangle$–ALG.*

Beweis Da T_Σ initial in Σ–ALG ist, hat man zu einer gegebenen $\langle \Sigma, E\rangle$–Algebra A eindeutige Morphismen $f : T_\Sigma \rightarrow T_{\Sigma,E}$ und $g : T_\Sigma \rightarrow A$. Dabei gilt $f(t) = [t]$.

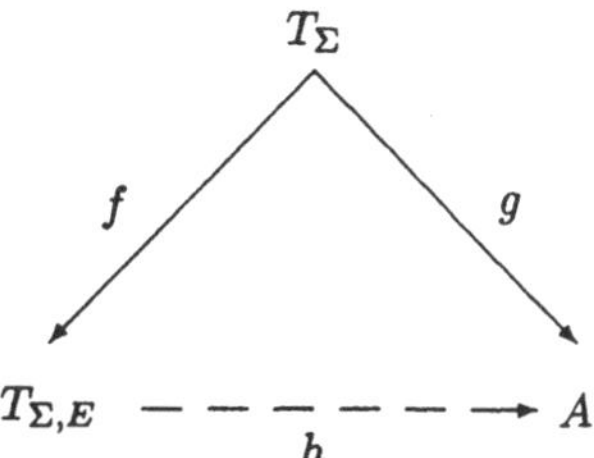

Man definiert $h([t]) = g(t)$. h ist unabhängig von der Repräsentantenwahl, respektiert die Operationen und ist eindeutig. Der Beweis ist analog zum konventionellen Fall. Daher hat man nur die Gültigkeit der Bedingung (2) der Morphismus-Definition zu überprüfen. Es sei $[t]\epsilon s_T\ /\equiv\ \cap\ t_T\ /\equiv$ gegeben. Dann gilt $h_s([t]) = g_s(t) = g_r(t) = h_r([t])$. $\square$

Korollar 11.34: *Es seien die Signatur Σ, die Vervollständigung $COMP(\Sigma)$ und Gleichungen E und Variablen V über Σ gegeben. Dann gilt $s_{T_{\Sigma,E}} \cup r_{T_{\Sigma,E}} = \{s,r\}_{T_{COMP(\Sigma),E}}$ für $s,r\epsilon S$.*

Beweis Die folgenden Gleichheiten gelten aufgrund der Definition von $T_{COMP(\Sigma),E}$, der Vereinigungseigenschaft von $T_{COMP(\Sigma)}$ und der Definition von $T_{\Sigma,E}$.

$$\{s,r\}_{T_{COMP(\Sigma),E}} = \{[t] \mid t\epsilon\{s,r\}_{T_{COMP(\Sigma)}}\} = \{[t] \mid t\epsilon s_{T_\Sigma}\} \cup \{[t] \mid t\epsilon r_{T_\Sigma}\} = s_{T_{\Sigma,E}} \cup r_{T_{\Sigma,E}}$$

□

Es ist möglich, für Spezifikationen mit einer partiellen Ordnung auf den Sorten eine entsprechende konventionelle Spezifikation anzugeben, so daß die Träger der initialen Algebren für jede Sorte isomorph sind. Verschiedene Auftreten eines Funktionssymbols $\sigma : w \rightarrow s$ und $\sigma : v \rightarrow r$ werden bereits in der Signatur mittels $\sigma_{w,s} : w \rightarrow s$ und $\sigma_{v,r} : v \rightarrow r$ unterschieden.

Definition 11.35: Es seien die Signatur $\langle S, \leq, \Sigma \rangle$ und die Variablen V gegeben. Die *induzierte konventionelle Signatur* $\langle S, \emptyset, CON(\Sigma) \rangle$ ist durch $CON(\Sigma)_{w,s} = \{\sigma_{w,s} \mid \sigma\epsilon\Sigma_{w,s}\}$ festgelegt. Die Menge der von $t\epsilon T_\Sigma(V)$ induzierten *konventionellen Terme* wird mit $CON(t)$ bezeichnet. $CON(t)$ ist die kleinste Menge, die folgenden Bedingungen genügt.
(1) $v\epsilon V$ impliziert $v\epsilon CON(v)$.
(2) $\sigma :\rightarrow s$ in Σ impliziert $\sigma_s\epsilon CON(\sigma)$.
(3) $\sigma(t_1,\ldots,t_n)\epsilon T_\Sigma$ mit $\sigma : w \rightarrow s$, $w = s_1,\ldots,s_n$, $c_i\epsilon CON(t_i)$ und
$\sigma_{w,s}(c_1,\ldots,c_n)\epsilon T_{CON(\Sigma)}(V)$ impliziert $\sigma_{w,s}(c_1,\ldots,c_n)\epsilon CON(\sigma(t_1,\ldots,t_n))$
Zu t ist also $CON(t)$ die Menge der Terme mit allen erlaubten Sortenkombinationen als Indizes an den Operationssymbolen. Zu einem konventionellen Term $t\epsilon T_{CON(\Sigma)}(V)$ bezeichnet $OMIT(t)$ den Term, der aus t durch Weglassen der Sortenindizes an den Funktionssymbolen entsteht, i.e. für den $t\epsilon CON(OMIT(t))$ gilt. Man kann $OMIT$ auch als Signatur-Morphismus $OMIT : \langle S, \emptyset, CON(\Sigma) \rangle \rightarrow \langle S, \leq, \Sigma \rangle$ zwischen konventioneller und partiell geordneter Signatur mit dem zugehörigen Reduktfunktor $U_{OMIT} : \langle S, \leq, \Sigma \rangle - ALG \rightarrow \langle S, \emptyset, CON(\Sigma) \rangle - ALG$ ansehen.

Beispiel 11.36: Es wird die konventionelle Signatur der bereits vorgestellten Signatur zur Beschreibung der natürlichen und ganzen Zahlen angegeben. Die Funktion $+1$ wird durch succ und -1 durch pred bezeichnet.

nat-int-konventionell	**sorts**	nat, int, bool
	ops	$0_{nat} :\rightarrow nat$
		$0_{int} :\rightarrow int$
		$succ_{nat,nat} : nat \rightarrow nat$
		$succ_{nat,int} : nat \rightarrow int$
		$succ_{int,int} : int \rightarrow int$
		$pred_{nat,int} : nat \rightarrow int$
		$pred_{int,int} : int \rightarrow int$
		$false_{bool}, true_{bool} :\rightarrow bool$

Zusätzlich müssen noch vier unterschiedliche eq-Funktionen angegeben werden. Die Länge dieses Beispiels demonstriert auch den Nutzen der partiellen Ordnung auf den Sorten in Hinblick auf eine kompaktere Notation. Mit einfachen Mitteln wird eine bessere Übersicht der Beziehungen zwischen Sorten und auch über Definitions- und Zielbereiche von Funktionen erzielt.

Definition 11.37: Es seien die Signatur $\langle S, \leq, \Sigma \rangle$, die Variablen V und die Gleichungen E gegeben. Es bezeichnet $CON(E)$ die von E induzierte Menge von *konventionellen Gleichungen* über der Signatur $CON(\Sigma)$ und den Variablen V.

$$E^* = \{t_1 = t_2 \mid t_1, t_2 \epsilon CON(t) \text{ für } t \epsilon s_T \text{ mit } s \epsilon S\}$$

$$CON(E) = E^* \cup \{t_1 = t_2 \mid t_1 \epsilon CON(L), t_2 \epsilon CON(R), L = R \epsilon E\}$$

Die E^*-Gleichungen stellen sicher, daß zwei Terme in $T_{CON(\Sigma)}$ mit gleicher Zielsorte und gleicher Struktur bezüglich T_Σ auch gleich ausgewertet werden. Es gilt also $t_1 =_E^* t_2$ genau dann, wenn $OMIT(t_1) = OMIT(t_2)$ gilt, d.h. t_1 unterscheidet sich von t_2 nur durch Modifizierung der Sortenindizes an den Operationssymbolen.

Beispiel 11.38: Die Gleichungen im oben bereits diskutierten Beispiel der natürlichen und ganzen Zahlen induzieren die folgenden konventionellen Gleichungen.

nat-int   **eqs** $\text{pred}_{int,int}(\text{succ}_{int,int}(i)) = i$
$\text{succ}_{int,int}(\text{pred}_{int,int}(i)) = i$
$\text{eq}_{nat,nat,bool}(0_{nat}, 0_{nat}) = \text{true}_{bool}$
$\text{eq}_{int,nat,bool}(0_{int}, 0_{nat}) = \text{true}_{bool}$
$\text{eq}_{nat,int,bool}(0_{nat}, 0_{int}) = \text{true}_{bool}$
$\text{eq}_{int,int,bool}(0_{int}, 0_{int}) = \text{true}_{bool}$

Es kommen noch weitere 8 Gleichungen für die Fälle eq(succ(n),0) und eq(0,succ(n)) hinzu. Wiederum ist es offensichtlich, daß die äquivalenten Gleichungen der Spezifikation mit Sortenhalbordnung bedeutend übersichtlicher und verständlicher sind. Hinzu kommen hier noch implizit die E^*-Gleichungen, z.B.

$$pred_{int,int}(succ_{nat,int}(0_{nat})) = pred_{int,int}(succ_{int,int}(0_{int})),$$

da sonst diese beiden Terme der Sorte int in der initialen Algebra ungleich wären.

Satz 11.39: *Es seien eine Spezifikation $\langle \Sigma, E \rangle$ mit partieller Ordnung auf den Sorten und die von ihr induzierte konventionelle Spezifikation $\langle CON(\Sigma), CON(E) \rangle$ gegeben. Dann ist $U_{OMIT}(T_{\Sigma,E})$ isomorph zu $T_{CON(\Sigma),CON(E)}$.*

Beweis Es reicht zu zeigen, daß es für alle $s \epsilon S$ einen Isomorphismus

$$f : {}_s T_{\Sigma,E} \to {}_s T_{CON(\Sigma),CON(E)}$$

mit

$$\sigma_{w,s,CON(\Sigma),CON(E)}([t_1], \ldots, [t_n]) = f(\sigma_{\Sigma,E}^{w,s}([OMIT(t_1)], \ldots, [OMIT(t_n)]))$$

für alle $\sigma : w \to s$, $w = s_1, \ldots, s_n$ und $t_i \epsilon s_{i,T_{CON(\Sigma)}}$ gibt. Es sei f definiert durch $f([t]) = [t_c]$ mit $t_c \epsilon CON(t)$ und $t_c \epsilon s_{T_{CON(\Sigma)}}$. Diese Abbildung f ist wohldefiniert, da $CON(E)$ die E^*-Gleichungen beinhaltet. Die Abbildung ist injektiv, da mit $\langle t_1, t_2 \rangle \epsilon CON(E)(T_{CON(\Sigma)})$ auch

$$\langle OMIT(t_1), OMIT(t_2) \rangle \quad \epsilon \quad E(T_\Sigma) \cap \{t = t \mid t \epsilon T_\Sigma\}$$

gilt. Weiter ist f surjektiv, da mit $[t]\epsilon s_{T_{CON(\Sigma),CON(E)}}$ auch $f([OMIT(t)]) = [t]$ gilt. Damit ist f ein Isomorphismus.

Es gelten die folgenden Gleichheiten aufgrund der Definitionen von $T_{CON(\Sigma),CON(E)}$, f, $OMIT$ und $T_{\Sigma,E}$.

$$\sigma_{w,s,CON(\Sigma),CON(E)}([t_1],\ldots,[t_n]) = [\sigma_{w,s}(t_1,\ldots,t_n)] = f([OMIT(\sigma_{w,s}(t_1,\ldots,t_n))]) =$$

$$f([\sigma(OMIT(t_1),\ldots,OMIT(t_n))]) = f(\sigma_{\Sigma,E}^{w,s}([OMIT(t_1)],\ldots,[OMIT(t_n)]))$$

□

$CON(E)$ wird im allgemeinen eine unendliche Menge von Gleichungen sein. Es ist aber auch möglich, die E^*–Gleichungen anders zu beschreiben, so daß im endlichen Fall, d.h. für eine endliche Sortenmenge, endlich viele Operationssymbole ($\Sigma_{w,s} \neq \emptyset$ nur für endlich viele $ws\epsilon S^+$) und endlich viele Gleichungen E, $CON(E)$ auch endlich sein wird.

Definition 11.40: Es seien die Spezifikation $\langle \Sigma, E \rangle$, die von ihr induzierte konventionelle Spezifikation $\langle CON(\Sigma), CON(E) \rangle$ und hinreichend viele Variable v_s mit $s\epsilon S$ gegeben. F^* bezeichnet die folgende Menge von Gleichungen.

$$F^* = \{\sigma_{1;t_1\ldots r\ldots t_m,t}(v_{t_1},\ldots,\sigma_{2;s_1\ldots s_n,r}(v_{s_1},\ldots,v_{s_n}),\ldots,v_{t_m}) \quad =$$

$$\sigma_{1;t_1\ldots s\ldots t_m,t}(v_{t_1},\ldots,\sigma_{2;s_1\ldots s_n,s}(v_{s_1},\ldots,v_{s_n}),\ldots,v_{t_m}) \quad |$$

$$\sigma_1 : t_1 \times \ldots \times r \times \ldots \times t_m \to t, \quad \sigma_1 : t_1 \times \ldots \times s \times \ldots \times t_m \to t \quad \text{und}$$

$$\sigma_2 : s_1 \times \ldots \times s_n \to r, \quad \sigma_2 : s_1 \times \ldots \times s_n \to s \text{ in } \Sigma \quad \text{und} \quad r \neq s\}$$

Alle Variablen v_s sind dabei unterschiedlich. Die Gleichungen werden durch die folgende Abbildung verdeutlicht, wobei sich die beiden Seiten der Gleichung nur durch die Indizes r und s unterscheiden.

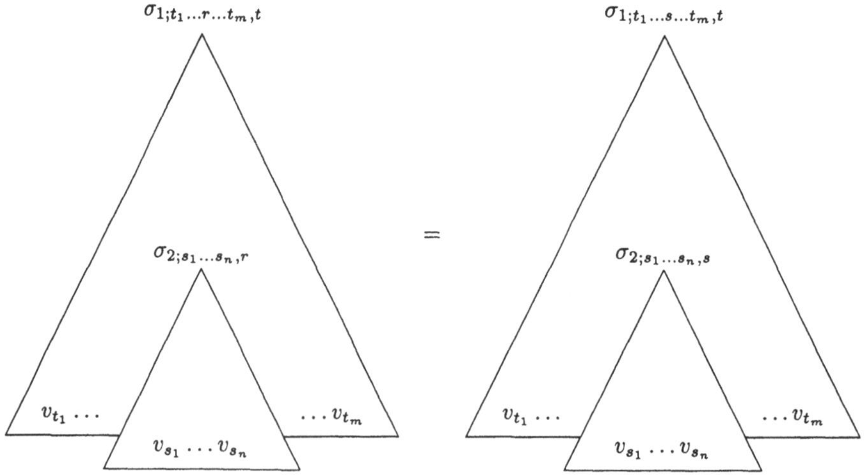

Beispiel 11.41: Die F^*−Gleichungen für das Beispiel der natürlichen und ganzen Zahlen sind folgendermaßen festgelegt.

nat-int	**vars**	$n, m : \text{nat}; i : \text{int}$
	eqs	$\text{succ}_{\text{nat,int}}(0_{\text{nat}}) = \text{succ}_{\text{int,int}}(0_{\text{int}})$

$$\text{pred}_{\text{nat,int}}(0_{\text{nat}}) = \text{pred}_{\text{int,int}}(0_{\text{int}})$$
$$\text{succ}_{\text{int,int}}(\text{succ}_{\text{nat,int}}(n)) = \text{succ}_{\text{nat,int}}(\text{succ}_{\text{nat,nat}}(n))$$
$$\text{pred}_{\text{int,int}}(\text{succ}_{\text{nat,int}}(n)) = \text{pred}_{\text{nat,int}}(\text{succ}_{\text{nat,nat}}(n))$$
$$\text{eq}_{\text{nat,nat,bool}}(0_{\text{nat}}, m) = \text{eq}_{\text{int,nat,bool}}(0_{\text{int}}, m)$$
$$\text{eq}_{\text{nat,int,bool}}(0_{\text{nat}}, i) = \text{eq}_{\text{int,int,bool}}(0_{\text{int}}, i)$$
$$\text{eq}_{\text{nat,nat,bool}}(m, 0_{\text{nat}}) = \text{eq}_{\text{nat,int,bool}}(m, 0_{\text{int}})$$
$$\text{eq}_{\text{int,nat,bool}}(i, 0_{\text{nat}}) = \text{eq}_{\text{int,int,bool}}(i, 0_{\text{int}})$$
$$\text{eq}_{\text{nat,nat,bool}}(\text{succ}_{\text{nat,nat}}(n), m) = \text{eq}_{\text{int,nat,bool}}(\text{succ}_{\text{int,int}}(n), m)$$
$$\text{eq}_{\text{nat,int,bool}}(\text{succ}_{\text{nat,nat}}(n), i) = \text{eq}_{\text{int,int,bool}}(\text{succ}_{\text{int,int}}(n), i)$$
$$\text{eq}_{\text{nat,nat,bool}}(m, \text{succ}_{\text{nat,nat}}(n)) = \text{eq}_{\text{nat,int,bool}}(i, \text{succ}_{\text{int,int}}(n))$$
$$\text{eq}_{\text{int,nat,bool}}(i, \text{succ}_{\text{nat,nat}}(n)) = \text{eq}_{\text{int,int,bool}}(i, \text{succ}_{\text{int,int}}(n))$$

Aus den 6 Gleichungen der Ausgangsspezifikation wurden somit 27 Gleichungen in der konventionellen Spezifikation. Bei komplizierteren Sortenstrukturen wird sich dieses Verhältnis noch verschlechtern.

Lemma 11.42: *Es seien E^* und F^* wie in den obigen Definitionen festgelegt. Dann gilt $< t_1, t_2 > \epsilon E^*$ genau dann, wenn $< t_1, t_2 > \epsilon \equiv_F^*$ gültig ist.*

Beweis Falls zwei Terme aus $T_{CON(\Sigma)}$, die bezüglich E^* gleich sind, sich an n Stellen in den Sortenindizes unterscheiden, so kann dies genau durch die n-malige Anwendung von F^*−Gleichungen simuliert werden. $\qquad\square$

Der Zusammenhang zwischen den Sorten kann in $CON(\Sigma)$ auch durch die Einführung von expliziten Sortenkonversionen verdeutlicht werden, falls die Sorten in einer Beziehung zueinander stehen. Zu $s \leq r$ führt man eine Konversion $mk_{s,r} : s \to r$ ein. Dann muß zu $\sigma : w \to s$, $v \leq w$ und $r \geq s$ die Gleichung $mk_{s,r}(\sigma_{w,s}(mk_{v,w}(x_v))) = \sigma_{v,r}(x_v)$ angegeben werden, wobei $mk_{v,w}$ die Fortsetzung der Konversionen auf Tupel ist, und es muß $mk_{s,s}(v_s) = v_s$ gefordert werden.

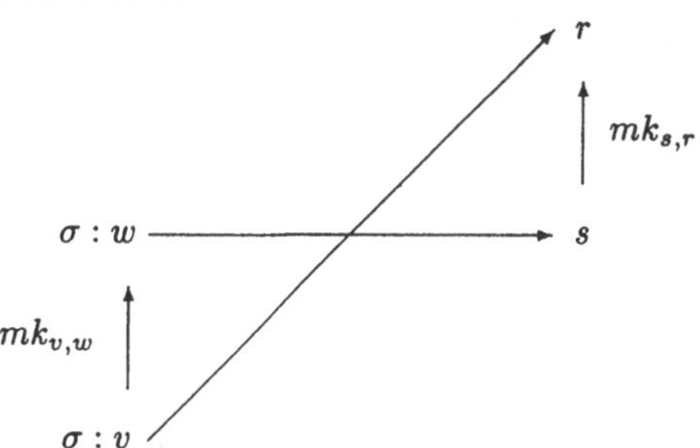

Als Spezialfälle ergeben sich für $w = v$ beziehungsweise $s = r$ folgende Diagramme.

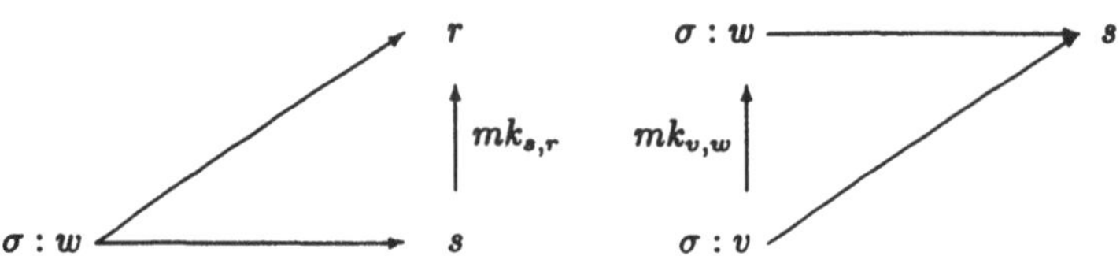

Als Zusammensetzung der beiden Diagramme resultiert hieraus die Kompatibilität der
Funktion $\sigma : v \to r$ mit der Funktion $\sigma : w \to s$, falls w Untersortenstring von v und s
Untersorte von r ist.

Beispiel 11.43: Aufgrund dieser Überlegungen ergibt sich dann für das diskutierte Beispiel
die Kompatibilität der Funktionen $\mathrm{succ}_{\mathrm{nat,nat}}$ und $\mathrm{succ}_{\mathrm{int,int}}$ durch das folgende Diagramm.

Falls die zugrundeliegende Signatur überladene Funktionssymbole nur für sortenverwandte
Argument- und Zielbereiche besitzt, d.h. aus $\sigma : w \to s$ und $\sigma : v \to r$ folgt o.B.d.A.
$w \leq v$ und $s \geq r$ oder $w \leq v$ und $s \leq r$, können die F^*–Gleichungen auch aus den mk-
Gleichungen abgeleitet werden. Die Funktionen und Sortenbeziehungen in den betreffenden
Gleichungen werden im folgenden Diagramm verdeutlicht.

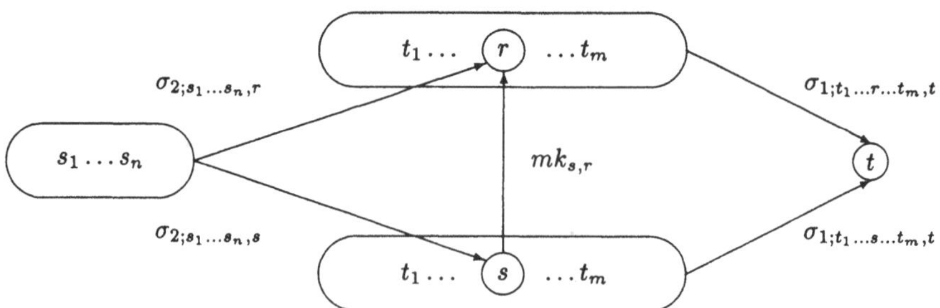

Wegen der Kommutativität des Diagramms gelten die folgenden Gleichheiten.

$$\sigma_{1;t_1\ldots s\ldots t_m,t}(v_{t_1},\ldots,\sigma_{2;s_1\ldots s_n,s}(v_{s_1},\ldots,v_{s_n}),\ldots,v_{t_m}) =$$

$$\sigma_{1;t_1\ldots r\ldots t_m,t}(v_{t_1},\ldots,mk_{s,r}(\sigma_{2;s_1\ldots s_n,s}(v_{s_1},\ldots,v_{s_n})),\ldots,v_{t_m}) =$$

$$\sigma_{1;t_1\ldots r\ldots t_m,t}(v_{t_1},\ldots,\sigma_{2;s_1\ldots s_n,r}(v_{s_1},\ldots,v_{s_n}),\ldots,v_{t_m})$$

Dies entspricht unter den oben genannten Voraussetzungen genau einer F^*-Gleichung, die im allgemeinen jedoch auch für $r \neq s$ und nicht nur für den partiell geordneten Fall, d.h. $r < s$ oder $s < r$, definiert ist.

11.4 Deklarationen

Als weiteres Ausdrucksmittel zur Beschreibung von Algebren werden sogenannte Deklarationen zugelassen. Eine Deklaration besteht aus einem Term (möglicherweise mit Variablen) und einer Untersorte der Termsorte. Eine solche Deklaration gilt in einer Algebra, falls für alle Zuweisungen an die Variablen der Deklaration die Auswertung des Deklarations-Terms einen Wert der Deklarations-Sorte ergibt. Die Semantik einer Spezifikation mit Deklarationen und Gleichungen wird über versteckte Operationen erklärt. Eine solche Spezifikation kann daher auch als Kurzschreibweise für eine entsprechende Gleichungs-spezifikation gesehen werden. Es ist aber auch möglich, initiale Algebren einer Spezifikation mit Gleichungen und Deklarationen direkt als Quotient einer initialen Deklarationen-Termalgebra und einer geeigneten Kongruenz zu konstruieren.

Definition 11.44: Es seien die Signatur Σ, die Variablen V, $T_\Sigma(V)$ und die Σ−Algebra A gegeben. Eine *Deklaration* ist ein Paar $< t : s >$ mit $t \epsilon T_\Sigma(V)_r$ und $s < r$. Eine Deklaration ist *gültig* in A, falls für alle Zuweisungen $I : V_t \to A$ auch $I^*(t)\epsilon s_A$ gilt, wobei V_t die Menge der in t auftretenden Variablen aus V bezeichnet.

Eine Σ−Algebra, die eine Menge von Deklarationen D bzw. zusätzlich noch Gleichungen E erfüllt, wird auch $\langle \Sigma, D\rangle$−Algebra bzw. $\langle \Sigma, D, E\rangle$−Algebra genannt. Die Kategorie der $\langle \Sigma, D\rangle$− bzw. $\langle \Sigma, D, E\rangle$− Algebren wird als $\langle \Sigma, D\rangle$−ALG bzw. $\langle \Sigma, D, E\rangle$−ALG notiert. Deklarationen können auch in Spezifikationen auftreten, d.h. eine Spezifikation ist von nun an ein Tripel $\langle \Sigma, D, E\rangle$.

Als Sonderfall ergibt sich für $s < r$ mit der Deklaration $< v_r : s >$ bei Verwendung einer Variablen der Sorte r die Forderung $s_A = r_A$. Analog zur Sortierung der Terme bei Gleichungen kann die Forderung $s < r$ fallengelassen werden, falls man die Vervollständigung der Signatur betrachtet. Jeder Term t einer Basis-Sorte ist dann ja auch ein Term der maximalen Sorte, die der Menge der maximalen Basis-Sorten entspricht, und damit ist $< t : s >$ für alle $s\epsilon S$ eine gültige Deklaration.

Beispiel 11.45: Die Algebra der natürlichen und ganzen Zahlen kann auch mit einer Spezifikation, die Deklarationen und Gleichungen als Beschreibungsmittel verwendet, festgelegt werden.

dec-int	**sorts**	nat, int, bool
	order	nat $<$ int
	ops	$0 : \; \to$ int
		$+1, -1 :$ int $\to$ int
		false, true $: \; \to$ bool
		eq $:$ int $\times$ int $\to$ bool
	vars	n $:$ nat; i, j $:$ int
	decs	$0 :$ nat
		$n + 1 :$ nat
	eqs	$(i + 1) - 1 = (i - 1) + 1 = i$
		$eq(0, 0) = $ true
		$eq(0, n + 1) = eq(n + 1, 0) = $ false
		$eq(i + 1, j + 1) = eq(i, j)$

Im Unterschied zum Beispiel aus dem vorherigen Abschnitt fehlen in der Signatur die Angaben $0 : \; \to$ nat und $+1 :$ nat $\to$ nat. Äquivalente Festlegungen treten jedoch als Deklarationen auf.

Definition 11.46: Es seien die Signatur Σ, die Variablen V und Deklarationen D gegeben. Das von der Deklaration $d = < t_c(v_1, \ldots, v_n) : s >$ mit $v_i \epsilon V_{s_i}$ *induzierte Operations-Symbol* ist $f_d : s_1 \times \ldots \times s_n \to s$, die von d *induzierte Gleichung* ist $f_d(v_1, \ldots, v_n) = t_c(v_1, \ldots, v_n)$. $\Sigma + \Sigma(D)$ bezeichnet die von $\Sigma \cup \{f_d \mid d\epsilon D\}$ induzierte Signatur, $E(D)$ ist die Gleichungsmenge $\{e_d \mid d\epsilon D\}$, und U_D notiert den Redukt-Funktor $U_D : \langle \Sigma + \Sigma(D) \rangle$-$ALG \to \Sigma$-$ALG$.

Mit der Notation $< t_c(v_1, \ldots, v_n) : s >$ ist gemeint, daß die Deklaration die Variablenmenge $\{v_1, \ldots, v_n\}$ verwendet und einen konstanten Teil t_c hat, der nur aus Operationssymbolen besteht. t_c kann im Spezialfall $< v_r : s >$ mit $s < r$ auch leer sein.

Beispiel 11.47: Im obigen Beispiel werden von den Deklarationen die Operationssymbole c $: \; \to$ nat und f $:$ nat $\to$ nat und die Gleichungen c$=0$ und f(n)$=$n$+1$ induziert. Mit diesen Angaben zur Signatur gilt ja auch c $: \; \to$ int und f $:$ nat$\to$ int. Damit sind beide Gleichungen von der Sorte int.

Lemma 11.48: *Es seien die Signatur* Σ, *die Deklarationen* D, *die Gleichungen* E *und auch* $\Sigma + \Sigma(D)$ *und* $E(D)$ *wie oben festgelegt gegeben. Dann ist der Redukt-Funktor* $U_D : \langle \Sigma + \Sigma(D), E + E(D) \rangle$-$ALG \to \langle \Sigma, D, E \rangle$-$ALG$ *ein Isomorphismus zwischen Kategorien.*

Beweis (Im Beweis wird U_D mit U abgekürzt.)
(1) Zunächst zeigt man $U(\langle \Sigma + \Sigma(D), E + E(D) \rangle$-$ALG) \subseteq \langle \Sigma, D, E \rangle$-$ALG$. Es seien A und B $\langle \Sigma + \Sigma(D), E + E(D) \rangle$-Algebren. Eine Deklaration $d = \langle t_c(v_1, \ldots, v_n) : s \rangle$ ist gültig in A, da der Term $f_d(v_1, \ldots, v_n)$ die Sorte s hat und gleich $t_c(v_1, \ldots, v_n)$ ist. Somit gilt $U(A)\epsilon\langle \Sigma, D, E \rangle$-$ALG$ und ein Morphismus $f : A \to B$ induziert einen Morphismus $U(f) : U(A) \to U(B)$ in $\langle \Sigma, D, E \rangle$-$ALG$.

(2) U ist injektiv auf Objekten :
Angenommen es gibt Algebren $A, B \; \epsilon \; \langle \Sigma + \Sigma(D), E + E(D) \rangle$-$ALG$ mit $A \neq B$ und $U(A) = U(B)$. Mit $\Sigma \subseteq \Sigma + \Sigma(D)$ gilt auch $s_A = s_B$ für $s\epsilon S$ und $\sigma_A = \sigma_B$ für $\sigma\epsilon\Sigma$. Daher können sich A und B nur in den f_d-Funktionen unterscheiden. Also gibt

es $f_d : s_1 \times \ldots \times s_n \to s$ und $a_i \epsilon s_{i,A} = s_{i,B}$ mit $f_{A,d}(a_1, \ldots, a_n) \neq f_{B,d}(a_1, \ldots, a_n)$.
Das ist aber ein Widerspruch zu $f_{A,d}(a_1, \ldots, a_n) = t_c(a_1, \ldots, a_n) = f_{B,d}(a_1, \ldots, a_n)$.
Daher folgt aus $A \neq B$ auch $U(A) \neq U(B)$.

(3) U ist injektiv auf Morphismen :
Falls $f, g : A \to B$ verschiedene Morphismen in $\langle \Sigma + \Sigma(D), E + E(D) \rangle - ALG$ sind,
gibt es $s \epsilon S$ und $a \epsilon s_A$ mit $f_s(a) \neq g_s(a)$. Daraus folgt $U(f)_s(a) \neq U(g)_s(a)$ und damit
$U(f) \neq U(g)$.

(4) U ist surjektiv auf Objekten :
Eine beliebige $\langle \Sigma, D, E \rangle -$Algebra A kann stets zu einer $\langle \Sigma + \Sigma(D) \rangle -$Algebra A_1 durch
Definition von $s_{A_1} = s_A$ für $s \epsilon S$, $\sigma_{A_1} = \sigma_A$ für $\sigma \epsilon \Sigma$ und $f_d(a_1, \ldots, an) = t_c(a_1, \ldots, an)$
für $f_d \epsilon \{f_d \mid d \epsilon D\}$ gemacht werden. Daher gilt

$$A_1 \epsilon \langle \Sigma + \Sigma(D), E + E(D) \rangle - ALG$$

und $U(A_1) = A$, d.h. jede $\langle \Sigma, D, E \rangle -$Algebra tritt als Bild unter U auf.

(5) U ist surjektiv auf Morphismen :
Ein Morphismus $f : A \to B$ in $\langle \Sigma, D, E \rangle - ALG$ kann auch aufgefaßt werden als
Morphismus $f_1 : A_1 \to B_1$ in $\langle \Sigma + \Sigma(D), E + E(D) \rangle - ALG$ und damit gilt $U(f_1) = f$.

$\square$

Satz 11.49: *Es seien die Signatur Σ, die Variablen V, die Deklarationen D und die Gleichungen E gegeben. Dann ist $T_{\Sigma, D, E} \cong U_D(T_{\Sigma + \Sigma(D), E + E(D)})$ initial in $\langle \Sigma, D, E \rangle -$ALG.*

Beweis $T_{\Sigma + \Sigma(D), E + E(D)}$ ist initial in $\langle \Sigma + \Sigma(D), E + E(D) \rangle - ALG$ und weiter sind
$\langle \Sigma, D, E \rangle - ALG$ und $\langle \Sigma + \Sigma(D), E + E(D) \rangle - ALG$ isomorph. Damit ist $T_{\Sigma, D, E}$ auch
initial in $\langle \Sigma, D, E \rangle - ALG$.
$\square$

Beispiel 11.50: Die initiale $\langle \Sigma, D, E \rangle -$Algebra zu obiger Spezifikation mit Deklarationen und Gleichungen ist isomorph zur Algebra der natürlichen und ganzen Zahlen mit
Gleichheit.

Es ist aber auch möglich, die initiale $\langle \Sigma, D, E \rangle -$Algebra direkt als Quotient einer in
$\langle \Sigma, D \rangle - ALG$ initialen Deklarationen-Termalgebra zu beschreiben. Die folgenden Definitionen und Lemmata vollziehen diese Konstruktion nach.

Definition 11.51: Es seien die Signatur Σ, die Variablen V und die Deklarationen D
gegeben. Die *Deklarationen-Termalgebra* $\langle T_{\Sigma, D}, F_{\Sigma, D} \rangle$ ist durch die folgenden Bedingungen
festgelegt.

(1) $T_{\Sigma, D} = \langle s_{T_D} \rangle_{s \epsilon S}$ ist die kleinste Familie von Mengen, so daß
    (a) $s_T \subseteq s_{T_D}$ und
    (b) mit $< t_c(v_1, \ldots, v_n) : s >$ und $t_i \epsilon s_{i,T_D}$ auch $t_c(t_1, \ldots, t_n) \epsilon r_{T_D}$ mit $r \geq s$ gültig ist.

(2) Die Operationen in $F_{\Sigma, D}$ sind wie in der Termalgebra $\langle T_\Sigma, F_\Sigma \rangle$ festgelegt,

$$\sigma_{T,D}(t_1, \ldots, t_n) = \sigma(t_1, \ldots, t_n).$$

In der Deklarationen-Termalgebra kann man also neue Terme für gewisse Untersorten,
ausgehend von den Termen der üblichen Termalgebra, erzeugen.

Beispiel 11.52: Im obigen Beispiel werden zusätzlich in die Deklarationen-Termalgebra
aufgrund der Regel (1.b) Terme der Form $0(+1)^n$ mit $n \epsilon N_0$ in den Träger der Sorte nat
aufgenommen.

Lemma 11.53: *Die oben festgelegte Deklarationen-Termalgebra genügt den Bedingungen der Algebra-Definition und erfüllt die Deklarationen.*

Beweis Die Bedingung (2) aus der Algebra-Definition ergibt sich aus Teil (1.b), da für $< t_c(v_1, \ldots, v_n) : s >$ der Term $t_c(t_1, \ldots, t_n)$ in alle r_{T_D} mit $r \geq s$ eingefügt wird. Bedingung (4) ergibt sich direkt aus der Definition der Operationen in $T_{\Sigma,D}$. Weiter erfüllt $T_{\Sigma,D}$ die Deklarationen: Falls $t \epsilon s_{T_D}$ und $\neg t \epsilon s_T$ gilt, ist t durch n-malige Anwendung der Regel (1.b) entstanden.
□

Lemma 11.54: *Es seien die Signatur Σ und die Deklarationen D gegeben. Dann ist $T_{\Sigma,D}$ initial in $\langle \Sigma, D \rangle$–ALG.*

Beweis Da T_Σ initial in Σ–ALG ist, hat man zu einer $\langle \Sigma, D \rangle$–Algebra A folgende Situation mit eindeutigen Morphismen $f = id$ und g.

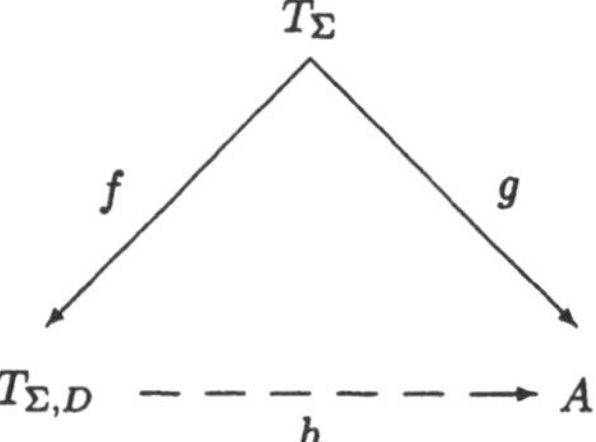

f und g bestimmen in eindeutiger Weise Mengenabbildungen

$$SET(f) : SET(T_\Sigma) \to SET(T_{\Sigma,D}) \text{ und } SET(g) : SET(T_\Sigma) \to SET(A).$$

Da

$$SET(T_\Sigma) = SET(T_{\Sigma,D})$$

gilt, ist damit auch eindeutig eine Mengenabbildung

$$h : SET(T_{\Sigma,D}) \to SET(A)$$

festgelegt, die $h(s_{T_{\Sigma,D}}) \subseteq s_A$ erfüllt, denn A ist $\langle \Sigma, D \rangle$–Algebra. Daraus folgt aufgrund der Bemerkungen zur Morphismus-Definition, daß h auch Morphismus ist.
□

Korollar 11.55: *Es seien die Signatur Σ, die Vervollständigung $COMP(\Sigma)$ und die Deklarationen D über Σ gegeben. Dann gilt $s_{T_{\Sigma,D}} \cup r_{T_{\Sigma,D}} = \{s,r\}_{T_{COMP(\Sigma),D}}$ für $s, r \epsilon S$.*

Beweis Der Beweis von $\subseteq$ ist analog zum Fall der Termalgebra. Die andere Inklusion $\supseteq$ gilt, da keine neuen Funktionssymbole und keine neuen Deklarationen in $\{s,r\}_{T_{COMP(\Sigma),D}}$ hinzukommen.
□

Definition 11.56: Es seien die Signatur Σ, die Variablen V, die Deklarationen D und die Gleichungen E gegeben. $E(T_{\Sigma,D})$ bezeichnet die von D und E erzeugten *konstanten Gleichungen*:

$$E(T_{\Sigma,D}) = \{ \ I^*(L) = I^*(R) \mid (L = R) \epsilon E \text{ und } I : V_{L,R} \to T_{\Sigma,D} \text{ Zuweisung } \}$$

Die von $E(T_{\Sigma,D})$ erzeugte *Kongruenz* wird mit $\equiv_{D,E}$ bezeichnet.

Beispiel 11.57: Im diskutierten Beispiel wurde durch die zusätzliche Aufnahme der Terme $0(+1)^n$ der Sorte nat sichergestellt, daß auch aus Gleichungen, die Variablen der Sorte nat verwenden wie z.B. eq(0,n+1)=false, konstante Gleichungen entstehen, die zur korrekten Faktorisierung beitragen.

Lemma 11.58: *Es seien die Signatur* Σ, *die Deklarationen* D *und die Gleichungen* E *gegeben. Dann sind* $T_{\Sigma,D,E}$ *und* $T_{\Sigma,D}\ /\equiv_{D,E}$ *isomorph.*

Beweis Es reicht zu zeigen, daß $T_{\Sigma,D}\ /\equiv_{D,E}$ initial in $\langle\Sigma,D,E\rangle-ALG$ ist. Zu gegebener $\langle\Sigma,D,E\rangle-$Algebra A hat man folgende Situation.

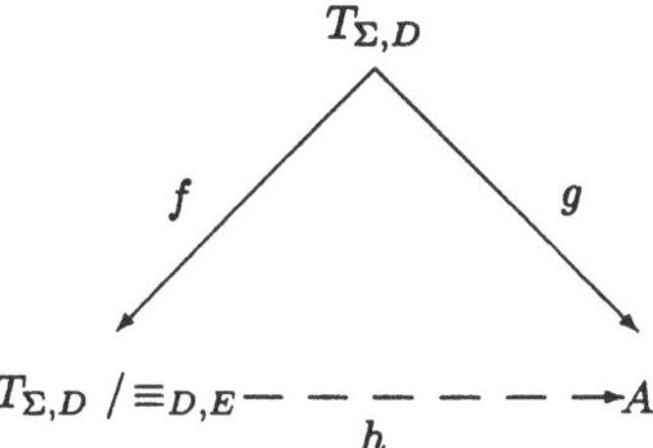

Falls ein Morphismus h existiert, so muß $h([t]) = g(t)$ gelten. Mit dieser Definition läßt sich Wohldefiniertheit, Eindeutigkeit, operationaler Abschluß und Respektierung der Halbordnung wie im Theorem zur Initialität von $T_{\Sigma,E}$ zeigen. ◻

Korollar 11.59: *Es seien die Signatur* Σ, *die Vervollständigung* $COMP(\Sigma)$, *die Deklarationen* D *über* Σ *und die Gleichungen* E *gegeben. Dann gilt* $s_{T_{\Sigma,D,E}} \cup r_{T_{\Sigma,D,E}} = \{s,r\}_{T_{COMP(\Sigma),D,E}}$ *für* $s,r\epsilon S$.

Beweis Aufgrund der Isomorphie von $\langle\Sigma,D,E\rangle-ALG$ und $\langle\Sigma+\Sigma(D),E+E(D)\rangle-ALG$ können Deklarationen auf versteckte Operationen und zusätzliche Gleichungen zurückgeführt werden. Damit kann man die Vereinigungseigenschaft von $T_{\Sigma,E}$ über der Signatur-Vervollständigung anwenden. ◻

11.5 Operationale Semantik

Eine Menge von Gleichungen kann auch als Menge von Ersetzungsregeln angesehen werden, indem die Gleichungen nur von links nach rechts interpretiert werden. Mit der Substitution der Variablen durch konstante Terme erhält man eine Menge von konstanten Termersetzungen, die einen Reduktionsprozeß festlegt. Auf diesem Weg definiert man eine operationale Semantik für Spezifikationen, die aber nur dann wohldefiniert ist, falls die Regeln konfluent und terminierend sind und damit eindeutige Normalformen existieren. In diesen Fällen stimmen dann die algebraische Semantik (die Quotienten-Termalgebra) und die operationale Semantik (die Normalformalgebra) überein.

Definition 11.60: Es sei die Spezifikation $\langle\Sigma,D,E\rangle$ gegeben. $\rightarrow_{D,E}$ ist die durch die folgenden Bedingungen festgelegte Relation auf der Termmenge $SET(T_\Sigma)$.
(1) Mit $< t_1, t_2 > \epsilon E(T_{\Sigma,D})$ gilt auch $t_1 \rightarrow_{D,E} t_2$.
(2) Aus $\sigma : s_1 \times \ldots \times s_j \times \ldots \times s_n \rightarrow s$, $t_i\epsilon s_{i,T}$ $(i=1,\ldots,n)$, $u_j\epsilon s_{j,T}$ $(j\epsilon\{1,\ldots,n\})$ und $t_j \rightarrow_{D,E} u_j$ folgt auch $\sigma(t_1,\ldots,t_j,\ldots,t_n) \rightarrow_{D,E} \sigma(t_1,\ldots,u_j,\ldots,t_n)$.

$\rightarrow^*_{D,E}$ ist der reflexive und transitive Abschluß von $\rightarrow_{D,E}$ und wird Relation der *Termersetzungen* genannt. Falls D und E aus dem Zusammenhang hervorgehen, kürzt man $\rightarrow_{D,E}$ mit $\rightarrow$ und $\rightarrow^*_{D,E}$ mit $\rightarrow^*$ ab.

Ein Term t_1 heißt *Normalform* von t_2, falls $t_2 \rightarrow^* t_1$ gilt und es keinen Term t_3 mit $t_2 \rightarrow t_3$ gibt.

Die Termersetzungen $\rightarrow$ heißen *untersorten-erhaltend*, falls mit $t_1 \rightarrow t_2$ und $t_1 \epsilon s_T$ und $t_2 \epsilon r_T$ auch $s \geq r$ gilt.

Die Deklarationen D gehen also insofern in die Ersetzungen $\rightarrow$ ein, als man von den konstanten Gleichungen, die von E bezüglich der Deklarationen-Termalgebra $T_{\Sigma,D}$ erzeugt werden, ausgeht. Die Eigenschaft der Ersetzungen, untersorten-erhaltend zu sein, garantiert, daß mit $t_1 \rightarrow^* t_2$ und $t_1 \epsilon s_T$ und $t_2 \epsilon r_T$ auch $s \geq r$ gilt. Im allgemeinen sind jedoch auch Terme von Obersorten von s in Ableitungen zugelassen, z.B. $t_1 \rightarrow t_2 \rightarrow t_3$ mit $t_1, t_3 \epsilon s_T$ und $t_2 \epsilon r_T$ mit $r > s$. Ohne die Eigenschaft der Ersetzungen, untersorten-erhaltend zu sein, sind dann aber auch Normalformen möglich, die eine echte Obersorte der Termsorte haben, z.B. $nf(t_1) = t_2$ mit $t_1 \epsilon s_T$ und $t_2 \epsilon r_T$ mit $r > s$. Es gilt dann nicht mehr $s_{NF} = \{nf(t) \mid t \epsilon s_T\} \subseteq s_T$. Dies würde aber bei den Normalformalgebra-Operationen auf Schwierigkeiten stoßen.

Beispiel 11.61: Die Beispielspezifikation der natürlichen und ganzen Zahlen aus dem vorherigen Abschnitt ist nicht konfluent. Dann gilt $\mathrm{eq}(0 + 1, 0 - 1 + 1) \rightarrow \mathrm{eq}(0, 0 - 1)$ und $\mathrm{eq}(0 + 1, 0 - 1 + 1) \rightarrow \mathrm{eq}(0 + 1, 0) \rightarrow \mathrm{false}$. Die Terme $\mathrm{eq}(0, 0 - 1)$ und false können nicht weiter vereinfacht werden, und damit gibt es mindestens 3 Normalformen der Sorte bool: false, true und $\mathrm{eq}(0, 0-1)$. Die beiden Gleichungen der Sorte int stellen jedoch sicher, daß die Menge der Normalformen der Sorte int isomorph zur Menge der ganzen Zahlen ist.

Lemma 11.62: *Es sei die Spezifikation $\langle \Sigma, D, E \rangle$ mit $\rightarrow^*$ konfluent, terminierend und untersorten-erhaltend gegeben. Für $t_1, t_2 \epsilon s_T$ gilt $nf(t_1) = nf(t_2)$ genau dann, wenn $t_1 \equiv_{D,E,s} t_2$ gültig ist.*

Beweis

$\Rightarrow$: Falls $nf(t_1) = nf(t_2)$ gilt, so ist auch

$$t_1 = a_1 \rightarrow a_2, \ldots, a_{n-1} \rightarrow a_n = nf(t_1) = nf(t_2) = b_m \leftarrow b_{m-1}, \ldots, b_2 \leftarrow b_1 = t_2$$

und damit $t_1 \equiv_{D,E,s} t_2$ wahr.

$\Leftarrow$: Mit $t_1 \equiv_{D,E,s} t_2$ ist auch $t_1 = a_1 \leftrightarrow a_2 \leftrightarrow a_3, \ldots, a_{n-1} \leftrightarrow a_n = t_2$ gültig, wobei $\leftrightarrow = \leftarrow$ oder $\leftrightarrow = \rightarrow$ gilt (wegen der Eigenschaft der Ersetzungen untersorten-erhaltend zu sein). Die Aussage des Lemmas wird mittels Induktion über die Länge n dieser Ableitung bewiesen. Falls $n = 0$ gilt, ist $t_1 = t_2$ und damit $nf(t_1) = nf(t_2)$ wahr. Im folgenden Induktionsschritt wird $nf(a_1) = nf(a_{n-1})$ angenommen.

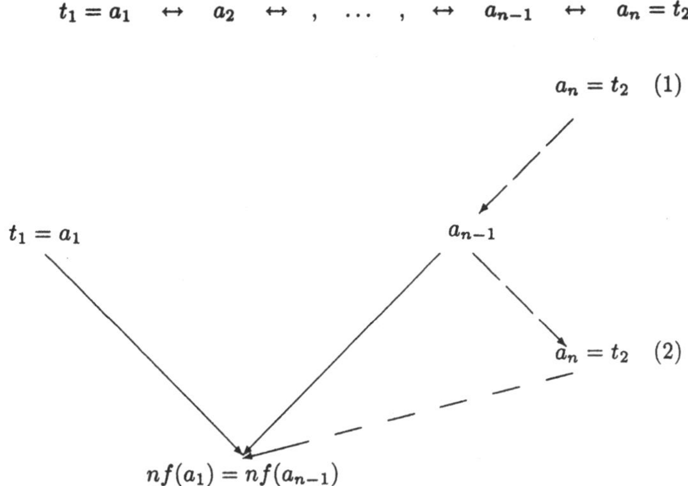

(1) Falls $a_{n-1} \leftarrow a_n$ gilt, ist $a_n \rightarrow a_{n-1} \rightarrow^* nf(a_{n-1}) = nf(a_1)$ und, damit $nf(t_1) = nf(t_2)$ wahr.

(2) Falls $a_{n-1} \rightarrow a_n$ gilt, gilt auch $a_n \rightarrow^* nf(a_{n-1}) = nf(a_1)$ wegen der Konfluenz-Eigenschaft und damit ist $nf(t_1) = nf(t_2)$ gültig. $\qquad\square$

Definition 11.63: Es sei die Spezifikation $\langle \Sigma, D, E \rangle$ mit $\rightarrow^*$ konfluent, terminierend und untersorten-erhaltend gegeben. Die *Normalformalgebra* $\langle NF, F_{NF} \rangle$ ist wie folgt festgelegt.

(1) $NF = \langle s_{NF} \rangle_{s \epsilon S}$ mit $s_{NF} = \{\, nf(t) \mid t \epsilon s_T \,\}$.

(2) $F_{NF} = \langle \sigma_{NF,w,s} \rangle_{\sigma^{w,s} \epsilon FUN(\Sigma)}$ mit

$$\sigma_{NF,w,s}(t_1, \ldots, t_n) = nf(\sigma(t_1, \ldots, t_n)), w = s_1, \ldots, s_n \text{ und } t_i \epsilon s_{i,NF}.$$

Falls man auch Obersorten-Terme als Normalformen zuläßt, so ist es möglich, daß die Definition $\sigma_{NF,w,s}(t_1, \ldots, t_n) = nf(\sigma(t_1, \ldots, t_n))$ mit $t_i \epsilon s_{i,NF}$ insofern keinen Sinn macht, als $\sigma(t_1, \ldots, t_n)$ kein gültiger Term der Sorte s sein muß, da es eine Normalform t_j mit $\neg t_j \epsilon s_{i,T}$ geben kann.

Beispiel 11.64: Die Ersetzungen der folgenden Spezifikation sind zwar konfluent und terminierend, aber nicht untersorten-erhaltend.

nicht-untersorten-erhaltend
    sorts s_1, s_2, r
    order $s_1 < s_2$
    ops $a, c : \rightarrow s_1$
               $b : \rightarrow s_2$
               $f : s_1 \rightarrow r$
    eqs $a = b$
               $c = b$

Es gilt $a \to b$ und $c \to b$ und damit $nf(a) = nf(c) = nf(b) = b$, aber $f(b)$ ist kein gültiger Term. Daher sind $f(a)$ und $f(c)$ unterschiedliche Normalformen der Sorte r, obwohl mit $[a] = [c]$ natürlich auch $[f(a)] = [f(c)]$ in der Quotienten-Termalgebra gilt. Man beachte, daß in diesem Beispiel die Normalformalgebra nicht definiert ist.

Lemma 11.65: *Die oben festgelegte Normalformalgebra genügt den Bedingungen der Algebra-Definition.*

Beweis Die Eigenschaft der Termersetzungen, untersorten-erhaltend zu sein, impliziert, daß mit $t_i \epsilon s_{i,NF}$ und $\sigma : s_1 \times \ldots \times s_n \to s$ auch $\sigma(t_1, \ldots, t_n) \epsilon s_T$ gilt. Mit den zusätzlichen Eigenschaften Konfluenz und Terminierung wird damit die Wohldefiniertheit der Funktionen σ_{NF} garantiert.

Die Bedingung (2) der Algebra-Definition gilt wegen

$$s_{NF} = \{nf(t) \mid t \epsilon s_T\} \subseteq \{nf(t) \mid t \epsilon r_T\} = r_{NF}$$

für $s \leq r$. Zu Bedingung (4) der Algebra-Definition: Es sei $\sigma : w \to s$, $w = s_1, \ldots, s_n$, $\sigma : v \to r$, $v = u_1, \ldots, u_n$ und $t_i \epsilon s_{i,NF} \cap u_{i,NF}$ gegeben. Dann gilt : $\sigma_{NF,w,s}(t_1, \ldots, t_n) = nf(\sigma(t_1, \ldots, t_n)) = \sigma_{NF,v,r}(t_1, \ldots, t_n)$. $\qquad\square$

Satz 11.66: *Es sei die Spezifikation $\langle \Sigma, D, E \rangle$ mit $\to^*$ konfluent, terminierend und untersorten-erhaltend gegeben. Dann sind die Quotienten-Termalgebra $T_{\Sigma,D,E}$ und die Normalformalgebra NF isomorph.*

Beweis Man definiert eine Familie von Abbildungen $h = \langle h_s \rangle_{s \epsilon S}$, $h_s : NF_s \to s_{T_{\Sigma,D,E}}$ mittels $h_s(t) = [\, t\,]$. Es wird nun gezeigt, daß h die Operationen respektiert, die Bedingung (2) der Morphismus-Definition erfüllt und auch injektiv und surjektiv ist.

- h respektiert die Operationen: Es seien $\sigma : s_1 \times \ldots \times s_n \to s$ und $t_i \epsilon s_{i,NF}$ gegeben. Dann gelten die folgenden Gleichheiten aufgrund der Definitionen von σ_{NF}, h_s, nf, $\sigma_{\Sigma,D,E}$ und h_s.

$$h_s(\sigma_{NF}(t_1, \ldots, t_n)) = h_s(nf(\sigma(t_1, \ldots, t_n))) = [nf(\sigma(t_1, \ldots, t_n))] =$$

$$[\sigma(t_1, \ldots, t_n)] = \sigma_{\Sigma,D,E}([t_1], \ldots, [t_n]) = \sigma_{\Sigma,D,E}(h_{s_1}(t_1), \ldots, h_{s_n}(t_n))$$

- h erfüllt Bedingung (2) der Morphismus-Definition: Es sei $t \epsilon s_{NF} \cap r_{NF}$. Dann gilt: $h_s(t) = [t] = h_r(t)$.
- h ist injektiv: Es seien $t_1, t_2 \epsilon s_{NF}$ gegeben. Dann gilt $h_s(t_1) = h_s(t_2) \Rightarrow [t_1] = [t_2] \Rightarrow t_1 \equiv_{D,E,s} t_2 \Rightarrow t_1 = nf(t_1) = nf(t_2) = t_2$ wegen der Definitionen von h_s und $\equiv_{D,E}$ und der Charakterisierung der Normalformeigenschaft.
- h ist surjektiv: Es sei $[t] \epsilon s_{T_{\Sigma,D,E}}$ gegeben. Dann ist $h_s(nf(t)) = [nf(t)] = [t]$ gültig. Damit ist h ein Isomorphismus.

Damit ist h ein Isomorphismus. $\qquad\square$

Beispiel 11.67: Die folgende Spezifikation beschreibt die Gleichheit auf den ganzen Zahlen. Die von diesen Gleichungen induzierten Termersetzungen sind konfluent, terminierend und untersorten-erhaltend. Die Normalformen der Sorte int sind Terme der Form $0(-1)^k$ und $0(+1)^k$ mit $k \epsilon N_0$, und false und true sind die bool-Normalformen.

<table>
<tr><td>church-rosser-int</td><td>sorts</td><td>neg, pos, int, bool</td></tr>
<tr><td></td><td>order</td><td>neg < int, pos < int</td></tr>
<tr><td></td><td>ops</td><td>$0 : \rightarrow$ int
$+1, -1 :$ int $\rightarrow$ int
false, true $: \rightarrow$ bool
eq : int $\times$ int $\rightarrow$ bool</td></tr>
<tr><td></td><td>vars</td><td>$n, n_1, n_2 :$ neg; $p, p_1, p_2 :$ pos; $i :$ int</td></tr>
<tr><td></td><td>decs</td><td>$0, n - 1 :$ neg
$0, p + 1 :$ pos</td></tr>
<tr><td></td><td>eqs</td><td>$(i + 1) - 1 = (i - 1) + 1 = i$
$eq(0, 0) = $ true
$eq(0, n - 1) = eq(n - 1, 0) = $ false
$eq(0, p + 1) = eq(p + 1, 0) = $ false
$eq(n - 1, p + 1) = eq(p + 1, n - 1) = $ false
$eq(n_1 - 1, n_2 - 1) = eq(n_1, n_2)$
$eq(p_1 + 1, p_2 + 1) = eq(p_1, p_2)$</td></tr>
</table>

Mehrfachdeklarationen wie $t_1, t_2 : s$ sind äquivalent zu $t_1 : s$ und $t_2 : s$. Die Untersorten neg und pos werden nur über Deklarationen aufgebaut und entsprechen den nicht-positiven und nicht-negativen ganzen Zahlen.

11.6 Übungen

1) Geben Sie eine Signatur für die ganzen Zahlen mit folgenden Untersorten an: int, posint, negint, zero, nonzero, odd, even.

2) Berechnen Sie die Signaturvervollständigung der folgenden Signatur.

<table>
<tr><td>sorts</td><td>$s_1, s_2, s_3, s_4, s_5, s_6, s_7, s_8$</td></tr>
<tr><td>order</td><td>$s_3 < s_1, s_3 < s_2, s_4 < s_3, s_6 < s_4, s_7 < s_4, s_7 < s_5, s_8 < s_7$</td></tr>
<tr><td>ops</td><td>$a : \rightarrow s_6$
$b : \rightarrow s_8$
$f : s_7 \rightarrow s_1$
$g : s_3 \rightarrow s_6$
$h : s_2 \rightarrow s_4$</td></tr>
</table>

3) Geben Sie zwei unterschiedliche Algebren zur Spezifikation **ordered-int** an, die beide auch verschieden von der Algebra der natürlichen und ganzen Zahlen sind.

4) Zeigen Sie für Beispiel 11.28, daß $eq(0 - 1 - 1, 0 + 1) = $ false gilt. Wenden Sie in einem Beweisschritt jeweils nur eine Gleichung an. Machen Sie sich dabei klar, in welcher Richtung die jeweilige Gleichung angewendet wird und welche Auswirkungen dies für die operationale Semantik hat.

5) Geben Sie die konventionelle Signatur für die Signatur aus der Übung 1 an.

6) Berechnen Sie die konventionellen Terme zu eq(pred(succ(0)),0).

7) Geben Sie die fehlenden Gleichungen in der Spezifikation **nat-int** für den Fall eq(succ(n),0) an.

8) Beschreiben Sie die ganzen Zahlen aus der ersten Übung mittels Deklarationen.

9) Spezifizieren Sie nicht-leere endliche Folgen natürlicher Zahlen mittels der Sortenhalbordnung nat < natstring. Definieren Sie die Funktionen first, last und concat.

10) Läßt sich eine Spezifikation finden deren Ersetzungen konfluent, terminierend und untersorten-erhaltend sind und deren Normalformalgebra und Quotienten-Termalgebra isomorph zur Quotienten-Termalgebra aus Beispiel 11.64 ist?

11) Überprüfen Sie, ob in der Spezifikation **lexical-order** aus Beispiel 11.32 die spezifizierte Funktion eq mit dem Gleichheitsprädikat für die Sorte string in der Quotienten-Termalgebra übereinstimmt.

12) Betrachten Sie die unten angegebene Signatur, die binäre Bäume beschreibt. Die Knoteneinträge können sowohl ganze Zahlen als auch Zeichenketten sein.

bin-tree	**ordered-int +**
	lexical-order +

sorts	tree
order	$\text{int} < \text{tree}, \text{string} < \text{tree}$
ops	$\text{node} : \text{tree} \times \text{tree} \to \text{tree}$
	$\text{filter}_{\text{int}}, \text{filter}_{\text{string}} : \text{tree} \to \text{tree}$
	$\text{min}_{\text{int}} : \text{tree} \to \text{int}$
	$\text{max}_{\text{string}} : \text{tree} \to \text{string}$

Hierbei sollen die Operationen $\text{filter}_{\text{int}}$ bzw. $\text{filter}_{\text{string}}$ alle ganzen Zahlen bzw. Zeichenketten aus einem gegebenem Baum entfernen. min_{int} bzw. $\text{max}_{\text{string}}$ suchen im Baum die kleinste Zahl bzw. die größte Zeichenkette. Geben Sie Gleichungen für diese Operationen an. Überlegen Sie sich, wie man die Spezifikation um Untersorten inttree und stringtree erweitert, so daß Elemente dieser Untersorten bereits syntaktisch erkannt werden.

12. Fehler und Ausnahmen

Ok-Untersorte; Hauptsorte; strikter Morphismus; sichere und unsichere Funktionen; sichere und unsichere Terme; sichere und unsichere Variable; Fehlereinführung; Fehlerfortpflanzung; Fehlerbeseitigung; Korrektheit; Kontext; konsistente und abdeckende Axiome; Existenz von finalen Algebren; implizite Ungleichung; Ok/Fehler-disjunkte Signatur; Ok/Fehler-disjunkte Algebra; ausgezeichnete Fehlerkonstante; punktierte Fehleralgebra; implizite Fehlerfortpflanzung.

Fehler oder genauer gesagt Ausnahmen treten in Spezifikationen abstrakter Datentypen häufig auf. Betrachten wir noch einmal die Spezifikation **natstack** aus Beispiel 2.8(c). Man könnte gegen **natstack** einwenden, daß es unnatürlich ist, als oberstes Element des leeren Stapels gerade die Zahl 0 zu wählen. Durch die Festlegung der Gleichungen in der gegebenen Form kann nämlich der leere Stapel new bzgl. der Funktion top nicht unterschieden werden vom Stapel push(new,0) oder auch nicht von push(push(new,0),0). Wünschenswert wäre eigentlich eine geeignete Fehlermeldung, die den Benutzer über eine unrichtige Anwendung der Funktion top informiert.

Wir werden diesen Problemkreis aber zunächst an einem anderen einfachen Beispiel, nämlich den natürlichen Zahlen, vorstellen und die Besonderheiten aufzeigen. Es seien die folgenden Funktionen und Axiome gegeben.

errornat	**sorts**	nat
	ops	$0 : \to$ nat
		$\mathrm{pred}, \mathrm{succ} : \mathrm{nat} \to \mathrm{nat}$
		$\mathrm{plus}, \mathrm{times} : \mathrm{nat} \times \mathrm{nat} \to \mathrm{nat}$
	vars	$n, m : \mathrm{nat}$
	eqs	$\mathrm{pred}(\mathrm{succ}(n)) = n$
		$\mathrm{pred}(0) = \mathrm{error}$
		$\mathrm{plus}(0, n) = n$
		$\mathrm{plus}(\mathrm{succ}(n), m) = \mathrm{succ}(\mathrm{plus}(n, m))$
		$\mathrm{times}(0, n) = 0$
		$\mathrm{times}(\mathrm{succ}(n), m) = \mathrm{plus}(m, \mathrm{times}(n, m))$

Der Vorgängerfunktion pred kann für das Argument 0 im Bereich der natürlichen Zahlen kein sinnvoller Wert zugeordnet werden. Das Problem besteht nun darin, die Bedeutung der Gleichung pred(0) = error festzulegen. Falls error als zusätzliche Konstante der Sorte nat aufgefaßt wird, läßt sich folgende Rechnung durchführen:

$$\mathrm{times}(0, \mathrm{pred}(0)) = \mathrm{times}(0, \mathrm{error}) = 0$$

Damit aber wird der gerade eingeführte Fehler error sofort wieder vergessen, d.h. der Benutzer der Spezifikation wird nicht über den in der Zwischenrechnung aufgetretenen Fehler informiert. Dies legt nahe, daß Fehler immer fortgepflanzt werden sollten, und man könnte die folgenden Gleichungen zu den Axiomen hinzufügen.

$$\text{succ(error)} = \text{error}$$
$$\text{pred(error)} = \text{error}$$
$$\text{plus(error, n)} = \text{error}$$
$$\text{plus(n, error)} = \text{error}$$
$$\text{times(error, n)} = \text{error}$$
$$\text{times(n, error)} = \text{error}$$

Unglücklicherweise hat man aber nun nicht die beabsichtigte Trägermenge — die natürlichen Zahlen einschließlich einer Fehlermeldung — spezifiziert, denn es treten unerwünschte Widersprüche auf. Es gilt

$$0 = \text{times(0, error)} = \text{error}$$

und damit gilt wegen $\text{succ(error)} = \text{error}$ auch $\text{succ}^n(0) = \text{error}$ für alle Terme der Gestalt $\text{succ}^n(0)$. Die initiale Algebra (und auch alle anderen minimalen Algebren in der zugehörigen Modellklasse) der obigen Spezifikation hat damit als Träger nur die völlig uninteressante einelementige Menge. Es gibt aber auch noch andere Gründe, die die Idee der strikten Fehlerfortpflanzung ungeschickt erscheinen lassen. Man betrachte folgende Spezifikation der Fakultätsfunktion.

$$\text{fac(n)} = \text{if eq(n, 0) then succ(0) else times(n, fac(pred(n)))}$$

Mit einer strikten Fehlerfortpflanzung, die auch für das Konditional if then else gelten soll, ergeben sich wiederum unerwüschte Nebeneffekte, da Fehler aus eigentlich nicht benötigten Teilen des Konditionals weitergegeben werden.

$$
\begin{aligned}
\text{fac(0)} &= \text{if eq(0, 0) then succ(0) else times(0, fac(pred(0)))} \\
&= \text{if true then succ(0) else times(0, fac(error))} \\
&= \text{if true then succ(0) else times(0, error)} \\
&= \text{if true then succ(0) else error} \\
&= \text{error}
\end{aligned}
$$

Dies bedeutet aber, daß Funktionen wie if then else Fehler nicht grundsätzlich weitergeben, sondern in gewissen Fällen auch eine Beseitigung von Fehlern zugelassen werden muß. Ein anderes Beispiel für eine Funktion, die Fehler in manchen Argumenten wieder vergißt, ist ein Gleichheitsprädikat eq: Wenn man als Träger die natürlichen Zahlen mit einer zusätzlichen Fehlerkonstante error betrachtet, so wird man als Ergebnis von eq(0, error) eben false und nicht etwa error erwarten. Grundsätzlich kann man die Fehlerbehandlung in Mechanismen zur Einführung, Fortpflanzung und Beseitigung von Ausnahmen einteilen.

Mit Hilfe der vorgestellten Konzepte zur algebraischen Spezifikation unter Berücksichtigung von partiell geordneten Sortenmengen ist es nun möglich, verschiedene Methoden der Behandlung von Ausnahmen einzuführen.

Diese verschiedenen Methoden werden in den folgenden Abschnitten ausführlich beschrieben, und es werden jeweils speziell

- die syntaktischen und semantischen Bedingungen,
- die Art der Semantik,
- ein Notationsschema und
- ein Beispiel

angegeben. Bei dem Beispiel handelt es sich durchgängig um den selben Datentyp, den Stack über natürlichen Zahlen. Zugrundegelegt werden die Sorten nat und stack sowie die folgenden Operationen.

$$
\begin{array}{lll}
\textbf{errorstack} & \textbf{sorts} & \text{nat, stack} \\
& \textbf{ops} & 0 : \rightarrow \text{nat} \\
& & \text{succ} : \text{nat} \rightarrow \text{nat} \\
& & \text{topless} : \rightarrow \text{nat} \\
& & \text{new} : \rightarrow \text{stack} \\
& & \text{push} : \text{stacknat} \rightarrow \text{stack} \\
& & \text{underflow} : \rightarrow \text{stack} \\
& & \text{top} : \text{stack} \rightarrow \text{nat} \\
& & \text{pop} : \text{stack} \rightarrow \text{stack}
\end{array}
$$

Spezifiziert werden soll das folgende Stackmodell A, d.h. die semantische Algebra der Spezifikation soll isomorph dazu sein.

$$
\begin{aligned}
&\text{nat}_A = \mathbf{N}_0 \cup \{\text{errornat}\} \\
&\text{stack}_A = \mathbf{N}_0^* \cup \{\text{errorstack}\} \\
&0_A : \rightarrow 0 \\
&\text{succ}_A : n \rightarrow \begin{cases} n + 1 & \text{falls } n \epsilon \mathbf{N}_0 \\ \text{errornat} & \text{sonst} \end{cases} \\
&\text{topless}_A : \rightarrow \text{errornat} \\
&\text{new}_A : \rightarrow \lambda \\
&\text{push}_A : (s, n) \rightarrow \begin{cases} s.n & \text{falls } s \epsilon \mathbf{N}_0^* \text{ und } n \epsilon \mathbf{N}_0 \\ \text{errorstack} & \text{sonst} \end{cases} \\
&\text{underflow}_A : \rightarrow \text{errorstack} \\
&\text{top}_A : s \rightarrow \begin{cases} n & \text{falls } s \epsilon \mathbf{N}_0^+ \text{ mit } s = t \mid n \\ \text{errornat} & \text{sonst} \end{cases} \\
&\text{pop}_A : s \rightarrow \begin{cases} t & \text{falls } s \epsilon \mathbf{N}_0^+ \text{ mit } s = t \mid n \\ \text{errorstack} & \text{sonst} \end{cases}
\end{aligned}
$$

Hierbei gilt $n \epsilon \text{nat}_A$ und $s, t \epsilon \text{stack}_A$. $t \mid n$ bezeichnet die Konkatenation. Die Fehlerelemente errornat und errorstack werden von den Funktionen top_A und pop_A eingeführt, d.h. diese Operationen können bei Anwendung auf Nicht-Fehlerelemente aus $\mathbf{N}_0^*$ eine Ausnahme ergeben. Alle angegebenen Funktionen pflanzen Fehler fort, d.h. es gilt $f_A(\text{error}) = \text{error}$ bzw. $f_A(a_1, a_2) = \text{error}$, falls $a_1 = \text{error}$ oder $a_2 = \text{error}$.

Als ein Beispiel für eine nicht fehlerfortpflanzende Funktion wird in allen Ansätzen noch ein Konditional if then else spezifiziert. Andere typische nicht fehlerfortpflanzende Funktionen sind etwa Gleichheitsprädikate oder Fehlerbeseitigungsfunktionen.

12.1 Sichere und unsichere Funktionen

Die wesentlichen Gesichtspunkte der Methode der sicheren und unsicheren Funktionen zur
Behandlung von Ausnahmen sind

(1) die Aufteilung der Trägermengen einer Sorte in einen Ok- und einen Fehlerteil,

(2) die syntaktische Klassifikation der Funktionen in ok-erhaltende, sichere Funktionen
und möglicherweise fehler-einführende, deshalb unsicher genannte Funktionen und

(3) die Einführung von zwei unterschiedlichen Arten von Variablen für eine Sorte, wobei
der eine Variablentyp nur für Ok-Werte, der andere sowohl für Ok- als auch für Fehlerwerte dient.

Definition 12.1: Eine Spezifikation mit geordneter Sortenmenge $\langle \Sigma, E \rangle$ heißt Ausnahmen-
Spezifikation nach der Methode der *sicheren und unsicheren Funktionen*, falls die folgenden
Bedingungen gelten.

- Die Sortenmenge läßt sich in Haupt- und Ok-Sorten partitionieren:
  $S = S-MAIN \cup S-OK$ mit $S-OK = \{ \, s-ok \mid s \epsilon S-MAIN \, \}$.
- Die Ok-Sorten sind Untersorten der Hauptsorten:
  $\leq \, = \{ \, s \leq s \mid s \epsilon S \, \} \cup \{ \, s-ok \leq s \mid s \epsilon S-MAIN \, \}$.
- Die Funktionen sind grundsätzlich auf Ok- und Hauptsorten definiert:
  Aus $\sigma : s_1-ok \times \ldots \times s_n-ok \rightarrow s$ folgt $\sigma : s_1 \times \ldots \times s_n \rightarrow s$.
- Das Überladen von Funktionen ist nur für sortenverwandte Definitions-Bereiche ge-
  stattet: Aus $\sigma \epsilon \Sigma_{w,s}$ folgt $\neg \sigma \epsilon \Sigma_{v,r}$, falls w und v unvergleichbar sind.

Die Semantik einer solchen Spezifikation ist die initiale $(\Sigma, E)-$ Algebra.

Aufgrund des gewählten Signaturbegriffs ist die Forderung (3) äquivalent zu

$$\sigma : s_1-ok \times \ldots \times s_n-ok \rightarrow s \quad \Leftrightarrow \quad \sigma : s_1 \times \ldots \times s_n \rightarrow s,$$

da aus $\sigma : s_1 \times \ldots \times s_n \rightarrow s$ mit $s_i \epsilon S-MAIN$ auch $\sigma : s_1-ok \times \ldots \times s_n-ok \rightarrow s$ wegen
$s_i-ok \leq s_i$ folgt. Die vorne genannten Gesichtspunkte (1)-(3) werden nun folgendermaßen
realisiert.

(1) Wegen der festgelegten Sortenstruktur können in einer Algebra A die Träger s_A mit
$s \epsilon S-MAIN$ in einen Ok-Teil $s_{ok_A} = s-ok_A$ und einen Fehlerteil $s_{error_A} = s_A \backslash s-ok_A$
aufgespalten werden. Es gilt dann $s_A = s_{ok_A} \cup s_{error_A}$.

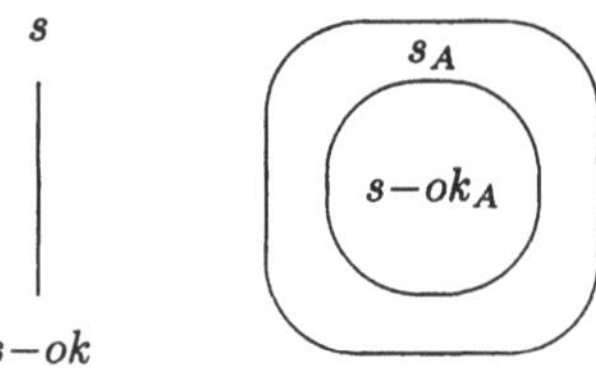

Die jeweiligen Komponenten können wieder zu Mengenfamilien zusammengefaßt wer-
den: $A_{ok} = \langle s_{ok_A} \rangle_{s \epsilon S}$ und $A_{error} = \langle s_{error_A} \rangle_{s \epsilon S}$. Damit kann man Morphismen
zwischen derartigen Algebren (als Mengenabbildungen) auf diese Komponenten ein-
schränken, $f : A_1 \rightarrow A_2$ induziert $f_{ok} : A_{1,ok} \rightarrow A_{2,ok}$ und $f_{error} : A_{1,error} \rightarrow A_2$, und
von einem *strikten Morphismus* sprechen, falls $f_{error}(A_{1,error}) \subseteq A_{2,error}$ gilt.

(2) Von entscheidender Bedeutung für diese Spezifikationsmethode ist die Zielsorte eines
Funktionssymbols $\sigma : s_1 \times \ldots \times s_n \rightarrow s$. Falls $s \epsilon S-OK$ gilt, ist das Funktionssym-

bol σ und die zugehörige Funktion sicher in folgendem Sinne: Unabhängig von den Argumenten $a_1, \ldots, a_n$ wird die Auswertung $\sigma_A(a_1, \ldots, a_n)$ in jeder Algebra A einen Ok-Wert in $s{-}ok_A$ liefern. Falls $s \in S{-}MAIN$ gilt und $\sigma : s_1 \times \ldots \times s_n \rightarrow s{-}ok$ nicht Teil der Signatur ist, so kann die Auswertung $\sigma_A(a_1, \ldots, a_n)$ ein Ergebnis in $s_A \setminus s{-}ok_A$, also einen Fehler, ergeben. In diesem Fall handelt es sich dann um ein unsicheres Funktionssymbol, bzw. um eine unsichere Funktion.

(3) Die beiden Arten von Variablen entsprechen Variablen der Haupt- und Untersorten. Die Ok-Variablen entstehen also durch Einschränkung der Variablen der Hauptsorten auf den Ok-Teil der Träger.

Die Träger der Termalgebren dieses Ansatzes bestehen für die Hauptsorten aus den üblichen Termen, die aus sicheren und unsicheren Operationssymbolen gebildet werden können. Die Terme der Ok-Untersorten dürfen jedoch nur aus sicheren Funktionssymbolen bestehen. Insofern wird das Konzept der Sicherheit bzw. der Unsicherheit von den Symbolen auf die Terme vererbt, und man kann von sicheren und unsicheren Termen sprechen. Die Träger der Quotienten- Termalgebren des Ansatzes (und damit die initialen Algebren) können wie üblich aus Kongruenzklassen von Termen konstruiert werden. Dabei sind in den Hauptsorten alle Kongruenzklassen zu finden:

- Klassen nur aus sicheren Termen,
- Klassen nur aus unsicheren Termen und
- gemischte Klassen.

Die Ok-Untersorten der Quotienten-Termalgebren setzen sich jedoch nur aus den ausschließlich aus sicheren Termen bestehenden und den gemischten Klassen zusammen. Falls also mindestens ein sicherer Term in einer Klasse ist, so bedeutet dies, daß die gesamte Klasse in die Ok-Untersorte mit aufgenommen wird. Insofern dominieren die sicheren Terme bei der Kongruenzbildung über die unsicheren Terme.

Die speziellen syntaktischen Forderungen finden auch ihre Bedeutung in der Notation der Spezifikationen:

- **sorts** Es werden nur die Hauptsorten angegeben, und die Ok- Untersorten werden implizit vorausgesetzt.
- **order** Die Strukturierung $s{-}ok < s$ wird implizit für alle Hauptsorten angenommen und nicht notiert.
- **ops** Operations-Argumente und Ziele werden nur als Hauptsorten angegeben, sichere und unsichere Funktionen werden durch die Zusätze **ok** und **unsafe** gekennzeichnet.
- **vars** In Analogie zu den Operationen werden Variablen der Ok-Untersorten mit **ok**, Variablen der Hauptsorten mit **unsafe** deutlich gemacht.

Beispiel 12.2: Die Spezifikation des Stacks nach der Methode der sicheren und unsicheren Funktionen sieht unter Berücksichtigung der eingeführten Konventionen zur Notation folgendermaßen aus. Die initiale Algebra der Spezifikation ist isomorph zum angegebenen Stack-Modell mit den natürlichen Zahlen einschließlich genau eines Fehlers und endlichen Folgen natürlicher Zahlen ebenfalls mit einer ausgezeichneten Fehlerkonstante.

stack-safe-unsafe   **sorts**   nat, stack

                                        ops   0 : $\rightarrow$ nat **ok**

$\qquad\qquad\qquad\qquad$ succ : nat $\rightarrow$ nat **ok**

$\qquad\qquad\qquad\qquad$ topless : $\rightarrow$ nat **unsafe**

$\qquad\qquad\qquad\qquad$ new : $\rightarrow$ stack **ok**

$\qquad\qquad\qquad\qquad$ push : stack $\times$ nat $\rightarrow$ stack **ok**

$\qquad\qquad\qquad\qquad$ underflow : $\rightarrow$ stack **unsafe**

$\qquad\qquad\qquad\qquad$ pop : stack $\rightarrow$ stack **unsafe**

$\qquad\qquad\qquad\qquad$ top : stack $\rightarrow$ nat **unsafe**

                                        vars   n : nat **ok**; n$-$: nat **unsafe**

$\qquad\qquad\qquad\qquad$ s : stack **ok**; s$-$: stack **unsafe**

                                          eqs   succ(topless) = topless $\qquad\qquad$ (1)

$\qquad\qquad\qquad\qquad$ push(s$-$, topless) = underflow $\qquad$ (2)

$\qquad\qquad\qquad\qquad$ push(underflow, n$-$) = underflow $\quad$ (3)

$\qquad\qquad\qquad\qquad$ pop(new) = underflow $\qquad\qquad\quad$ (4)

$\qquad\qquad\qquad\qquad$ pop(push(s, n)) = s $\qquad\qquad\qquad$ (5)

$\qquad\qquad\qquad\qquad$ pop(underflow) = underflow $\qquad\quad$ (6)

$\qquad\qquad\qquad\qquad$ top(new) = topless $\qquad\qquad\qquad$ (7)

$\qquad\qquad\qquad\qquad$ top(push(s, n)) = n $\qquad\qquad\qquad$ (8)

$\qquad\qquad\qquad\qquad$ top(underflow) = topless $\qquad\qquad$ (9)

push ist eine sichere Funktion, da bei Ok-Eingaben auch Ok-Ergebnisse erzielt werden. Im Gegensatz dazu ist pop unsicher, da für einige Ok-Argumente auch Ok-Resultate herauskommen, aber für den Ok-Wert new führt pop einen Fehler underflow ein, der durch push und auch pop weitergegeben wird. Die Fehlerkonstanten topless und underflow sind zwar nur als unsicher deklariert, d.h. sie könnten auch Ok-Werte ergeben, sie liefern jedoch stets Fehler.

Die Gleichungen können hier folgendermaßen eingeteilt werden:
- (4) und (7) dienen zur Fehlereinführung,
- (1), (2), (3), (6) und (9) pflanzen Fehler fort, und
- (5) und (8) beschreiben Normalsituationen.

Der übliche Korrektheitsbegriff für algebraische Spezifikationen, die Isomorphie zwischen der beschriebenen Quotienten-Termalgebra und einer Vergleichsalgebra, ist etwas zu streng für den hier vorgestellten Fehlerbehandlungsansatz. Läßt man die Fehlerfortpflanzungs-Gleichungen (1), (2), (3), (6) und (9) im obigen Stack-Beispiel weg, so erhält man als Quotienten-Termalgebra eine Algebra, die im Ok-Teil immer noch isomorph zum Vergleichsmodell ist, aber in gewissem Sinne mehr Fehlerelemente hat, die als Fehlermeldungen in einer bestimmten Umgebung aufgefaßt werden können, z.B. push(underflow,0) und push(underflow,succ(0)). Das Entscheidende für den Korrektheitsbegriff ist, daß es sich um Fehler handelt, und es ist hier nicht wichtig, daß sie unterschiedlich sind. Deshalb wird erlaubt, verschiedene Fehlerelemente der spezifizierten Algebra bei dem gleichen operationalen Verhalten im Vergleichsmodell zu identifizieren.

Definition 12.3: Es seien $\langle \Sigma, E \rangle$ eine Ausnahmen-Spezifikation nach der Methode der sicheren und unsicheren Funktionen und A eine Σ-Algebra. $\langle \Sigma, E \rangle$ heißt *korrekt* bezüglich A, falls
(1) es einen strikten Morphismus $f : T_{\Sigma,E} \to A$ gibt, so daß
(2) $f_{ok} : T_{\Sigma,E,ok} \to A_{ok}$ bijektiv und
(3) $f_{error} : T_{\Sigma,E,error} \to A_{error}$ surjektiv ist.

$\langle \Sigma, E \rangle$ heißt *streng korrekt* bezüglich A, falls zusätzlich f_{error} injektiv ist, d.h. f ist ein Isomorphismus.

Falls die Algebra A korrekt bzgl. $\langle \Sigma, E \rangle$ ist, dann ist A selbstverständlich termerzeugt. Die zusätzliche Identifizierung von Fehlerelementen ist also solange erlaubt, wie die operationale Struktur auf dem Ok- und Fehlerteil erhalten bleibt. Weil es mehr Elemente in der spezifizierten Algebra als im Vergleichsmodell geben kann, legt die Spezifikation also eine mächtigere Algebra als das vorgegebene Modell fest. Der konventionelle Korrektheitsbegriff entspricht der strengen Korrektheit.

Beispiel 12.4: Läßt man, wie oben angedeutet, die Gleichungen zur Fehlerfortpflanzung im Stack-Beispiel weg, so erhält man immer noch eine Spezifikation, die bezüglich des Vergleichsmodells korrekt ist. Insofern kann man sagen, daß sich durch den schwächeren Korrektheitsbegriff die explizite Fehlerfortpflanzung erübrigt.

Aufgrund der speziellen syntaktischen Forderungen an diesen Ansatz müssen für die Wohldefiniertheit der operationalen Semantik die Termersetzungen nicht notwendigerweise untersorten-erhaltend, bzw. hier genauer nicht notwendigerweise ok-erhaltend sein. Bei der Definition der Normalformalgebra-Operationen mittels der Gleichung

$$\sigma_{NF}(t_1, \ldots, t_n) = nf(\sigma(t_1, \ldots, t_n))$$

ist der Term $\sigma(t_1, \ldots, t_n)$ nämlich immer ein gültiger Term, denn es kann nicht wie im allgemeinen Fall passieren, daß die Operation σ nur auf gewissen Untersorten definiert ist und es aber Terme dieser Untersorten gibt, die echte Obersortenterme als Normalformen haben. Falls jedoch die Ersetzungen nicht untersorten-erhaltend bzw. ok-erhaltend sind, müssen in die Träger der Ok-Untersorten der Normalformalgebra alle die Normalformen aufgenommen werden, zu denen es sichere Terme gibt, von denen man mittels der Ersetzungen zu den betreffenden Normalformen gelangt. Ein unsicherer Term t_1 kann also eine Ok-Normalform darstellen, falls es einen sicheren Term t_2 gibt, so daß t_2 den Term t_1 als Normalform hat. Falls die Ersetzungen jedoch untersorten-erhaltend sind, ist eine Normalform in der Ok-Untersorte genau dann, wenn die Normalform auch ein sicherer Term ist.

Definition 12.5: Es sei $\langle \Sigma, E \rangle$ eine Ausnahmen-Spezifikation nach der Methode der sicheren und unsicheren Funktionen mit $\to^*$ konfluent und terminierend. Die *Normalformalgebra* ist folgendermaßen definiert.
(1) $NF = \langle s_{NF} \rangle_{s \in S}$ mit $s_{NF} = \{nf(t) \mid t \epsilon s_T\}$.
(2) $\sigma_{NF}(t_1, \ldots, t_n) = nf(\sigma(t_1, \ldots, t_n))$ für $\sigma \epsilon \Sigma_{s_1 \ldots s_n, s}$ und $t_i \epsilon s_{i,NF}$.

Man beachte, daß im allgemeinen nicht $s\text{-}ok_{NF} \subseteq s\text{-}ok_T$ gelten wird, d.h. es kann Terme t mit $t \epsilon s\text{-}ok_{NF}$ und $\neg t \epsilon s\text{-}ok_T$ geben.

Beispiel 12.6: Die vom obigen Stack-Beispiel induzierten Ersetzungen sind konfluent und terminierend, und damit ist die Normalformalgebra wohldefiniert. Zusätzlich gilt, daß die Ersetzungen ok-erhaltend sind, und die Normalformen können durch die folgenden kontextfreien Produktionen beschrieben werden.

<nat-ok> ::= 0 | succ(<nat-ok>)

<nat> ::= <nat-ok> | topless

<stack-ok> ::= new | push(<stack-ok> , <nat-ok>)

<stack> ::= <stack-ok> | underflow

Die einzigen unsicheren Terme, die auch Normalformen darstellen, sind die Fehlerkonstanten topless und underflow. Die Anwendung der unsicheren Funktionen pop und top führt stets auf eine der obigen Normalformen zurück.

Beispiel 12.7: Ein einfaches Beispiel für eine fehlerbeseitigende Funktion ist das Konditional if then else. Man kann folgende Operationen und Gleichungen zur Spezifikation 12.2 hinzufügen.

ops	false, true : $\rightarrow$ bool **ok**
	maybe : $\rightarrow$ bool **unsafe**
	if then else : bool $\times$ nat $\times$ nat $\rightarrow$ nat **ok**
vars	n$-$, m$-$: nat **unsafe**
eqs	if false then n $-$ else m$- = $ m$-$
	if true then n $-$ else m$- = $ n$-$
	if maybe then n $-$ else m$- = $ topless

Der Träger der Sorte bool und die Funktion if then else können damit folgendermaßen beschrieben werden.

$$T_{\Sigma,E,\text{bool}} = \{\text{false, true}\} \cup \{\text{maybe}\}$$

$$\text{if}_{\Sigma,E} : (b, n, m) \mapsto \begin{cases} n & \text{falls } b=\text{true} \\ m & \text{falls } b=\text{false} \\ \text{error}_{\text{nat}} & \text{sonst} \end{cases}$$

Es gilt dann z.B. if true then 0 else topless. Die Funktion if then else könnte mit diesen Gleichungen aber auch als **unsafe** erklärt werden, die Semantik wäre immer noch die gleiche. Weiter könnte auch eine kompliziertere Fehlerbeseitigung beschrieben werden, falls die Fehlerbeseitigungswerte in die Trägermengen codiert werden.

12.2 Implizite Ungleichungen

Spezifikationen von Ausnahmen nach der Methode der impliziten Ungleichungen gleichen syntaktisch Spezifikationen nach der Methode der sicheren und unsicheren Funktionen. Semantisch bestehen jedoch die wesentlichen Unterschiede
(1) in der impliziten Hinzufügung von Ungleichungen zu den Axiomen und
(2) in der Betrachtung einer finalen Algebra als Standard-Semantik für Spezifikationen.

Diesen beiden Gesichtspunkten wird nun folgendermaßen Rechnung getragen.

(1) Es wird eine Ungleichung $t_1 \neq t_2$ zwischen zwei konstanten Termen hinzugefügt, falls es einen Kontext ct gibt, so daß $ct(t_1)$ und $ct(t_2)$ in der initialen Quotienten-Termalgebra nach der Methode der sicheren und unsicheren Funktionen verschiedene Auswertungen haben und mindestens eine Auswertung einen Ok-Wert liefert, d.h. t_1 und t_2 sind bezüglich des Ok-Teils beobachtbar verschieden.

(2) Als Standardsemantik wird die finale Algebra in der Kategorie aller termerzeugten Algebren, die sowohl die Gleichungen als auch die Ungleichungen erfüllen, betrachtet.

Unter einem Kontext verstehen wir einen "Term mit einem Loch", präziser gesagt einen Term mit genau einer Variablen der quasi zur Beobachtung des Verhaltens von Algebra-Elementen dient. Falls man als Axiome einer flachen, nicht hierarchischen Spezifikation nur Gleichungen zuläßt, wird die finale Algebra immer recht uninteressant sein, da die Träger aus einelementigen Mengen bestehen und damit die Operationen auch immer nur dieselben Elemente liefern können. Damit interessantere finale Algebren entstehen, ist es nötig, Ungleichungen als Axiome in flachen Spezifikationen zu erlauben.

Definition 12.8: Es seien die Signatur Σ, die Variablen V, $T_\Sigma(V)$ und die $\Sigma-$Algebra A gegeben. Falls eine Menge von Gleichungen E und Ungleichungen N gegeben ist, bezeichnet $N(T_\Sigma)$ in Analogie zu $E(T_\Sigma)$ die aus N erzeugbaren konstanten Ungleichungen:

$$N(T_\Sigma) = \{\ I^*(L) \neq I^*(R) \mid (L \neq R)\epsilon N \text{ und } I : V_{L,R} \to T_\Sigma \text{ Zuweisung }\}$$

$I_{\Sigma,E+N}$ und $F_{\Sigma,E+N}$ bezeichnen die initialen und finalen Algebren in der Kategorie $\langle \Sigma, E + N \rangle - ALG$ aller $\Sigma-$Algebren, die sowohl die Gleichungen E als auch die Ungleichungen N erfüllen, sofern diese speziellen Algebren existieren.

Bei der Behandlung von finalen Algebren muß der Algebra-Begriff hier aufgrund der speziellen Situation mit dem gewünschten eindeutigen Morphismus $f : A \to F$ entsprechend eingeschränkt werden. Falls in der Algebra A beliebige, über Terme nicht erreichbate Elemente existieren, so erscheint die Konstruktion des Morphismus f deswegen schwierig, weil sich diese Elemente eben nicht systematisch mittels der Operationen erreichen lassen. Daher beschränkt man sich auf termerzeugte Algebren. Weiter werden auch keine überladenen Funktionssymbole zugelassen.

Definition 12.9: Es sei Σ eine Signatur in der $\leq\ =\ \emptyset$ und mit $\sigma\epsilon\Sigma_{w,s}$ auch $\neg\sigma\epsilon\Sigma_{v,r}$ für $ws \neq vr$ gilt. Eine $\Sigma-Algebra$ A ist eine $\Sigma-$Algebra im bisherigen Sinne mit den zusätzlichen Eigenschaften, daß

(1) der Morphismus $f : T_\Sigma \to A$ surjektiv ist und

(2) die Träger s_T der Termalgebra nicht leer sind.

Eine $\Sigma-$Algebra A in diesem Sinne liegt genau dann vor, falls A gleich der kleinsten Unteralgebra von A ist und die Träger der Termalgebra T_s nicht leer sind. Die Forderung nach nicht leeren Trägern der Termalgebren muß deswegen gestellt werden, weil auch bei leeren Termalgebren finale Algebren existieren können, diese aber natürlich nicht konstruktiv als Faktorisierung der Termalgebra angegeben werden können: Zu $S = \{s\}$ und $\Sigma = \emptyset$ ist $I = \emptyset$ initial und $F = \{1\}$ final, man kann aber keine Kongruenz $\equiv$ finden, so daß $I/\equiv$ und F isomorph sind. 1 bezeichnet hier "die" Algebra mit einelementigen Trägermengen. Weiter kann es aufgrund der Eigenschaft von Algebren, termerzeugt zu sein, höchstens einen Morphismus zwischen derartigen Algebren geben.

Falls man auch Ungleichungen in Spezifikationen zuläßt, treten einige Besonderheiten auf,
die von den beiden folgenden einfachen Beispielen illustriert werden.

Beispiel 12.10: Ungleichungen können zu leeren Modellkategorien und damit inkonsisten-
ten Spezifikationen führen.

> **inkonsistent**   **sorts**   s
>
>   **ops** $c : \to s$
>
>   **axms** $c \neq c$

Es kann keine Algebra geben, die die obige Spezifikation erfüllt.

Beispiel 12.11: Ungleichungen können zur Nicht-Existenz finaler Algebren führen, obwohl
initiale Algebren existieren.

> **keine-finale-Algebra**   **sorts**   s
>
>   **ops** $a, b, c : \to s$
>
>   **axms** $a \neq b$

Die Termalgebra T_Σ ist initial in $\langle \Sigma, E + N \rangle - ALG$. Aber es gibt keine finale Algebra, da
sowohl $[a] = [c] \neq [b]$ als auch $[a] \neq [b] = [c]$ Modelle sind, es aber keinen Morphismus
zwischen diesen Algebren geben kann.

Um eine Charakterisierung der Existenz von Modellen und ein hinreichendes Kriterium
für die Existenz finaler Modelle für Spezifikationen mit Gleichungen und Ungleichungen
angeben zu können, werden die folgenden Relationen $=_E$ und $\neq_N$ auf den konstanten
Termen definiert.

Definition 12.12: Es seien die Gleichungen E und die Ungleichungen N gegeben. $=_E$
und $\neq_N$ sind die kleinsten Familien von Relationen auf den Termen T_Σ, die die folgenden
Bedingungen erfüllen.

E1 Aus $< t_1, t_2 > \epsilon E(T_\Sigma)$ folgt $t_1 =_{E,s} t_2$ für $t_1, t_2 \epsilon s_T$.

E2 Es gilt $t =_{E,s} t$ für $t \epsilon s_T$.

E3 Mit $t_1 =_{E,s} t_2$ gilt auch $t_2 =_{E,s} t_1$.

E4 Aus $t_1 =_{E,s} t_2$ und $t_2 =_{E,s} t_3$ folgt $t_1 =_{E,s} t_3$.

E5 Falls $t_i =_{E,s_i} u_i$ für ein $i \epsilon \{1..n\}$ und $\sigma : s_1 \times \ldots \times s_n \to s$ gilt, ist auch $\sigma(t_1, ..., t_i, ..., t_n)$
  $=_{E,s} \sigma(t_1, ..., u_i, ..., t_n)$ mit $t_j \epsilon s_{j,T}$ für j=1..n und $u_i \epsilon s_{i,T}$ gültig.

N1 Aus $< t_1, t_2 > \epsilon N(T_\Sigma)$ folgt $t_1 \neq_{N,s} t_2$.

N2 Mit $t_1 \neq_{N,s} t_2$ gilt auch $t_2 \neq_{N,s} t_1$.

N3 Falls $t_1 =_{E,s} t_2$ und $t_2 \neq_{N,s} t_3$ gültig ist, gilt auch $t_1 \neq_{N,s} t_3$.

N4 Aus $\sigma(t_1, \ldots, t_i, \ldots, t_n) \neq_{N,s} \sigma(t_1, \ldots, u_i, \ldots, t_n)$ mit $\sigma : s_1 \times \ldots \times s_n \to s$ folgt auch
  $t_i \neq_{N,s} u_i$ mit $t_j \epsilon \, s_{j,T}$ für $j = 1, \ldots, n$ und $u_i \epsilon s_{i,T}$ für ein $i \epsilon \{1..n\}$.

Die Axiome $E + N$ und auch $=_E$ und $\neq_N$ heißen *konsistent*, falls $=_E \, \cap \, \neq_N \, = \, \emptyset$ gilt.
Die Axiome und auch $=_E$ und $\neq_N$ werden *abdeckend* genannt, falls aus $t_1 \neq_{N,s} t_2$ auch
$t_1 \neq_{N,s} t_3$ oder $t_2 \neq_{N,s} t_3$ für einen beliebigen Term t_3 folgt.

Die Bedingungen E2-E5 entsprechen den Forderungen nach Reflexivität, Symmetrie, Transitivität und operationalem Abschluß von $=_E$. Die Regel N2 bedeutet, daß $\neq_N$ symmetrisch
ist, und mit N3 lassen sich Gleichungen an Ungleichungen heranmultiplizieren. Schließlich
können mit der Bedingung N4 Ungleichungen auch beobachtet werden. Man beachte, daß
$\neq_N$ genau dann abdeckend ist, falls das Komplement von $\neq_N$, $CO(\neq_N)$, transitiv ist.

Falls es keine Ungleichungen gibt, ist die Quotienten-Termalgebra natürlich zu $T_\Sigma/ =_E$ isomorph. Die angegebenen Relationen können nun zu Aussagen über finale Algebren herangezogen werden.

Lemma 12.13: *Es seien die Signatur Σ und die Axiome $E + N$ gegeben. Dann sind die folgenden Aussagen äquivalent.*

(1) $=_E$ *und* $\neq_N$ *sind konsistent.*

(2) Die Modellkategorie $\langle \Sigma, E + N \rangle$–ALG ist nicht leer.

(3) Die initiale $\langle \Sigma, E \rangle$–Algebra $I_{\Sigma,E}$ ist auch initial in $\langle \Sigma, E + N \rangle$–ALG.

Beweis

- $(1) \Rightarrow (3)$ Falls die Axiome konsistent sind, ist $=_E$ eine Teilmenge von $CO(\neq_N)$. $< t_1, t_2 > \epsilon\ N(T_\Sigma)$ impliziert $< t_1, t_2 > \epsilon\ \neq_N$, woraus wiederum $\neg < t_1, t_2 > \epsilon =_E$ folgt. Aber $[t_1] = [t_2]$ gilt in der initialen $\langle \Sigma, E \rangle$–Algebra genau dann, wenn $t_1 =_E t_2$ gilt, und daher impliziert $< t_1, t_2 > \epsilon\ N(T_\Sigma)$ $[t_1] \neq [t_2]$ in $I_{\Sigma,E}$. Damit erfüllt $I_{\Sigma,E}$ auch die Ungleichungen N, und es gibt einen eindeutigen Morphismus $f : I_{\Sigma,E} \to A$ für alle $A \epsilon \langle \Sigma, E + N \rangle$–ALG, da $\langle \Sigma, E + N \rangle$–ALG $\subseteq \langle \Sigma, E \rangle$–ALG gilt.

- $(3) \Rightarrow (2)$ Trivial.

- $(2) \Rightarrow (1)$ Angenommen, $=_E$ und $\neq_N$ sind nicht konsistent. Dann gibt es Terme t_1 und t_2 mit $t_1 =_E t_2$ und $t_1 \neq_N t_2$. Damit müßte aber in einer beliebigen $\langle \Sigma, E + N \rangle$–Algebra A sowohl $t_{1_A} = t_{2_A}$ als auch $t_{1_A} \neq t_{2_A}$ gelten.

□

Mit diesem Lemma erhält man damit auch eine einfache Methode, die Konsistenz einer Spezifikation zu überprüfen: Man bildet die Quotienten-Termalgebra $T_{\Sigma,E}$ und entscheidet, ob diese Algebra auch die Ungleichungen N erfüllt.

Lemma 12.14: *Es seien die Signatur Σ und konsistente Axiome $E+N$ gegeben. Falls $=_E$ und $\neq_N$ abdeckend sind, gibt es in $\langle \Sigma, E + N \rangle$–ALG eine finale Algebra, die isomorph zu $T_\Sigma/CO(\neq_N)$ ist.*

Beweis

- Falls die Axiome konsistent sind, ist $=_E$ eine Teilmenge von $CO(\neq_N)$. Zunächst wird gezeigt, daß $CO(\neq_N)$ eine Kongruenz ist: $CO(\neq_N)$ ist wegen der Konsistenz der Axiome reflexiv, und die Relation ist symmetrisch, weil ihr Komplement $\neq_N$ symmetrisch ist. Die Transitivität von $CO(\neq_N)$ ist äquivalent zur Abdeckungs-Eigenschaft von $\neq_N$, und der Operationsabschluß wird durch die Regel N4 garantiert, die zu
$$< t_i, u_i > \epsilon\ CO(\neq_N) \Rightarrow < \sigma(t_1, \ldots, t_i, \ldots, t_n), \sigma(t_1, \ldots, u_i, \ldots, t_n) > \epsilon\ CO(\neq_N)$$
äquivalent ist.

- Der Quotient $T_\Sigma/CO(\neq_N)$ erfüllt die Axiome: Die Gleichungen E gelten, weil $=_E$ eine Teilmenge von $CO(\neq_N)$ ist. Falls $< t_1, t_2 > \epsilon\ N(T_\Sigma)$ gegeben ist, dann gilt auch $t_1 \neq_N t_2$, und damit $\neg < t_1, t_2 > \epsilon\ CO(\neq_N)$. Aber $[t_1] = [t_2]$ gilt in $T_\Sigma/CO(\neq_N)$ genau dann, wenn $< t_1, t_2 > \epsilon\ CO(\neq_N)$ gültig ist. Daher gilt auch $[t_1] \neq [t_2]$ in $T_\Sigma/CO(\neq_N)$, und damit sind die Ungleichungen N in dieser Algebra gültig.

- Es sei eine beliebige, termerzeugte $\langle \Sigma, E + N \rangle$–Algebra A gegeben. Dann hat man folgende Situation mit eindeutigen Morphismen f und g.

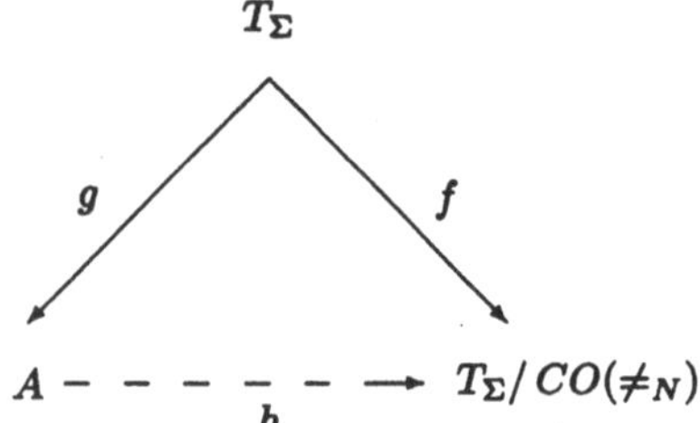

Es kann höchstens einen Morphismus h von A nach $T_\Sigma/CO(\neq_N)$ geben, und wenn es einen gibt, muß $f(t) = h(g(t))$ für einen Term t gelten. Nimmt man dies als Definition, muß man die Wohldefiniertheit von h zeigen: Es seien $t_1 \neq t_2$ mit $g(t_1) = g(t_2)$ gegeben. Hieraus folgt $\neg < t_1, t_2 > \epsilon \neq_N$ ($t_1 \neq_N t_2$ würde $g(t_1)_A \neq g(t_2)_A$ implizieren). Daher gilt $< t_1, t_2 > \epsilon CO(\neq_N)$ und $f(t_1) = f(t_2)$. Der Beweis, daß h die Operationen respektiert, geht wie üblich und analog z.B. dem Beweis der Äquivalenz der algebraischen und operationalen Semantik. Damit hat man einen eindeutigen Morphismus und weiß, daß $T_\Sigma/CO(\neq_N)$ final in $\langle \Sigma, E + N \rangle{-}ALG$ ist.

□

Beispiel 12.15: Man könnte vermuten, daß die obigen Herleitungsregeln für Ungleichungen auch alle gültigen Ungleichungen erzeugen, doch die Umkehrung des vorigen Lemmas ist im allgemeinen nicht gültig. Man betrachte das folgende Gegenbeispiel.

Gegenbeispiel	**sorts**	nat
	ops	$0 : \to$ nat
		succ : nat $\to$ nat
		add : nat $\times$ nat $\to$ nat
	vars	n, m : nat
	eqs	$add(0, n) = n$
		$add(succ(n), m) = succ(add(n, m))$
		$succ(succ(add(n, m))) \neq n$

Das initiale Modell der Spezifikation ist isomorph zu den natürlichen Zahlen, und daher können in weiteren Modellen höchstens zusätzlich zwei Terme der Form $succ^n(0)$ und $succ^m(0)$ mit $n \neq m$ identifiziert werden. Die Gleichheiten, die gültig sein müssen, und die Ungleichheiten in allen Modellen, die durch die Axiome und die Herleitungsregeln E1-N4 festgelegt werden, können in folgender Tabelle dargestellt werden. Z.B. folgt $3 \neq_N 0$ aus der gegebenen Ungleichung, falls man für n den Wert 0 und für m den Wert 1 einsetzt:

$$3 = (0 + 1) + 2 \neq_N 0$$

$$
\begin{array}{c|cccccc}
 & 0 & 1 & 2 & 3 & 4 & 5 \;\ldots \\
\hline
0 & = & & \neq & \neq & \neq & \neq \\
1 & & = & & \neq & \neq & \neq \\
2 & \neq & & = & & \neq & \neq \\
3 & \neq & \neq & & = & & \neq \\
4 & \neq & \neq & \neq & & = & \\
5 & \neq & \neq & \neq & \neq & & = \\
\vdots
\end{array}
$$

Angenommen, es gibt ein Modell, in dem $n = n + 1$ für ein n gilt. Man weiß, $n \neq n + 2$ ist wahr, und dann muß auch $n + 1 \neq n + 2$ gültig sein. Daraus folgt $n \neq n + 1$, und das ist ein Widerspruch zur Annahme $n = n + 1$. Daher müssen alle Leerstellen in der obigen Tabelle mit Ungleichheiten ausgefüllt werden, und damit ist das initiale und finale Modell isomorph zu den natürlichen Zahlen. Man betrachte nun die hergeleitete Ungleichung $0 \neq_N 2$. Weder $1 \neq_N 2$ noch $1 \neq_N 0$ kann abgeleitet werden, und damit ist die Spezifikation nicht abdeckend, aber das finale Modell existiert.

Beispiel 12.16: Die folgende Spezifikation hat als initiales Modell endliche Folgen von natürlichen Zahlen, als finales Modell endliche Mengen natürlicher Zahlen.

bunch   **sorts**   bool, nat, bunch

         ops   false, true : $\to$ bool
                  if then else   : bool $\times$ bool $\times$ bool $\to$ bool
                  0 : $\to$ nat
                  succ : nat $\to$ nat
                  eq : nat $\times$ nat $\to$ nat
                  empty : $\to$ bunch
                  add : bunch $\times$ nat $\to$ bunch
                  in : bunch $\times$ nat $\to$ bool

         vars   x, y : bool; n, m : nat; b : bunch

         axms   false $\neq$ true
                  if false then x else y = if true then y else x = y
                  $eq(0, 0) = $ true
                  $eq(0, succ(n)) = eq(succ(n), 0) = $ false
                  $eq(succ(n), succ(m)) = eq(n, m)$
                  $in(empty, n) = $ false
                  $in(add(b, n), m) = $ if $eq(n, m)$ then true else $in(b, m)$

Man kann zeigen, daß die von diesen Axiomen induzierte Relation $\neq_N$ abdeckend ist: Zunächst wird bewiesen, daß die Sorten bool und nat monomorph sind, d.h. in jedem Modell dieser Spezifikation sind bool und nat isomorph zu den booleschen Werten und den natürlichen Zahlen. Dann zeigt man, daß in(b,n) genau dann true ergibt, wenn n in b (als String gesehen) vorkommt. Damit weiß man, daß $b_1 \neq_N b_2$ genau dann gilt, falls es eine natürliche Zahl n in b_1 gibt, die nicht in b_2 ist, oder umgekehrt. Diese Zahl n kann nun auf ein mögliches Vorkommen in einem weiteren bunch-Element b_3 getestet werden.

Bemerkung 12.17:

- Man kann zusätzlich die folgende Regel zur Herleitung von Ungleichungen einführen.
  Aus $t \neq_N c^n(t)$ mit $n > 2$ folgt $t \neq_N c(t)$.
  Hierbei ist $c(x)$ ein Term der Sorte s mit einer Variablen x der Sorte s.

- Die Regel ist korrekt: Angenommen, es gibt eine Algebra, so daß t und $c^n(t)$ verschieden, aber t und $c(t)$ gleich sind. Dann müssen aber auch $c(t)$ und $c^n(t)$ unterschiedlich und damit auch t und $c^{n-1}(t)$ ungleich sein. Mittels Induktion kann man dann die Ungleichheit von t und $c(t)$ zeigen.

- Die Regel wird in den obigen Beweisen und in der folgenden Anwendung auf die Spezifikation von Ausnahmen nicht benötigt, schließt aber das angegebene Gegenbeispiel aus.

Wir kommen nun zur Anwendung der obigen Resultate auf die Fehlerbehandlung. Ein Manko des Ansatzes aus dem vorigen Abschnitt könnte in der Tatsache gesehen werden, daß ohne Fehlerfortpflanzungsgleichungen oft eine Anzahl von Fehlerelementen entsteht, die sich in Bezug auf den Ok-Teil der Träger gleich verhalten. Damit ist gemeint, daß für zwei verschiedene Ausnahmen e_1 und e_2 die folgende Aussage gilt: Für alle Kontexte ct (d.h. Terme mit genau einer Variablen einer entsprechenden Sorte) gilt $ct(e_1) = ct(e_2)$ oder sowohl $ct(e_1)$ als auch $ct(e_2)$ sind Fehlerelemente. Das Ziel dieses Abschnittes ist die Identifizierung dieser Fehlerelemente, die bzgl. des Ok-Teils nicht beobachtbar verschieden, also "beobachtbar äquivalent" sind.

Definition 12.18: Es sei $\langle \Sigma, E \rangle$ eine Ausnahmen-Spezifikation nach der Methode der sicheren und unsicheren Funktionen mit der initialen Algebra $T_{\Sigma,E}$. Dann bezeichnet N die folgende Menge von Ungleichungen.

$$N = \{\, t_1 \neq t_2 \mid t_1, t_2 \epsilon T_\Sigma, \text{ es gibt einen Kontext } ct \text{ mit } [ct(t_1)]_{\Sigma,E} \neq [ct(t_2)]_{\Sigma,E}$$
$$\text{und } ok_{\Sigma,E}([ct(t_1)]_{\Sigma,E}) \text{ oder } ok_{\Sigma,E}([ct(t_2)]_{\Sigma,E}) \,\}$$

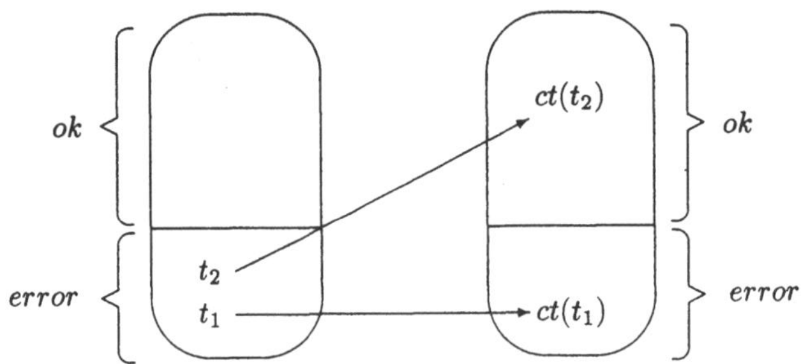

Mit diesen Ungleichungen werden automatisch unterschiedliche Ok-Werte auseinandergehalten, der Kontext ist in diesem Fall leer. Fehlerelemente werden jedoch nur unterschieden, falls sie beobachtbar verschieden sind.

Satz 12.19: *Es sei $\langle \Sigma, E + N \rangle$ wie oben definiert gegeben. Dann existiert eine finale $\langle \Sigma, E + N \rangle$-Algebra.*

Beweis Man zeigt, daß $\neq_N$ abdeckend ist, und dazu seien Terme t_1, t_2 mit $t_1 \neq_N t_2$ gegeben. Es muß nun für einen beliebigen Term t_3 $t_1 \neq_N t_3$ oder $t_2 \neq_N t_3$ gezeigt werden. Im Beweis wird $[t]_{\Sigma,E}$ mit $[t]$ und $ok_{\Sigma,E}([t])$ mit ok($[t]$) abgekürzt.

- Fall 1: $ok([t_1])$ und $ok([t_2])$. Falls $[t_1] = [t_3]$ gilt, ist auch $t_3 =_E t_1$ und damit $t_3 \neq_N t_2$ gültig. Aus $[t_1] \neq [t_3]$ folgt $t_1 \neq_N t_3$ wegen der Definition von N.
- Fall 2: Nicht $ok([t_1])$ und $ok([t_2])$. Falls $ok([t_3])$ gilt, ist $t_1 \neq_N t_3$, und falls nicht $ok([t_3])$ gilt, $t_2 \neq_N t_3$ gültig.
- Fall 3: Nicht $ok([t_1])$ und nicht $ok([t_2])$. Falls $[t_3] = [t_1]$ wahr ist, dann gilt $t_1 =_E t_3$ und damit $t_3 \neq_N t_2$. Aus $ok([t_3])$ folgt auch $t_1 \neq_N t_3$, und daher seien nun verschiedene Fehlerklassen $[t_1]$, $[t_2]$ und $[t_3]$ gegeben.
- Fall 3.1: Es gibt einen Kontext ct mit $[ct(t_1)] \neq [ct(t_3)]$ und $ok([ct(t_1)])$ oder $ok([ct(t_3)])$. Dann gilt $ct(t_1) \neq_N ct(t_3)$ und damit $t_1 \neq_N t_3$.
- Fall 3.2: Für alle Kontexte ct gilt $[ct(t_1)] = [ct(t_3)]$ oder nicht $ok([ct(t_1)])$ und nicht $ok([ct(t_3)])$. Man weiß, daß $t_1 \neq_N t_2$ gilt. Daher muß es einen Kontext ct_1 geben, so daß $[ct_1(t_1)] \neq [ct_1(t_2)]$ und $ok([ct_1(t_1)])$ oder $ok([ct_1(t_2)])$ gilt. Hieraus folgt $ct_1(t_1) \neq_N ct_1(t_2)$.
- Fall 3.2.1: $[ct_1(t_1)] = [ct_1(t_3)]$. Dies impliziert $ct_1(t_1) =_E ct_1(t_3)$ und $ct_1(t_3) \neq_N ct_1(t_2)$. Damit gilt $t_3 \neq_N t_2$.
- Fall 3.2.2: $[ct_1(t_1)] \neq [ct_1(t_3)]$. Dies impliziert, daß $[ct_1(t_1)]$ und $[ct_1(t_3)]$ Fehlerklassen sind, und damit muß $[ct_1(t_2)]$ eine Ok-Klasse sein. Daraus folgt $ct_1(t_2) \neq_N ct_1(t_3)$ und $t_2 \neq_N t_3$.

□

Definition 12.20: Es seien $\langle \Sigma, E \rangle$ eine Ausnahmen-Spezifikation nach der Methode der sicheren und unsicheren Funktionen und N die oben festgelegte Menge von Ungleichungen. $\langle \Sigma, E+N \rangle$ heißt Ausnahmen-Spezifikation nach der Methode der *impliziten Ungleichungen*. Die Semantik einer solchen Spezifikation ist die finale $\langle \Sigma, E + N \rangle$–Algebra.

Notiert werden diese Spezifikationen ähnlich wie Spezifikationen nach der Methode der sicheren und unsicheren Funktionen mit dem Schlüsselwort **axms** statt **eqns**. Die Ungleichungen werden implizit vorausgesetzt.

Beispiel 12.21: Die Spezifikation des Stack nach der Methode der impliziten Ungleichungen sieht folgendermaßen aus.

stack-implizit	**sorts**	nat, stack
	ops	$0 : \rightarrow$ nat **ok**
		succ : nat $\rightarrow$ nat **ok**
		top : $\rightarrow$ nat **unsafe**
		new : $\rightarrow$ stack **ok**
		push : stack $\times$ nat $\rightarrow$ stack **ok**
		underflow : $\rightarrow$ stack **unsafe**
		pop : stack $\rightarrow$ stack **unsafe**
		top : stack $\rightarrow$ nat **unsafe**
	vars	n : nat **ok**
		s : stack **ok**
	axms	pop(push(s, n)) = s
		top(push(s, n)) = n

Wie man sieht, sind nur wenige Axiome nötig, um den Stack mittels finaler Algebren isomorph zu den natürlichen Zahlen und endlichen Folgen natürlicher Zahlen mit jeweils einer ausgezeichneten Fehlerkonstante zu beschreiben. Es werden z.B. Ungleichungen der folgenden Form erzeugt (vorausgesetzt wird $n \neq m$):

- $\mathrm{succ}^n(0) \neq \mathrm{succ}^m(0)$
- $\mathrm{push}^n(\mathrm{new}, \mathrm{succ}^{k_1}(0), \ldots, \mathrm{succ}^{k_n}(0)) \neq \mathrm{push}^m(\mathrm{new}, \mathrm{succ}^{l_1}(0), \ldots, \mathrm{succ}^{l_m}(0))$
- $\mathrm{succ}^n(0) \neq \mathrm{topless}$
- $\mathrm{push}^n(\mathrm{new}, \mathrm{succ}^{k_1}(0), \ldots, \mathrm{succ}^{k_n}(0)) \neq \mathrm{underflow}$

Aber z.B. die Paare <top(new), topless>, <pop(new), underflow> und <pop(underflow), underflow> werden nicht als Ungleichungen hinzugefügt und sind damit in der finalen Algebra gleich. Die Fehlereinführung kann aber natürlich noch zusätzlich mit den beiden Gleichungen pop(new) = underflow und top(new) = topless verdeutlicht werden.

In der Spezifikation des Konditionals if then else nach der Methode der impliziten Ungleichungen könnte die 3. Gleichung aus der Spezifikation von if then else nach der Methode der sicheren und unsicheren Funktionen entfallen, die Fehlerfortpflanzung wird automatisch vorgenommen.

Abschließend kann gesagt werden, daß die finale $\langle \Sigma, E+N \rangle$–Algebra $F_{\Sigma, E+N}$ in folgendem Sinne fehlerminimal ist: Falls zwei unterschiedliche Fehlerelemente in $F_{\Sigma, E+N}$ auftreten, so gibt es auch eine Beobachtung in den Ok-Teil hinein, die die beiden Ausnahmen unterschiedlich auswertet. Weiter gibt es zwischen beiden bisher vorgestellten Spezifikations-Methoden zur Behandlung von Ausnahmen folgenden Zusammenhang:

(1) Falls die Spezifikation $\langle \Sigma, E \rangle$ korrekt bezüglich einer Algebra A ist, dann erfüllt A auch die impliziten Ungleichungen N, und damit gibt es natürlich auch einen eindeutigen Morphismus $f : A \to F_{\Sigma, E+N}$.

(2) Die finale Algebra $F_{\Sigma, E+N}$ ist korrekt bezüglich der Ausgangsspezifikation $\langle \Sigma, E \rangle$. Die von $\langle \Sigma, E \rangle$ aufgespannte Korrektheitsklasse $\langle \Sigma, KOR(E) \rangle$–$ALG$, d.h. alle Algebren A, so daß $\langle \Sigma, E \rangle$ korrekt bezüglich A ist, ist damit identisch mit $\langle \Sigma, E + N \rangle$–$ALG$. Die folgende Abbildung verdeutlicht die Zusammenhänge.

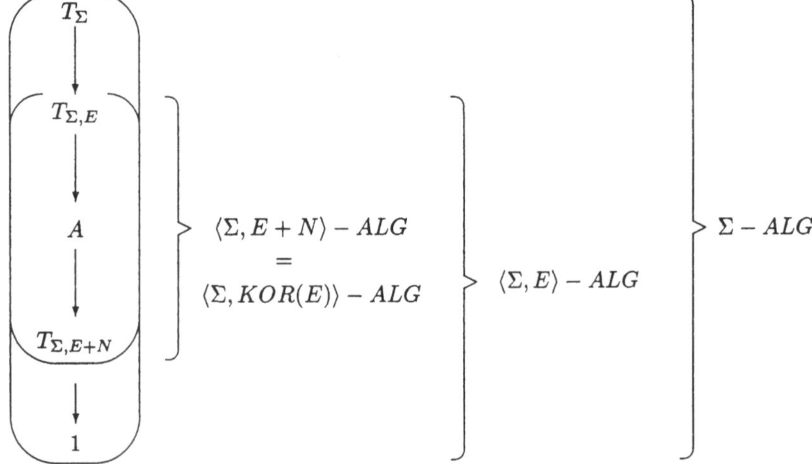

12.3 Ok/Fehler-disjunkte Untersorten

Hauptmerkmale der Spezifikationsmethode der Ok/Fehler-disjunkten Untersorten sind

(1) die Einführung zweier disjunkter Untersorten für Ok- und Fehlerteil zu einer Hauptsorte und

(2) die Strukturierung der Spezifikationen in einen Basisschritt, in dem die disjunkten Ok- und Fehler-Trägermengen erzeugt werden, und in einen Erweiterungsschritt, der die vollständige und Ok/Fehler-konsistente Definition beliebiger Funktionen auf den Basisträgern gestattet.

Die beiden voneinander unabhängigen Anteile der Trägermengen, nämlich Ok- und Fehlerteil, werden also auch formal durch verschiedene, disjunkte Untersorten dargestellt. Dabei muß aber gerade die Disjunktheit gewährleistet werden. Eine Möglichkeit wäre es nun, nur Funktionen zuzulassen, die entweder eine Ok- oder Fehlersorte als Ziel haben. Diese Einschränkung wird aber Operationen ausschließen, die sowohl Ok- als auch Fehlerwerte liefern können, z.B. das Entfernen des obersten Stackelementes pop. Daher werden solche Funktionen mit gemischten Zielsorten nur in einem zweiten Schritt erlaubt, und es muß gewährleistet werden, daß diese Funktionen stets Elemente des Basis-Schritts ergeben und auch nicht Ok- und Fehlerelemente identifizieren. Der zweite Spezifikationsschritt muß eine volle Erweiterung des ersten Schritts sein.

Definition 12.22: Eine Signatur Σ heißt *Ok/Fehler-disjunkt*, falls die folgenden Bedingungen gelten.

(1) Die Sortenmenge läßt sich in Haupt-, Ok- und Fehlersorten aufteilen:
$S = S{-}MAIN \cup S{-}OK \cup S{-}ERROR$ mit $S{-}OK = \{\ s{-}ok \mid s\epsilon S{-}MAIN\ \}$ und
$S{-}ERROR = \{\ s{-}error \mid s\epsilon S{-}MAIN\ \}$.

(2) Die Ok- und Fehlersorten sind Untersorten der Hauptsorten:
$\leq\ =\ \{\ s \leq s \mid s\epsilon S\ \} \cup \{\ s{-}ok \leq s\ ,\ s{-}error \leq s \mid s\epsilon S{-}MAIN\ \}$.

Eine Σ-Algebra A zu einer solchen Signatur wird *Ok/Fehler-disjunkt* genannt, falls A

(1) Ok/Fehler-vollständig ist, d.h. es gilt $s{-}ok_A \cup s{-}error_A = s_A$ für $s\epsilon S{-}MAIN$, und

(2) Ok/Fehler-konsistent ist, d.h. es gilt $s{-}ok_A \cap s{-}error_A = \emptyset$ für $s\epsilon S{-}MAIN$.

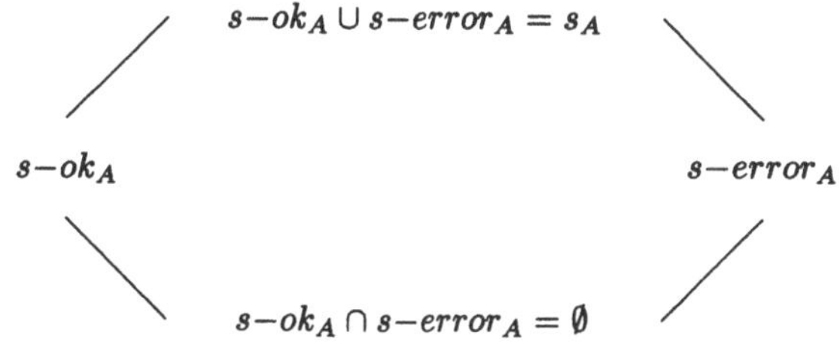

Eine Gleichung heißt *Ok/Fehler-disjunkt*, falls jede aus ihr erzeugbare konstante Gleichung $< t_1, t_2 >$ entweder Ok- oder Fehlerterme identifiziert, d.h. es gilt $< t_1, t_2 > \epsilon$ $(s{-}ok_T \times s{-}ok_T)$ oder $< t_1, t_2 > \epsilon\ (s{-}error_T \times s{-}error_T)$ für eine geeignete Sorte $s\epsilon S{-}MAIN$.

Eine Spezifikation $\langle \Sigma, E \rangle$ mit partiell geordneter Sortenmenge wird Spezifikation nach der Methode der *Ok/Fehler-disjunkten Untersorten* oder kurz *Ok/Fehler-disjunkt* genannt, falls die Signatur Σ und die Quotienten-Termalgebra $T_{\Sigma,E}$ Ok/Fehler-disjunkt sind. Die Semantik einer solchen Spezifikation ist die initiale $\langle \Sigma, E \rangle$–Algebra.

Aufgrund der syntaktischen Struktur gilt für die Algebren bereits $s{-}ok_A \cup s{-}error_A \subseteq s_A$. Die Bedingung (1) drückt also insofern nur $\supseteq$ aus und fordert damit die Vollständigkeit der Algebra bezüglich der Ok- und Fehleruntersorten: Jedes Element einer Hauptsorte ist Ok- oder Fehlerelement. Die Konsistenz der Algebra bezüglich der Ok- und Fehleruntersorten wird durch die Bedingung (2) gewährleistet: Es gibt kein Element einer Sorte, das sowohl Ok- als auch Fehlerelement ist.

Falls $\langle \Sigma, E \rangle$ eine Ok/Fehler-disjunkte Spezifikation ist, wird die Termalgebra T_Σ im allgemeinen wegen der Existenz von Funktionen mit gemischten Zielsorten nicht Ok/Fehler-disjunkt sein, denn $s{-}ok_T \cup s{-}error_T$ wird echte Teilmenge von s_T sein. Im Unterschied zur Methode der sicheren und unsicheren Funktionen erfüllen damit die syntaktischen Modelle (die Termalgebren) nicht die Anforderungen der betrachteten Modellklasse. Insofern kann man von einem semantischen Ansatz zur Fehlerbehandlung sprechen. Die Kategorie der Ok/Fehler-disjunkten Algebren einer Signatur Σ bzw. einer Spezifikation $\langle \Sigma, E \rangle$ wird als $\langle \Sigma, DIS \rangle{-}ALG$ bzw. $\langle \Sigma, E, DIS \rangle{-}ALG$ notiert.

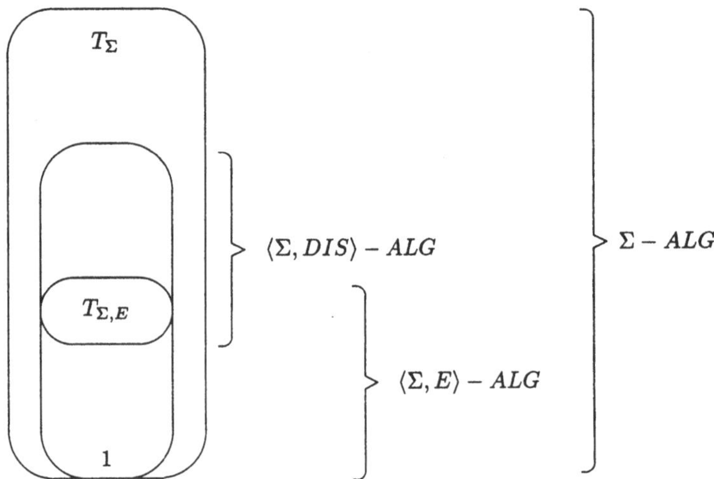

In Spezifikationen werden nur die Hauptsorten notiert, die Ok- und Fehleruntersorten ebenso wie die Ordnung auf den Sorten wird implizit vorausgesetzt. Die Untersorten werden mit s-error und s-ok bezeichnet und (wie auch die Hauptsorten) in der Festlegung der Argument- und Zielbereiche der Operationen benutzt. Die Variablen-Sorten werden ebenfalls mit s, s-ok oder s-error angegeben. Man hat hier also im Gegensatz zur Methode der sicheren und unsicheren Funktionen die Möglichkeit, mit reinen Fehlervariablen zu arbeiten.

Ok/Fehler-Disjunktheit der Signatur und der Gleichungen einer Spezifikation $\langle \Sigma, E \rangle$ garantieren im allgemeinen noch nicht die Ok/Fehler-Disjunktheit von $\langle \Sigma, E \rangle$.

Beispiel 12.23: Sowohl die Signatur als auch die Gleichungen der folgenden Spezifikation sind Ok/Fehler-disjunkt.

disjunkte-QTA	**sorts**	nat
	ops	$0 : \to \text{nat}-\text{ok}$
		$\text{succ} : \text{nat}-\text{ok} \to \text{nat}-\text{ok}$
		$\text{succ} : \text{nat} \to \text{nat}$
		$\text{add} : \text{nat}-\text{ok} \times \text{nat}-\text{ok} \to \text{nat}-\text{ok}$
		$\text{error} : \to \text{nat}-\text{error}$
	vars	$\text{n}-\text{ok}, \text{m}-\text{ok} : \text{nat}-\text{ok}$
	eqs	$\text{add}(0, \text{n}-\text{ok}) = \text{n}-\text{ok}$
		$\text{add}(\text{succ}(\text{n}-\text{ok}), \text{m}-\text{ok}) = \text{succ}(\text{add}(\text{n}-\text{ok}, \text{m}-\text{ok}))$

Aber die Quotienten-Termalgebra ist nicht Ok/Fehler vollständig: [succ(error)] läßt sich nicht auf einen Ok- oder Fehlerwert zurückrechnen.

Ok/Fehler-disjunkte Gleichungen garantieren jedoch Ok/Fehler-disjunkte Spezifikationen, falls auch die Term-Algebra Ok/Fehler-disjunkt ist.

Lemma 12.24: *Es seien die Signatur Σ und die Term-Algebra T_Σ Ok/Fehler-disjunkt und E eine Menge von Gleichungen. Die Spezifikation $\langle \Sigma, E \rangle$ ist genau dann Ok/Fehler-disjunkt, falls die Gleichungsmenge E es auch ist.*

Beweis

$\Rightarrow$ Für jede konstante Gleichung $< t_1, t_2 >$ gilt wegen der Ok/Fehler-Disjunktheit der Termalgebra $t_1, t_2 \epsilon s - ok_T \cup s - error_T$ für eine geeignete Sorte s. Würde o.B.d.A. $t_1 \epsilon s - ok_T$ und $t_2 \epsilon s - error_T$ gelten, wäre $\langle \Sigma, E \rangle$ nicht Ok/Fehler-disjunkt.

$\Leftarrow$ $T_{\Sigma,E}$ ist isomorph zu $T_\Sigma / =_E$, wobei $=_E$ die kleinste, von $E(T_\Sigma)$ erzeugte Relation ist, für die auch Reflexivität, Symmetrie, Transitivität und operationaler Abschluß gültig sind. Damit gilt $t_1 =_E t_2$ nur für $t_1, t_2 \epsilon s - ok_T$ oder $t_1, t_2 \epsilon s - error_T$ wegen der Ok/Fehler-Disjunktheit der Gleichungen, und daher ist $T_{\Sigma,E}$ Ok/Fehler-disjunkt wegen der Ok/Fehler-Disjunktheit der Term-Algebra.

□

Beispiel 12.25: Die Spezifikation des Stack nach der Methode der Ok/Fehler-disjunkten Untersorten sieht folgendermaßen aus.

stack-disjunkt	**sorts**	nat, stack
	ops	$0 : \to \text{nat}-\text{ok}$
		$\text{succ} : \text{nat}-\text{ok} \to \text{nat}-\text{ok}$
		$\text{topless} : \to \text{nat}-\text{error}$
		$\text{new} : \to \text{stack}-\text{ok}$
		$\text{push} : \text{stack}-\text{ok} \times \text{nat}-\text{ok} \to \text{stack}-\text{ok}$
		$\text{underflow} : \to \text{stack}-\text{error}$
		$\text{succ} : \text{nat} \to \text{nat}$
		$\text{push} : \text{stack} \times \text{nat} \to \text{stack}$
		$\text{pop} : \text{stack} \to \text{stack}$
		$\text{top} : \text{stack} \to \text{nat}$

vars	$n : nat; n-ok : nat-ok; n-error : nat-error;$ $s : stack; s-ok : stack-ok; s-error : stack-error$
eqs	$succ(n-error) = n-error$ $push(s, n-error) = underflow$ $push(s-error, n) = underflow$ $pop(new) = underflow$ $pop(push(s-ok, e-ok)) = s-ok$ $pop(s-error) = s-error$ $top(new) = topless$ $top(push(s-ok, n-ok)) = n-ok$ $top(underflow) = topless$

Bei den Operationen dieser Spezifikation und auch allgemein lassen sich drei Klassen erkennen.

(1) Operationen, die als Zielsorte Ok- oder Fehlersorten besitzen, und die damit in gewissem Sinne Konstruktoren der initialen Algebra werden.

(2) Operationen, die Definitionsbereiche einiger Konstruktions-Operationen erweitern, so daß eine größere Menge von Termen entsteht.

(3) Abgeleitete Funktionen, die auf die Ok- und Fehlerkonstruktoren zurückgeführt werden.

Entsprechend können auch die Gleichungen bezüglich der Behandlung der Operationssymbole in diese drei Gruppen aufgeteilt werden.

(1) Bei der Stack-Spezifikation sind keine Gleichungen zur Faktorisierung der Konstruktoren nötig. Falls man jedoch z.B. Mengen natürlicher Zahlen oder allgemein geordnete Mengen mit einer Minimumsbildung min : set $\rightarrow$ elem und z.B. der Fehlereinführung min(empty) = error beschreiben will, braucht man für den Konstruktor add die üblichen Gleichungen add(add(s,n),m) = add(add(s,m),n) und add(add(s,n),n) = add(s,n).

(2) Die Funktionen succ und push werden von ihren Ok-Definitionsbereichen auf die Hauptsorten erweitert, andernfalls wären Terme wie succ (top (new)) oder push (pop (push (new,0)),0) nicht erlaubt. Damit muß aber auch die gesamte Fehlerfortpflanzung mit den ersten drei Gleichungen explizit spezifiziert werden.

(3) Die Operationen top und pop sind rein abgeleitete Funktionen und werden auf die Konstruktoren 0, succ und topless bzw. new, push und underflow mittels der Gleichungen zurückgeführt.

Eine Alternative wäre es, die Erweiterungen succ : nat $\rightarrow$ nat und push : stack nat $\rightarrow$ stack und damit auch die ersten drei Gleichungen nicht anzugeben. Die Träger der initialen Algebra wären dann immer noch isomorph zu den natürlichen Zahlen und endlichen Folgen natürlicher Zahlen jeweils mit ausgezeichneten Fehlerkonstanten, aber es gäbe weniger Terme. Jedoch wären nach wie vor Aufrufe wie z.B.

$$push_{\Sigma,E}(pop_{\Sigma,E}(push_{\Sigma,E}(new_{\Sigma,E}, 0_{\Sigma,E})), 0_{\Sigma,E})$$

in der Quotienten-Termalgebra möglich, obwohl der zugrundeliegende Term syntaktisch nicht korrekt ist, da pop einen stack-Wert liefert, push aber stack-ok erwartet. Der Term, der der obigen Aufruffolge zugrundeliegt, ist damit ein Element der erweiterten Term-algebra.

Die Struktur einer solchen Ok/Fehler-disjunkten Spezifikation kann allgemein durch das folgende Lemma charakterisiert werden.

Lemma 12.26: *Eine Spezifikation* $\langle \Sigma, E \rangle$ *ist genau dann Ok/Fehler-disjunkt, falls die folgenden syntaktischen und semantischen Bedingungen gelten.*

Syntaktische Bedingungen :
(1) Es gibt eine Teilspezifikation $\langle \Sigma_B, E_B \rangle \subseteq \langle \Sigma, E \rangle$.
(2) Die Signatur Σ_B *und die Termalgebra* T_{Σ_B} *sind Ok/Fehler-disjunkt.*
(3) Die Gleichungsmenge E_B *ist Ok/Fehler-disjunkt,* $E \setminus E_B$ *nicht.*

Semantische Bedingungen :
(4) Die Quotienten-Termalgebra $T_{\Sigma,E}$ *ist volle Erweiterung von* T_{Σ_B, E_B}.
(5) Die Quotienten-Termalgebra $T_{\Sigma,E}$ *ist Ok/Fehler-konsistent.*

Bemerkung 12.27: Mit den Bedingungen (2) und (3) gilt, daß die Quotienten-Term-algebra des Basisteils T_{Σ_B, E_B} Ok/Fehler-disjunkt ist. Die Bedingungen (4) und (5) sind unter den gegebenen Voraussetzungen und Forderungen äquivalent zu folgenden Aussagen.
(4) Jeder Term aus T_Σ mit einer Sorte aus S_B läßt sich auf einen Term aus T_{Σ_B} zurück-führen: Zu $t_1 \epsilon s_{T_\Sigma} - s_{T_{\Sigma_B}}$ mit $s \epsilon S_B$ existiert $t_2 \epsilon s_{T_{\Sigma_B}}$ mit $t_1 \equiv_{E,s} t_2$.
(5) Falls zwei Basis-Terme mittels der Gleichungen E identifiziert werden, so sind beides entweder Ok- oder Fehlerterme: Aus $t_1 \equiv_E t_2$ mit $t_1, t_2 \epsilon T_{\Sigma_B}$ folgt $t_1, t_2 \epsilon s\text{-}ok_{T_{\Sigma_B}}$ oder $t_1, t_2 \epsilon s\text{-}error_{T_{\Sigma_B}}$ für eine geeignete Sorte $s \epsilon S - MAIN$.

Beweis
$\Rightarrow$ Es sei $\langle \Sigma, E \rangle$ eine Ok/Fehler-disjunkte Spezifikation.
(1) Die Basis-Signatur Σ_B ist die von allen Sorten und den Operationssymbolen mit Ok- oder Fehlerzielsorte erzeugte Signatur: $\Sigma_{B,w,s\text{-}ok} = \Sigma_{w,s\text{-}ok}$, $\Sigma_{B,w,s\text{-}error} = \Sigma_{w,s\text{-}error}$ und $\Sigma_{B,w,s} = \Sigma_{w,s\text{-}ok} \cup \Sigma_{w,s\text{-}error}$ für $s \epsilon S - MAIN$ und $w \epsilon S^*$. Die Basis-Gleichungen sind die Ok/Fehler-disjunkten Gleichungen der gesamten Gleichungsmenge E: $E_B = \{\, e \epsilon E \mid e$ ist Ok/Fehler-disjunkt $\}$.
In den Gleichungen E_B treten nur Operationssymbole aus Σ_B auf: Würde es in einer Ok/Fehler-disjunkten Gleichung ein Funktionssymbol geben, das als Ziel-sorte nur eine Hauptsorte, nicht aber auch eine Ok- oder Fehleruntersorte hat, so könnte eine konstante Gleichung $< t_1, t_2 >$ gebildet werden, für die nicht $< t_1, t_2 > \epsilon s\text{-}ok_T \times s\text{-}ok_T$ oder $< t_1, t_2 > \epsilon s\text{-}error_T \times s\text{-}error_T$ gilt.
(2) Die Basis-Signatur ist Ok/Fehler-disjunkt, da alle Sorten übernommen werden. Falls ein Operationssymbol σ in Σ_B ist, dann gibt es $s\text{-}ok$ oder $s\text{-}error$ mit $s \epsilon S - MAIN$ und $\sigma : w \rightarrow s\text{-}ok$ oder $\sigma : w \rightarrow s\text{-}error$. Daher gilt $s_{T_{\Sigma_B}} = s\text{-}ok_{T_{\Sigma_B}} \cup s\text{-}error_{T_{\Sigma_B}}$. Gäbe es einen Term t mit $t \epsilon s\text{-}ok_{T_{\Sigma_B}} \cap s\text{-}error_{T_{\Sigma_B}}$, wäre die Spezifikation $\langle \Sigma, E \rangle$ nicht Ok/Fehler-disjunkt. Damit gilt $s\text{-}ok_{T_{\Sigma_B}} \cap s\text{-}error_{T_{\Sigma_B}} = \emptyset$, und T_{Σ_B} ist Ok/Fehler-disjunkt.
(3) Bedingung (3) gilt mit der Definition von E_B. Damit ist auch die Quotienten-Termalgebra des Basisteils T_{Σ_B, E_B} Ok/Fehler-disjunkt.
(4) Aufgrund der Ok/Fehler-Disjunktheit der Ausgangsspezifikation $\langle \Sigma, E \rangle$ gilt $s_{T_{\Sigma,E}} = s\text{-}ok_{T_{\Sigma,E}} \cup s\text{-}error_{T_{\Sigma,E}}$. Damit muß es aber zu $t_1 \epsilon s_T$ mit $s \epsilon S_B$ einen Term t_2 geben, der nur aus Operationssymbolen, die Ok- oder Fehlerzielsorten haben,

besteht und für den $t_1 \equiv_E t_2$ gilt. (Gäbe es einen Term t_1, so daß alle Terme t_2 mit $t_1 \equiv_E t_2$ mindestens ein Operationssymbol haben, das nur eine Hauptsorte, nicht aber eine Ok- oder Fehlersorte als Ziel besitzt, müßte $s_{T_{\Sigma,E}}$ eine echte Obermenge von $s\text{-}ok_{T_{\Sigma,E}} \cup s\text{-}error_{T_{\Sigma,E}}$ sein). Für diesen Term t_2 gilt aber $t_2 \epsilon T_{\Sigma_B}$.

(5) Gäbe es $t_1, t_2 \epsilon s_{T_{\Sigma_B}}$ mit $t_1 \equiv_E t_2$ und o.B.d.A. $t_1 \epsilon s\text{-}ok_{T_{\Sigma_B}}$ und $t_2 \epsilon s\text{-}error_{T_{\Sigma_B}}$, so wäre die Spezifikation $\langle \Sigma, E \rangle$ nicht Ok/Fehler-disjunkt.

$\Leftarrow$ Die Bedingungen (1)-(3) garantieren, daß T_{Σ_B,E_B} Ok/Fehler-disjunkt ist. Die Forderung (4) stellt sicher, daß jeder Term aus $T_\Sigma - T_{\Sigma_B}$ zurückgerechnet werden kann auf einen Term aus T_{Σ_B} (Ok/Fehler-Vollständigkeit). Die Bedingung (5) garantiert, daß nicht ein Ok- und ein Fehlerterm durch die zusätzlichen Gleichungen in E identifiziert werden (Ok/Fehler-Konsistenz). Damit ist $T_{\Sigma,E}$ und also auch $\langle \Sigma, E \rangle$ Ok/Fehler-disjunkt.

□

Beispiel 12.28: Die Basis-Signatur des Stack-Beispiels besteht nur aus den ersten sechs Operationssymbolen. Es sind keine Gleichungen zur Faktorisierung der von diesen Funktionen frei erzeugten Termalgebra nötig. Dies wurde durch die geeignete Untersortenwahl der Argument- und Zielsorten erreicht. In der Termalgebra des Basisteils ist z.B. der Term push(underflow,0) nicht enthalten. Hier gilt damit sogar, daß $T_{\Sigma,E}$ nicht nur eine Erweiterung, sondern sogar eine persistente Erweiterung von T_{Σ_B,E_B} ist. Im allgemeinen ist das jedoch nicht der Fall.

Das obige Lemma läßt sich folgendermaßen verschärfen: Man kann eine Ok/Fehler-disjunkte Spezifikation in einen Basis- und Erweiterungsteil aufspalten, allerdings müssen dann die Gleichungen im Basisteil aus allen zur vollständigen Faktorisierung nötigen konstanten Gleichungen bestehen.

Korollar 12.29: *Eine Spezifikation ist genau dann Ok/Fehler-disjunkt, wenn die folgenden Bedingungen gelten.*
(1) Es gibt eine Spezifikation $\langle \Sigma_B, E_B \rangle$ mit $\Sigma_B \subseteq \Sigma$.
(2) Die Signatur Σ_B und die Termalgebra T_{Σ_B} sind Ok/Fehler-disjunkt.
(3) Die Gleichungsmenge E_B ist Ok/Fehler-disjunkt.
(4) Die Quotienten-Termalgebra $T_{\Sigma,E}$ ist eine persistente Erweiterung von T_{Σ_B,E_B}.

Beweis Man wähle $E_B = \{\ t_1 = t_2 \mid t_1, t_2 \epsilon T_{\Sigma_B}$ und $t_1 \equiv_E t_2\ \}$ und wende das obige Lemma an.

□

Beispiel 12.30: Folgendes Beispiel zeigt, daß man im allgemeinen für den Fall der persistenten Erweiterung nicht einfach eine Teilmenge der Gleichungen wählen kann.

konstante-Gleichungen-notwendig	**sorts**	s
	ops	a, b : $\rightarrow$ s$-$ok
		c : $\rightarrow$ s
	eqs	a = c
		c = b

Die Identifizierung der Ok-Terme a und b erfolgt über eine Konstante der Hauptsorte, und daher gibt es hier überhaupt keine Ok/Fehler-disjunkten Gleichungen.

Bemerkung 12.31: Die obigen Lemmata legen eine Methodik für Ok/Fehler-disjunkte Spezifikationen nahe:

- Schritt 1: Man gibt eine Basis-Spezifikation $\langle \Sigma_B, E_B \rangle$ mit Ok/Fehler-disjunkter Termalgebra und Ok/Fehler-disjunkten Gleichungen an. Hierfür gibt es einfache syntaktische Kriterien.
- Schritt 2: Man erweitert diese Spezifikation um beliebige Funktionen, die stets konsistent und vollständig auf den Basisteil zurückgeführt werden. Hierfür sind hinreichende, syntaktische Kriterien bekannt.

Diese Methodik würde also die volle Allgemeinheit der Gleichungsspezifikation zugunsten einer übersichtlichen und besser strukturierten Spezifikation etwas einschränken. Man könnte nicht mehr Identifizierungen von Untersorten-Elementen mit Hilfe von echten Hauptsorten-Elementen vornehmen. Jedoch erscheint dies vom methodischen Standpunkt aus eher verwirrend, und man wird diese Identifizierung auch durch eine andere Wahl der Gleichungen erreichen können.

Beispiel 12.32: Die Spezifikation des Stack nach der oben skizzierten Methode sieht nun folgendermaßen aus.

stack-Basis	**sorts**	nat, stack
	ops	$0 : \to$ nat$-$ok
		succ : nat$-$ok $\to$ nat$-$ok
		topless : $\to$ nat$-$error
		new : $\to$ stack$-$ok
		push : stack$-$ok $\times$ nat$-$ok $\to$ stack$-$ok
		underflow : $\to$ stack$-$error
stack-angereichert	**stack-Basis +**	
	ops	succ : nat $\to$ nat
		push : stacknat $\to$ stack
		top : stack $\to$ nat
		pop : stack $\to$ stack
	eqs	— wie in Beispiel 12.25 —

Die Strukturierung der Spezifikation hebt die Konstruktoren gegenüber den abgeleiteten Funktionen stärker heraus und erleichtert so das Verständnis der Spezifikation.

12.4 Punktierte Fehleralgebren

Die Spezifikationsmethode der punktierten Fehleralgebren ergibt sich als Spezialfall der Methode der Ok/Fehler-disjunkten Spezifikationen, indem

(1) für jede Sorte nur genau eine ausgezeichnete Fehlerkonstante eingeführt wird,

(2) die Konstruktoren für den Ok-Teil auch auf den Hauptsorten definiert sind und

(3) die abgeleiteten Funktionen im Erweiterungsschritt syntaktisch in strikte und nicht strikte Funktionen unterteilt werden.

Definition 12.33: Eine Ok/Fehler-disjunkte Spezifikation $\langle \Sigma, E \rangle$ wird Spezifikation nach der Methode der *punktierten Fehleralgebren* genannt, falls die folgenden Bedingungen gelten.

(1) Die Fehleruntersorten bestehen jeweils aus genau einem Element: $\Sigma_{\lambda, s-error} = \{e_s\}$ und $\Sigma_{w, s-error} = \emptyset$ für $s \epsilon S - MAIN$ und $w \epsilon S^+$.

(2) Die Ok-Konstruktoren sind auch auf den Hauptsorten definiert:
Aus $\sigma : s_1 - ok \times \ldots \times s_n - ok \to s - ok$ folgt $\sigma : s_1 \times \ldots \times s_n \to s$ für $s_i, s \epsilon S - MAIN$.

(3) In $T_{\Sigma,E}$ pflanzen die Ok-Konstruktoren die Fehler fort:
Für $\sigma : s_1 - ok \times \ldots \times s_n - ok \to s - ok$ gilt $\sigma_{\Sigma,E}([t_1], \ldots, [\,e_{s_i}\,], \ldots, [t_n]) = [e_s]$ für $t_i \epsilon s_{i,T}$ mit $s, s_i \epsilon S - MAIN$.

Die Semantik der Spezifikation $\langle \Sigma, E \rangle$ ist die Quotienten-Termalgebra $T_{\Sigma,E}$.

Eine Fehlerbeseitigung ist den Ok-Konstruktoren also nicht gestattet. Falls Fehlerbeseitigungsfunktionen gebraucht werden, so können sie im Erweiterungsteil definiert werden. Mit diesen Forderungen gilt, daß die Quotienten-Termalgebra der gesamte Spezifikation eine persistente Erweiterung der des Basisteils ist. Wie bei den anderen Fehlerbehandlungs-Methoden gelten auch hier spezielle Annahmen für die Notation.

(1) Im Basisteil, der formal vom Erweiterungsteil abgegrenzt ist, werden die Hauptsorten angegeben, die in den Definitions- und Zielbereichen der Ok-Konstruktoren wie auch der Fehlerkonstanten Verwendung finden. Die Ausnahmekonstanten werden durch das zusätzliche Schlüsselwort **errors** gekennzeichnet. Es können Gleichungen für Ok-Konstruktoren mit Ok-Variablen angegeben werden, und implizit werden Axiome der Form $\sigma(v_1, \ldots, e_{s_i}, \ldots, v_n) = e_s$ für alle Ok-Konstruktoren $\sigma : s_1 \times \ldots \times s_n \to s$ hinzugefügt, wobei Variablen der Hauptsorten verwendet werden. Dies garantiert die Ok/Fehler-Konsistenz und Ok/Fehler-Vollständigkeit der Basis-Algebra.

(2) Im Erweiterungsteil können Funktionen mit **strict** gekennzeichnet werden. Für diese Operationen werden ebenfalls Gleichungen der Form $\sigma(v_1, \ldots, e_{s_i}, \ldots, v_n) = e_s$ hinzugefügt. Die Fehlerbehandlung der nicht strikten Operationen muß explizit durchgeführt werden. Variablen der Ok-Untersorten werden mit **ok** deutlich gemacht, und Variablen der Hauptsorten werden nicht extra ausgezeichnet. Falls also alle Funktionen im Erweiterungsteil als **strict** deklariert sind, wird die gesamte Fehlerfortpflanzung sowohl für die Konstruktoren als auch für die abgeleiteten Funktionen automatisch durch die hinzugefügten Gleichungen erledigt.

Erst die Einführung der Ok-Konstruktoren und der ausgezeichneten Fehlerkonstanten ermöglicht damit die standardmäßige Ergänzung der Spezifikationen um Fehlerbehandlungs-Gleichungen.

Beispiel 12.34: Die Spezifikation des Stack nach der Methode der punktierten Fehleralgebren hat folgendes Aussehen.

stack-Basis	**sorts**	nat, stack
	ops	$0 : \rightarrow$ nat
		succ : nat $\rightarrow$ nat
		new : $\rightarrow$ stack
		push : stack $\times$ nat $\rightarrow$ stack
	errors	topless : $\rightarrow$ nat
		underflow : $\rightarrow$ stack

stack-punktiert	**stack-Basis +**	
	ops	top : stack $\rightarrow$ nat **strict**
		pop : stack $\rightarrow$ stack **strict**
	vars	n : nat **ok**; s : stack **ok**
	eqs	top(new) = topless
		top(push(s, n)) = n
		pop(new) = underflow
		pop(push(s, n)) = s

Es werden hier also implizit z.B. die Untersorten nat-ok und nat-error für die Hauptsorte nat eingeführt und für den Ok-Konstruktor succ die Angaben succ : nat-ok $\rightarrow$ nat-ok und succ : nat $\rightarrow$ nat (hieraus folgt ja succ : nat-ok $\rightarrow$ nat) mit in die Signatur aufgenommen. Die Fehlerkonstante topless ist durch topless : $\rightarrow$ nat-error (hieraus folgt topless : $\rightarrow$ nat) beschrieben. Weiter werden hier implizit wegen der Konstruktor-Eigenschaft von succ und push die Axiome

$$\text{succ(topless)} = \text{topless}$$
$$\text{push(underflow,n-)} = \text{underflow}$$
$$\text{push(s-,topless)} = \text{underflow}$$

und, weil die Funktionen top und pop als strict erklärt sind, die Axiome

$$\text{top(underflow)} = \text{topless}$$
$$\text{pop(underflow)} = \text{underflow}$$

mit aufgenommen. Die Variablen s- und n- sind jeweils Hauptsorten-Variablen.

Die Spezifikationen werden durch diese impliziten Ergänzungen übersichtlicher, weil unnötige Details entfallen können. Die Gleichungen konzentrieren sich damit auf die Normalsituationen, die Fehlereinführung und die Fehlerbeseitigung, nicht so sehr auf die Fortpflanzung der Ausnahmen.

12.5 Vergleich der Methoden

Zunächst werden die Hauptmerkmale der einzelnen Spezifikationsmethoden noch einmal zusammengestellt.

Alle Methoden teilen die Trägermengen der Algebren in einen Ok- und einen Fehlerteil auf. Die Technik der sicheren und unsicheren Funktionen zeichnet sich besonders durch die

Einführung einer Ok-Untersorte und einer syntaktischen Klassifikation der Funktionen in ok-erhaltende und möglicherweise fehlereinführende Operationen aus. Der Ansatz der impliziten Ungleichungen basiert auf den sicheren und unsicheren Funktionen, unterscheidet Fehlerelemente aber nur bei unterschiedlichem Verhalten in den Ok-Teil hinein und wählt im Gegensatz zur initialen Semantik eine finale Algebra als Standardbedeutung. Im Fall der disjunkten Ok/Fehler-Untersorten werden zwei verschiedene, disjunkte Untersorten für Normal- und Ausnahmesituationen eingeführt und die Spezifikation in einen Basis- und einen Erweiterungsschritt strukturiert. Die Methode der punktierten Fehleralgebren ergibt sich als Spezialfall der disjunkten Ok/Fehler-Untersorten, indem nur genau eine Fehlerkonstante pro Sorte zugelassen wird.

Die einzelnen Methoden unterscheiden sich hauptsächlich in dem Notationsaufwand, d.h. in dem Anteil der implizit im Kalkül vorgesehenen Ergänzungen für die Signatur und die Axiome und in den Möglichkeiten zur Fehlerbeseitigung, d.h. im Aufbau des Fehlerteils. Die impliziten Ergänzungen sind damit entscheidend für das Maß der automatischen Fehlerfortpflanzung.

Die sicheren und unsicheren Funktionen fügen nur in der Signatur Teile hinzu, und damit muß die Fehlerfortpflanzung explizit betrieben werden. Fehlerbeseitigung ist wie bei den impliziten Ungleichungen, die gerade vollständig die Fehlerfortpflanzung bei Erhalt der Fehlerbeseitigung gewährleisten, möglich. Bei den Ok/Fehler-disjunkten Untersorten werden wiederum nur auf der syntaktischen Ebene Sorten und Operationen ergänzt, und somit muß die Fortpflanzung der Ausnahmen vom Spezifizierenden vorgenommen werden. Es ist allerdings im Gegensatz zu den punktierten Fehleralgebren, die ein hohes Maß an Fehlerfortpflanzung beinhalten, möglich, eine nicht-triviale Fehlerbeseitigung zu betreiben.

Diese Zusammenhänge sind in der folgenden Tabelle zusammengestellt. Dabei wird unter Fehlergarantie hier die Eigenschaft der Spezifikationstechnik verstanden, in Analogie zu den Ok-Funktionen und Ok-Variablen in der Methode der sicheren und unsicheren Funktionen auch echte Fehlerfunktionen, die stets eine Ausnahme ergeben, und Fehlervariable, die nur Fehlerwerte aufnehmen, verwenden zu können. In der Zeile Erweiterungsschritt wird angegeben, ob die Spezifikationsmethode selbst eine Strukturierung in Basis- und Erweiterungsschritt benötigt, um auch alle denkbaren Arten von Funktionen behandeln zu können.

	Sichere Funktionen	Ungleichungen	Untersorten	Punktiert
Semantik	initial	final	initial	initial
Fehlerfortpflanzung	explizit	implizit	explizit	implizit
Fehlerbeseitigung	ja	ja	ja	nur trivial
Fehlergarantie	nein	nein	ja	ja
Erweiterungsschritt	nein	nein	ja	ja

12.6 Übungen

1) Betrachten Sie die unten angegebene Spezifikation. Berechnen Sie die Quotienten-Termalgebra. Benennen Sie anschließend Sorten und Funktionen geeignet um, so daß die Spezifikation lesbarer wird.

```
delta    sorts    delta
         ops      alpha : → delta ok
                  tau : delta → delta unsafe
                  phi : delta → delta ok
                  beta, gamma : → delta unsafe
         vars     x : delta ok; x− : delta unsafe
         eqs      tau(alpha, x) = alpha
                  tau(beta, x) = x
                  tau(gamma, x−) = gamma
                  tau(x, gamma) = gamma
                  phi(phi(x)) = x
                  phi(beta) = alpha
                  phi(gamma) = gamma
```

2) Korrigieren Sie das einführende Beispiel aus diesem Kapitel mit Hilfe der sicheren und unsicheren Funktionen.

3) Die Spezifikation 12.7 sei um Prädikate p und q wie folgt erweitert.

```
ops     p, q : nat × nat → bool unsafe

vars    n, m : nat ok
        n− : nat unsafe

eqs     p(0, 0) = p(topless, topless) = true
        p(0, succ(n)) = p(succ(n), 0) = false
        p(succ(n), succ(m)) = p(n, m)
        p(topless, n) = p(n, topless) = false
        q(0, 0) = true
        q(0, succ(n)) = q(succ(n), 0) = false
        q(succ(n), succ(m)) = q(n, m)
        q(topless, n−) = maybe
```

Beschreiben Sie den Unterschied zwischen beiden spezifizierten Prädikaten.

4) Berechnen Sie für Beispiel 12.16 die Relation $\neq_N$. Überprüfen Sie, ob alle gültigen Ungleichungen erzeugt werden.

5) Spezifizieren Sie das Konditionals if then else nach der Methode der Ok/Fehler-disjunkten Untersorten.

6) Geben Sie eine Spezifikation für die rationalen Zahlen einschließlich einer Fehlerkonstanten (u.a. für das Ergebnis der Division durch 0) mit Hilfe von Ok/Fehler-disjunkten Untersorten an.

7) Übertragen Sie die Spezifikation aus Übung 3 vollständig, d.h. einschließlich der Signaturen, in die Methode der punktierten Fehleralgebren.

8) Wie sieht die Spezifikation des Konditionals if then else nach der Methode der punktierten Fehleralgebren aus?

9) Beschreiben Sie Trägermengen und Funktionen der Quotienten-Termalgebra folgender Spezifikation.

recovery-queue	**sorts**	nat, queue
	ops	$0 : \rightarrow$ nat **ok**
		succ : nat $\rightarrow$ nat **ok**
		frontless : $\rightarrow$ nat **unsafe**
		empty : $\rightarrow$ queue **ok**
		in : queue $\times$ nat $\rightarrow$ queue **ok**
		underflow : $\rightarrow$ queue **unsafe**
		out : queue $\rightarrow$ queue **unsafe**
		front : queue $\rightarrow$ nat **unsafe**
	vars	n, m : nat **ok**; n−, m− : nat **unsafe**
		q : queue **ok**; q− : queue **unsafe**
	eqs	out(empty) = underflow
		out(in(empty, n−)) = empty
		out(in(in(q, n), m)) = in(out(in(q, n)), m)
		front(empty) = frontless
		front(in(empty, n)) = n
		front(in(in(q, n), n−)) = front(in(q, n))

Was ändert sich, falls die letzte Gleichung durch front(in(in(q-,m-),n-)) = front(in(q-,m-)) ersetzt wird?

10) Spezifizieren Sie alle Fehler des vorliegenden Buches mit einer Spezifikationsmethode ihrer Wahl. Teilen Sie diese Fehler den Autoren mit.

Anhang

Grundbegriffe der Kategorientheorie

Kategorie: Eine *Kategorie K* hat folgende Bestandteile:

- (i) eine Klasse $|K|$ von *Objekten* $A, B, \ldots$,
- (ii) für jedes geordnete Paar (A, B) von Objekten eine Menge $K(A, B)$ von *Morphismen* $f, g, \ldots : A \to B$
- (iii) einer Verknüpfung $\circ$, die je zwei Morphismen $f : A \to B$ und $g : B \to C$ einen Morphismus $g \circ f : A \to C$ zuordnet, die *Komposition* von f und g.

Die Objekte und Morphismen mit der Komposition müssen den folgenden Bedingungen genügen:

- (a) Die Mengen $K(A, B)$ sind paarweise disjunkt, d.h. ist $K(A, B) \cap K(A', B') \neq \emptyset$, dann ist $A = A'$ und $B = B'$.
- (b) Die Komposition von Morphismen ist assoziativ, d.h. sind $f : A \to B$, $g : B \to C$ und $h : C \to D$ Morphismen, so ist $(h \circ g) \circ f = h \circ (g \circ f) : A \to D$.
- (c) Für jedes Objekt $A \in |K|$ gibt es einen Morphismus $id_A : A \to A$, die *Identität* auf A, mit der Eigenschaft, daß für jeden Morphismus $f : B \to A$ die Gleichung $id_A \circ f = f$ und für jeden Morphismus $g : A \to C$ die Gleichung $g \circ id_A = g$ gilt.

initiales Objekt: Ein Objekt I von K heißt *initial*, wenn es zu jedem Objekt $A \in |K|$ genau einen Morphismus $f : I \to A$ gibt. Initiale Objekte sind bis auf Isomorphie eindeutig.

finales (terminales) Objekt: Ein Objekt F von K heißt *final* oder *terminal*, wenn es zu jedem Objekt $A \in |K|$ genau einen Morphismus $f : A \to F$ gibt. Finale Objekte sind bis auf Isomorphie eindeutig.

Isomorphismus: Ein Morphismus $f : A \to B$ heißt *Isomorphismus*, wenn es einen Morphismus $g : B \to A$ gibt mit $g \circ f = id_A$ und $f \circ g = id_B$. Ist f ein Isomorphismus, so ist g dadurch eindeutig bestimmt und heißt zu f *invers*; Schreibweise: $g = f^{-1}$.

Monomorphismus: Ein Morphismus $f : A \to B$ heißt *Monomorphismus*, wenn für je zwei Morphismen $g, h : C \to A$ gilt: $f \circ g = f \circ h \Rightarrow g = h$. Ein Monomorphismus ist "am Ende kürzbar".

Epimorphismus: Ein Morphismus $f : A \to B$ heißt *Epimorphismus*, wenn für je zwei Morphismen $g, h : B \to C$ gilt: $g \circ f = h \circ f \Rightarrow g = h$. Ein Epimorphismus ist "am Anfang kürzbar".

Funktor: Ein *Funktor* $F : K \to L$ von einer Kategorie K in eine Kategorie L ist eine Abbildung $F : |K| \to |L|$ auf den Objekten und, für je zwei Objekte $A, B \in |K|$, eine Abbildung $F : K(A, B) \to L(F(A), F(B))$ auf den Morphismen, die folgenden Bedingungen genügt:

- (a) $F(id_A) = id_{F(A)}$ für alle $A \in |K|$
- (b) $F(g \circ h) = F(g) \circ F(h)$ für alle g und h, für die $g \circ h$ definiert ist.

Natürliche Transformation: Seien $F, G : K \to L$ Funktoren. Eine *natürliche Transformation* $\eta : F \Longrightarrow G$ von F nach G ordnet jedem Objekt $A \in |K|$ einen Morphismus $\eta_A : F(A) \to G(A)$ in L zu, und zwar so, daß für jeden Morphismus $f : A \to B$ in K gilt: $\eta_B \circ F(f) = G(f) \circ \eta_A$.

Literatur

A. Mathematische Grundlagen

M.A. Arbib, E.G. Manes : *Arrows, Structures, Functors. Academic Press, New York (1975).*

S.L. Bloom, E.G. Wagner : *Many-Sorted Thoeries and Their Algebras with Some Applications to Data Types. Algebraic Methods in Semantics, M. Nivat / J.C. Reynolds (eds.), Cambridge University Press, Cambridge (1985), 133–168.*

R. Goldblatt : *Topoi, the Categorial Analysis of Logic. North-Holland Publ. Comp., Amsterdam (1984).*

S. Mac Lane : *Categories for the Working Mathematician. Springer-Verlag, New York (1972).*

E.G. Manes : *Algebraic Theories. Springer-Verlag, Berlin (1975).*

H. Schubert : *Kategorien I/II. HTB 65/66, Springer-Verlag, Berlin (1970).*

B. Algebraische Spezifikation

1. Lehrbücher und Monographien

J.A. Bergstra, J. Heering, P. Klint (eds.) : *Algebraic Specification. Addison-Wesley, Workingham (England) (1989).*

H. Ehrig, B. Mahr : *Fundamentals of Algebraic Specification I. Springer-Verlag, Berlin (1985).*

H.A. Klaeren : *Algebraische Spezifikation. Springer-Verlag, Berlin (1983).*

P. Padawitz : *Computing in Horn Clause Theories. Springer-Verlag, Berlin (1988).*

H. Reichel : *Initial Computability, Algebraic Specifications, and Partial Algebras. Akademie-Verlag, Berlin (1987).*

2. Ausgewählte Abhandlungen

F.L. Bauer : *Warum abstrakte Datentypen? Informatik-Spektrum 8 (1985), 29–36.*

F.L. Bauer, M. Broy, W. Dosch, H. Partsch, P. Pepper, M. Wirsing : *Abstrakte Datentypen: Die algebraische Definition von Rechenstrukturen. Informatik Spektrum 5 (1982), 107–119.*

J.A. Bergstra, M. Broy, J.V. Tucker, M. Wirsing : *On the power of algebraic specifications. Proc. MFCS 1981, LNCS 118, Springer-Verlag (1981), 193–204.*

M. Broy, W. Dosch, H. Partsch, P. Pepper : *On hierarchies of abstract data types. Acta Informatica 20 (1983), 1–33.*

R. M. Burstall, J.A. Goguen : *Putting Theories Together to Make Specifications. Proc. 5th Int. Joint Conf. on AI*, R. Reddy (ed.), Dept. of Computer Science, Carnegie-Mellon University (1977).

R. M. Burstall, J.A. Goguen : *An Informal Introduction to Specifications Using CLEAR. The Correctness Problem in Computer Science*, R.S. Boyer / J.Moore (eds.), Academic Press, New York (1981), 185–213.

H.-D. Ehrich : *Extension and Implementation of Abstract Data Types. Proc. 7th Symp. on Math. Foundations of Computer Science*, J. Winkowski (ed.), LNCS 64, Springer-Verlag, Berlin (1978), 155–164.

H.-D. Ehrich : *On the Theory of Specification, Implementation and Parameterization of Abstract Data Types.* Journal of the Association for Computing Machinery 29 (1982), 206–227.

H.-D. Ehrich, U. Lipeck : *Algebraic Domain Equations.* Theoretical Computer Science 27 (1983), 167–196.

H. Ehrig, H.-J. Kreowski, B. Mahr, P. Padawitz : *Algebraic implementation of abstract data types.* Theoretical Computer Science 20, (1982) 209–263.

H. Ehrig, H.-J. Kreowski, J.W. Thatcher, E.G. Wagner, J.B. Wright : *Parameter Passing in Algebraic Specification Languages. Proc. Workshop on Program Specification*, J. Staunstrup (ed.), LNCS 134, Springer-Verlag, Berlin (1982), 322–369.

H.Ehrig, H.Weber : *Algebraic Specification of Modules. Proc. IFIP Working Conf. on Formal Methods in Programming*, E.J. Neuhold / G. Chronist (eds.), North Holland (1985), 231–258.

K. Futatsugi, J.A. Goguen, J.-P. Jouannaud, J. Meseguer : *Principles of OBJ2. Proc. 12th ACM Symp. on Principles of Programming Languages*, New Orleans, 52–66 (1985).

H. Ganzinger : *Parameterized specifications: parameter passing and implementation with respect to observability. TOPLAS 5, 3 (1983), 318–354.*

M. Gogolla : *Partially Ordered Sorts in Algebraic Specifications. Proc. 9th CAAP*, Cambridge University Press (1984), 139–153.

M. Gogolla : *On Parametric Algebraic Specifications with Clean Error Handling. Proc. 2nd TAPSOFT*, Springer Verlag, Berlin (1987), 81–95.

M. Gogolla, K. Drosten, U. Lipeck, H.-D. Ehrich : *Algebraic and operational semantics of specifications allowing exceptions and errors.* Theoretical Computer Science 34 (1984), 289–313.

J.A. Goguen : *Abstract errors for abstract data types. Proc. IFIP Working Conf. on the Formal Description of Programming Concepts, New Brunswick, New Jersey. North-Holland (1978).*

J.A. Goguen, R.M. Burstall : *Introducing Institutions. Proc. Logics of Programming Workshop, Carnegie-Mellon. LNCS 164, Springer-Verlag (1984) 221–256.*

J.A. Goguen, J.W. Thatcher, E. Wagner : *An Initial Algebra Approach to the Specification, Correctness and Implementation of Abstract Data Types. Current Trends in Programming Methodology, R. Yeh (ed.), Prentice Hall, Englewood Cliffs (1978), 80–149.*

C.A.R. Hoare : *Proofs of correctness of data representations. Acta Informatica 1 (1972) 271–281.*

U.L. Hupbach, H. Reichel : *On Behavioural Equivalence of Data Types. Journal of Information Processing and Cybernetics-EIK 19 (1983), 297–305.*

B. Liskov, S. Zilles : *Specification Techniques for Data Abstraction. IEEE Transactions on Software Engineering SE-1 (1975), 7–19.*

D.B. MacQueen, D.T. Sannella : *Completeness of Proof Systems for Equational Specifications. IEEE Transactions on Software Engineering SE-11 (1985), 454–461.*

J. Meseguer, J.A. Goguen : *Initiality, Induction, and Computability. Algebraic Methods in Semantics, M. Nivat / J.C. Reynolds (eds.), Cambridge University Press, Cambridge (1985), 459–541.*

F. Orejas : *Passing Compatibility is almost persistency. Recent Trends in Data Type Specification, H.-J. Kreowski (ed.), Springer IFB 116 (1985), 196–206.*

A. Poigne : *On specifications, theories, and models with higher types. Information and Control 68 (1986), 1–46.*

D.T. Sannella, A. Tarlecki : *Toward formal development of programs from algebraic specifications: implementations revisited. (erscheint in) Acta Informatica (1989).*

E.G. Wagner, H. Ehrig : *Canonical Constraints for Parameterized Data Types. Theoretical Computer Science 30 (1987), 323–351.*

M. Wand : *Final Algebra Semantics and Data Type Extensions. Journal of Computer and System Sciences 19 (1979), 27–44.*

M. Wirsing : *Structured Algebraic Specifications: A Kernel Language. Theoretical Computer Science 42 (1986), 123–249.*

Index

Leitfäden der angewandten Informatik

Bauknecht/Zehnder: **Grundzüge der Datenverarbeitung**
4. Aufl. 297 Seiten. Kart. DM 38,—

Beth / Heß / Wirl: **Kryptographie**
205 Seiten. Kart. DM 28,80

Brüggemann-Klein: **Einführung in die Dokumentenverarbeitung**
200 Seiten. Kart. DM 34,—

Bunke: **Modellgesteuerte Bildanalyse**
309 Seiten. Geb. DM 49,80

Craemer: **Mathematisches Modellieren dynamischer Vorgänge**
288 Seiten. Kart. DM 42,—

Curth/Giebel: **Management der Software-Wartung**
184 Seiten. Kart. DM 34,—

Engels/Schäfer: **Programmentwicklungsumgebungen, Konzepte und Realisierung**
248 Seiten. Kart. DM 38,—

Frevert: **Echtzeit-Praxis mit PEARL**
2. Aufl. 216 Seiten. Kart. DM 36,—

Frühauf/Ludewig/Sandmayr: **Software-Projektmanagement und
-Qualitätssicherung.** 136 Seiten. Kart. DM 28,—

Gloor: **Synchronisation in verteilten Systemen**
239 Seiten. Kart. DM 42,—

Gorny/Viereck: **Interaktive grafische Datenverarbeitung**
256 Seiten. Geb. DM 52,—

Hofmann: **Betriebssysteme: Grundkonzepte und Modellvorstellungen**
253 Seiten. Kart. DM 38,—

Holtkamp: **Angepaßte Rechnerarchitektur**
233 Seiten. DM 38,—

Hultzsch: **Prozeßdatenverarbeitung**
216 Seiten. Kart. DM 28,80

Kästner: **Architektur und Organisation digitaler Rechenanlagen**
224 Seiten. Kart. DM 28,80

Kleine Büning/Schmitgen: **PROLOG**
2. Aufl. 311 Seiten. DM 38,—

Meier: **Methoden der grafischen und geometrischen Datenverarbeitung**
224 Seiten. Kart. DM 38,—

Meyer-Wegener: **Transaktionssysteme**
242 Seiten. DM 38,—

Mresse: **Information Retrieval — Eine Einführung**
280 Seiten. Kart. DM 42,—

Müller: **Entscheidungsunterstützende Endbenutzersysteme**
253 Seiten. Kart. DM 34,—

Mußtopf / Winter: **Mikroprozessor-Systeme**
302 Seiten. Kart. DM 38,—

Nebel: **CAD-Entwurfskontrolle in der Mikroelektronik**
211 Seiten. Kart. DM 38,—

Retti et al.: **Artificial Intelligence — Eine Einführung**
2. Aufl. X, 228 Seiten. Kart. DM 38,—

Leitfäden der angewandten Informatik

Fortsetzung

Schicker: **Datenübertragung und Rechnernetze**
3. Aufl. 299 Seiten. Kart. DM 42,–

Schmidt et al.: **Digitalschaltungen mit Mikroprozessoren**
2. Aufl. 208 Seiten. Kart. DM 28,80

Schmidt et al.: **Mikroprogrammierbare Schnittstellen**
223 Seiten. Kart. DM 36,–

Schneider: **Problemorientierte Programmiersprachen**
226 Seiten. Kart. DM 32,–

Schreiner: **Systemprogrammierung in UNIX**
Teil 1: Werkzeuge. 315 Seiten. Kart. DM 52,–
Teil 2: Techniken. 408 Seiten. Kart. DM 58,–

Singer: **Programmieren in der Praxis**
2. Aufl. 176 Seiten. Kart. DM 34,–

Specht: **APL-Praxis**
192 Seiten. Kart. DM 28,80

Vetter: **Aufbau betrieblicher Informationssysteme
mittels konzeptioneller Datenmodellierung**
5. Aufl. 455 Seiten. Kart. DM 58,–

Vetter: **Strategie der Anwendungssoftware-Entwicklung**
400 Seiten. Kart. DM 56,–

Weck: **Datensicherheit**
326 Seiten. Geb. DM 48,–

Wingert: **Medizinische Informatik**
272 Seiten. Kart. DM 29,80

Wißkirchen et al.: **Informationstechnik und Bürosysteme**
255 Seiten. Kart. DM 34,–

Wolf/Unkelbach: **Informationsmanagement in Chemie und Pharma**
244 Seiten. Kart. DM 38,–

Zehnder: **Informatik-Projektentwicklung**
223 Seiten. Kart. DM 38,–

Zehnder: **Informationssysteme und Datenbanken**
5. Aufl. 276 Seiten. Kart. DM 42,–

Zöbel/Hogenkamp: **Konzepte der parallelen Programmierung**
235 Seiten. Kart. DM 38,–

Preisänderungen vorbehalten

 B. G. Teubner Stuttgart

Leitfäden und Monographien der Informatik

Fortsetzung

Wirth: **Algorithmen und Datenstrukturen**
Pascal-Version
3. Aufl. 320 Seiten. Kart. DM 42,–

Wirth: **Algorithmen und Datenstrukturen mit Modula - 2**
4. Aufl. 299 Seiten. Kart. DM 42,–

Wojtkowiak: **Test und Testbarkeit digitaler Schaltungen**
226 Seiten. Kart. DM 36,–

Preisänderungen vorbehalten

 B. G. Teubner Stuttgart